高等学校水土保持与荒漠化防治专业教材

山地灾害防治工程学

杨海龙　主编

中国林业出版社

内容简介

本书根据我国高等学校水土保持与荒漠化防治专业的课程要求，以及当前山地灾害防治现实需求为主要依据编写。全书共分为8章，第1章绪论介绍山地灾害的基本概念、内涵及分类，山地灾害的区域分布、特征和危害，山地灾害防治工程学研究的主要内容和方法；第2~5章分别介绍崩塌、滑坡、山洪、泥石流的分类、防治技术、监测、预报和预警；第6章介绍山地灾害风险评估的原理和方法；第7章介绍山地灾害防治的规划方法和内容；第8章介绍国内外山地灾害管理。

本书不仅可作为全国高等院校水土保持与荒漠化防治专业教学的专业教材，也可作为从事水土保持与荒漠化防治、地质灾害防治、林业生态、水利工程、土地利用、环境保护、国土资源等工程实践技术人员的参考用书。

图书在版编目（CIP）数据

山地灾害防治工程学/杨海龙主编. —北京：中国林业出版社，2014.12

高等学校水土保持与荒漠化防治专业教材

ISBN 978-7-5038-7796-4

Ⅰ. ①山… Ⅱ. ①杨… Ⅲ. ①山地灾害－灾害防治－高等学校－教材 Ⅳ. ①P694

中国版本图书馆CIP数据核字（2014）第304324号

中国林业出版社·教育出版分社

策划编辑：高红岩　　**电话**：83143560　83143554

责任编辑：张东晓　高红岩　　**传真**：83143561

出版发行　中国林业出版社（100009　北京市西城区德内大街刘海胡同7号）

E-mail:jiaocaipublic@163.com　电话:(010)83143500

http://lycb.forestry.gov.cn

经　销　新华书店

印　刷　北京市昌平百善印刷厂

版　次　2014年12月第1版

印　次　2014年12月第1次

开　本　850mm×1168mm　1/16

印　张　19

字　数　451千字

定　价　38.00元

《山地灾害防治工程学》编写人员

主　编　杨海龙

副主编　程金花　信忠保

编　委　（以姓氏笔画为序）

马　岚　马　超　王志刚　史常青

朱小乐　杜　庆　杨海龙　肖辉杰

张　梦　张　嫱　赵云杰　信忠保

高春泥　韩玉国　程金花

主　审　王玉杰

前　言

山地灾害防治是一个遍及全球的共同性课题，尤其在当前人口膨胀、资源短缺、环境恶化的情况下，更引起各国政府、专家学者、工程技术人员的重视。我国国土辽阔，山地约占全国总面积的70%，崩塌、滑坡、山洪、泥石流等山地灾害频繁发生，给当地的工农业生产和人民生命财产安全造成巨大损失。

山地灾害受地貌、地质构造运动、气候、植被以及社会经济活动影响，其分布极不均衡。研究崩塌、滑坡、山洪、泥石流等山地灾害的形成机理、防治技术、监测内容和方法、预测和预报、规划和风险评估，为科学地采取防灾、减灾、救灾和恢复重建措施奠定了基础。

随着山地灾害防治相关法律、法规的颁布和完善，生产实践对山地灾害防治工程的专业知识性人才需求大增。在《水土保持原理》《水土保持工程学》《流域管理学》等课程中也涉及山地灾害防治工程的部分内容。2009年，按照北京林业大学水土保持与荒漠化防治专业的教学计划要求，开设"山地灾害防治工程"课程，2014年，《山地灾害防治工程学》教材列入北京林业大学教材编写计划。在本教材编写过程中，立足国内外从事山地灾害防治工程各方面专家、学者和工程技术人员的研究成果，结合国家行业技术标准，将理论和实践有机结合进行编写。本教材由北京林业大学杨海龙任主编，程金花、信忠保任副主编。各编委分工如下：第1章由杨海龙、杜庆编写，第2章由韩玉国、张梦编写，第3章由肖辉杰、赵云杰编写，第4章由程金花、张嫱编写，第5章由马超、高春泥编写，第6章由信忠保、王志刚编写，第7章由马岚、史常青编写，第8章由杨海龙、朱小乐编写，全书由杨海龙、程金花、信忠保统稿，并经北京林业大学王玉杰教授主审。

在本教材编写过程中，北京林业大学赵廷宁教授、高甲荣教授、齐实教授、张建军教授、王云琦副教授，日本大学阿部和時教授，中国台湾屏东科技大学李锦育教授对本书的编写提出了宝贵的修改意见，在此表示衷心的感谢。教材中引用了科技成果、论文、专著和相关教材，因篇幅有限未能一一列出，敬请谅解，谨向文献的作者们致以深切的谢意。中国林业出版社为本书的出版给予了大力的支持，编辑人员为此付出了辛勤的劳动，在此表示诚挚的感谢。

限于编者知识水平和实践经验有限，书中难免有不当之处，热切希望读者提出批评意见，以便今后进一步充实提高。

编　者

2014年10月

目 录

前 言

第1章 绪 论 ……(1)

1.1 山地灾害的基本概念及分类 ……(1)

1.1.1 山地灾害的定义 ……(1)

1.1.2 山地灾害的种类 ……(1)

1.2 山地灾害的区域分布、特征和危害 ……(2)

1.2.1 山地灾害的区域分布 ……(2)

1.2.2 山地灾害的特征 ……(3)

1.2.3 山地灾害的危害 ……(6)

1.2.4 山地灾害及防治现状 ……(7)

1.3 山地灾害防治工程学的主要内容和方法 ……(8)

1.3.1 山地灾害防治工程学的主要内容 ……(8)

1.3.2 山地灾害防治工程学的研究方法 ……(9)

1.3.3 山地灾害防治工程学与相关学科的关系 ……(9)

1.4 前景展望 ……(10)

第2章 崩 塌 ……(12)

2.1 崩塌的分类及形成机理 ……(12)

2.1.1 崩塌的作用方式 ……(12)

2.1.2 崩塌的分类 ……(12)

2.1.3 崩塌的形成机理 ……(14)

2.1.4 崩塌的形成条件 ……(15)

2.2 崩塌防治技术 ……(16)

2.2.1 崩塌防治原则 ……(16)

2.2.2 崩塌防治措施体系 ……(18)

2.2.3 崩塌防治工程设计 ……(19)

2.3 崩塌灾害主要监测内容、方法 ……(38)

2.3.1 崩塌监测的目的 ……(38)

2.3.2 监测内容 ……(39)

2.3.3 监测项目和方法 …… (40)
2.3.4 崩塌监测网点的布设 …… (45)
2.4 崩塌的预测和预报 …… (48)
2.4.1 崩塌的预测、预报 …… (48)
2.4.2 崩塌危险性分析与灾情评估 …… (51)
第3章 滑 坡 …… (54)
3.1 滑坡的分类及形成机理 …… (54)
3.1.1 滑坡的分类和特征 …… (54)
3.1.2 滑坡的形成机理 …… (59)
3.2 滑坡防治技术 …… (70)
3.2.1 滑坡防治原则 …… (70)
3.2.2 滑坡防治措施体系 …… (72)
3.2.3 滑坡防治工程设计 …… (73)
3.3 滑坡灾害主要监测内容、方法 …… (84)
3.3.1 滑坡监测的目的 …… (84)
3.3.2 监测内容 …… (84)
3.3.3 监测技术方法 …… (84)
3.4 滑坡的预测和预报 …… (95)
3.4.1 滑坡的预测 …… (95)
3.4.2 滑坡预报 …… (97)
3.4.3 滑坡的临报和警报 …… (100)
第4章 山 洪 …… (101)
4.1 山洪的分类及影响因素 …… (101)
4.1.1 山洪的分类和特征 …… (101)
4.1.2 山洪的影响因素 …… (102)
4.2 山洪防治技术 …… (103)
4.2.1 山洪防治原则 …… (103)
4.2.2 山洪防治措施体系 …… (103)
4.2.3 山洪防治工程设计 …… (109)
4.3 山洪灾害主要监测内容、方法 …… (130)
4.3.1 监测内容 …… (130)
4.3.2 监测方法 …… (131)
4.4 山洪的预警预报 …… (136)
4.4.1 山洪的预测 …… (136)
4.4.2 山洪的预报 …… (137)

4.4.3 山洪临报 …………………………………………………………………… (138)
4.4.4 山洪预警 …………………………………………………………………… (138)
4.4.5 山洪灾害通信系统 ……………………………………………………… (143)
第5章 泥石流……………………………………………………………………… (146)
5.1 我国泥石流的分布和规律………………………………………………… (146)
5.1.1 地形地貌宏观格局 ……………………………………………………… (147)
5.1.2 地质构造控制 …………………………………………………………… (147)
5.1.3 地层、岩性控制 ………………………………………………………… (148)
5.1.4 气候条件控制 …………………………………………………………… (149)
5.1.5 非地带性规律 …………………………………………………………… (150)
5.2 泥石流的分类、特征及形成机理………………………………………… (150)
5.2.1 泥石流的分类和成因 …………………………………………………… (150)
5.2.2 泥石流活动特征及其灾害 ……………………………………………… (157)
5.2.3 泥石流形成机理 ………………………………………………………… (160)
5.3 泥石流防治技术…………………………………………………………… (167)
5.3.1 泥石流防治原则 ………………………………………………………… (167)
5.3.2 泥石流防治措施体系 …………………………………………………… (168)
5.3.3 泥石流防治工程设计 …………………………………………………… (170)
5.4 泥石流灾害主要监测内容、方法 ……………………………………… (184)
5.4.1 形成条件监测 …………………………………………………………… (184)
5.4.2 泥石流运动特征监测 …………………………………………………… (185)
5.5 泥石流预测预报…………………………………………………………… (186)
5.5.1 泥石流预测 ……………………………………………………………… (186)
5.5.2 泥石流预报 ……………………………………………………………… (190)
5.5.3 泥石流临报 ……………………………………………………………… (192)
5.5.4 泥石流警报 ……………………………………………………………… (193)
第6章 山地灾害风险评估………………………………………………………… (197)
6.1 山地灾害风险评估体系…………………………………………………… (198)
6.1.1 山地灾害过程和灾情构成 ……………………………………………… (198)
6.1.2 山地灾害灾情基本要素 ………………………………………………… (199)
6.1.3 山地灾害风险评估的主要任务 ………………………………………… (200)
6.1.4 山地灾害风险评估类型 ………………………………………………… (201)
6.1.5 山地灾害风险评估模型和方法 ………………………………………… (202)
6.2 山地灾害危险性评估……………………………………………………… (204)
6.2.1 山地灾害危险性评估指标体系 ………………………………………… (204)

6.2.2 山地灾害危险性评估方法 …… (206)
6.3 山地灾害易损性评价 …… (211)
6.3.1 易损性构成分析及评价内容 …… (211)
6.3.2 山地灾害承灾体类型划分 …… (212)
6.3.3 山地灾害承灾体价值分析 …… (213)
6.4 山地灾害破坏损失评价 …… (217)
6.4.1 山地灾害破坏损失构成 …… (217)
6.4.2 山地灾害破坏损失评价方法 …… (217)
6.4.3 历史灾害破坏损失评价 …… (220)
6.4.4 山地灾害期望损失评价 …… (220)
6.5 山地灾害防治工程效益评价 …… (220)
6.5.1 山地灾害防治工程效益评价的基本目的与内容 …… (220)
6.5.2 山地灾害防治工程的技术评价与经济评价 …… (221)
第7章 山地灾害防治规划 …… (225)
7.1 规划的任务 …… (225)
7.1.1 规划原则 …… (225)
7.1.2 规划依据 …… (226)
7.1.3 规划任务 …… (226)
7.1.4 规划要求 …… (227)
7.2 规划的目标 …… (227)
7.3 规划的内容 …… (228)
7.3.1 山洪防治规划 …… (228)
7.3.2 滑坡防治规划 …… (246)
7.3.3 泥石流防治规划 …… (249)
7.4 典型区域防治规划 …… (251)
7.4.1 基本要求 …… (251)
7.4.2 典型区域山洪防治规划 …… (251)
7.4.3 典型区域滑坡防治规划 …… (252)
7.4.4 典型区域泥石流防治规划 …… (254)
第8章 山地灾害管理 …… (257)
8.1 国外山地灾害管理 …… (257)
8.1.1 美国 …… (258)
8.1.2 欧洲阿尔卑斯山区国家 …… (261)
8.1.3 日本 …… (265)

8.2 中国山地灾害管理 …………………………………………………… (267)
8.2.1 大陆地区 …………………………………………………… (268)
8.2.2 香港特别行政区 …………………………………………… (282)
8.2.3 中国台湾地区 ……………………………………………… (285)
8.3 山地灾害管理展望 …………………………………………………… (288)

第1章 绪论

我国是一个多山国家，包括高原和丘陵在内，约有山地面积 $666\times10^4km^2$，占国土面积的69.4%，山区人口占全国总人口的1/3以上。复杂的地质条件、特有的地貌特征、多样的气候因素、密集的人口分布和人类活动的影响，导致崩塌、滑坡、山洪、泥石流等突发性灾害频繁暴发，水土流失发育广泛，我国是世界上山地灾害最严重的国家之一。山地灾害的发生发展，危及到山区群众生命财产安全，阻碍社会经济的健康发展，因此研究山地灾害的孕灾环境、致灾因子、防治技术、风险评估及防灾减灾管理规律，对开展我国山区山地灾害防治具有重要的现实意义。

1.1 山地灾害的基本概念及分类

1.1.1 山地灾害的定义

1994年5月，在日本横滨召开的减灾大会上，将致灾因子定义为可能引起人民生命伤亡及财产损失和资源破坏的各种自然与人文因素。灾害是因致灾因子所造成的人员伤亡、财产损失和资源破坏的情况。防灾减灾就是防治和减少灾害发生发展的频度、程度和强度的全部过程。

灾害分为自然灾害与人为灾害。自然灾害中包括天文灾害(如超新星爆发、陨石冲击、太阳辐射异常、电磁异暴、宇宙射线等)、地质灾害(如火山爆发、地震、崩塌、地陷、雪崩、海啸、滑坡、泥石流等)、气象水文灾害(如风灾、水灾、旱灾、雪灾、雹灾、雷电、寒潮、霜冻、风暴潮、海岸侵蚀、海水倒灌、热浪、局部强气候异常、厄尔尼诺现象等)、土壤生物灾害(如荒漠化、盐渍化、尘暴、森林火灾、病虫害、水土流失、物种灭绝等)。

山地灾害特指只在山区发生的自然灾害，是山区自然环境发展演化与人类经济活动共同作用的产物。

1.1.2 山地灾害的种类

山地灾害种类有崩塌、滑坡、山洪、泥石流、冰崩、雪崩、水土流失7种，前6种为突发性山地灾害，水土流失为渐进性山地灾害，也称为缓发性山地灾害。

崩塌、滑坡、山洪、泥石流是我国主要的山地灾害类型。崩塌(林学、土壤：collapse；地质：rock fall，avalanche，fall)是斜坡上的岩土块体在长期重力作用下向坡下弯曲，最终发生断裂倾倒的块体运动现象。滑坡(landslide，landslip，slope slide，hill creep)是斜坡上的部分岩、土质，在重力作用下，沿着斜坡内的一个或多个软弱面产生整体向下滑移的现象。山洪(flood，torrent)是发生在山区历时较短，暴涨暴落的洪水。泥石流(debris flow，mud and rock flow，earth flow)是山区由泥沙、石块等松散固体物质和水混合组成的一种特殊两相流体。冰崩(ice-fall)指冰川上冰体崩落的现象。雪崩(snow slide)是当山坡积雪内部的内聚力小于它所受到的重力拉引时，便向下滑动，引起大量雪体崩塌的自然现象。水土流失(water and soil loss)是指在水力、重力、风力等外营力作用下，水土资源和土地生产力的破坏和损失，包括土地表层侵蚀和水土损失，亦称水土损失(《中国水利百科全书·第一卷》《中国大百科全书·水利卷》)。冰崩、雪崩主要发生在冰雪发育完善的高寒山区，分布并不广泛。水土流失规律及防治研究起步较早，已经形成较为完整的系统的科学体系。因此，本书重点阐述崩塌、滑坡、山洪、泥石流4种山地灾害。

1.2　山地灾害的区域分布、特征和危害

1.2.1　山地灾害的区域分布

1.2.1.1　国外山地灾害分布

第二次世界大战以后，随着各国经济的复苏和发展，加大了山区资源开发的力度，尤其公路、铁路等交通设施在山区逐步建立和完善，推动山区矿山、工厂的兴起。不合理的开发建设活动，致使崩塌、泥石流、滑坡等山地灾害危害日益突出。

世界山地灾害存在两个灾害带，一是环太平洋自然灾害带，这里是地壳板块交界处，地震、火山、台风、海啸多发，同时区域人口集中、经济发达，也是自然灾害损失最为集中的地带；二是北半球中纬度自然灾害带，尤其以横亘在欧亚腹地阿尔卑斯-喜马拉雅山系及其周边区域最为集中，这一地带地势高差大，干旱、台风、洪涝等多种灾害类型并存，是世界山地灾害多发地带。世界主要灾害带见表1-1所列。

从各大洲来看，其主要自然灾害存在差别，均具有各自特点，见表1-2所列。亚洲是自然灾害多发区域，各种自然灾害齐全，另外人口密度高、社会经济发展程度不高，常造成严重的人员伤亡和经济损失；欧洲以雪灾为主要自然灾害；非洲长期遭受干旱灾害；北美以飓风、洪涝灾害为主；地震、山洪、泥石流是南美最为主要的自然灾害；气象灾害、火山、地震是大洋洲主要自然灾害。

表1-1　世界主要灾害带

灾害带	主要的自然灾害	致灾因子	受灾体特性
环太平洋沿岸几百千米宽的自然灾害带	火山、地震、台风、海啸、风暴潮	板块交界处→多火山、地震→多海啸； 热带、副热带海域→台风→风暴潮	人口集中、经济发达地区
北纬20°～50°之间的环球自然灾害带	水旱、风暴潮、台风、山地地质灾害	不同气候带的边缘→水旱灾害； 近热带、副热带海洋→台风→风暴潮； 地势高差大，地形复杂→山地地质灾害	位于中低纬度地带，人口稠密，经济密度大

表 1-2 世界各大洲灾害的特点

大洲名称	自然灾害特点
亚洲	自然灾害类型齐全，主要有地震、干旱、洪涝、台风、热浪、寒潮、沙漠化、水土流失等；灾害分布广泛，灾害损失巨大；其中，中国、日本、印度、孟加拉国、印度尼西亚等国灾害频繁
欧洲	自然灾害类型较少，低温灾害特别是雪灾比较严重
非洲	自然灾害类型较少，以旱灾为主，旱灾引发蝗虫灾害；由于人口压力过大，引起严重的土地退化、沙漠化现象；旱灾主要分布于热带草原地区
北美洲	自然灾害类型齐全，地震、龙卷风、飓风、洪涝灾害突出，损失严重；西海岸主要为地震，火山灾害，东、南部龙卷风、飓风灾害突出；中、南部洪涝灾害严重
南美洲	自然灾害类型较少，以地震、火山喷发、泥石流灾害为主，集中分布在太平洋沿岸的智利、哥伦比亚、秘鲁等国
大洋洲	大陆内部气象灾害较多，火山、地震灾害

1.2.1.2 国内山地灾害分布

我国有灾害性泥石流沟一万多条，滑坡数万处，崩塌数十万处，广泛分布在高原、山地和丘陵地区，主要分布在川滇山地、秦岭、云贵高原、黄土高原、燕山、太行山、长白山、天山和青藏高原等地区。山洪分布更为广泛，除上海市以外，各省、市、自治区的山区都可能发生山洪灾害。

山地灾害的发生发展与我国山地的地理分布、构造运动、岩性等密不可分。我国山地的地理分布以大兴安岭—燕山—太行山—武陵山—雪峰山一线为界划分为东西两个区，东部区为我国最低一级地貌阶梯，以丘陵、平原地形为主，其次为低山地形。山地灾害除东南山地较密集外，其余地区较稀少；西部地区为我国一、二两级地貌阶梯，以广阔的高原和深切割的高山、中山地形为主，其次为河谷阶地和山间小盆地地形。山地灾害在高原的边缘和中、高山区密集分布。

山地灾害分布受大江、大河的控制。黄河中上游，长江上游的金沙江，西藏东部的澜沧江、怒江等流域是崩塌、滑坡、山洪、泥石流等山地灾害频发区域。

山地灾害的分布受大地构造和新构造运动的影响，常在不同构造体系的结合部和断裂带上密集分布。前者如西北的祁连山山字型构造体系、西南地区的横断山褶皱带、川东北的大巴山弧形构造带等；后者如安宁河断裂带、小江断裂带等都有许多崩塌、滑坡、山洪、泥石流等山地灾害分布。

山地灾害的分布还受地层岩性的控制，如新生代的半成岩地层和第四系松散堆积的碎石土；中生代以前的砂、泥、页岩地层以及它们的变质岩类；强风化的花岗岩地层等。上述地层分布的山区山地灾害常集中分布。

1.2.2 山地灾害的特征

山地灾害既是一种自然现象，又是一种社会经济现象，具有自然和社会经济两重属性。自然属性是指围绕山地灾害的动力过程表现出的各种自然特征，如山地灾害的规模、强度、频次以及灾害活动的孕育条件、变化规律等。社会经济属性主要是指与成灾过程密切相关的人类社会经济特征，如人口、财产、工程建设活动、资源开发、经济发展水平、防灾能力等。山地灾害的自然属性和社会经济属性表现为山地灾害的特征如下所述。

(1)山地灾害的形成具有同一性

各种山地灾害均发生在唯一特定的环境，即山地环境内，因此它们之间存在着密不可分的联系。各种山地灾害在形成上的联系，主要表现为形成的同一性。动力条件：各种山地灾害的形成必然具备一定的地形高差、陡峻的山坡、深切的河谷等。物质条件：各种山地灾害的形成还要具备多变的岩性，复杂的地质构造，活跃的新构造运动，频繁的地震和强烈的不合理的人类经济活动在山区形成的巨大数量的松散碎屑物质。激发条件(触发条件)：暴雨和地震是激发山地灾害的主要条件，加之与巨大的地形高差与陡峻的山坡或沟床相结合，就会导致各种山地灾害的形成。

(2)山地灾害形成的互动性

由于山地灾害的形成具有同一性，因此各种山地灾害可能在大体一致的空间和时间内发生，因此在适宜的条件下，只要一种山地灾害先发生，就可能引起另一种或另外数种山地灾害相继发生，形成灾害链。

(3)山地灾害的必然性和可防御性

山地灾害是地球运动的产物。它是出于地壳能量不均衡，导致能量转移或地壳物质运动而引起的。从地球形成以来，这种运动一直持续进行。从灾害事件的动力过程看，在灾害发生后，能量和物质得到调整，达到了平衡，但是这种平衡是暂时的、相对的，在实现平衡过程中，新的不平衡又在同时产生，新的灾害又开始孕育发展，因此，山地灾害具有必然性。

山地灾害都是在一定条件下形成发展的，所以研究山地灾害的形成条件和活动规律，通过监测、预报和采取防治措施，可以在一定程度上控制灾害活动，保护受灾体，减少和避免灾害造成的破坏损失，因此山地灾害具有可预防性。例如，我国成功地预报了新滩滑坡，从而大大地减轻了灾害破坏损失。在一些城镇和交通干线修建了防治滑坡、岩崩、泥石流等工程设施，有效地防止了这些灾害的发生，从而保护了工程设施的安全。随着社会经济发展和科学技术水平的提高，灾害的可防御性不断提高。

(4)山地灾害的随机性和准周期性

山地灾害活动是在多种条件作用下形成的，它既受地球动力活动控制，又受地壳物质性质、结构和地壳表面形态等因素影响，同时又受人类活动影响。因此，山地灾害活动的时间、地点、强度等具有很大的不确定性和随机性。随着科学技术的发展，人类对自然的认识水平不断提高，可以揭示更多自然现象的规律，降低随机事件的不确定性程度。山地灾害在具有随机性的同时，还有周期性特点。这种特性既可以由一个具体的灾害体活动得到反映，也可以由地区或区域灾害活动得到反映。例如，滑坡、泥石流灾害具有一年到几百年的不同时间尺度的周期性活动规律，因此形成波浪起伏的灾害时间序列。

(5) 山地灾害突发性和渐变性

山地灾害的突发性表现为灾害一经发生，来势凶猛，历时短，直接危害人类生命安全，同时造成重大经济损失。崩塌、滑坡、山洪、泥石流等山地灾害都具有突发性特点，因此，提高对山地自然灾害的监测、预报能力，增强对受灾体的工程防护，是降低山地灾害损失的重要手段。山地灾害的渐变性表现为灾害的发生往往有一个长期的不断累进过程，即环境恶化到一定程度后逐渐转化为灾害，因此其主要是造成经济损失。例如，水土流失其危害范围一般较大，且持久性强，所以灾害一旦发生，治理难度较大，投入高，见效慢。

(6) 山地灾害与社会的同步性

人类社会的早期，人口稀少，生产能力低下，缺乏改造自然的能力，主要是顺乎自然以求生存，对自然界改造与破坏的程度不大。但随着人口的增多，科学的进步，生产力水平不断提高，特别是社会组织功能的提高，人类改造自然的能力越来越大，在满足人口增长和社会经济发展需求的同时，经济活动也带来对自然环境的改造和破坏，使地球生态日益恶化，这是山地灾害丛生的重要原因。因此，要抑制社会与自然向恶性循环方向发展，就必须强化对灾害与社会同步性的认识，依靠社会的共同努力，从自然与社会两大方面，制定相应的人口政策、资源政策、环境政策、减灾政策，使资源、环境、人口与经济协调稳定健康发展。

(7) 山地灾害的破坏性与建设性

山地灾害的破坏性表现为造成人员伤亡、财产损失和资源破坏等多种形式。在它们产生破坏的同时，往往也会抑制其他一些灾害对人类的威胁，创造某些有益的发展机会，表现出其建设性的一面。例如，洪水泛滥在威胁人民生命财产、破坏耕地的同时，通过引洪漫灌又提供了新的肥沃土地资源。滑坡常常堵塞沟谷，形成“堰塞湖”，经过加固和改造，形成具有蓄水拦沙功能的天然水利设施，对于有效地利用天然水资源和水土保持具有积极作用。流域水土流失给河流带来大量泥沙，成为河口三角洲形成发育的重要物质基础，如黄河、长江、珠江等流域的水土流失，致使大量泥沙被河流泄到入海口沉积，形成黄河三角洲、长江三角洲、珠江三角洲。根据地质灾害破坏性与建设性共存的特点，在灾害防治中，应力求控制其破坏性，发挥其建设性，趋利避害，尽可能变害为利，或变大害为小害，因势利导，取得最大的减灾效益。

(8) 山地灾害防治的社会性

在我国，严重的山地灾害如崩塌、滑坡、山洪、泥石流等主要分布在山区，那里自然条件差，交通闭塞，经济基础薄弱，至今许多地区仍属于贫困地区。在这种情况下，严重的山地灾害进一步阻碍了这些地区的资源开发和工程建设活动，阻碍经济发展的步伐，扩大了和其他较发达地区的差距，影响全国经济发展宏伟目标。因此，有效地防治山地灾害不但对保护受害区人民生命财产安全具有重要的现实意义，而且对于促进这些地区经济和全国经济发展具有重要意义。防治山地灾害是一项全民性的社会公益事业和产业活动，不仅需要政府的领导和政策支持，而且需要企业、民众、团体的广泛参与，才能取得明显的减灾效果。

(9) 山地灾害防治工程的时效性和风险性

实施必要的工程措施是有效防治山地灾害的重要途径。但是防灾工程不同于其他工程的一个重要特点是，工程设计是建立在一定时段内，以一定保证程度(如抗御若干年一遇的灾害)为依据的。防灾工程方案一经确定，必须保证及时付诸实施，工程不得偷工减料，不得半途而废。实施的工程如未达到设计要求可能前功尽弃，甚至进一步加重灾害活动；如未按设计时间要求进行，可能造成费工费力，甚至达不到工程效果。

由于山地灾害是一种随机事件，虽然灾害活动有一定的规律性，但灾害发生的时间、强度、危害范围、破坏程度等都具有很大的不确定性，因此地质灾害防治工程具有不同程度的风险性。因此，深入分析地质灾害的活动规律，研究承灾体的易损性，核算灾害的期望损失，综合评价灾害风险程度，在此基础上规划和设计防治工程，可以最大限度地降低防治工程造价，保障以较小的减灾投入取得较好的减灾效益。

1.2.3　山地灾害的危害

中国是世界上受山地灾害危害最严重和暴发最频繁的国家之一，山地灾害常造成重大人员伤亡，毁坏城镇、村庄、农田，破坏工厂、矿山、交通、通信、电力、水利和国防等各种设施，破坏生态环境。山地灾害每年造成的损失约占各类自然灾害造成总损失的1/4。近年来，全国平均每年因山地灾害造成的经济损失达10亿元，死亡和失踪人数达1500人，占自然灾害死亡人数的1/2以上。

山地灾害的主要危害表现为：

(1) 泥沙淤积，加剧洪涝灾害，影响防洪安全

山地灾害对水利水电工程的影响和危害很大。龚咀水电站是大渡河上一个以发电为主的综合利用大型工程，因上游百余处泥石流、滑坡将大量的泥沙石块输入大渡河，使电站运行仅15年，淤积库容就达49%。三门峡电站运行仅1年，由于库区黄土塌滑湿陷和严重的水土流失造成泥沙淤满库容。各大流域梯级开发的水利水电工程，都不同程度地受到泥沙淤积的威胁，缩短工程使用寿命，影响防洪安全。

(2) 崩塌、滑坡、泥石流严重，危及生命安全

据不完全统计，在1949—1979年的30年中，崩塌、滑坡、泥石流灾害至少造成9680人死亡，其中滑坡、崩塌灾害致死3635人，泥石流灾害致死6045人。30年中，平均每年死亡人数为231人，其中崩塌、滑坡灾害致死87人/年，泥石流灾害致死144人/年。20世纪80年代以来，崩塌、滑坡、泥石流造成的经济损失超过30亿元。全国共发育有较大型崩塌3000多处、滑坡2000多处、泥石流2000多处，中小规模的崩塌、滑坡、泥石流则多达数十万处。全国有上百座城市，350多个县的上万个村庄、100余座大型工厂、55座大型矿山、3000多千米铁路线受山地灾害的威胁和危害，较为典型的有重庆（市区内滑坡129处，崩塌58处）、攀枝花(市区内滑坡50余处)、兰州(市区内有泥石流沟55条，至少造成了322人死亡和数千万元经济损失)。

(3) 毁坏耕地，影响粮食安全

我国人多地少，特别是山区，耕地不足，良田更为缺乏，而山地灾害每年毁坏坡

耕地、大量沟谷两岸阶地和山口外的良田，导致可耕地，尤其是良田减少，严重阻碍农村经济发展。

(4)破坏道路，影响交通安全

我国遭受崩塌、滑坡、泥石流灾害最严重的是铁路、公路和航道。铁路主要集中在宝成、宝兰、成昆、川黔、黔桂、青藏、太焦等线。据铁路部门统计，我国铁路全线约有泥石流沟1368条，威胁着3000km长的铁路安全，1949年以来，沿线共发生泥石流1200多次，平均每月用于铁路修复、改建的费用就高达7000万元。铁路沿线分布着大中型滑坡1000余处，平均每年中断交通运输44次，中断行车800多小时，经济损失7580万元，每年投入的整修费6500万元。1980年7月3日发生的成昆铁路西车站滑坡，堆积在路基上的滑坡体体积$226\times10^4m^3$，厚度15m，掩埋铁路长162m，中断行车39d，造成严重的经济损失，仅工程治理费就高达2310万元。宝成铁路横穿秦巴山地，地形地质条件复杂，灾害地质作用频繁。经调查宝成铁路沿线共有滑坡、崩塌、泥石流526处，其中滑坡174处，崩塌279处，泥石流73条，平均线发育密度每千米近1处。虽经大力整治，因灾停运现象连年不断，影响铁路效益充分发挥。

(5)破坏植被，影响生态安全

许多山地灾害均是在植被覆盖率低、基岩裸露、沟壑纵横、风化侵蚀强烈的恶劣自然条件下产生的。山地灾害发生后，直接表现为原有地貌形态发生改变，形成新的破损面和再塑地形，地表原有植被遭到大面积破坏，而在形成新的破损面和再塑地形上，由于立地条件的限制，进行植被恢复的难度增加，影响生态安全。

(6)污染水源地，影响饮水安全

饮用水资源是人类生存的基本条件。我国农村有3.12亿人口存在饮水不安全问题；在全国600多座城市中，有400多座城市供水不足。由于大量污水排入江河湖库，使饮用水源受到污染，进一步加剧了水资源紧缺的矛盾。全国共有湖库型城市饮用水源地1106个，其中山地灾害和面源污染严重的170个。饮水安全面临的问题，除了饮用水数量上的不足外，更为严重的是饮用水质量的下降。2000年全国受到污染或严重污染的湖泊占湖泊总数的58%；污染的水库占水库总数的20%；受到污染或严重污染的河流长度占河流总长度的58.7%。山区通常是城镇水源地，而山地灾害常会增加河流泥沙含量，降低水源质量，危及饮用水安全。

(7)加剧人口、资源和环境的矛盾，制约可持续发展

减小人口压力、合理利用资源和保护环境是实现社会可持续发展的重要措施，山地灾害的发生对社会生态经济系统结构和功能造成负面影响。灾害加剧了生态环境的脆弱性，土地资源退化、沙化、盐碱化，生物多样性受到威胁，制约和影响社会的可持续发展。

1.2.4 山地灾害及防治现状

山地灾害具有隐蔽性、突发性和破坏性，预报预警难度大，防范难度大，社会影响大。

2000年以来，我国突发山地灾害平均每年造成死亡和失踪约1100人、经济损失120亿~150亿元。据调查统计，目前全国约有山地灾害隐患点近24万个，威胁人口1359万，受影响人口预计6795万人。

未来十几年是我国经济社会快速发展时期，西部大开发战略实施中人类建设活动引发的山地灾害仍在增加；东部地区现代都市圈和城镇化进程逐渐加快和形成，水资源供需矛盾加剧，汶川、玉树地震灾区和三峡库区也是未来一段时期内的防治重点。另外，本世纪前期气候变化和地震均趋于活跃期，强降雨和地震引发的滑坡、崩塌、山洪、泥石流等灾害将加剧，处于山地灾害的高发期。

我国山地灾害防治工作在制度建设、体系建设、基础建设等方面取得一系列重要进展：

①法规规章体系初步建立，《地质灾害防治条例》《国家突发地质灾害应急预案》以及相关地方性法规或规章陆续颁布和出台，各省(自治区、直辖市)和大部分易发区的市、县均发布实施了应急预案和防治规划，资质管理、信息报送和应急响应等均有章可循。完成了2020个县(市)的山地灾害调查与区划工作。

②三峡移民工程、地震灾区恢复重建，以及青藏铁路、西气东输等国家重点工程的地灾评估取得实效；工程治理取得成效，一批危害严重的山地灾害得到治理。针对不同的灾害类型，建立了若干山地灾害治理模式。

③建起1个国家级地质环境监测院、32个省级监测总站、233个市级监测分站和166个县级监测站，建起了一支十多万人的群测群防监测员队伍。

④已建成866个“十有县”，“万村培训行动”和“县、乡、村干部国土资源法律知识宣传教育”培训了300多万人，基层“五到位”宣传活动培训了10万人。

⑤完成汶川、玉树地震次生灾害排查等多次重大地质灾害的应急抢险工作。

⑥中央和地方财政都大幅增加了地质灾害防治资金投入。

1.3 山地灾害防治工程学的主要内容和方法

1.3.1 山地灾害防治工程学的主要内容

山地灾害防治工程学涉及自然地理学、环境生态学、气象学、水文学、土壤学、地质学、水力学、岩土力学、建筑学和材料学等多种学科，因而研究的内容也很多，归纳起来有以下基本内容：

(1)山地灾害的形成机理

山地灾害形成的机理研究，包括滑坡、崩塌、泥石流以及山洪的形成机理。

(2)山地灾害的防治技术体系

山地灾害的防治体系，包括滑坡、崩塌、泥石流以及山洪的防治技术体系。

(3)山地灾害的监测、预警体系

山地灾害的监测和预警体系，预警体系包括监测、预测、预报、临报和警报。

(4)山地灾害风险评估

山地灾害风险评估在山地灾害预防与规划、山地灾害工程建设以及山地灾害造成损失评估等方面发挥重要作用。风险评估包括风险识别、风险分析和风险评价的全过程。

山地灾害防治规划是长远的、分阶段或分步骤实施的山地灾害预防和治理计划。

(5)山地灾害管理

山地灾害管理是指通过法律、行政、宣传教育、经济或其他有关手段，控制约束并引导人们对山地灾害的反应及减灾行为，是政府、有关单位与社会集团为防灾、减灾所进行的立法、规划、组织、协调、干预和工程技术活动的总和。

1.3.2 山地灾害防治工程学的研究方法

山地灾害防治工程学的研究方法主要有以下 3 个方面：

(1)灾害动力学方法

对区域灾害系统的研究，讨论灾害机制，主要强调灾害系统的物质与能量流的耗散机制，其核心是灾害时空变化的动力学过程，集中反映灾害系统的致灾过程。灾害生态机制指灾害系统所具有的一系列共同或相似的生态学特征，主要揭示成灾过程，包括反馈机制、阈值机制、迟滞与综合加重机制。单一灾害的研究虽然也重视灾害机制的研究，但是只强调由致灾因子而产生的一系列动力学过程。灾害系统的综合作用机制，即物质与能流耗散机制与生态机制，灾害系统是一类非平衡的耗散系统。

(2)数理分析方法

将现代统计学的重要思想引入山地灾害防治工程学，强调数据分析、图形工具和计算机技术，并注重统计的实务和应用，其中主要应用的有概率分析、相关分析、趋势分析、聚类分析、数值分析等。

(3)社会经济评价方法

社会经济评价是在资金有限的情况下，为了节省并有效地使用投资，必须讲求经济效益。在做出投资社会项目决策之前，要认真进行可行性研究，并对投资项目的经济效益进行计算和分析。当有多个可供选择的方案时，还要对各个方案的经济效益进行比较和选优。这种分析论证过程包括系统分析、层次分析、工程分析、价值分析等。

1.3.3 山地灾害防治工程学与相关学科的关系

(1)山地灾害防治工程学与气象学、水文学的关系

气象学是把大气当作研究的客体，从定性和定量两方面来说明大气特征的科学；水文学是研究存在于大气层中、地球表面和地壳内部各种形态水在水量和水质上的运动、变化、分布，以及与环境及人类活动之间相互的联系和作用的科学，各种气候因素和不同气候类型，形成不同的水文特征，并对山地灾害的发生、发展有直接和间接的影响。根据气象、气候对山地灾害的影响程度，采取相应的防治预警措施，加强和提高防治效果。

(2)山地灾害防治工程学与地质学、地貌学的关系

地质学是研究地球的物质组成、内部构造、外部特征、各层圈之间的相互作用和演变历史的科学；地貌学是研究地球表面的形态特征、成因、分布及其演变规律的科学。地质、地貌条件是影响山地灾害形成的重要因素之一，根据地质、地貌特点，因地制宜、因害设防地采取山地灾害防治措施，才能有效控制山地灾害对地形地貌重塑作用，避免山地灾害的发生发展。

(3)山地灾害防治工程学与土壤学的关系

土壤学是以地球表面能够生长绿色植物的疏松层为对象，研究其中的物质运动规律及其与环境间关系的科学。土壤是水力侵蚀和风力侵蚀作用破坏的重要对象，不同的土壤具有不同的贮水、渗水和抗蚀能力，各种山地灾害防治措施具有改良土壤结构、提高土壤肥力等作用，因此，土壤学是山地灾害防治工程学的重要基础。

(4)山地灾害防治工程学与水力学区别

水力学是研究以水为代表的液体的宏观机械运动规律，及其在工程技术中的应用的关系。用于控制和调配自然界的地表水和地下水，达到除害兴利目的而修建的各类水工程，与山地灾害防治工程措施作用接近，可以借鉴和使用。

(5)山地灾害防治工程学与林学的区别

林学是研究森林的形成、发展、管理以及资源再生和保护利用的理论与技术的科学，山地灾害防治工程中的植物措施布置、经营和管理主要以林学为基础。

1.4 前景展望

合理利用山地资源，防治山地灾害，改善生态环境是山区经济和社会发展中的长期而艰巨的战略任务。国外泥石流、滑坡等山地灾害的研究已有近300年的历史。泥石流学、滑坡学的框架已形成。近几年的国际学术会议表明：泥石流、滑坡活动的地带性与全球气候变化的规律，泥石流、滑坡起动机理、动力模型，泥石流、滑坡灾害风险分析与发生时间预报，灾害性泥石流、滑坡成灾机理与防治关键技术已成为当今世界关注的热点和研究的前沿领域。

我国研究泥石流、滑坡等山地灾害虽起步较晚，也有近50年的历史，参与研究的部门、单位、人员之多是世界各国无法比拟的。研究的领域除泥石流、滑坡基础理论外，涉及上述诸多方面。有中国特色的泥石流学、滑坡学骨架已基本形成。与国外研究态势相比，国内研究仍存在一定差距。因此，我国今后需要继续深入开展泥石流、滑坡等山地灾害基础理论研究；探索其活动的地带性规律；完善中国泥石流、滑坡数据库；加强泥石流、滑坡形成、起动机理和运动力学模型研究；开展泥石流、滑坡等山地灾害成灾机理、预测预报、减灾防灾的关键技术研究，为完善和发展山地灾害学作出新的贡献。

尽管山地灾害防治的难度较大，但只要重视，及早发现，及早科学防治，就能使山地灾害减少到最低程度。

思考题

1. 简述灾害、自然灾害及山地灾害的基本概念。
2. 简述山地灾害特性和危害。

参考文献

陈国阶. 2004. 中国山区发展报告[M]. 北京：商务印书馆.
崔鹏. 2009. 我国泥石流防治进展[J]. 中国水土保持科学，10：7－13.
崔鹏. 2014. 中国山地灾害研究进展与未来应关注的科学[J]. 地理科学进展(2)：145－152.
梁必骐. 1993. 自然灾害研究的几个问题[J]. 热带地理(2)：106－113.
梁必骐. 2007. 自然灾害的影响与防范[J]. 广东气象(3)：39－41，65.
罗元华. 1994. 中国山地灾害灾情评估[J]. 中国减灾(2)：18－21.
钱乐祥. 1994. 灾害系统分类初探[J]. 自然灾害学报(3)：98－102.
史培军. 1995. 中国自然灾害、减灾建设与可持续发展[J]. 自然资源学报(3)：267－277.
孙广忠. 1990. 中国自然灾害灾情估计[J]. 地质灾害与防治(1)：8－15.
王成华，孔纪名. 2009. 滑坡灾害及减灾技术[M]. 成都：四川科学技术出版社.
吴积善，王成华，程尊兰. 1997. 中国山地灾害防治工程[M]. 成都：四川科学技术出版社.
吴积善，王成华. 2006. 山地灾害研究的发展态势与任务[J]. 山地学报(5)：518－524.

第2章

崩　塌

崩塌是重要的山地灾害之一，崩塌是指位于陡崖、陡坡前缘的部分岩土体突然与母体分离，翻滚跳跃崩坠崖底或塌落在坡脚的过程与现象。

崩塌的发生具有突发性，难以准确预测，破坏性强，往往可以摧毁房屋建筑，阻断交通，造成严重的人员伤亡和财产损失，因此是一种极具破坏性的山地灾害。

2.1　崩塌的分类及形成机理

崩塌是在特定自然条件下形成的，其发生过程表现为岩块(或土体)顺坡猛烈地翻滚、跳跃，并相互撞击，最后堆积于坡脚，形成倒石堆。崩塌的主要特征为：下落速度快、发生突然，崩塌体脱离母岩而运动，下落过程中崩塌体自身的整体性遭到破坏，崩塌物的垂直位移大于水平位移。具有崩塌前兆的不稳定岩土体称为危岩体。

崩塌运动的形式主要有两种：一种是脱离母岩的岩块或土体以自由落体的方式坠落；另一种是脱离母岩的岩体顺坡滚动而崩落。前者规模一般较小，从不足 $1m^3$ 至数百立方米；后者规模较大，一般在数百立方米以上。

2.1.1　崩塌的作用方式

斜坡上的岩屑或块体在重力作用下，快速向下坡移动的过程称为崩塌。崩塌按块体的地貌部位和崩塌形式又可分为山崩、塌岸和散落。

山崩是山岳地区常发生的一种大规模崩塌现象，崩塌体能达数十万立方米。山崩常阻塞河流、毁坏森林和村镇。山崩时大块崩落和小颗粒散落是同时进行的。

河岸、湖岸(库岸)或海岸的陡坡，由于河水、湖水或海水的掏蚀，或地下水的潜蚀作用以及冻融作用，使岸坡上部物体失去支持而发生崩塌，称为塌岸。

散落指岩屑沿斜坡向下做滚动和跳跃式地连续运动。其特点是散落的岩屑连续地撞击斜坡坡面，并带有微弱的跳动和向下旋转运动。跳动可以是岩屑从某一高度崩落到坡下继续反跳，也可能是快速滚动的岩屑撞击不平整的坡面而跳起。

2.1.2　崩塌的分类

2.1.2.1　基于组成坡地物质结构

崩积物崩塌：这类崩塌是指山坡上处于松散状态的上次崩塌堆积物，在外力影响下(如雨水浸湿或地表震动)，而发生的再次崩塌现象。

表层风化物崩塌：在地下水沿风化层下部的基岩面流动时，引起风化层沿基岩面的崩塌类型。

沉积物崩塌：有些由厚层的冰积物、冲积物或火山碎屑物组成的陡坡，由于结构松散，形成的崩塌。

基岩崩塌：在基岩山坡上常沿节理面、层面或断层面等发生的崩塌。

2.1.2.2　基于崩塌危岩体开始失稳时的运动形式

崩塌体所处的地质条件以及崩塌的诱发因素是多种多样的，但危岩体开始失稳时的运动形式基本上是倾倒、滑移、鼓胀、拉裂和错断5种。是否产生崩塌主要取决于这5种初始变形的形成和发展。由此，可将崩塌分为倾倒式崩塌、滑移式崩塌、鼓胀式崩塌、拉裂式崩塌、错断式崩塌。不同类型的崩塌在岩性、结构面特征、地貌、崩塌体形状、岩体受力状态、起始运动形式和主要影响因素等方面都有各自的特点，见表2-1所列。不同崩塌类型形式如图2-1所示。在一定条件下，还可能出现一些过渡类型，如鼓胀—滑移式崩塌、鼓胀—倾倒式崩塌等。

表2-1　崩塌的类型及其主要特征

类型	岩性	结构面	地貌形态	崩塌体形状	力学机制	失稳因素
倾倒式崩塌	黄土，灰岩等直立岩层	垂直节理、柱节理、直立岩层面	堪峡谷、直立岸坡、悬崖等	板状、长柱状	倾倒	水压力、地震力、重力
滑移式崩塌	多为软硬相间的岩层	向临空面的结构面	陡坡，通常大于45°	板状、楔形、圆柱状及其组合形状	滑移	重力、水压力、地震力
鼓胀式崩塌	直立黄土、黏土或坚硬岩石下有厚层软岩	上部垂直节理、柱状节理，下部为近水平的结构面	陡坡	岩体高大	鼓胀	重力、水的软化
拉裂式崩塌	多见于软硬相间的岩	多为风化裂隙和重力拉张裂隙	上部突出的悬崖	上部硬岩层以悬臂梁形式突出来	拉裂	重力
错断式崩塌	坚硬岩石、黄土	垂直裂隙发育，无倾向临空面的结构面	大于45°的陡坡	多为板状、长柱状	错断	重力

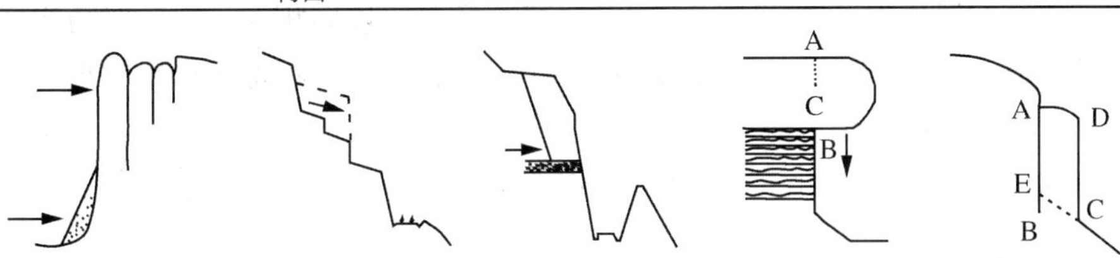

(a)　(b)　(c)　(d)　(e)

图2-1　崩塌的类型

(a)倾倒崩塌　(b)滑移崩塌　(c)鼓胀崩塌　(d)拉裂崩塌　(e)错断崩塌

2.1.2.3　基于边坡失稳破坏的具体部位分类

根据边坡失稳破坏的具体部位，可将崩塌划分为 3 种类型：

①坡体崩塌　沿松弛带以下未松弛的岩体内一组或二组结构面向临空面滑动产生崩塌。

②边坡崩塌　破坏范围限于岩体松弛带范围之内而产生的崩塌。

③坡面崩塌　在斜坡形状和各段坡度基本稳定的条件下，产生坡面岩土坍塌、局部松动掉石。

此外，按崩塌的组成物质，可把崩塌分为崩积土崩塌、表层土崩塌、沉积土崩塌和基岩崩塌 4 种类型。按崩塌发生的地貌部位则有山坡崩塌和岸边崩塌之分。也有人将崩塌分为断层崩塌、节理裂隙崩塌、风化碎石崩塌和软硬岩接触带崩塌。

2.1.3　崩塌的形成机理

崩塌的突然产生是岩体长期蠕变和不稳定因素不断积累的结果。崩塌体的大小，物质组成、结构构造、活动方式、运动途径、堆积情况、破坏能力等虽然千差万别，但崩塌现象的产生都有一个孕育和发展的过程，它们的发展都遵循一定的模式，因此分析崩塌形成的机理，不仅有利于我们了解崩塌灾害，而且能够为我们治理崩塌灾害提供理论支持。

2.1.3.1　倾倒崩塌

在河流峡谷区、黄土冲沟地段或岩溶区等地貌单元的陡坡上，经常有巨大而直立的岩体以垂直节理或裂隙与稳定的母岩分开。这种岩体在断面图上呈长柱形，横向稳定性差。如果坡脚遭受不断地冲刷掏蚀，在重力作用下或有较大水平力作用时，岩体因重心外移倾倒产生突然崩塌。这类崩塌的特点是崩塌体失稳时，以坡脚的某一点为支点发生转动性倾倒。

2.1.3.2　滑移崩塌

临近斜坡的岩体内存在软弱结构面时，若其倾向与坡向相同，则软弱结构面上覆的不稳定岩体在重力作用下具有向临空面滑移的趋势。一旦不稳定岩体的重心滑出陡坡，就会产生突然的崩塌。除重力外，降水渗入岩体裂缝中产生的静、动水压力以及地下水对软弱面的润湿作用都是岩体发生滑移崩塌的主要诱因。在某些条件下，地震也可引起滑移崩塌。

2.1.3.3　鼓胀崩塌

若陡坡上不稳定岩体之下存在较厚的软弱岩层或不稳定岩体本身就是松软岩层，深大的垂直节理把不稳定岩体和稳定岩体分开，当连续降雨或地下水使下部较厚的松软岩层软化时，上部岩体重力产生的压应力超过软岩天然状态的抗压强度后软岩即被挤出，发生向外鼓胀。随着鼓胀的不断发展，不稳定岩体不断下沉和外移，同时发生倾斜，一旦重心移出坡外即产生崩塌。

2.1.3.4 拉裂崩塌

当陡坡由软硬相间的岩层组成时，由于风化作用或河流的冲刷掏蚀作用，上部坚硬岩层在断面上常常突悬出来。在突出的岩体上，通常发育有构造节理或风化节理。在长期重力作用下，节理逐渐扩展。一旦拉应力超过连接处岩石的抗拉强度，拉张裂缝就会迅速向下发展，最终导致突出的岩体突然崩落。除重力的长期作用外，震动力、风化作用(特别是寒冷地区的冰劈作用)等都会促进拉裂崩塌的发生。

2.1.3.5 错断崩塌

陡坡上长柱状或板状的不稳定岩体，当无倾向坡外的不连续面和较厚的软弱岩层时，一般不会发生滑移崩塌和鼓胀崩塌。但当有强烈震动或较大的水平力作用时，可能发生如前所述的倾倒崩塌。此外，在某些因素作用下，可能使长柱或板状不稳定岩体的下部被剪断，从而发生错断崩塌。悬于坡缘的帽檐状危岩，仅靠后缘上部尚未剪断的岩体强度维持暂时的稳定平衡。随着后缘剪切面的扩展，剪切应力逐渐接近并大于危岩与母岩连接处的抗剪强度时，则发生错断崩塌。

另外一种错断崩塌的发生机制是：锥状或柱状岩体多面临空，后缘分离，仅靠下伏软基支撑。当软基的抗剪强度小于危岩体自重产生的剪应力或软基中存在的顺坡外倾裂隙与坡面贯通时，发生错断—滑移—崩塌。

产生错断崩塌的主要原因是由于岩体自重所产生的剪应力超过了岩石的抗剪强度。地壳上升、流水下切作用加强、临空面高差加大等，都会导致长柱状或板状岩体在坡脚处产生较大的自重剪应力，从而发生错断崩塌。人工开挖的边坡过高过陡也会使下部岩体被剪断而产生崩塌。

2.1.4 崩塌的形成条件

2.1.4.1 地形条件

地形条件包括坡度和坡地相对高度。坡度对崩塌的影响最为明显，斜坡上物体的重力切向分力和垂向分力随坡度变化而发生变化。当坡度达到一定角度时，岩屑重力的切向分力能够克服摩擦阻力向下移动，一般大于33°的山坡不论岩屑大小都将有可能发生移动。但是不同岩性的山坡，形成崩塌的坡度也不完全相同。在无水情况下，一般岩屑坡的坡度休止角是30°~35°，干沙的休止角为35°~40°，黏土的休止角可达40°左右。如果为同一种岩性但其结构不同，它们的休止角也不同。例如，原生黄土的结构较致密，超过50°的坡地才会发生崩塌，而次生黄土的结构较松散，30°左右就发生崩塌。坡地的相对高度和崩塌的规模有关，一般当坡地相对高度超过50m时，就可能出现大型崩塌。崩塌落石与边坡坡度关系的统计见表2-2所列。

表 2-2　崩塌落石与边坡坡度关系的统计

边坡坡度/°	<45	45 ~ 50	50 ~ 60	60 ~ 70	70 ~ 80	80 ~ 90	总计
崩塌次数	14	11	7	17	6	2	57
百分率/%	24.6	19.3	12.3	12.3	10.5	3.5	100

2.1.4.2　地质条件

岩石中的节理、断层、地层产状和岩性等都对崩塌有直接影响。在节理和断层发育的山坡岩石破碎，很易发生崩塌。当地层倾向和山坡坡向一致，而地层倾角小于坡角时，常沿地层层面发生崩塌。软硬岩性的地层呈互层时，较软岩层易受风化，形成凹坡，坚硬岩层形成陡壁或突出成悬崖时易发生崩塌。

2.1.4.3　气候条件

气候可使岩石风化破碎，加速坡地崩塌。在日温差、年温差较大的干旱、半干旱地区，由于物理风化作用较强，较短时间内岩石便被风化破碎。例如，兰新铁路一些新开挖的花岗岩路堑仅在四、五年间便被强烈风化，形成崩塌。

2.1.4.4　地震及其他

地震是崩塌的触发因素。地震时能形成数量多而规模很大的崩塌体，如 1920 年宁夏海原 8.5 级地震，有 650 多处发生大规模崩塌(其中有一部分是滑坡)，地震形成的崩塌分布在上万平方千米范围内。1970 年，秘鲁境内的安第斯山附近发生一次大地震，当时从 5000 ~ 6000m 高山上倾泻下来的岩块和冰块等崩塌体，连抛带滚波及 10km 以外。1974 年 7 月 8 日在昭通地震区的老寨堡附近发生一次巨大崩塌，是在一次 2.6 级小余震的触发作用下发生的。大规模崩塌前山崖上有小石块崩落，随即开始大规模的崩塌，转瞬间巨大石块从山坡上向下倾泻，击毁了山下原有的老崩塌体，新、老崩塌体一起往山下流动，形成长约 1.5km、宽 150 ~ 200m 的崩塌体，自上而下分成崩塌、滑坡和泥石流 3 个地段。

在山区进行各种工程建设时，如不顾及自然地形条件，任意开挖，常使山坡平衡遭到破坏而发生崩塌。另外，任意砍伐森林和在陡坡上开垦荒地也常引起崩塌。

2.2　崩塌防治技术

2.2.1　崩塌防治原则

2.2.1.1　“防”灾与“治”灾的区别

“防”灾是指防御灾害的产生，包含防止受灾对象与致灾作用遭遇和增强受灾对象抗灾能力这两重含义。对崩塌灾害来说，防灾基本上有两大途径，即主动撤离躲避灾害或在条件许可的情况下，采用拦挡等工程措施，限制崩塌体的运动方向或范围，防止崩塌成灾。

“治”灾，一般是指利用工程措施或其他手段，对孕灾地质体进行治理，稳定孕灾地质体或减缓其成生速度，制止灾情发生与扩大。一般认为，基于受灾对象不撤离(无法躲避、躲避代价高于治理代价，除经济原因外不能躲避等)情况下，对崩塌体动用工程措施和其他措施均属“治”的范畴。

2.2.1.2 崩塌防治的基本原则

(1)优先考虑防灾躲避的原则

人类认识自然、改造自然的能力(包括认识能力、技术能力和经济能力等)，一般情况下尚不足以与大规模的强烈的山崩等重大山地灾害抗衡，此时应以防灾为主，以主动撤离、躲避为主，应优先考虑躲避。

(2)工程防治原则

山地灾害防治是地质工程，不是一般的土木工程和水利工程。它是以地质体作为建筑对象，以地质结构作为工程结构，以地质环境作为实施环境的一种特殊工程。

山地灾害防治的基本理论尚未完全形成，但它包括了地质学和工程学两大方面，强调地质观和工程观的融合运用，体现为以下几大原则。

①及时把握防治时机　山地灾害的成生发展具有阶段性，经历着从成生、发展到暴发的过程。因此，防治工作一定要把握时机。防治过晚或过早都是不利的。崩塌的根治性防治，应在其慢速蠕动变形阶段进行。

②系统分析原则和针对性原则　山地灾害防治的系统分析原则，即山地灾害系统内部的相互有机联系的原则、整体性原则、有序性原则和动态原则。应具体地系统分析崩塌灾害的形成机制和成灾因素，确定地质模型和力学模型，并分析其与环境地质体之间的相互作用，分析环境地质体及持力地质体的工程能力。针对变形破坏的主要力学机制、致灾因素、环境岩土体和持力岩土体的具体情况，进行工程方案选择。

将要施加的防治工程和其他措施放置于孕灾地质体及环境地质体组成的稳定系统中进行系统分析，分析其设置过程中对稳定性的影响及设置后可能形成的后果，力求在不产生负面效应的前提下达到最佳防治效果。

③综合防治原则和整体最优的原则　孕灾地质体是十分复杂的多因素的集合体，山地灾害防治应是综合性的，应立足整体考虑，综合治理。不局限于对孕灾地质体采取支护、抗滑等工程措施，应投入一定的辅助手段和措施，如生物措施、环境措施和对致灾因素(降雨、地下水等)的措施，进行综合性治理。

整体最优原则是要求山地灾害防治等措施组合作用的整体防治效益最优，而不追求每项局部措施水平都达到最优状态。多种措施巧妙组合，综合应用，力争以最低投入获得最佳防治效果。

④技术上可行性原则　防治工程的方案能否成立，很大程度上取决于防治工程技术上的可行性。技术可行性，包括施工技术方法、施工技术水平、施工机械的能力、施工设备、材料、施工条件、施工安全等诸多因素的可行性，应针对防治工程的具体方案和具体施工条件进行详细调研论证。

⑤经济上合理性原则　经济上合理性，包括投资水平的承受能力和减灾效益两个

方面，我国山地灾害防治的投入与取得的效益比值一般为 1∶(10 ~ 20)。基于政治上的原因和以社会效益、环境效益为主时，则另行考虑。

⑥力求根治的原则　对于山地灾害的治理，一般应一次性根治，不留后患。待工程竣工后发现问题后进行补强和再治理，往往造成很大困难且产生不良的社会影响。但对某些巨大的、地质条件复杂的崩滑体，在地质认识尚不清楚时，需通过一些监测才能作出正确评价时，应全面规划、分期整治，力求根治。

2.2.2　崩塌防治措施体系

(1)主动撤离，躲避

人类认识自然、改造自然的能力，一般情况下尚不足以与大规模的强烈山崩等重大地质灾害抗衡，所以应以主动撤离、躲避为主，且应优先考虑躲避。

(2)防护措施

采用遮拦建筑物，对崩塌运动的岩土体进行消能拦挡，限制崩塌体的运动速度，同时对建筑物进行遮拦，隔离崩塌体与受灾体，使之不能成灾。主要防护措施有：

①山坡拦石沟、落石沟、落石槽、落石平台。

②拦石桩、障桩。

③拦石墙(混凝土拦石墙、笼式拦石墙、钢轨拦石墙、钢丝拦石墙)、拦石网。

④遮挡明洞、棚洞。

(3)地质体改造措施

地质体改造内容是多方面的，包括地质体材料、结构面、结构体和环境条件的改造。

①地质体材料的强化改造　地质体材料的强化改造一般采用注浆加固，常用水泥、水玻璃、环氧树脂和化学灌浆。

②结构面的强化改造　岩体表面一般采用喷混凝土或挂网喷锚，进行岩土体表面处理，用以提高岩土体表面结构完整性和表层强度，多用以崩塌危岩体临空面处理和地下洞室或采空区处理。

岩体内部结构面的强化改造可采用灌浆增加结构面之间的联结力；采用锚固(预应力、柔性结构)增加结构面之间的法向应力，用以增加其摩阻力；采用抗滑桩、抗滑键楔(刚性结构)以及桩锚、键锚结合等工程，增加结构面之间的摩阻力和支撑力。

③结构体改造　主要指对崩滑体的形态、体积、重量、结构进行较大规模的改造和重新配置，以减少其重力形成的变形破坏力，增加支撑和平衡力，改善其力学平衡条件，提高崩塌体的稳定性。主要措施有：

- 头部刷方减重。
- 削坡降低坡度。
- 坡脚堆载、支挡、锚固或反压，常采用堆筑土石扶壁反压、加筋土石扶壁墙、浆砌石挡墙、混凝土框架墙、锚索墙等。
- 采空回填支撑，常采用混凝土、浆砌石、毛石等回填支撑空区。

• 倾倒、悬空危岩支撑，常采用浆砌石、混凝土墙、柱、梁等进行支顶、支撑、嵌补，为其增加支撑结构体。

④地质环境条件的改造

• 水域边岸崩滑体坡脚防护：抛石护坡；防坡堤、护坡墙；导水墙、丁坝，用以疏导高速水流或改变主流线，避免直接冲刷坡脚或降低流速；拦沙坝，在紧邻崩滑体下游筑坝，减缓水流冲蚀并造成淤沙反压坡脚。

• 地表排水工程：

防渗工程：疏干并改造崩滑体范围内的地表水塘和积水洼地，封闭地表裂缝，对易入渗地段进行坡面防渗（喷浆、抹面、铺填黏性土等）、增加植被。

排水工程：修筑集水沟和排水沟，拦截并排出地表水。

• 地下排水工程：

地下防渗工程：用防水帷幕截断地下水。

地下排水工程：水平排水孔、水平排水隧洞、竖直集水井、泄水洞、洞孔联合、井洞联合等。

• 抗风化工程：填缝、灌浆、抹面、喷浆、嵌补等。

2.2.3 崩塌防治工程设计

2.2.3.1 浆砌片石护坡

浆砌片石护坡适用于边坡缓于1:1，但边坡易受风化而破碎的，边坡的岩层本身是稳定的岩质边坡、土夹石边坡、土质边坡。也可作为因受地表水冲刷而发生坡面零星落石、冲沟、流泥流碴、风化剥落、坡面有局部小型溜坍等路基危害的防护加固建筑物。护坡的作用是隔水、隔热，防止边坡表层继续风化和避免地表水流的冲刷，以确保防护坡面稳固。在富含地下水和严重潮湿的边坡上，以及冻害严重的土质或土夹石坡面上，在未采取措施使坡面干燥之前，不宜采用浆砌片石护坡防护。

护坡结构及材料要求如下：

①护坡不能承受山体传来的侧压力，所以设计护坡时只考虑本身的稳定性和地基的承载能力。浆砌片石护坡一般采用等截面，其厚度视边坡高度及陡度而定，一般设计为0.3～0.4m。从防护效能和工程造价的观点来看，护坡的厚度设计为0.2～0.3m，但从施工的观点看，用片石砌筑小于0.3m厚的浆砌片石护坡，既费工又费事，难以保证质量，且可能增大施工费用（四合土砌块和四合土捶面等轻型护坡，一般设计为0.2～0.25m厚）。对于高边坡采用浆砌片石护坡应分级设平台，每级高度不宜大于20m。平台宽度视上级护坡基础的稳定要求而定，为了养护方便，一般不小于1m。为了增加护坡本身的稳定性，有时在浆砌片石护坡高地面1m内改为护墙或小挡墙，以确保护坡稳定。为了达到节约圬工、降低造价的目的，可以在浆砌片石护坡内，每隔一定距离设置一个方形、拱形或Y形的窗孔（窗孔内可以砌以干砌片石、抹面、甩浆、利草、铺草皮或不加任何防护），即所谓带孔浆砌片石护坡。这种护坡的特点是：可以节约圬工，减轻护坡自重，窗孔又能起到疏干坡面、支撑边坡的双重作用。采用这种类型的护坡时，应充分考虑地质、水文、气候条件，否则可能导致失败。

②当护坡面积大，边坡较陡，且坡面变形较严重时，为了增加护坡本身的稳定性，可采用肋式护坡，如图 2-2 所示。其加肋的形式有 3 种：

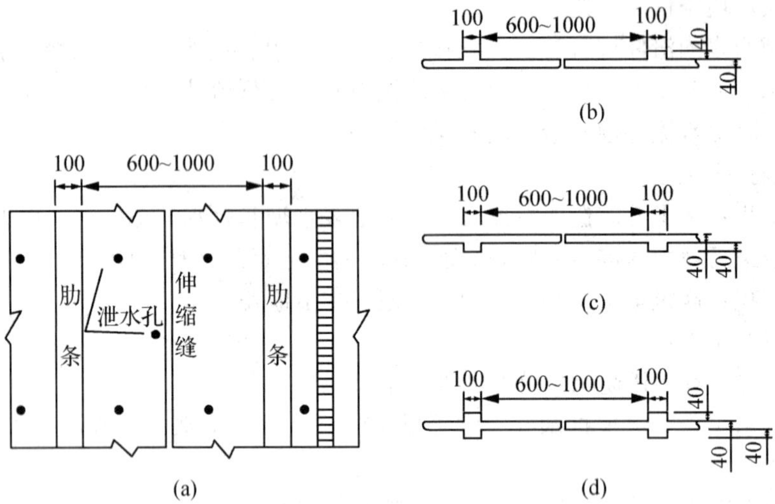

图 2-2 浆砌片石护坡(单位：cm)

(a)肋式浆砌片石护坡正视图 (b)外肋 (c)里肋 (d)柱肋

- 外肋式：外肋式护坡[图 2-2(b)]用于岩层破碎，节理发育，边坡凿槽困难的各种易风化的岩质边坡。
- 里肋式：里肋式护坡[图 2-2(c)]用于土质和各种易于风化的软质岩层边坡。
- 柱肋式：柱肋式护坡[图 2-2(d)]用于表层发生过溜坍，经刷方整修坡面后的土质边坡。

③为了排除护坡背后的积水，浆砌片石护坡应设置泄水孔，其数量视具体情况而定。如果地下水较多时，亦可以比照护墙的规定设置泄水孔，孔径大小一般采用直径 6cm 的圆孔或 8cm × 8cm 方孔均可。当所防护的坡面有地下水露头时，泄水孔宜正对出水处布置，并考虑在泄水孔处的护坡背面 0.5m × 0.5m 的范围内，加设碎石或砂子反滤层，以防堵塞泄水孔，以利疏干坡面。

④结合护坡分段施工的情况，一般要求每隔 10 ~ 20m 设置一道伸缩缝(当防护坡面基底土壤有变化时，在不同土壤的分界处应设置沉降缝)，缝宽 2cm，其内填塞沥青、麻筋或涂沥青的木板。

⑤对于大面积的护坡，为了日常检查和养护、维修方便，在坡面的适当位置，应设置一道宽 0.6m 的台阶形踏步或检查梯。

⑥浆砌片石护坡一般采用 50 号水泥砂浆砌筑，其片石的强度不得低于 10MPa。

⑦由于护坡不考虑承受土壤侧压力，且厚度较薄，施工时应认真清除坡面上松散的浮土、石块、杂草等，并注意施工质量。片石间的衔接、错缝，灰缝砂浆的饱满程度等，都直接影响护坡质量、使用年限及防护效果。

2.2.3.2 支挡墙和支护墙

路堑边坡或山坡坡面上有两种以上的岩层组成，且破碎的软岩层置于底层，其上为被多组节理切割的硬岩层，由于下层软岩层易于风化，形成探头，使上部破碎岩层往往处于极限平衡状态，一旦遭到破坏，极易导致上层破碎岩层的崩塌。为了确保这类边坡或山坡的稳定性，必须修建加固建筑物。实践证明，支挡墙和支护墙是整治这类路基病害的有效加固建筑物。因为它既能承受下部破碎岩层的山体侧压力，又能支撑上部可能形成的崩塌荷载。采用这种联合结构，在施工过程中，无需更多地破坏原有边坡和地表覆盖层，显示了这类加固建筑物的优点。

支挡(支护)墙实际上是挡土墙(护墙)与支墙的联合运用，结合两者的优点所构成的一种混合支撑结构物。其结构形式与支墙相似，主要区别在于：支挡墙的墙背岩层不是完全稳定的，因而它除了应承受上部可能形成的崩、坠体的重力外，还要承受墙背岩层的侧压力，并具支墙与挡土墙的双重作用，因此对于支挡墙的结构设计，不但要检算它的承压能力，而且还要检算整个墙的滑动稳定、倾覆稳定，以及墙身截面的剪切应力。支挡墙(或支护墙)的结构形式，一般是下部为挡墙(或护墙)，上部为支墙。

检算这类结构的强度和稳定性时，应选择最不利的外荷组合作为设计荷载。因此计算墙的滑动和倾覆稳定性时，可能形成的崩、坠体的重力，不能计入稳定力系，实际上这一重量不一定形成；而检算基底应力时，又必须同时全部考虑崩、坠体的重量及水平推力所形成的偏心影响。图2-3、图2-4为京广线南段和宝成线北段已采用的支护墙的结构形式，至今已使用20余年，一直保持完好状态，具有良好的效果。

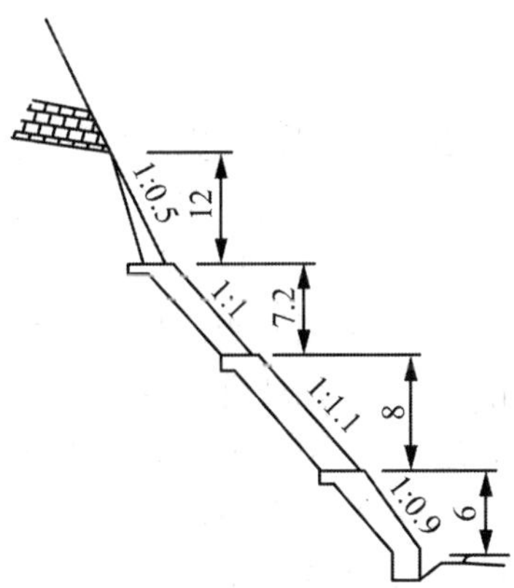

图 2-3 京广线南段支护墙(单位：m)

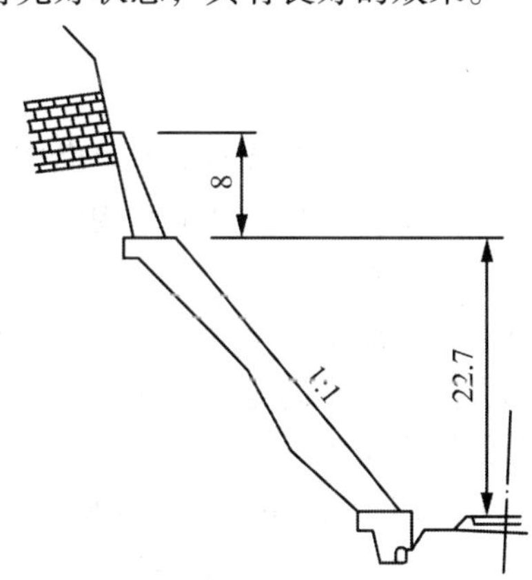

图 2-4 宝成线北段支护墙(单位：m)

图2-5是西北某线已修建的支挡墙。该处线路以路堑方式通过，堑顶为数米厚的砂黏土、碎石及大块石的堆积层；中部为12～30m厚的石灰岩风化破碎层；下部为12～15m厚的严重风化的云母片岩夹灰质板岩，有季节性的裂隙水，岩质松软，基础承载力约为0.35MPa。设计该支挡墙时，分别对上墙和下墙进行了强度和稳定性的检算。

检算上墙时考虑了下列诸力：

①山体传来的侧压力 E_a。

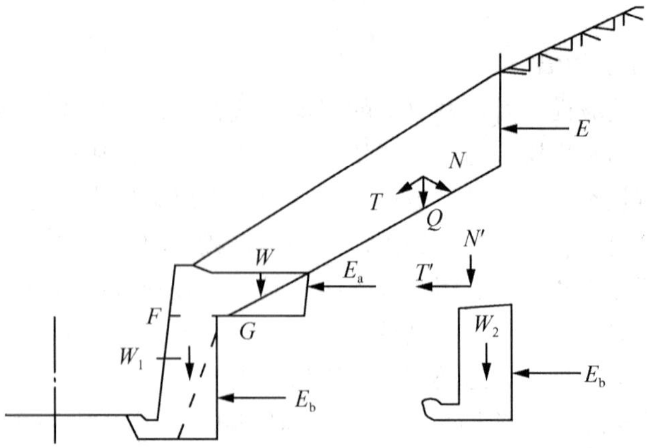

图 2-5　西北某线已修建的支挡墙

②支撑部分的推力 E。

③回填部分的下滑力 T 及墙的自重 W_1。

设计下墙时考虑了下列诸力：

①作用在上墙基底面上的力，除了一部分传给岩层外(与下墙无关)，尚有一部分力 N'和 T'传给下墙。

②山体传来的侧压力 E_b和墙的自重 W_2。

此外，还要对上、下墙的结合处——FG 断面，进行剪应力的检算；同时还要检算墙顶回填土是否有沿墙顶滑走的危险。

2.2.3.3　支垛

路堑边坡或山坡坡面上，厚度较大的坚硬岩层被多组节理切割成大块状，具有倾向线路的大型节理缝或其他结构面时，为了防止节理缝或结构面的上覆岩层顺软弱面下滑，往往不在裂缝的全长范围内修建连续性的挡墙，而只是采用若干个互不连贯，相互分离，宽度窄，厚度大的浆砌片石、混凝土或钢筋混凝土挡墙予以加固边坡。这种互相分离的，窄而宽、短而粗(其宽度与厚度尺寸相接近)的挡墙称为支垛。因为它的主要作用是抗滑，所以又称抗滑支垛。支垛实际上是一种不连续的重力式低挡墙(但它的厚度比一般重力式挡墙厚得多)。支垛亦可用于防治小型路堑滑坡，用于防治大型滑坡的辅助工程，用于路堤边坡不稳定补救。当用于上述 3 种情况时，一般采用于砌片石支垛，此时支垛的长度视病害情况而定。

图 2-6 为西北某山区铁路采用的浆砌片石支垛。该处线路以半路堑方式通过，基本岩层系坚硬的辉长岩，被几组斜交节理切割成巨大块状，距轨面 5 ~ 10m 高的边坡上有一条顺线路走向且倾向线路的大节理缝，有季节性的裂隙水，根据现场检查，节理缝的上覆岩层，有顺节理面滑向线路的危险。为了加固边坡，确保行车安全，设计了 3 个浆砌片石支垛，其净距 5m。

支垛的作用，主要是用于承受较大的推移力。其结构特点是：厚度大，宽度小，高度低。支垛设计时，除了计算支垛宽度范围内的上侧滑动体的下滑力外，还要考虑

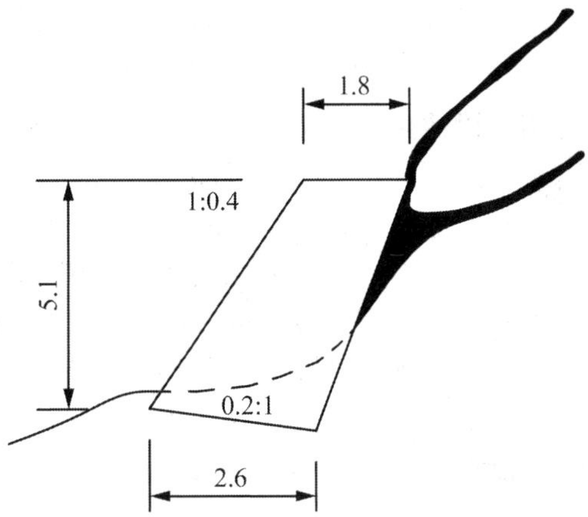

西北某山区铁路采用的浆砌片石支垛(单位：m)

分担两支垛之间滑动体的下滑力传给支垛的推移力。支垛上侧的下滑力，应按实际的滑动面或最危险的破裂面计算确定。当支垛用于支撑不稳定的岩质边坡时，目前还没有专门的计算理论(这不是结构本身的计算有问题，而是岩层下滑力的计算有困难)，一般只是根据经验，或比拟条件相似的现有建筑物进行设计。有时也进行一些非常概略的计算，未验证设计的结构尺寸。不过应当指出，这种概略的、从理论上来说是不完善的计算，不能作为设计的依据，只能作为设计的参考。支垛之间的净距视力的大小及路基病害的实际情况而定，一般以 5 ~ 10m 为宜；支垛的宽度与厚度有关，且等于或大于厚度；支垛的胸坡可比照重力式挡土墙拟设。施工时宜逐个进行，最好不要同时开挖数处支垛的基础，防止破坏山体平衡，造成人为崩塌事故，这种事故一经发生，将会带来严重的后果。根据工程规范的规定，用于浆砌片石支挡墙(支护墙)与支垛工程的片石，其强度不得低于 30MPa，一般地区可采用不低于 75#水泥砂浆砌筑，浸水及严寒地区可采用低于 100#水泥砂浆砌筑，用于支挡墙(支护墙)与支垛工程的混凝土、片石混凝土或钢筋混凝土，一般地区不低于 150 级，严寒地区不低于 200 级。

2.2.3.4 支顶与嵌补

支顶、嵌补主要用于支撑和加固不稳定的岩质路堑边坡及基岩露头坡面上的危岩、探头和孤石等崩坠体位置极为明显的地段，以防止其崩塌、落石威胁行车和设备安全。京广线坪石至乐昌间、宝成线、鹰厦线等老的山区铁路，修建了大量的支顶、嵌补建筑物，通过长期的实践证明，收到了良好的技术经济效果；近几年来新修建的贵昆线、湘黔线、襄渝线等山区铁路，也广泛运用了支顶、嵌补建筑物。这类建筑物的主要作用是承受顶部崩坠体可能形成的竖向压力，一般不承受墙背岩层的水平推力，故通常厚度不大，但设计时应特别注意基底应力，使其不超出地基容许承载力。如果有可能发生下沉，应使下沉量达到最小程度，因为基础微量的下沉，将导致支顶建设物的顶面与崩坠体不密贴，从而失去了有效的支撑作用。从这一观点出发，要求支顶、嵌补建筑物的基础最好放在未风化或风化轻微的坚固稳定的岩层上，或坚固可靠的地基上。设计时力求使支撑结构的顶面和基底面垂直于受力方向，使其主要承受压力，避免承受剪力。为了使支顶结构的背面与山体密贴，必要时可增设钢筋或钢轨锚固，使其与稳固的岩层结成一个整体，以臻稳定。因坡面常为凹凸不平，故支顶结构往往和嵌补工程联合运用，以达到技术经济效果之统一。

支顶建筑物按其结构形式的不同，分为支顶墙和支柱两种。图 2-7 是京广线南段某处采用的支顶墙断面，垂直高达 23m；图 2-8 是宝成线宝略段某处采用的支顶墙断面，该处危岩距轨面高约 34m，上大下小，体积极大，由于三组节理切割，危岩与母岩失去联结力，估计危岩下坠力平均每米受力 4×10^6N，鉴于当时线路已通车，清除有困难，经比较选用了支顶方案。支柱实际上是不连续的支顶墙，它的特点是宽度与厚度相接近，其外形像一根柱子，主要承受轴向压力。支柱适用于支撑个别大岩块突出的路堑边坡或山坡坡面可能形成的崩坠体，其位置极为明显且集中，如图 2-9 所示。当边坡中部有坚固可靠的岩层作为支柱的基础时，支柱可在崩坠体就近的地方下基，以达到节约圬工，降低造价的目的；当边坡中部可提供的基础面积较小时，为了达到缩小结构尺寸，增加抗滑能力的目的，可采用钢筋混凝土锚固的办法，将支柱锚固于完整的稳定岩层内以臻稳定，如图 2-10 所示。在崩塌、落石集中的区段常常修建支柱群，当支柱之间相距很近时，为了增加稳定性，有时在支柱之间增设横向连接杆件，如京广线坪石至乐昌区间崩塌、落石集中的地段就修建了这种支柱群。

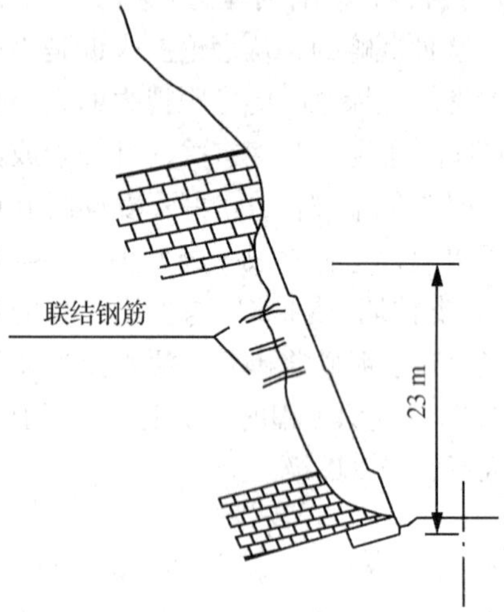

图 2-7　京广线南段某处采用的支顶墙断面

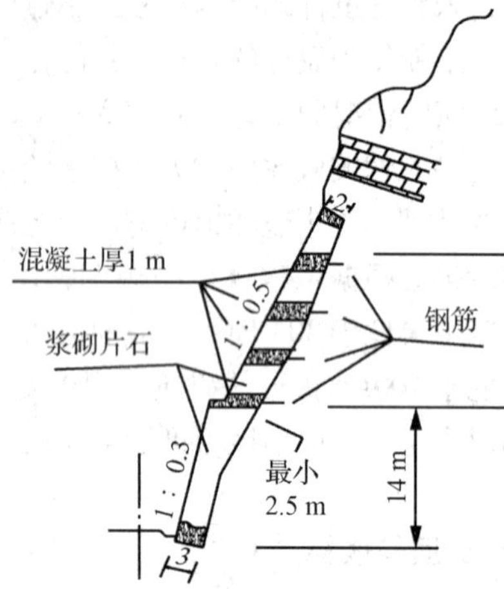

图 2-8　宝成线某处采用的支顶墙断面

支顶、嵌补建筑物一般采用浆砌片石，必要时采用混凝土或钢筋混凝土。这类建筑物的厚度及墙面坡度的变化幅度很大，主要根据地形和病害情况而定。其结构尺寸一般都是根据现有类似建筑物，用比拟的方法来确定，然后将可能崩坠的危岩体的重量作为施加对支顶建筑物的主要荷载加以检算。其实这种检算仍是非常粗糙的，如前所述，这种计算不能作为设计的依据，只能作为设计的参考。

2.2.3.5　危岩插别与串联

(1) 危岩插别加固

A. 圆钢或钢轨插别危岩的适用条件：使用圆钢或钢轨插别危岩是工务部门的路

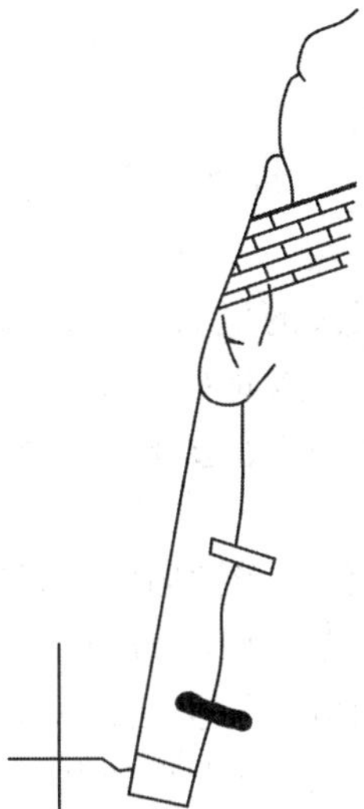

图 2-9 不连续的支顶墙

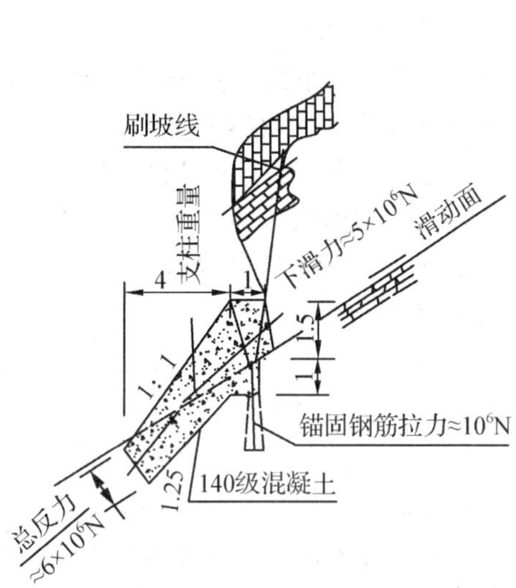

图 2-10 钢筋混凝土锚固

基养护工作者通过长期的生产实践，总结出来的一种处理中、小型危岩简便而又有效的加固方法。与其他圬工支撑加固建筑物相比，它具有造价低、工程量小、操作简单、与行车无干扰的特点，其适用条件如下：

①被插别的危岩必须是体积不太大的中、小型危岩，且石质坚硬、不易风化的岩石，如未风化或风化轻微的花岗岩、正长岩、闪长岩、辉长岩、辉绿岩、石灰岩、大理岩、坚硬的砂岩等。

②岩质边坡本身是稳定的。

③危岩有错动缝，或有层理面倾向线路的断脚节理。

④陡壁上的危岩，往往距轨面较高，其下方又常常是无支顶基础，为了避免清刷危岩干扰行车影响上部岩层的稳定，采用圆钢、钢轨或钢筋混凝土桩插别危岩具有更好的技术经济效果。有时虽然有条件采用其他支撑加固方案，但插别方案相对更经济。

B. 圆钢或钢轨插别危岩的力学计算：

①危岩稳定性的检算 要检算危岩的稳定性，首先要确定作用于危岩体上的力系，它包括：危岩自重、列车震动荷载、爆破地震力及空气冲击波的影响、风压力、雨及雪对危岩的影响、不适当的人为破坏、畜牧及兽类活动的影响，如果危岩位于地震区时，还要考虑地震破坏力的影响等。

• 列车震动荷载：列车震动荷载的大小，与列车牵引吨数、行车速度、机车类型、线路上部建筑的类型及线路养护质量等因素有关。如果把列车的震动波看成是以线路中心为震源的“地震”，它相当于地震烈度为 3 ~ 4 的地震破坏力。显然距线路中心越近列车震动力越大；反之，距线路中心较远时，列车震动力的影响就较小。但是，由于列车的震动力毕竟是不大的，因此它波及的范围是有限的。列车震动力对危岩稳定性的影响，只考虑水平惯力的作用，其值按下式计算：

$$S_1 = n\mu_1 Q \tag{2-1}$$

式中：S_1——列车震动水平惯力(kN)；

μ_1——列车震动系数，可采用 $\mu_1 = 0.0005 \sim 0.0025$；

Q——危岩体的重量(kN)；

n——与线路中心至危岩之间的距离有关的系数，$n \leqslant 1$。

如前所述，采用插别加固的方法，只能处理体积不太大的危岩。由式(2-1)可知当 Q 不大时，列车震动荷载所导致的水平惯力 S_1 是很小的，因此对危岩插别来说，列车震动荷载可以不予考虑。工程实践证明，列车震动荷载对路堑边坡危岩稳定性的影响不大。

● 风力：风是由空气的垂直运动和水平运动所形成。作用于被插别危岩上的风力可假设为水平力，其值与风力的等级有关。各地区的最大风力等级，应根据当地气象部门提供的历史统计资料来决定。我国目前采用蒲氏风力等级分类法，见表 2-3。由表 2-3 可知，风力等级越大，风力也越大。当风力等级等于或小于 5 级时，风力对危岩稳定性的影响是不大的，因此可以不予考虑；当风力等级在 6 级以上时，风力对危岩稳定性的影响，应根据具体情况予以考虑；当风力等级大于 8 级时，风力对危岩稳定性有严重的影响。对沿海铁路来说，风力对危岩稳定性的影响是极其严重的。对于内陆地区来说，风力对危岩稳定性的影响一般不大，特别是内陆山区铁路更是如此。另外，危岩受风力的影响，与危岩所处的位置及其形状有一定的关系。当危岩位于避风的凹谷地形时，受风力的影响就小；反之，危岩位于凸出的风口地形时，受风力的影响就大。风力等级一旦确定，可从表 2-3 查得危岩单位面积所承受的风力。

表 2-3　蒲氏风力等级表

风力等级	海面善浪高/m		海岸渔船征象	陆地地面征象	相当风速			风力/kPa
	一般	最高			m/s	km/h	海里/时	
0	—	—	静	静、烟直上	0 ~ 0.2	<1	<1	0 ~ 0.004
1	0.1	0.1	寻常渔船略觉摇动	烟能表示风向，但风标不能转动	0.3 ~ 1.5	1 ~ 5	1 ~ 3	0.009 ~ 0.225
2	0.2	0.3	渔船张帆时，每小时可随风移行 2000 ~ 3000m	人面感觉有风，树叶有微响，风向标能转动	1.6 ~ 3.3	6 ~ 11	4 ~ 6	0.256 ~ 1.089
3	0.6	1.0	渔船渐觉簸动，每小时可随风移行 5000 ~ 6000m	树叶及小树枝摇动不息，旗帜展开	3.4 ~ 5.4	12 ~ 19	7 ~ 10	1.156 ~ 2.916
4	1.0	1.5	渔船满帆时，可使船身倾于一方	能吹起地面灰尘和纸张，树的小枝摇动	5.5 ~ 7.9	20 ~ 28	11 ~ 16	3.025 ~ 6.241
5	2.0	2.5	渔船收缩帆之一部分	有叶的树枝摇动，内陆的水面有小波	8.0 ~ 10.7	29 ~ 38	17 ~ 21	6.400 ~ 11.449
6	3.0	4.0	渔船加倍缩帆，捕鱼时须注意风险	大树枝摇动，电线呼呼有声，举伞困难	10.8 ~ 13.8	39 ~ 49	22 ~ 27	11.664 ~ 19.044
7	4.0	5.5	渔船停息港口在海者下锚	全树摇动，大树枝弯下来，迎风步行感觉不便	13.9 ~ 17.1	50 ~ 61	28 ~ 33	19.321 ~ 29.241

（续）

风力等级	海面善浪高/m 一般	海面善浪高/m 最高	海岸渔船征象	陆地地面征象	相当风速 m/s	相当风速 km/h	相当风速 海里/时	风力/kPa
8	5.5	7.5	近港的渔船皆停留不出	可折毁树枝，人向前行感觉阻力甚大	17.2～20.7	62～74	34～40	29.580～42.850
9	7.0	10.0	汽船航行困难	烟囱及平房受到损坏，小屋遭受破坏	20.8～24.4	75～88	41～47	43.26～59.54
10	9.0	12.5	汽船航行颇困难	陆上少见，见时可使树木拔起，或将建筑物摧毁	24.5～28.4	89～102	48～55	63.03～80.66
11	11.5	16.0	汽船遇之极危险	陆上很少，有则必有重大损毁	28.5～32.6	103～117	56～63	80.23～106.28
12	14.0	—	海浪滔天	陆上极少，其摧毁力极大	>32.6	>117	>63	>106.28

• 地震力：地震具有极大的破坏力，位于地震烈度大于或等于7度地震区时，必须考虑地震力对危岩稳定性的影响。地震对危岩破坏最大的力来自水平力，按照习惯的计算方法，只考虑地震水平惯力的影响，此力的作用点在危岩重心处，其值按下式计算：

$$S_2 = \mu Q$$

式中：S_2—— 地震水平惯力（kN）；

μ —— 地震系数；

Q —— 危岩体的重量（kg）。

• 其他外力对危岩稳定性的影响：如前所述，由于降雨所形成的地表径流，一部分水顺地表面汇成径流，对危岩产生冲刷破坏作用；另一部分水被岩层（土壤）所吸收，或沿岩层裂缝下渗。水在岩层裂缝流动的过程中，能带走危岩裂缝内的胶结物质，溶解或侵蚀危岩本身，增加危岩自重，并降低岩层的 c、Φ 值（c 为岩层裂缝间的黏着力，Φ 为岩层的内摩擦角）；水在下渗的过程中，还可能形成静水压力或动水压力。

雪降于地表堆积在危岩体上，增加了危岩的压力。雪从固态变为液态沿危岩裂缝下渗，当夜间温度下降时，水在危岩裂缝中重新结晶，其体积增大9.1%，这种张力对不稳定的危岩来说，是一个不可忽视的破坏力。

如果在危岩附近进行爆破工作的话，爆破时所形成的震度视一次爆破用药量的大小而定。计算爆破地震力及空气冲击波对危岩稳定性的影响时，可假定它为水平力，按爆破学有关公式计算即可。不过，对营业铁路来说，一般不允许在线路附近进行大爆破；对于小爆破来说，由此所引起的地震力及空气冲击波的影响不大，一般可以不予考虑。

还有不适当的人为破坏、畜牧及兽类活动等，都可能给危岩造成不利影响，且这些因素无法事先给以恰当的计算或估量。

综上所述，作用于危岩体上的力系如图2-11所示。危岩是否处于稳定状态，可求算稳定系数 K。

$$K = \frac{(Q\cos\alpha + \sum N')\tan\Phi + \sum c_1 l_1 + \sum c_2 l_2}{Q\sin\alpha + \sum T'} \tag{2-2}$$

式中：Q—— 危岩体自重(kg)；

α—— 滑动而与水平面的夹角；

$\sum N'$—— 作用于危岩体上的外力对滑动面的垂直分力之和(kN)；

Φ—— 岩层的内摩擦角；

c_1—— 岩层裂缝面间的单位黏着力(kPa)；

l_1—— 裂缝长度(cm)；

l_2—— 危岩体的长度(cm)；

c_2—— 岩层本身的单位内聚力(kPa)；

$\sum T'$—— 作用于危岩体上的外力对滑动面的下滑分力之和(kN)；

K—— 稳定系数(取 $K = 1.5 \sim 2.0$)。

由式(2-2)可知，危岩稳定系数 K，除了与危岩自重及上述外界作用力有关外，还与 Φ、c_1、c_2 这 3 个参数有关，其值可采用如下方法确定：对于构造节理切割严重的破碎岩石，因危岩体与母岩已失去联结力，可假定岩层裂缝面间的黏着力 c_1 为零；对于因爆破开挖岩质边坡而被震松的破碎岩层中，因危岩体与母岩尚未完全分离，还有部分联结力，它与岩层裂面间的摩擦力和内聚力同时起着抗剪作用，故 c_1、c_2 应结合考虑。

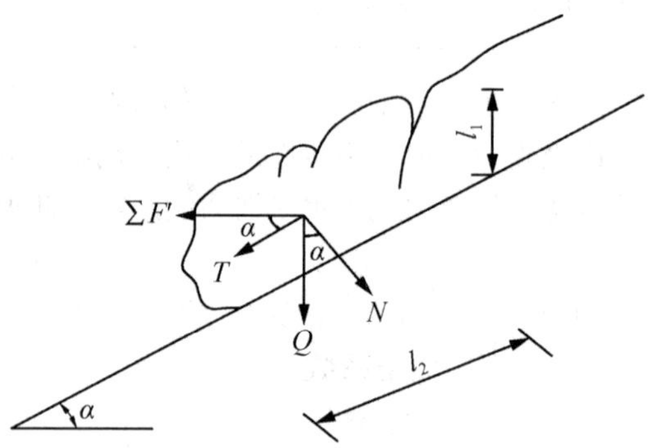

图 2-11　危岩体上的力系

摩擦角 Φ 的计算，可以通过已坠落危岩，在现场绘制未坠落前及坠落后的实际断面，对滑动面求正压力 $\sum N$ 及下滑力 $\sum T$，用反求法计算：

$$\tan\Phi = \frac{\sum T}{\sum N}$$

即

$$\Phi = \arctan \frac{\sum T}{\sum N} \tag{2-3}$$

根据式(2-2)求得的危岩稳定系数 $K = 1.5 \sim 2.0$ 时，则危岩处于稳定或较稳定状态，无需进行任何加固；当 $1.1 \leqslant K < 1.5$ 时，危岩处于较不稳定状态，此时应对危岩进行加固处理；当 $K < 1.1$ 时，危岩处于不稳定状态，在外界因素的作用下，随时有脱离母体的危险。

②插别圆钢(或钢轨)的强度检算　根据危岩的重心和插别圆钢(或钢轨)的位置，分配每根圆钢(或钢轨)所承受的危岩下滑力。为了计算方便，假设危岩下滑力均匀地分布在插别圆钢(或钢轨)的外露悬臂部分。因插别圆钢(或钢轨)的受力状态，与受荷载的悬臂梁相同，因此可按下式求出“插别”圆钢(或钢轨)的最大剪力 Q_{max} 和最大

弯矩 M_{max}，如图 2-12 所示。

最大剪力 $Q_{max} = ql = R$

最大弯矩 $M_{max} = \frac{1}{2}ql^2 = \frac{1}{2}Rl$

式中：Q_{max}——最大剪力(N)；

R——插别圆钢或钢轨的支承反力(kN)；

l——插别圆钢或钢轨的承压长度(cm)；

M_{max}——最大弯矩(kN·cm)。

插别圆钢或钢轨断面上的最大拉应力：

$$\sigma_{max} = \frac{M_{max}}{W_x} \leqslant [\sigma g] \qquad (2\text{-}4)$$

插别圆钢的最大剪应力：

$$\tau_{max} = \frac{4Q_{max}}{3A} \leqslant [\tau g] \qquad (2\text{-}5)$$

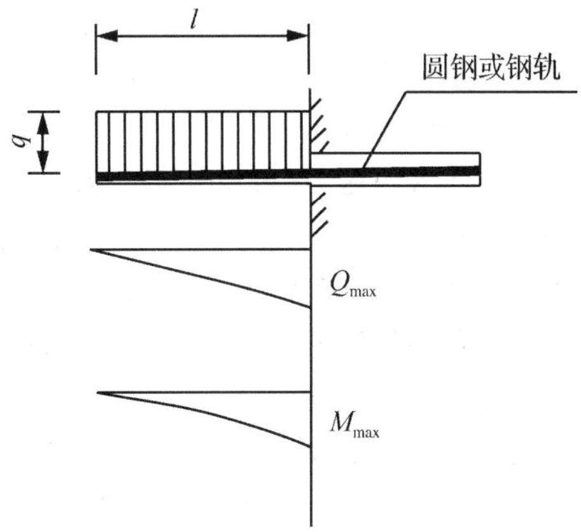

图 2-12 “插别”圆钢(或钢轨)的最大剪力和最大弯矩图

插别钢轨的最大剪应力：

$$\tau_{max} = \frac{Q_{max}}{z_0 b_c} \leqslant [\tau g] \qquad (2\text{-}6)$$

式中：σ_{max}——插别杆件断面上的最大拉应力(kPa)；

W_x——插别杆件的断面系数(cm^3)，$W_x = 1/8AD = 1/32\pi D^3$，其中 A 为圆钢的截面积，D 为圆钢的直径(cm)；

τ_{max}——插别杆件断面上的最大剪应力(kPa)；

A——圆钢的切面积(cm^2)；

z——内力偶臂，即横断面上垂直拉应力合力与垂直压应力合力之间的距离，$z_0 = J_x/S_x$(cm)；

J_x——插别杆件全截面对中心轴 x 的惯性矩；

S_x——半断面对中性轴之静面矩，即半断面面积乘以该面积的重心至中性轴的距离；

b_c——计算剪应力处的宽度，此处指中性轴 x 处的截面宽度，即轨腰的厚度(cm)；

$[\sigma g]$——钢材的容许拉应力(kPa)；

$[\tau g]$——钢材的容许剪应力，可按 0.6$[\sigma g]$取用(kPa)。

③圆钢或钢轨插别加固危岩的简易计算　如前所述，为了简化计算工作，以求得近似值，在现场实际使用圆钢或钢轨插别加固危岩时，可采用如下简易计算方法，即假设滑动面为平面，令 c_1、c_2等于零；同时忽略列车震动荷载，小爆破的震动力及空气冲击波，雨、雪，畜牧及兽类活动等的影响。

(2)危岩串联加固

当整个岩质边坡是稳定的，只是因层理、节理把边坡岩层切割成厚度不大的板状，且节理、层理或构造面倾向线路，其上覆岩层有顺层而下滑的可能，而下方受到地形限制，没有设置支撑建筑物的基础，或虽有设置圬工支撑建筑物的条件，但工程艰巨，造价高昂，在这样的情况下，采用圆钢或钢轨串联加固危岩是经济合理的。

采用圆钢或钢轨串联加固薄层危岩，如果使用得当，其技术经济效果是显著的。如京广线 K1938 +700 路堑处，系石灰岩与薄层页岩互层，岩层走向与线路以 30°斜交，1950 年发现裂缝扩大，上部石灰岩有顺页岩层理面滑向线路的危险。经过综合技术经济比较后，确定采用钢轨锚杆串联支撑加固，其具体做法是：先在路肩上凿岩设基，设置一排钢轨桩支撑，然后在整个岩层面上每隔一定距离凿深 2m 以上的洞(洞的深度必须超过滑动面以下一定距离，使串联锚杆置于较完整和稳固的岩层中)，插入旧钢轨并灌注混凝土，将上、下岩层通过串联锚杆构成一整体。

锚杆串联危岩的施工顺序为：先在岩层的适当位置，凿出一些深度、形状、大小符合要求的孔眼(平面上孔眼宜交错布置)，然后穿入圆钢或钢轨，并灌注 100#水泥砂浆或 150 级混凝土，使其与稳定的岩层固结成一整体。

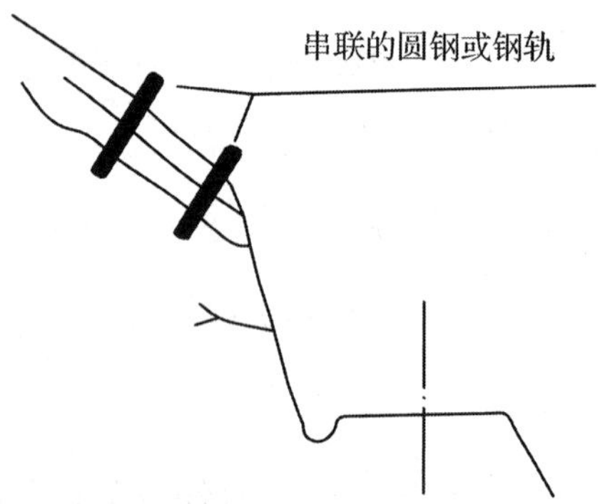

图 2-13 串联的危岩锚杆(圆钢或钢轨)固定形式

对被串联的危岩来说，一般情况下，往往是上覆岩层沿结构面滑动，其滑动面是密贴的，或具有不大的裂隙，因此串联桩主要是承受剪力。设计圆钢或钢轨串联加固危岩时，应注意确认最下层滑动面，并将锚杆(圆钢或钢轨)置于最下层滑动面以下一定深度内，如图 2-13 所示，才能起到有效作用。锚杆的长度、根数、间距及锚杆的截面尺寸，应根据实际情况布置并通过计算确定，其抗剪强度按下式计算：

$$\tau = \frac{Q_{max}}{A \leqslant \tau_g} \tag{2-7}$$

式中：Q_{max}——作用在锚杆上的最大剪力(kN)；

A——锚杆的截面积(cm^2)；

τ_g——圆钢或钢轨的容许剪应力(kPa)。

2.2.3.6 破碎岩层的灌浆与勾缝

(1)灌注水泥浆

灌浆适用于石质坚硬，不易风化，岩层内部节理发育，但裂缝宽度较小的岩质路堑边坡。通过灌浆，借胶凝材料的黏结力，把裂缝黏结起来，使裂开的岩层重新粘结成一整体，以达到增加岩层内部联结力，提高破碎岩层的强度，防止地表水及有害杂质等侵入裂缝，减弱岩石风化，达到制约裂缝扩大的目的。

灌浆法只适用于无地下水，或虽有地下水，但对水泥不发生侵蚀作用，且地下水的实际流速不大于 100m/昼夜的破碎岩层中。否则，水泥浆灌入裂缝内，未达到凝固程度以前，会被地下水冲走，从而失去灌浆的意义。

当地下水含有侵蚀性的碳酸时，它能侵蚀已硬化的水泥石，即硅铝酸钙中的 Ca^{2+}

与 CO_2+H_2O 作用生成易溶的 $Ca(HCO_3)_2$ 被带走，$Ca^{2+}+CO_2+H_2O \rightarrow Ca(HCO_3)_2$。

当每升水中含侵蚀性的碳酸大于 15 ~ 20mg 时，对混凝土和水泥砂浆具有显著的侵蚀作用。这种水对矿渣水泥和火山灰质水泥也有破坏作用。因此，当破碎岩层中的地下水含有侵蚀性的碳酸时，不宜采用水泥灌浆法来加固。

目前用于灌浆的胶凝材料有：化学胶凝剂、水泥、沥青等。在我国对于破碎岩层的灌浆，一般采用 1∶4 或 1∶5 的纯水泥砂浆。

实践表明，只有当水泥颗粒的尺寸小于裂缝宽度的 1/5 ~ 1/4 时，水泥浆才有可能在一般工作压力下，在岩层裂缝中流动。目前水泥颗粒的直径一般为 0.03 ~ 0.05mm，因此只有当岩层内的裂缝宽度大于 0.15 ~ 0.2mm 时，方可采用纯水泥浆灌浆法来加固。

灌浆所采用的最大压力与被加固的岩层强度及顶层土壤抵抗被抬起的阻力有关。当灌浆的深度不超过 75m 时，灌浆所采用的工作压力 P 按下式计算：

$$P \leqslant \frac{1}{10\gamma H} \tag{2-8}$$

式中：P ——灌浆时所采用的工作压力(kPa)；

γ ——岩层的单位体积重量(t/m^3)；

H ——灌浆的深度(m)。

水泥浆通过压力注入钻孔中向四周的扩散半径与工作压力的大小、岩层裂缝的宽度及畅通程度、水泥砂浆的粒度等因素有关。灌浆的材料消耗很难事先予以正确的估计，往往需要消耗大量的水泥，且不一定能使需要灌浆的裂缝都充满浆液。因为当岩层中有较大的、贯通很长的大裂缝时，浆液会通过这些大裂缝流到很远的地方，甚至与地面沟通，从其他地方冒出地面，而使一些较小的裂缝得不到充浆，因此灌浆法并不能经常保证得到一个均质的整体。当裂缝宽度很大时，为了节约水泥，也可采用混凝土灌注。

(2)灌注沥青

当岩层裂缝的宽度大于 0.3mm，且岩层的渗透系数不小于每昼夜 100m 时，采用沥青灌注法能收到良好的效果。它的具体做法是：将溶化的沥青，用压力灌浆机从钻孔中灌入，使其沿钻孔四周的裂缝扩散。借沥青冷却后的凝结力，将破碎岩层胶结成整体，以达到增加强度，封闭裂缝，防止地表水下渗的目的。但是沥青冷却时体积收缩 12%，因此要达到完全不透水的程度是有困难的。

沥青具有比较大的热容量和较小的导热性，因此，灌入岩层的加热沥青(加热温度应低于发火点 10 ~ 15℃)，可以在压力的作用下，沿岩层裂缝流动相当距离。其流动半径与裂缝的大小及性质、沥青的稠度、压力的大小及灌注的延续时间有关。钻孔的间距一般可定为 0.75 ~ 1.5m，有时为 3m 或更大些。沥青灌注时的工作压力按式(2-8)计算。填充破碎岩层孔隙所必需的沥青数量按下式计算：

$$V = KAn \tag{2-9}$$

式中：V —— 沥青质量(t)；

A —— 被加固岩层的体积(m^3)；

n —— 岩层的孔隙度；

K —— 系数,采用1.3 ~ 1.5。

为了使沥青胶能渗入较小的岩层裂缝，可采取这样的措施：即先用黏滞度较小的#Ⅱ甲(#Ⅱ乙)或#Ⅲ甲(#Ⅲ乙)道路石油沥青灌注，然后再灌注黏滞度较大的#Ⅳ甲(#Ⅳ乙)或#Ⅱ建筑石油沥青，来填充较大的孔隙并作为稠厚剂。

如果灌注沥青的工作不能连贯进行，当工作停顿时，沥青可能在钻孔中凝固，因此为了便于加热，应在钻孔中设置直径为6 ~8mm的普通铁丝，以便必要时通电加热。

2.2.3.7 切割爆破

(1)切割爆破的适用范围

采用切割爆破处理孤石、危岩是一种先进的施工方法。因为它能通过各药包的联合爆切作用，把单个的、体积较大的孤石、危岩或孤石(危岩)群全部或局部地粉碎，且向外飞散的岩块较小，不易砸坏设备，因此适合于营业铁路上，利用列车间隔时间或短时间内清点封锁线路施工。

切割爆破处理孤石、危岩的优点是：

①如果使用恰当，效果好，成本低，所耗工时、材料少。

②施工时间短，施工速度快，不需要钻孔的机具和设备。

③切割爆破的适应性广。不仅能处理单个的孤石、危岩，也能处理成群的孤石、危岩；不仅能在平缓的山坡上使用，也能在陡峻的坡面上或悬崖峭壁之处使用。对一些需要切割危岩某一部分的应急小量爆破，具有突出的优点。

其缺点是：

①要封锁线路施工，对行车有干扰。

②炮位选择和用药量的控制必须适量，因此实施人员必须具有这方面的专业知识。

③爆破飞散物有可能砸坏设备。

切割爆破处理孤石、危岩的技术经济效果，与地形、地质、被炸岩块的岩性、几何尺寸、形状、风化节理的发育程度、起爆方法及工点周围的环境条件等因素有关，其原则是：

①不能因切割爆破导致路基病害扩大，或引起新的病害。

②与其他整治方案比较，有明显的技术经济效果。

③不能因爆破，使工点附近的重要建筑物或设备遭到破坏。也不能因此使线路上部建筑、动力电网、通信、信号等设备遭到较大的损坏，以致影响线路较长时间内不能开通。

(2)药包的种类与效能

切割爆破，按其药包布置的位置和作用的不同分为：

①压包　把药包布置在被炸岩块的顶面，以巨大的爆破冲击力把岩块粉碎。这种药包当布置在较大岩块顶面的中间部位时，用药量宜偏大，它在切割爆破中是主药

包。它的优点是：岩块粉碎后向外抛掷的数量较少，因此对工点附近的设备砸坏的可能性相对较小。布置药包时，应注意发挥“压包”的作用。

②侧包　布置在被炸岩块四周侧面的药包称为侧包。当被炸岩块高度较大，单用“压包”不足以使岩块全部粉碎时，就需要根据岩块的大小、形状、岩性、风化节理及其破碎程度，恰当地布置“侧包”，以达到一次爆破将孤石、危岩体全部粉碎的目的。

③缝子包　布置在岩块裂缝或洞穴内的药包称为缝子包。这种药包的优点是，爆破效率较高，可以用较少的炸药摧毁较大的岩块；其缺点是，有时不能达到粉碎岩块的目的，往往把大块的岩体推向线路，易于砸坏设备，且对药包临近面的完好岩层破坏性较大。在切割爆破中，要恰当地使用缝子包，不然的话，可能造成不良后果。

④吊包　吊包位于悬崖峭壁之处的危岩，有时要完全按照上述各种炮位布置药包有困难，只好将药包悬吊于危岩的正面或侧面。这种药包的表面一般不密封黏土。这是一种辅助药包，其效率较低，它的作用主要是协助主药包粉碎岩体。

(3)起爆方法的选择

①电力起爆　利用电雷管中的电力引火剂的通电发热燃烧使雷管爆炸，从而引起药包爆炸。与火花起爆法比较，电力起爆改善了工作条件，减少了危险性，能同时引爆许多药包，增大了爆破范围与效果。大规模爆破及同时起爆较多炮眼时，多用电力起爆。但在有杂散电流、静电、感应电或高频电磁波等可能引起电雷管早爆的地区和雷击区爆破时，不应采用电力起爆。电力起爆的材料有：电雷管、电线、电源及测量仪器。

②传爆线起爆　所谓传爆线起爆，就是用其他方法起爆雷管(一般采用电力起爆与其配合)，由雷管爆炸引起传爆线爆炸，导致药包爆炸。此法起爆的优点是：爆炸速度高，爆炸完全，提高了炸药的爆破效率；能同时起爆大组药包和间隔药包。由于药包中不需要放置雷管，减少了装药加工操作的危险，消除了瞎炮发生的可能性。对于切割爆破处理孤石、危岩来说，虽然传爆线起爆具有上述优点，但是由于成本高，一般情况下很少采用。

③火花起爆　所谓火花起爆，就是用导火线传递火焰导致普通雷管爆炸而使药包爆炸的方法。导火线的防潮性能好，一般在水中浸泡5h以内点火仍不发生熄火现象，其燃速一般为100～125m/s。由于火花起爆具有准备作业简单、点火方便、不需要仪表和设备、能控制药包按一定顺序起爆等优点，所以在营业铁路上，爆破处理零星分散的小型孤石、危岩。当被炸岩块体积很小时，仅需布置一个药包，且各药包的爆炸彼此间无影响时，可以采用火花起爆。多药包的切割爆破无论在任何情况下，不得使用火花起爆。

如前所述，营业铁路上采用切割爆破处理孤石、危岩和探头，有两点必须遵守：

①必须在封锁线路的较短时间内，完成爆破工作。

②爆破时尽可能将被炸岩块粉碎，使其向外飞散的岩块较小，这样不易砸坏设备。对于较大的岩块来说，要求多个药包同时起爆。

显然，要同时满足上述两点要求，只有电力起爆和传爆线起爆。

2.2.3.8 风化剥落的防治

风化剥落是一种变形较为缓慢的路基病害，在路基病害分类中，归属于崩塌、落石这一类型。风化剥落多发生在强度较低、易于风化的软岩层(如绿泥片岩、页岩、千枚岩、云母片岩、滑石片岩、泥岩等)及第四纪松散岩层的路堑边坡或山坡坡面上。这种地质作用可在整个边坡或坡面上均匀发生，也可在局部的边坡或坡面上发生。

路基坡面防护是路基防护工程两大类型——坡面防护和冲刷防护之一。它的作用是防止自然营力和其他因素对路基边坡及山坡坡面的破坏作用，确保其完整与稳定性。胶结封闭或植被封闭岩层和土层坡面，是防治路堑边坡及山坡坡面风化剥落的根本措施。长期工程实践经验证明，根据不同的地质情况、水文地质条件、气候、地形等因素，采用浆砌片石护坡、浆砌四合土砖护坡、勾缝、喷浆、喷射混凝土(锚杆铁丝网喷浆或喷射混凝土)、抹面、四合土捶面、营造灌木林、铺种草皮等办法，是防治风化剥落经济适用和行之有效的措施。

(1)喷浆或喷射混凝土防护

①适用条件

• 喷浆(或喷射混凝土)适用于岩性较差、强度较低、易于风化(如页岩、千枚岩、片岩、砂岩等)或坚硬岩层，风化破碎，节理发育，其表层受自然营力影响导致风化剥落的岩质边坡的坡面防护。

• 当岩质边坡因风化剥落和节理切割而导致大面积碎落，以及局部小型崩塌、落石时，可采用局部支撑加固处理后，进行大面积喷浆(或喷射混凝土)。

• 对于上部岩层风化破碎，下部岩层坚硬完整的高大路堑边坡，采用喷浆(或喷射混凝土)的办法来解决上部破碎岩层的风化剥落，具有良好的技术经济效果。

• 因浆体固结层厚度较薄，不能承受山体压力，故所防护的边坡本身必须是稳定的，或经过加固后达到稳定状态。

• 长年有发育或较发育的地下水露头的岩质边坡，不宜采用喷浆(或喷射混凝土)防护。有少量季节性地下水露头的岩质边坡上的喷浆(或喷射混凝土)防护层，其使用年限将减少20% ~40%。

• 实践经验证明，成岩作用很差的黏土岩及土质边坡，喷浆(或喷射混凝土)护坡护的效果不好，寿命不长。

• 重力喷浆宜用于陡度为35°~75°的坡面防护；机械喷浆不受坡度的限制。

②结构及材料要求

• 结构要求：

a. 喷浆厚度不宜小于1.5~2cm；喷射混凝土的厚度以3~5cm为宜。

b. 为了防止坡面水的冲刷，沿喷浆(或喷射混凝土)坡面顶缘外侧设置一条小型截水沟，以拦截流向防护坡面的地表水；或将防护层顶缘嵌入岩层内部不小于10cm，并与未防护的坡面衔接平顺。

c. 浆体护坡两侧是易于遭到损坏的薄弱处，为了加强此处，宜将两侧凿槽嵌入岩层内(其深度一般不小于10cm)，以便加强封闭，并与相邻未防护的坡面衔接平顺。

d. 因为轻型护坡的脚部易于遭到人为活动的破坏，为了加强坡脚，可在坡脚1～2m高的范围内设置一道厚度为0.3～0.4m的浆砌片石护裙。

● 材料的选择与处理：

a. 水泥：采用300#或400#普通硅酸盐水泥或火山灰质水泥，失效和变质的水泥不宜使用。

b. 白灰：选用刚出窑的块灰，以烧透者为宜。欠烧和过烧者均不得使用。因为欠烧者达不到应有的效果；过烧者不易水化，使用于喷浆后，它会缓慢吸收空气中的水分进行水化，从而导致已结硬的喷浆层开裂。为了避免这一缺点，一般要求白灰在使用前1～2星期淋成灰膏。

c. 砂：砂子要求清洁，必要时应淘洗过筛。重力喷浆的砂子粒径为0.25～0.5mm；机械喷浆或喷射混凝土的砂子粒径为0.5～1.0m，含土量不得超过5%，含水率以4%～6%为宜。

d. 混凝土粗骨料：采用纯净的卵石或碎石，最大粒径不得大于25mm，大于15mm的颗粒应控制在20%以下，片状或针状颗粒的含量(按质量计)不得超过15%。

e. 水：不含有害杂质，清洁可饮，无侵蚀性，可用于喷浆或喷射混凝土。禁止使用含酸、碱、油脂的水或污泥水、沼泽水等。水中如果含有SO_4^{2-}，它能与水泥中的石灰质发生化学反应，产生石膏，在这一反应过程中，由于石膏体积增大所形成的张力能破坏已硬化的、具有一定强度的浆体保护层；另外，还会产生杰瓦尔盐($3CaO \cdot Al_2O_3 \cdot 3CaSO_4 \cdot nH_2O$)，它在潮湿条件变化不定的情况下，侵蚀的危害性最大。当水中SO_4^{2-}离子的含量超过250mg/L时，在混凝土的孔洞中会发生石膏结晶。所以当水中SO_4^{2-}离子的含量等于或大于该数值时，就认为是侵蚀性的水。

水中游离碳酸对含有石灰质的建筑材料也会产生破坏作用。当水中游离碳酸的含量超过了水中HCO_3^-相适应的数值时，超过部分的游离碳酸(称侵蚀性碳酸)，能使不溶解的碳酸钙和碳酸镁变为可溶性的重碳酸盐，其化学反应如下：

$$CaCO_3 + CO_2 + H_2O = Ca(HCO_3)_2$$
$$MgCO_3 + CO_2 + H_2O = Mg(HCO_3)_2$$

(2)锚杆铁丝网喷浆或锚杆铁丝网喷射混凝土防护

①适用条件　凡适宜于喷浆(或喷射混凝土)防护的岩质边坡，当岩层风化破碎严重，节理发育，破碎岩层较厚的情况下，如果继续风化，将导致坠石或小型崩塌，从而影响到整个边坡的稳定性。对于这种病害的整治，必须兼顾防护与加固的双重作用，而锚杆铁丝网喷浆(或锚杆铁丝网喷射混凝土)，是达到上述目的的一种有效措施。与喷浆或喷射混凝土防护相比较，它具有较高的强度，较好的抗裂性能，能使坡面一定深度内的破碎岩层得以加强，并能承受少量的松散破碎体所产生的侧压力；与浆砌片石护坡或护墙相比较，由于它的厚度较薄，可以节约圬工量。它抵抗外荷的能力、封闭坡面的有效程度及其使用寿命介于喷浆或喷射混凝土防护与浆砌片石护坡或护墙防护之间。

锚杆铁丝网喷浆(或锚杆铁丝网喷射混凝土)防护的缺点是：需要钢材，施工烦琐，如果保证不了工程质量，往往达不到预期的效果；一旦遭到损坏，则维修困难。因此，采用该种防护要慎重研究，只有在与其他防护类型相比较有充分的技术经济依据时，方可采用。

②结构及材料要求

• 锚杆铁丝网喷浆(或锚杆铁丝网喷射混凝土)护坡的周边加固处理、顶部小型截水沟的设置、材料选择等，均与喷浆或喷射混凝土防护相同。

• 锚杆锚固深度视边坡岩层的破碎程度及破碎层的厚度而定，一般锚固深度为 0.5 ~ 1.0m(为了防止锚杆滑出，造成铁丝网浆体封闭层脱壳，锚杆必须置于较好的岩层面以下一定深度)。锚杆孔的深度应大于锚固深度 20cm，并用 1∶3 的水泥砂浆固结，如图 2-14 和图 2-15 所示。铁丝网的孔眼尺寸，一般采用 20cm × 20cm 或 25cm × 25cm 的方孔。锚杆的布置及预制铁丝网的拼接，如图 2-16 和图 2-17 所示。

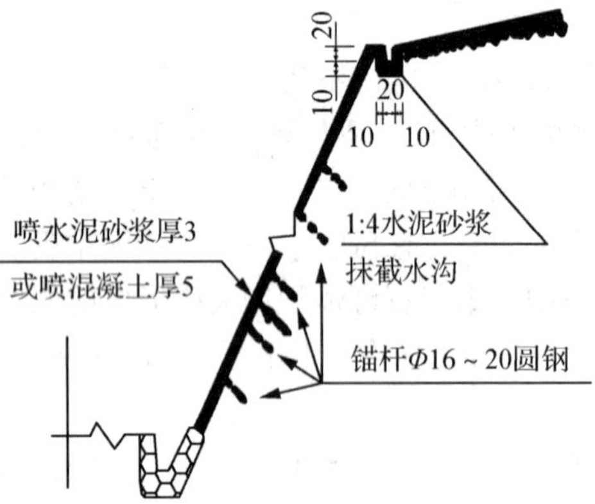

图 2-14 锚杆铁丝网喷浆(喷混凝土)护坡横断面(单位：cm)

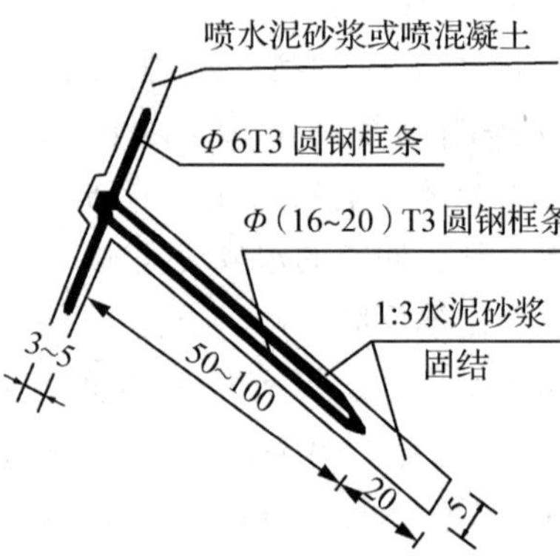

图 2-15 锚杆、框条、砂浆、岩层结点大样图(单位：cm)

• 喷浆厚度不少于 3cm；喷射混凝土厚度不少于 5cm。沿框条延伸方向每隔 10 ~ 12.5m 设一道伸缩缝，缝宽 2cm，用沥青麻刀填塞。

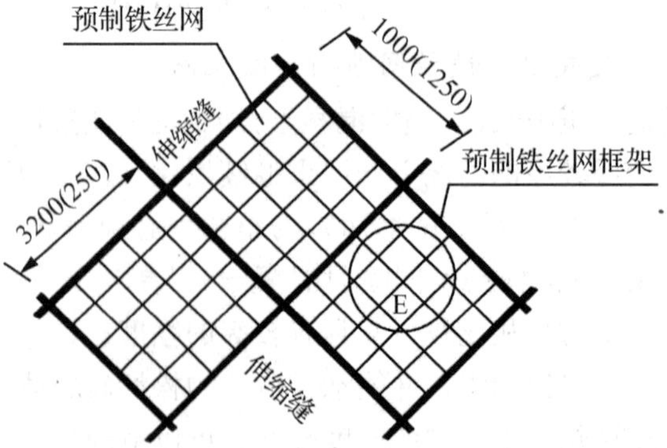

图 2-16 锚杆、框条、伸缩缝布置图(单位：cm)

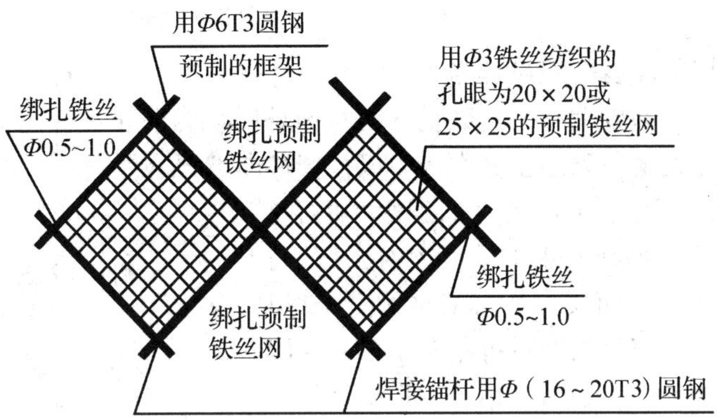

图 2-17　E 点大样图(单位：cm)

• 水泥砂浆和混凝土的配合比，各种材料的规格及用料量见表 2-4 所列。

表 2-4　每平方米锚杆铁丝网喷浆(或喷射混凝土)材料用量

材料项目			单位	数量
锚杆 Φ(16~20)T 3圆钢筋	框条架尺寸 200cm × 200cm		m	0.125
	框条架尺寸 250cm × 250cm		m	0.08
框条架用 Φ6 T3圆钢筋	框条架尺寸 200cm × 200cm		m	1.59
	框条架尺寸 250cm × 250cm		m	1.40
钢丝网用 Φ2 普通镀锌铁丝	网眼孔径 20cm × 20cm		m	9.9
	网眼孔径 25cm × 25cm		m	7.7
绑扎用 Φ 0.5~1.0 普通铁丝			m	1.85
砂浆用料	砂浆配合比 1:3(体积比)	400#水泥	kg	13.6
		砂	m^3	0.034
		速凝剂	kg	0.4
	砂浆配合比 1:4(体积比)	400#水泥	kg	10.2
		砂	m^3	0.034
		速凝剂	kg	0.30
混凝土用料	410#水泥		kg	24.5
	砂		m^3	0.03
	石子		m^3	0.03
	速凝剂		kg	0.88

注：①速凝剂：采用“红星一型”(鸡西速凝剂厂生产)，其掺入量按水泥重量的 2.5% ~4.0%，加入速凝剂后，初凝时间一般为 1~5min，终凝时间一般为 7~10min。因此，加入速凝剂的干拌料必须迅速使用。

②水灰比：喷浆一般为 0.45~0.60，喷射混凝土为 0.35~0.42。

(3)抹面防护

①适用条件

• 对各种易于风化的软岩层(如泥质砂岩、页岩、千枚岩、泥质板岩等)边坡，当岩层风化不甚严重时，可采用抹面防护的办法来防止这类岩质路堑边坡的风化剥落。

• 所防护的边坡，本身必须是稳定的，其坡面形状、陡度及平顺性不受限制。

• 所防护的边坡，必须是干燥、无地下水的岩质边坡。

• 土质和土夹石边坡不宜采用抹面防护。

②结构要求

• 抹面防护层的厚度一般设计为 3～7cm。

• 当防护坡面顶部以上有一定数量的汇水面积时，为防止坡面水的冲刷，可在防护坡面顶缘外侧，设置一条小型截水沟，以拦截冲向坡面的地表水，如图 2-18 所示。

• 当防护坡面顶部以上的汇水面积很小时，抹面护坡顶部无须设置小型截水沟。但此时，抹面护坡的顶缘应与两侧的抹面层一样，从结构上予以加强，将其嵌入岩层内部的深度不得小于 10cm，并与未防护的坡面衔接平顺，如图 2-18(a)所示。

• 在软硬岩层相间的边坡上，如果对软岩层抹面防护时，在软硬岩层分界处，抹面防护层应嵌入岩层内至少 10cm，并与未防护的硬岩层衔接平顺，如图 2-18(b)所示。

• 大面积抹面时，每隔 10m 左右设置一道伸缩缝，缝宽 1～2cm，缝内用沥青麻刀填塞。

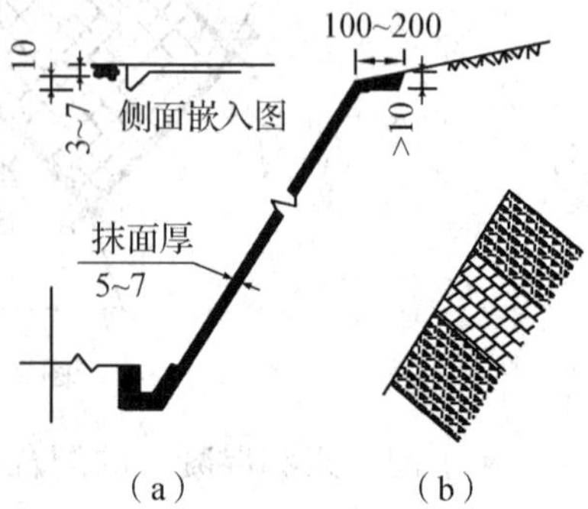

图 2-18 抹面护坡(单位：cm)

(a)顶部凿槽嵌入

(b)软硬岩层衔接处抹面嵌入

2.3 崩塌灾害主要监测内容、方法

2.3.1 崩塌监测的目的

2.3.1.1 崩塌监测的主要目的

①评价山地灾害体的活动性及稳定性。当监测表明灾害地质体以一定速率持续变形时，不仅表明其活动性，而且直观地表明了崩滑体的不稳定性，当其他分析评价方法不易定论时，监测资料更具有决定性意义。

②通过动态监测，可以直接得到崩滑变形块体变形的分布、规模、位移方式、方向和速率等，为分析崩塌体的形变特征、变形机制，进行稳定性评价服务，同时为防治工程设计提供重要依据。

③勘查期的监测，可为勘查施工安全提供预警预报，对重型山地工程施工崩塌体的扰动及时反馈，控制勘查施工部位和施工强度，还为防治工程设计提供参考等。

④勘查期监测，可为今后建站进行长期监测奠定良好的基础(如充分利用勘查工程的钻孔和平斜硐布设监测点等)。

2.3.1.2 监测的任务

①通过监测，查明崩塌体正在变形破坏的主要块体、主要部位、主要破坏方式(如倾倒、滑移、转动、下沉、张开等)、主要变形方向和变形速率。

②通过对监测资料的分析研究，进一步认识崩滑体的形体特征(如滑面形态、活动块体边界、底界等)，分析其变形规律、发展趋势、形成机制，分析评价崩塌体的稳定性和论证防治工程设计。

③监测崩塌相关成灾因素(如降雨、地表水、地下水和人类活动等)及其强度，分析评价它们对崩塌体稳定性的影响。勘查期一般历时1~2年，能获得1~2个水文年的水文监测资料和崩塌体变形资料。

2.3.2 监测内容

2.3.2.1 监测项目及监测内容选择原则

①根据崩滑体变形破坏的方式进行选择。如若以顺层滑移为主，则不选择地面倾斜监测；若以倾倒和角变化为主，则应重视倾斜监测。

②根据崩滑体所处的变形阶段和变形量来进行选择。如在崩塌体处于匀速变形阶段，则可不进行声发射监测；深部钻孔倾斜监测则在急剧变形阶段不宜投入。

③根据崩滑体赋存条件及成灾相关因素选择监测内容，如对地表水监测、地下水监测、降雨和人类活动监测内容的选择。

④根据稳定性分析评价的需要和预报模型及判据的需要选择监测内容。有条件的应投入多种监测，以满足多因素(参数)相关分析与回归分析模型和综合信息预报判据的需要。

⑤当经费不足或受其他条件限制时，应本着少而精的原则，抓住主要因素，以绝对位移为主进行监测，同时保留对主要成灾因素(如地下水等)的监测。

2.3.2.2 监测方法和监测仪器的选择

(1)监测方法的选择原则

①根据被勘查的崩滑体的危害性和重要性进行选择。对于灾害重大的崩滑体，为确保勘查和监测的成果质量，应投入高、精、尖的监测方法和多种监测方法。

②根据经济上的可行性选择，如GPS监测和大地测量法之间的选择。

③根据勘查手段和工程量进行选择，如钻孔倾斜仪监测、岩土体深部位移监测等，需一定勘探工程(如钻孔、平斜洞等)予以支持。

④根据技术上的可行性进行选择，即根据崩滑体的形体特征及所处的监测环境，如通视条件、气候条件、洞内湿度等，因地制宜选择。如无法攀登的高陡绝壁构成的危岩体，近景摄影法则是比较好的选择。

(2)监测仪器的选择

①首先满足监测精度和量程的需要。按照误差理论，观测误差一般应为变形量的1/10~1/5，据此来确定适当的监测精度。考虑到勘查阶段监测，可适当放宽，长期监测的仪器一般应适应较大的变形，在选择量程方面应充分注意。

②满足对所处监测环境的适应性和抗干扰能力，应适应野外恶劣环境(如雨、风、地下水浸湿、雷电等)。

③保持仪表及传输线路的长期稳定性和可靠度，尽量减少故障，要求便于维护和更换。

④必须选择一部分机测点，保证电测与机测相结合，以便互相校核，互相补充，提高监测成果的可靠度。

2.3.2.3 监测内容和方法

①绝对位移监测是首选项目，一般利用勘查时投入的测量仪器进行大地测量法监测。

②相对位移监测应与绝对位移监测一同展开，一般应投入机测。当勘查后建立长期监测站时，应根据建站要求，及时投入其他监测(如电测)项目。

③宏观地质调查应按确定路线定期进行。

④其他监测项目和方法，应根据相关要求进行选择。

2.3.2.4 监测周期的确定

监测一般分为正常监测和特殊监测。正常监测周期为15天或一个月。特殊监测，如污期、雨季、勘查阶段山地工程施工期以及变形加剧时，必须加密监测。

2.3.3 监测项目和方法

2.3.3.1 绝对位移监测

绝对位移监测是最基本的常规监测方法，用以监测崩塌体测点的三维坐标，从而得出测点的三维变形位移量、位移方位与位移速率。绝对位移监测可分为地表和地下(平斜硐内)监测。

(1)大地测量法

①主要有两方向(或三方向)前方交会法和双边距离交会法[监测二维水平位移(X, Y)]，视准线法、小角法和测距法(监测单方向水平位移)，几何水准测量和精密三角高程测量法[观测垂直方向(Z向)位移]。

②一般常用高精度测角、测距的光学仪器和光电测量仪器。常用的有WILDT3经纬仪(测角中误差 $\pm 1''$)、N3水准仪(0.2mm)、Mekometer ME3000光电测距仪(精度 $\pm 0.3\text{mm} + 1 \times 10^{-6} D$*，测程3km)、NE5000光电测距仪(精度 $\pm 0.2\text{mm} + 0.2 \times 10^{-6} D$，测程5km)、全站式电子速测仪(测角精度 $2''$，测距精度 $\pm 2\text{mm} + 2 \times 10^{-6} D$)等。

③特点及适用范围

- 量程不受限制，能全面控制崩塌体，构成监测网。
- 技术成熟、精度高，成果资料可靠。
- 受地形通视条件限制和气象条件(风、雨、雪、雾等)影响，外业工作量大、周期长。
- 适用于所有崩塌体不同阶段的监测，是一切监测工作的基础。勘查工作一开始，应立即设站建标投入监测。成果可直接用于变形分析、稳定性评价和崩塌预报。

(2)GPS(全球定位系统)测量法

①GPS是利用美国25颗卫星系统发送的导航定位信号进行空间交会测量，确定

---

* D表示量程。

待测点的三维坐标的一种测量方法。

②特点及适用范围

• 观测点之间无需通视，选点方便。

• 可全天候观测。

• 观测点的三维坐标可以同时测定，对于运动中的观测点，还能精确测出其速度。

• 在测程大于10km时，其相对精度可达$5\times10^{-6}\sim1\times10^{-6}$km，甚至能达到$10^{-7}$km，优于精密光电测距仪。

• GPS接收机具有重量轻、体积小、耗电少、智能化的快速静态定位特点(如WILD200)，其发展趋势是仪器质量、精度将不断提高。

• 适用于各种崩滑体三维位移监测。

(3)近景摄影测量法

①把近景摄影仪安置在两个不同位置的固定测点上，同时对崩塌体的观测点摄影构成立体像片，利用立体坐标仪量测像片上各测点的三维坐标进行测量。

②特点及适用范围

• 周期性重复摄影，外业工作简便，可同时测定多个测点的空间坐标。

• 获得的像片是崩滑体变形的实况记录，可以随时进行比较分析。

• 近景(100m内)摄影法绝对精度不及传统测量法。

• 设站受地形条件限制，内业工作量大。

• 适合于对临空陡崖进行监测。

(4)激光全息摄影法和激光散斑法。

激光全息摄影是利用光的干涉把物光波的振幅和相位同时记录下来，再利用光的衍射使其在一定条件下再现，从而可以获得与物体十分逼真的三维图像。激光散斑法由散斑照相测量发展到散斑干涉测量，由参考束散斑干涉发展到双光束干涉，剪切散斑干涉，到电子散斑干涉测量。这两种技术均可对物体在不同时刻的形状进行对比，探测其一般时间内的改变，对崩塌监测具有重要的应用价值。

2.3.3.2 相对位移监测

相对位移监测是设点量测崩滑体重点变形部位点与点之间相对位移变化(张开、闭合、下沉、抬升或错动等)的一种常用变形监测方法，主要用于裂缝、崩滑带和采空区顶底板等部位的监测，是崩塌监测的主要内容。

相对位移的主要监测方法和仪器如下：

(1)简易监测法

①主要方法

• 在裂缝或滑面两侧(或上、下)设标记或埋桩，定期用钢尺等直接量测裂缝张开、闭合、位错或下沉等变形。

• 在裂缝上或滑带上设置骑缝式标志，如贴水泥砂浆片、玻璃片等，直接量测。

• 在平斜硐及采空区顶板设置重锤，量测硐顶的相对位移和沉降。

②特点及适用范围

• 简便易行，投入快，成本低，便于群测群防。

• 操作简单，直观性强。

• 精度稍差，观测时劳动强度大。

• 适用各种崩塌的不同阶段的监测。

(2)机测法

①采用机械式仪表对裂缝、滑带和顶底板进行位移或沉降监测。

②常用仪器

• SCR－6 型月记式伸缩记录仪，精度 0.2mm，可现场自动连续记录裂缝变形的过程曲线，裂缝的变化速率。

• 便携式双向测缝计。

• 机械式三向测缝计，灵敏度 0.01mm，量程 10mm，适用于变形量较小的监测。

• 杆式收敛计，灵敏度 0.01mm，精度 0.05mm，测程 50～100mm。

• 机械式收敛计，分辨率 0.01mm，精度 0.07mm，量程 730mm，测距 10m。

③特点及适用范围

• 机测式仪器原理简单，结构不复杂，便于操作，投入快。

• 成果资料直观可靠。

• 仪器稳定性好，抗潮防锈，适用于地下潮湿等不良环境。

• 适用于各种崩塌监测。

(3)电测法

①采用传感器的电性特征或频率表征裂缝的变化，采用二次仪表(电子仪表)进行测试。

②常用仪器　AFD－1 型电感调频式位移计，精度 0.03～0.07mm，量程 50mm，分辨率 1Hz，可有线传输。配套 MFT－1 型多功能频率测试仪及 AFD－30 型位移自动巡回检测系统，可定时自动对 30 个测点进行巡回检测读数。

③特点及适用范围

• 精度高，自动化程度高，监测采样速度快，可远距离有线传输，可自动巡回检测和数据数字信息化。

• 电阻式传感器及传输线路在潮湿等不良环境中抗干扰及适应性较差，频率式传感器性能稳定，抗干扰性强。

• 电子仪表往往不适应在潮湿、地下水侵蚀、酸性及有害气体的恶劣环境条件，电子仪表易老化，长期稳定性差。在选用电测仪表时，一定要具有防风、防雨、防潮、抗雷电干扰、防腐蚀和抗震等性能，以保证仪表的长期稳定性和监测结果的完整性及可靠性。

2.3.3.3　倾斜监测

(1)地面倾斜监测法

①监测内容　监测崩滑体地面倾斜方向和倾角变化。

②目前常用的仪器

• 美国 Sinco 盘式倾斜仪，灵敏度 8″，量程 ±30°，适用于倾斜变化较大时的监测。

• 瑞士 BL－1000 型 Levelmeter 杆式倾斜仪，灵敏度 0.01mm/m，量程 ±10mm/m。

• 国产 T 字型倾斜仪，灵敏度 0.6″，量程 90′。杆式和 T 字型倾斜仪适用于倾斜变化较小时的监测。

③适用范围　地面倾斜监测不具普遍性，对崩塌地质体有变形机制和变形阶段的选择性。

• 主要用于倾倒式崩塌、拉裂式崩塌、滑移式崩塌(蠕滑—拉裂型滑坡)中的切层滑坡、滑移—弯曲型滑坡。

• 对于滑移式崩塌体中顺层滑动不宜采用。

• 对于崩滑初期阶段的危岩体(开裂岩土体)，当以角变位和倾斜变形为主时，有条件的情况下，可投入精度高的地表倾斜监测。

(2)深部倾斜监测法

①监测内容和监测原理　利用钻孔倾斜仪测量崩滑体内钻孔倾斜变形，从而反求各孔段水平位移。基本原理是以伺服加速度计为测读元件，监测探头轴线相对于水平面的倾角变化，求出水平位移增量，测定滑动面的位置、滑带厚度和滑动速度等。

②常用仪器　主要有美制 Sinco 便携式数显钻孔倾斜仪，灵敏度 8″，即 0.02mm/500mm，总精度 ±7.5mm/30m，量程 －15°～0°～15°。国产 CX－01 型伺服加速度计式数显测斜仪，测头阈值 ±0.02mm/500mm，总精度 ±4mm/15m，量程 －53°～0°～53°。

③特点及适用范围

• 精度高，性能可靠，稳定性好，测读方便。

• 在岩土体钻孔内进行岩土体深部变形监测，具有很大的应用优势。

• 在目前条件下，由于仪器条件的限制，适合于崩滑体缓慢、匀速变形阶段的监测。当变形加剧或局部突发事件发生时，由于变形量大，挤压测斜管急剧变形使测头无法通过而导致监测报废。

2.3.3.4　声发射监测

(1)监测内容

检测岩体破裂时产生的声发射信号。采用声发射仪检测岩音频度[单位时间内的声射事件次数(次/min)]、大事件[单位时间内振幅较大的声发射事件次数(次/min)]、岩音能率[单位时间内声发射释放能量的相对累计值(能量单位/min)]，用以判断岩体变形及稳定状况，并进行预测预报。

(2)常用仪器

美制 AE5000B 型声发射仪、国产 YSS－1 型岩体声发射仪、YSZ－2 型智能化 16 通道岩体声发射仪、SJ－1 型 6 通道声发射监测仪、DY－2 型地音仪、WD－1 型无线电地音仪、YSS 岩石声发射参数测定仪等。

(3)特点和适用范围

①声发射仪性能比较稳定，灵敏度高，操作简便，能实现有线自动巡回检测。

②岩石破裂产生的声发射信号比观测到位移信息超前7d～2s，因此，适用于岩质斜坡处于剧滑临崩阶段的短临前兆性监测。在崩塌勘查阶段，一般可不采用。

2.3.3.5 地应力观测

(1)观测内容

在地表或地下(钻孔、平斜硐内)埋设地应力计，测量崩滑体内地应力的变化情况，分辨拉力区、压力区及压力变化，用以推断岩体变形。

(2)常用仪器

国产WL－60型应力计、YJ－73型三向压磁应力计等。

(3)适用范围

上述应力计是以测量变形为基础反算应力值的一种方法，并不真正代表岩土体内的地应力，实际仍是应变监测法。由于可以区分压力区和拉力区，一般可用于滑移式土体崩塌监测，岩滑也可采用。另外，可用于洞掘型山体开裂底部压力监测，鼓胀式崩塌挤出带应力监测。

2.3.3.6 地下水监测

(1)监测内容

对测区内的地下水露头(人工和天然)进行系统的水位、水量、水温和水质等项目的长期监测(有条件可以设置孔隙水压监测)。掌握区内地下水变化规律，分析地下水与地表水及大气降雨的关系，进行地下水的动态特征与崩塌体变形的相关分析，为稳定性评价和防治工程设计提供水文地质资料。

(2)监测方法

利用监测盅、水位自动记录仪、孔隙水压计、钻孔渗压计、测流仪、水温计、测流堰和取样等，监测泉、井、坑、钻孔、平斜硐与竖井等地下水露头。

(3)适用范围

对崩塌勘查来说，地下水监测不具有普遍性。当崩塌变形破坏与地下水具有相关性，且在雨季或地表水位抬升时崩塌体内具有地下水，即应予以监测。一般认为，滑移式崩塌、倾倒式崩塌、鼓胀式崩塌、洞掘式崩塌、水库型崩塌可进行地下水监测。

2.3.3.7 地表水监测

(1)监测内容

监测与崩塌相关的周围沟、溪、河的水位、流速、流量，分析其与地下水和降雨量的关系。

(2)监测方法

利用水位标尺、水位自动记录仪、测流堰等进行监测。

(3)适用范围

①需进行地下水监测的崩塌体，且地表水和地下水有水力联系。

②冲蚀型崩塌。

2.3.3.8 常规气象监测

(1)监测内容及仪器

利用常规气象监测仪器，如温度计、雨量计、蒸发仪等进行以降雨量为主的气象监测。

(2)适用范围

由于降雨是影响崩塌体稳定性的主要环境因素，除稳定性评价外，还能为防治工程选择施工期及施工作业准备提供参考，一般情况下均要进行气象监测。进行地下水监测的崩塌体则必须进行气象监测。

2.3.3.9 人类活动监测

(1)监测内容

由于人类活动，如洞掘、削坡、爆破、加载及水利设施的运营等，往往造成人工型山地灾害或诱发产生山地灾害。在出现上述情况时，应予以监测并停止某项活动。

人类活动监测应针对区内崩塌有影响的项目，监测其范围、强度、速度和崩塌变形的关系。

(2)适用范围

当人类活动影响崩塌体的稳定性时，应予以监测并建议其停止。对于洞掘型、明挖型、爆破型、加载型和渗漏型等崩塌，应予以监测并通过政府职能使其降低强度，暂缓或停止实施。

2.3.3.10 宏观崩滑灾害调查

(1)调查内容及方法

采用常规地质调查法，定期对崩滑体出现的宏观变形形迹(如裂缝发生及发展、地面沉降、下陷、坍塌、膨胀、隆起和建筑物变形等)及有关的异常现象(如地声、地下水异常、动物异常等)进行调查记录。

(2)特点及适用范围

①该法具有直观性强、适应性强、可信程度高的特点，为崩滑监测的主要手段。其适用于所有被勘查的崩塌体，且可以与地质测绘相结合。

②宏观地质调查的内容受变形阶段的制约。与变形有关的异常现象(如地声、动物异常等)属于崩滑短临前兆，一般在勘查期内不会出现，但不排除极端情况下在勘查期内崩滑体失稳现象的发生，所以应列入宏观地质监测之中。

2.3.4 崩塌监测网点的布设

根据被勘查崩滑体的形体特征、变形特征和赋存条件，因地制宜地进行布设。监测网由监测线(剖面)和监测点组成，要求能形成点、线、面、体的三维立体监测网，能全面监测崩滑体的变形方位、变形量、变形速率、时空动态及发展趋势，应能满足监测预报各方面的具体要求。

2.3.4.1 监测剖面的布设及功能分析

①监测剖面是监测网的重要组成部分，每条监测剖面要控制一个主要变形方向，监测剖面原则上要求与勘查剖面重合(或平行)，同时为稳定性计算剖面。

②监测剖面不完全依附于勘查剖面，应具有轻巧灵活的特点，应根据崩滑体的不同变形块体和不同变形方位进行控制性布设。当变形具有两个以上方向时，监测剖面亦应布设两条以上；当崩滑体发生旋转时，监测剖面可呈扇形展布。在有条件的情况下，应兼顾到崩滑体的群体性特征和次生复活特征，兼顾到主崩滑体以外的小型崩滑体及次生复活的崩滑体的监测。

③监测剖面应充分利用勘查工程的钻孔、平洞、竖井布设深部监测，尽量构成立体监测剖面。

④监测剖面应以绝对位移监测为主体，在剖面所经过的裂缝、滑带上布置相对位移监测和其他监测，构成多手段、多参数、多层次的综合性立体监测体系，达到互相验证、校核、补充并可以进行综合分析评判的目的。剖面两端要进入稳定岩土体并设置大地测量用的永久性标桩，作为该剖面的观测点和照准点。

⑤监测剖面布设时，可适当照顾大地测量网的通视条件及测量网形(如方格网)，但仍以地质目的为主，不可兼顾时应改变测量方法以适应监测剖面。

⑥监测剖面的功能分析。监测剖面布设后，应结合地质结构、成因机制、变形特征，分析该剖面上全部监测点的功能并予以综合，建立该剖面在平面上和剖面上代表崩滑体的变形块体范围及其组合。

2.3.4.2 监测点的布设与功能分析

①监测点的布设首先应考虑勘查点的利用与对应。勘查点查明地质功能后，监测点则应表征其变形特征。这样有利于对崩滑机理的认识和变形特征的分析。同时，利用钻孔或平洞、竖井进行深部变形监测。孔口建立大地测量标桩，构成绝对位移与相对位移直接相连，扩大监测途径。

②监测点要尽量靠近监测剖面，一般应控制在5m范围之内。若受通视条件限制或其他原因，亦可单独布点。

③每个监测点应有自己独立的监测功能和预报功能，充分发挥每个监测点的功效。要求选点时应慎重，有的放矢，布设时事先进行该点的功能分析及多点组合分析，力求最好的监测效果。

④监测点不要求平均分布，对崩滑带，尤其是崩滑带深部变形监测，应尽可能布设。对地表变形剧烈地段和对整个崩滑体稳定性起关键作用的块体，应重点控制，适当增加监测点和监测手段。对于崩滑体内变形较弱的块段也应有监测点予以控制。

⑤位于不动体上，作为测站和照准点的绝对位移监测桩点选点时要慎重，要尽量

避免因地质判断失误选在崩滑体或其他斜坡变形体上，同时避开临空小陡崖和被深大裂隙切割的岩块，以消除卸荷变形和局部变形的影响。

2.3.4.3 大地测量网型的选择

大地测量监测是崩滑体监测的主要手段，其网型的选择，除地质因素外，还取决于崩滑体的范围、规模、地形地貌条件、通视条件及施测要求。

(1)十字型

适用于平面窄长，范围不大，主轴方向明显的崩滑体。一般沿其主轴方向布设一排监测点，垂直于主轴方向布设若干排监测点，构成“十”字型或“丰”字型。

(2)放射型

适用于通视条件好，范围不大的崩滑体。在其外围稳定岩土体上，选择通视条件好的位置设置两处固定测站，以测站为原点按放射状设若干条测线，在测线终点稳定岩土体上设照准点，定期观测两组放射测网交叉点(观测点)。该网型优点是观测时搬动仪器的次数少，但测点不均布，离测站较远的测点精度稍差。

(3)方格型

适用于地形条件复杂、范围大的崩滑体。设置若干条不同方向的测线，纵横交叉，组成方格网，监测点设于交叉点上。由于该型只要求每条测线能通视，故受地形影响较小，测点分布可任意调整，较为均匀，观测精度高。缺点是测站多，建控制网时较为困难。观测时，仪器搬动频繁，耗费时间、人力、物力。

(4)任意型网

当测区条件极为困难，难以布设上述网型时，可在崩滑体外围稳定岩土体上布设三角站网，采用三角交汇法进行测量。

(5)对标型

在裂缝、滑带等两侧设置对标，直接监测对标的坐标变化，或直接监测对标间距离和高程的变化，标与标之间可不相联系，后缘缝的对标尽量设置在稳定岩土体上。该型法较简单，在其他网型布设困难时，可采用此法监测重点部位的绝对位移和相对位移。

(6)多层型

除地表设测点外，可利用勘探平、斜洞，在洞内设置监测点，监测不同高程、不同层位崩滑体的变形。

大地测量监测网型以及测站、测线、测点的选取可根据具体需要进行确定或调整，有时可同时采用两种网型，布成综合网型。大地测量网型只是为大地测量服务的，是进行绝对位移监测的一种手段，并不代表崩滑体监测网。

2.3.4.4 监测资料的整理与分析

(1)建立监测数据库

监测数据库包括宏观地质监测、绝对位移、相对位移(裂缝崩滑带等)、钻孔倾斜、地面倾斜、声发射监测、地应力监测、地表水、地下水和水文气象等多方面的数据库与总库。

(2)建立资料分析处理系统

根据所采用的监测方法和所取得的监测数据，采用相应的数据处理方法和程序软件包，对监测资料进行实时分析处理。一般要求能进行数据的平滑滤波，曲线拟合，绘制时程曲线，进行时序和相关分析。

(3)应编制的图

①绝对位移监测，编制水平位移矢量图、垂直位移矢量图、水平与垂直位移叠加分析图、位移(某一监测点水平位移、垂直位移等)历时曲线图。

②相对位移监测，编制相对位移分布图、相对位移历时曲线图。

③地面倾斜监测，编制地面倾斜分布图、地面倾斜历时曲线图。

④钻孔倾斜仪监测，编制位移与深度关系曲线图、变化值与深度关系曲线图、位移历时曲线图。

⑤声发射监测，编制噪声总量历时曲线图、声发射分布图。

⑥地表水、地下水监测，编制地表水水位历时曲线图、流量历时曲线图、地下水水位历时曲线图、孔隙水压力历时曲线图、泉流量历时曲线图等。

⑦为进行相关分析，可绘制崩滑体变形位移量(包括绝对位移、相对位移)与降水变化关系曲线图，变形位移量与地下水位变化关系曲线图，地面倾斜变形与降水变化关系曲线图，地面倾斜与地下水位变化关系曲线图，崩滑体地下水水位与降水量关系曲线图，泉流量与降水关系曲线图，地表水水位、流量与降水关系曲线图等。

即时进行监测资料的分析研究和对勘查施工的反馈。在监测过程中，若发现崩滑体变形加剧时，应进行变形破坏预报的研究，主动加密监测，制定灾情预报与紧急预防程序，并立即上报主管部门审批。

2.4 崩塌的预测和预报

2.4.1 崩塌的预测、预报

崩塌预报研究是20世纪60年代才开始起步的，现在已成为一个热门课题。由于崩塌问题的复杂性，崩塌时间预报目前还是一个世界性的科学难题。在此领域内，国内外已取得了一些成果，预报成功也不乏其例，如我国长江三峡的新滩崩塌滑坡、湖北省秭归县鸡鸣寺崩塌滑坡等。这些成功预报大多是通过监测工作实现的，而运用什么样的理论，建立何种理论模型进行预报，并没有完全解决，甚至是否存在这样的理论模型，是否能有效地解决崩塌的时间预报，还处在探索研究中。

崩塌预报的核心是预报方法和预报判据。近20多年来，国内外许多学者为寻找崩塌动态规律及时间预报方法付出了大量的辛勤劳动，提出了各种各样的预报理论模型。这些探索性工作所走过的历程，大致可分为3个阶段，分述如下。

2.4.1.1 经验式预报阶段

这一阶段以日本学者斋滕迪孝为代表，他通过大量试验，得出均质土坡的崩塌时间与蠕变速率之间有如下经验关系(1968)：

$$\lg t_r = 2.33 - 0.516 \times \lg\varepsilon \pm 0.59 \tag{2-10}$$

式中：±0.59——包括95%测定值的范围；

t_r——崩塌发生时间(min)；

ε——等速蠕变速率($\times 10^{-4}$/min)。

$$\varepsilon = \frac{\Delta l}{l\Delta t} \tag{2-11}$$

式中：l——形变体后缘沿滑移方向两点间距(m)；

Δl——两点间相对位移(mm)；

Δt——观测时间(min)。

当坡体进入加速蠕变阶段，可根据位移时间曲线作预报。取 Δl—t 曲线上 3 个点 t_1、t_2、t_3，使其 $t_1 - t_2$和 $t_2 - t_3$两段之间的位移量相等，所发生破坏时间为：

$$t_1 - t_2 = \frac{\frac{1}{2}(t_2 - t_1)^2}{(t_2 - t_1) - \frac{1}{2}(t_3 - t_1)} \tag{2-12}$$

由此可见，斋滕模型是以监测曲线和蠕变理论为依据的一种确定性模型。

斋滕模型方法简单，当时曾受到人们的欢迎。利用该方法曾于 1970 年对日本高场山隧道崩塌滑坡进行了成功预报。但由于该方法是在一定条件下建立的经验公式，所求得的蠕变破坏时间属于概算，预报精度受到一定的限制，仅适用于短期预报和临滑预报。

2.4.1.2 位移—时间统计分析预报阶段

20 世纪 80 年代，在崩塌预报研究方面取得了显著进展，许多学者大量引入各种数学方法与理论模型，用于拟合不同滑坡的位移—时间曲线，根据所建模型作外推预报。

这一阶段，日本各大研究机构普遍将室外现场观测、室内实验及理论分析有机地结合在一起，如福囿(1985)根据大比例尺模型试验结果，提出了预报斜坡破坏时间的福囿法。在现场观测及研究中，应用了多种先进的技术设备与方法，如用应变计观测地表位移进行滑坡预测，用三重蠕变曲线的图形分析方法、半对数曲线法、变形速度导数法进行崩塌发生时间预报等。

20 世纪 80 年代是我国崩塌预报研究起步和迅速发展的年代。1984 年王思敬教授提出了边坡失稳前总变形量和位移速度的综合预报方法。1988 年，陈道东、王兰生教授首先将灰色系统理论中 $GM(1,1)$模型法引入滑坡位移—时间曲线的拟合外推，其基本模型是一阶段微分方程：

$$\frac{dx^{(1)}}{dt} - ax^{(1)} = u \tag{2-13}$$

式中：x——经过一次累加生成的位移值；

a、u——参数，其时间响应方程为：

$$\hat{x}^{(1)(k)} = \left[x^{(1)(0)} - \frac{u}{a}\right]e^{-a(k-1)} + \frac{u}{a} \quad (离散值)$$

$$\hat{x}^{(1)(t)} = \left[x^{(1)(0)} - \frac{u}{a}\right]e^{-at} + \frac{u}{a} \quad （连续值）$$

并认为当 $\frac{dx}{dt} \to \infty$ 时的时刻 t_c 为滑坡时间。

该方法能揭示事物连续发展的较长过程，适合于中、长期预报。

1988 年又一位教授根据对滑坡孕育、发展、发生的过程特征，提出了二次曲线回归拟合和灰色理论中 Verhulst 生物繁衍的动态模型预测方法。他认为，滑坡存在常速蠕变（孕育）、加速蠕变（达到破坏滑坡发生）和减速位移（一个位移周期结束）的规律性，与生物生长规律有相似的机制，因此引用如下 Verhush 模型描述崩塌体位移过程：

$$\frac{dx}{dt} = ax - bx^2 \tag{2-14}$$

式中：x——位移量；

ax——因为下滑力等引起的趋动项；

bx^2——因下滑阻力等引起的非线性制约项。

其解为一“S”型位移—时间曲线：

$$x(t) = \frac{a/b}{1 + \left[\frac{a}{b}\,\frac{1}{x(0) - 1}\right]e^{a(t-t_0)}} \tag{2-15}$$

并取滑坡运动加速度为 0 的时间 t 为临滑时间 t_c，有

$$t_c = \frac{a}{2b}$$

此时，$a/2b$ 对应滑速最大。截至目前，这一模型仍被广泛应用。这一阶段，还提出了黄金分割法进行滑坡预报的方法。此外，还有不少学者尝试了马尔柯夫预报、模糊数学方法预报、泊松旋回法预报等多种方法，使崩塌滑坡预报方法体系得到逐步完善。

2.4.1.3　综合预报模型及预报判据研究阶段

随着崩塌预报研究的深入发展，学者们已意识到一个突出的问题，即崩塌体位移—时间曲线的拟合外推常常只能是对崩塌体近期行为趋势作出有限的外推，在有众多因素，尤其是非线性因素作用下，要准确可靠地预报滑坡的长期行为是困难的，上述诸多预报模型还有待于实际的实验证明。因此，近年来，学者们逐步形成了跟踪预报的思想，即利用若干个观测时段的位移曲线作有限时间段的位移外推预测，并且每获得一个新的观测数据，就剔除一个老的数据，以保证总是用最新的若干个数据去作预测。中国地质大学（武汉）余宏明对此做了有益的探索，提出了实时跟踪预报的方法。本书提出的指数平滑法、卡尔曼波波法等即属于此类方法。

从目前的崩塌体预报方法来看，基本上还是对崩塌体上某点观测位移值进行数学处理来做预报，这就使得所用预报模型的精度受到一定的限制。一方面，由于崩塌体上各点位移不会相同，甚至不同点上位移趋势都可能是相反的，因此用哪个点的观测资料代表崩塌体位移更合适，难于确定；另一方面，由于一个崩塌滑坡过程是多种随机因素综合作用的结果，且这些因素之间的相互作用，以及随时间和地点的变化常常

是复杂的，而且多是非线性的，由此所引起的崩塌体滑坡各点的位移过程曲线不都是可以用以外推的曲线。由此可见，仅用某个点的位移观测曲线做外推，难以保证反映整个崩塌体位移的状态。于是人们开始重视对崩塌宏观前兆和宏观判据的研究，并着手从反映多种因素及其作用机制的物理分析方法开始研究，其中包括较早出现的多因素相关与回归分析，以及近期发展起来的动力学分析方法。根据崩塌孕育过程是一种不断与外界交换物质和能量的复杂的动态演变过程，运用突变理论，基于现代反演技术，建立了崩塌体时间预报的非线性动力学模型，分析崩塌体孕育的动力过程，给出了可预报尺度的确定方法及稳定性判断准则。

近些年来，崩塌体预报研究进展较快，在研究方法和手段上都在不断创新。随着一些新的、先进的技术手段的应用和发展，一些相邻学科的渗透和新学科的兴起，为崩塌体预报研究提供了新的理论方法和观测、实验、计算手段，这必将推动崩塌体预报研究的迅速发展。

2.4.2 崩塌危险性分析与灾情评估

2.4.2.1 崩塌危险性分析

崩塌危险性分析包括崩塌体稳定性安全系数(K)、致灾因素发生的概率、受灾对象、灾害体与致灾因素遭遇的概率、崩塌灾害目前发育阶段及监测预报分析等。

(1)崩塌体稳定性安全系数(K)的取值

安全系数(K)不等同于稳定系数(F)。安全系数是人为对山地灾害成灾可能性设定的评价标准和系数。从理论上讲，$K=F=1$ 即无危险，可达到理论上的安全。但由于自然界的复杂性和人类认识的局限性，即存在着由地质模型、力学模型和参数取值的不确定性导致的评价误差，因此，安全系数的界限值应将这些可能存在的评价误差考虑进去。设误差值为 u，则：

$$K > 1 + u \quad \text{无危险}$$
$$1 < K < 1 + u \quad \text{略危险}$$
$$1 > K > 1 - u \quad \text{较危险}$$
$$K < 1 - u \quad \text{危险}$$

u 的取值应视计算评价方法的成熟、准确程度、灾害的危险性、重要性而有所差异，一般对崩塌(岩崩)宜取 0.15 ~0.20。

(2)主要致灾因素发生的概率

致灾因素发生的概率，可用主要致灾动力达到致灾强度的概率来表示，如暴雨型崩塌或在暴雨条件下激发的崩塌，当其阈值与某种降雨强度(或降雨时间)相当时，可将该降雨发生的概率作为该崩塌发生的概率。当崩塌在某级地震条件下稳定性系数小于1，则可将该级地震的发生概率作为崩塌发生的概率。当崩塌体在强降雨和强地震叠加的条件下 K 值才小于1，则其发生概率应为该强度的降雨概率与地震概率之积。

(3)受灾对象与致灾作用遭遇的概率

①受灾对象与致灾作用遭遇的概率，可用受灾对象的存在或使用年限与致灾作用

的年发生概率之积求得。

$$P = RT \tag{2-16}$$

式中：R ——致灾作用的年发生概率；

T ——受灾对象的存在年限。

②凡可迁移的，如居民、公路、铁路、输电线路、通信线路等，其遭灾概率取决于不搬迁年限，其每年的遭灾概率即是致灾作用的年发生概率。

③永久性存在的，如土地、水路等，只要致灾作用在其上发生，其遭灾概率是100%。应对长期监测资料进行分析，判断目前所处的变形阶段，根据预报模型初步预测成灾可能发生的时段。

2.4.2.2 灾情预评估

(1)力求准确划定灾害范围

①灾害范围

- 崩塌体自身的范围。
- 崩塌体运动所达到的范围。
- 崩塌派生灾害的危害范围。

②灾害范围确定时，应考虑下列条件

- 稳定性评价中对崩塌方式、规模及运动特征的预测评价。
- 崩塌体的运动速度和加速度，在峡谷区产生气垫浮托效应、折射回弹和多冲程的可能性。
- 应具体分析派生灾害波及的范围。对于堵江、涌浪和水利设施被破坏等，应对不同水位、流量等条件下，崩塌入江(入库)的规模、速度所产生的灾害进行分析。
- 应充分考虑在恶劣条件(地震、暴雨等)下的放大效应所波及的范围。

(2)灾情预评估内容

①灾害范围内可能造成的直接经济损失，包括由崩塌及其派生灾害造成的直接遭受破坏的土地、水域范围内所有设施、财物和资源的经济价值，如建筑设施，工矿企业，工程设施，公路、铁路、桥梁等交通设施，输电、通信线路，各种管道、河道、水源、水库等水利设施，文物古迹和人文景观等。

②由崩塌灾害造成的间接经济损失主要包括工矿停产、减产、产品积压、农业减产、商业旅游业下降、交通中断、通信中断和能源中断等。

③威胁人员及造成人员伤亡人数。

④社会损失及环境破坏。环境破坏包括对自然环境、生态环境、地质环境的损失。社会损失包括对社会产生的影响，如人心慌乱、治安状况下降、投资信誉降低、社会保障心理下滑以及政治上的影响。

⑤灾度分级。一般按五级划分灾度(表2-5)，必要时，可根据具体情况提出地区性灾度分级标准。

表 2-5 灾度分级

名称代号	经济损失（含直接、间接两种）	威胁人数	危害设施
巨灾(A 级)	> 1 亿元	> 1 万人	大城市，大型厂矿企业，大型工程水利设施，国家重点交通通信、能源干线，国家级开发项目等
特大灾(B 级)	1000 万元 ~ 1 亿元	1000 人 ~ 1 万人	同上
大灾(C 级)	500 万 ~ 1000 万元	100 ~ 1000 人	中等城市，中等厂矿企业，中等工程水利设施，交通、通信、能源干线，省市级开发项目等
中灾(D 级)	100 万 ~ 500 万元	< 1000 人	小城镇居民点，小型厂矿，小型工程水利设施，县级交通等
小灾(E 级)	< 100 万元	< 100 人	同上

思考题

1. 简述崩塌分类及其不同类型崩塌的防治方法。

2. 简述崩塌与滑坡的防治方法。

3. 随着材料科学与施工技术的日趋进步与完善，新型的治理崩塌技术不断涌现，其技术措施主要有哪些?

参考文献

地质灾害防治编委会. 2011. 地质灾害防治条例实施手册[M]. 合肥：安徽文化出版社.

陈惠发. 1995. 极限分析与土体塑性[M]. 北京：人民交通出版社.

程良奎. 2003. 岩土锚固[M]. 北京：中国建筑工业出版社.

戴林岐. 1992. 影响岩体预应力锚固效果的主要因素 [M] //中国岩土锚固工程协会主编. 岩土工程中的锚固技术. 北京：地震出版社.

李杰，李国强. 1992. 地震工程学导论 [M]. 北京：中国建筑工业出版社.

廖育民. 1981. 地质灾害预报预警与应急指挥及综合防治实务全书[M]. 哈尔滨：哈尔滨地图出版社.

魏琏，王广军. 1981. 地震作用[M]. 北京：地震出版社.

于玉贞，邓丽军. 2007. 抗滑桩加固边坡地震响应离心模型试验 [J]. 岩土工程学报，29(9)：1320 – 1323.

中国航空研究院. 1981. 应力强度因子手册[M]. 北京：科学出版社.

中国科学院水利部成都山地所. 2008. 都江堰拉法基水泥有限公司矿山上山公路地震损毁边坡及路基修复整治工程工程地质勘察报告 [A].

第3章

滑　坡

滑坡是一种危害比较严重的地质灾害，我国山区常有发生，四川是我国发生滑坡最多的省，约占全国滑坡总数的1/4，其次是陕西、云南、贵州、青海、甘肃、湖北等省。滑坡经常破坏地面工程、中断交通、堵塞河道，造成人员伤亡，使人们的生命财产受到威胁。滑坡的发生和发展受到地质、气象、地震等自然因素的影响，但是人类越来越多的工程活动也引发了滑坡，产生的危害也越来越大。为了降低滑坡发生的概率，减小滑坡造成的危害，应及时对滑坡进行防治，通常采用排水工程、挡墙、抗滑桩等工程措施防治滑坡。

3.1　滑坡的分类及形成机理

3.1.1　滑坡的分类和特征

3.1.1.1　滑坡的概念及组成要素

(1)滑坡的概念

关于滑坡的定义争议很多，目前也没有相对统一的说法。陈自生在《滑坡基础知识》一书中将滑坡定义为："滑坡系指构成斜坡的岩土体在重力作用下失稳，沿着坡体内部的一个(或几个)软弱面(带)发生剪切而产生整体性下滑的现象。"王恭先等在《滑坡学》一书中将滑坡定义为："它是指斜坡上的土体或岩体在一定条件下变形、破裂、向坡下运动的自然物理地质现象。"《滑坡防治》在讲述滑坡时，将滑坡定义为："滑坡是一定自然条件下的斜坡，由于河流冲刷、人工切坡、地下水活动或地震等因素的影响，其部分土体或岩体在重力作用下，沿着一定的软弱面或带，整体、缓慢、间歇性、以水平位移为主的变形现象。滑动后形成环状后壁、台阶、垅状前缘等外貌。"

(2)滑坡的组成要素

①滑坡体　指滑坡时向下滑动的岩土体，简称滑体。

②滑动面与滑动带　滑坡体沿下伏不动的岩土体下滑的分界面，称为滑动面，简称滑面。滑坡体下部与滑坡床之间，受扰动、拖拽及剪切所形成的破碎地带，称为滑动带，简称滑带。

③滑坡剪出口　滑动面前端与斜坡面相交而剪出的破裂口。

④滑坡床　指滑坡体滑动时所依附的下伏不动的岩土体，是滑坡面以下的稳定土体，简称滑床。

⑤滑坡壁　滑坡体后缘与坡上方未动的土石体之间，有一形似壁状的分界面为滑

坡壁。坡度一般为60°~80°，高度从数厘米到数米不等。

⑥滑坡洼地　滑坡后部，滑坡体与滑坡壁被拉开或有次一级的块体沉陷，形成沟槽或中间低四周高的封闭洼地。在滑坡洼地，会因地下水出露而不断积水，形成沼泽地或滑坡湖。

⑦滑坡台阶　滑体在滑动过程中，因各段速度差异而分裂成几个台阶状的错台，称为滑坡台阶。

⑧滑坡舌与滑坡鼓丘　滑坡体前缘形如舌状突出的部分称为滑坡舌。滑坡体前缘会因受阻、挤压而形成鼓起的小丘，称为滑坡鼓丘。

⑨滑坡裂缝　滑坡活动时在滑体及其边缘会产生纵横交错的裂缝，称为滑坡裂缝。根据受力情况，滑坡裂缝可分为拉张裂缝、剪切裂缝、鼓胀裂缝和扇形裂缝，如图3-1所示。

- 拉张裂缝：位于滑体上部，滑坡壁的后缘，方向与滑坡壁的方向大致吻合或平行，因滑坡体下滑而张开的裂缝，长度短则数十米，最长可达数百米。其中与滑坡壁或滑坡周界重合的一条称为主裂缝。
- 剪切裂缝：分布在滑坡体中下部的两侧，由于滑坡体与两侧不动的岩土体之间发生相对剪切位移，从而形成剪切裂缝。根据它可以判断出滑坡的两侧边界。
- 鼓胀裂缝：位于滑坡体的下部，由于滑坡体下滑时受阻，下部挤压而隆起，形成鼓胀裂缝。
- 扇形裂缝：位于滑坡体前缘，因滑坡体前部受挤压向两侧扩散，常呈扇形或放射状。

⑩滑坡周界　指滑坡体和周围不动的岩土体在平面上的分界线。

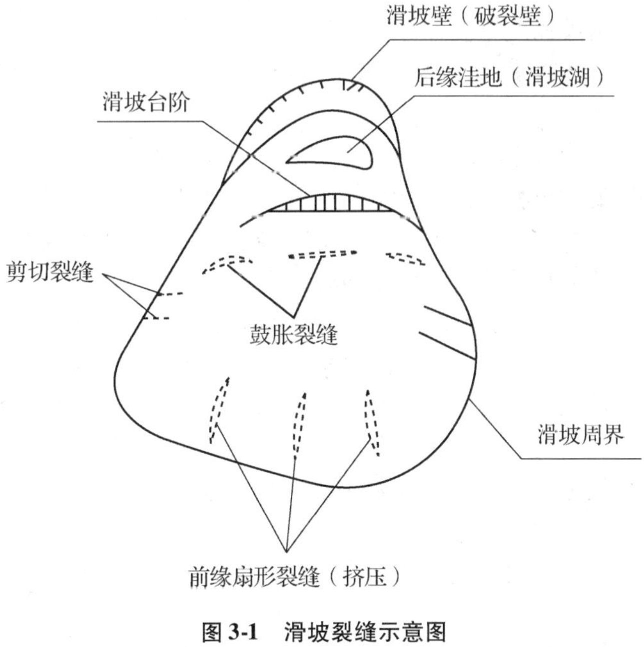

图3-1　滑坡裂缝示意图

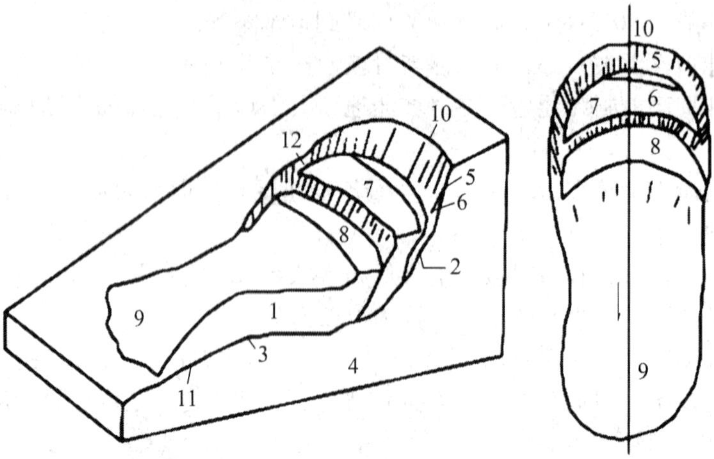

图 3-2　滑坡各要素示意图

1. 滑坡体　2. 滑动面　3. 滑坡剪出口　4. 滑坡床　5. 滑坡壁　6. 滑坡洼地（滑坡湖）
7、8. 滑坡台阶　9. 滑坡鼓丘、滑坡舌　10. 滑坡顶点　11. 滑垫面　12. 滑坡侧壁

滑坡的各要素如图 3-2 所示，但并非所有滑坡都具有以上所有要素，只有非常典型或者发育完全的新生滑坡才会同时具有全部要素，有些滑坡可能只有其中的几种要素。

3.1.1.2　滑坡的分类及特征

（1）滑坡的分类

滑坡分类有很多种方法，如按物质、触发因素、滑坡体规模、力学性质、形成年代、滑坡体厚度、滑坡速度等多种分类方法。

①按物质组成分类　根据滑坡的物质组成可以将滑坡分为土质滑坡、半岩质滑坡、岩质滑坡 3 种。

- 土质滑坡又分为黄土滑坡、黏土滑坡、破碎岩石滑坡等。
- 半岩质滑坡的主要物质组成是半岩质，半岩质是一种介于岩、土之间的半成岩物质，由于半岩质成岩都不完善，天气干燥时接近岩石，在水力和风力等作用下容易变成黏性土，因此这种物质组成的坡面很容易发生滑坡。
- 岩质滑坡可分为软岩类滑坡、半坚硬岩类滑坡、坚硬岩类滑坡。

②按触发因素分类　引起滑坡的因素很多，可分为自然因素和人为因素。由自然因素引起的滑坡有冲刷滑坡、冻融滑坡、地震滑坡、潜蚀滑坡、暴雨滑坡等。人为因素引发的滑坡有人工切坡滑坡、超载滑坡等。

③按滑坡体规模分类　根据滑坡体的规模可将滑坡分为表 3-1 所列的类型。

④按动力学性质分类　根据引起滑坡的力学特征可以将滑坡分为牵引式滑坡、推动式滑坡、平移式滑坡和混合式滑坡。这种分类方法对于滑坡的防治规划和治理有重要意义。

- 牵引式滑坡：这种滑坡是由于斜坡下部受到作用力后发生滑动，引起中、上部发生滑动，从而形成滑坡。引起牵引式滑坡的作用力主要由人工开挖坡脚、斜坡底部受河流冲刷等产生。

- 推动式滑坡：首先滑坡体上部失稳，发生滑动，继而推动中、下部滑动。引起斜坡上部失稳的因素很多，主要有坡顶建造工程建筑物、坡上堆积重物、斜坡上部张开裂缝发育等。

- 平移式滑动：这种滑坡的初始滑动部位分散在滑动面上，这些点同时滑动，逐渐连接起来。平移式滑坡一般发生在比较平缓的坡面上，变形特点以水平位移为主。

表 3-1 按滑坡规模分类

滑坡类型	滑坡规模（体积）/m^3
微型滑坡	$<1\times10^4$
小型滑坡	$(1\sim10)\times10^4$
中型滑坡	$(10\sim100)\times10^4$
大型滑坡	$(100\sim1000)\times10^4$
特大型滑坡	$(1000\sim10000)\times10^4$
巨型滑坡	$>10000\times10^4$

- 混合式滑坡：是一种比较常见的滑坡类型，这种滑坡的初始滑动部位上、下结合，共同作用。

⑤按滑坡形成年代分类　根据滑坡的形成年代可将滑坡分为新滑坡、老滑坡、古滑坡。

- 新滑坡：正在反复活动或者刚停止活动不久，仍然具有潜在危险的滑坡。新滑坡有潜在的危险性，是防治、监测的主要对象。
- 老滑坡：发生过滑坡，目前已经稳定，稳定期达到 2 年的滑坡。
- 古滑坡：一般指第四纪以来，发生过滑坡但目前保持稳定，且稳定期能达到 10 年以上的滑坡。由于人类过度的工程建设动使坡体稳定性降低，古滑坡可能复活或再次滑移。

⑥按滑坡体的厚度分类　滑坡按滑坡体厚度分为表 3-2 所列类型。

⑦按滑动速度分类　滑坡按滑动速度分为表 3-3 所列类型。

表 3-2 按滑坡体的厚度分类

滑坡类型	滑面埋深/m
表层滑坡	<3
浅层滑坡	3 ~ 10
中层滑坡	10 ~ 30
深层滑坡	30 ~ 50
超深层滑坡	>50

表 3-3 按滑动速度分类

滑坡类型	滑动速度/(m/s)
蠕动型滑坡	<0.1
慢速型滑坡	0.1 ~ 1.0
中速型滑坡	1.0 ~ 5.0
高速型滑坡	5.0 ~ 20
剧冲型滑坡	>20

(2)滑坡的特征

滑坡的特征分为平面特征、滑坡体结构及剖面特征、滑坡运动特征。

①滑坡的平面特征　滑坡的平面特征包括滑坡体平面形态、后壁特征及滑坡表面微地貌特征。滑坡体平面形态有长方形、横展形、半圆形、心形等。滑坡后壁形态比较复杂，土质滑坡多呈圈椅状后壁，半成岩和岩质类滑坡的后壁的形态比较复杂，此类滑坡后壁多受到岩层节理裂隙的控制。滑坡表面一般有多样的裂缝、凹凸不平的阶状地形、横向的分块 3 个微地貌特征。

②滑坡体结构及剖面特征　由于各块体运动差异，块体之间相互碰撞和挤压，使

滑坡体内部结构与原生结构有一定差别。滑坡体破碎、节理裂隙增大增多；滑体内的岩层倾角变化较大，呈现变缓变陡，甚至倒转的现象；滑坡构造还会出现类似地质构造的特征，如滑坡褶曲、重力断层、架空、逆冲断层等。

不同类型的滑坡，滑移面也有所不同。土质滑坡的滑移面多呈曲线形，半岩质滑坡多呈折线形，岩质滑坡的滑移面多呈直线形和折线形。

③滑坡运动特征 滑坡的运动特征比较复杂，由于启动时间、运动速度等的差异，使滑体各块体在向前运动过程中互相碰撞、挤压和推举，运动方向随时变化，但总的方向是向前的。

3.1.1.3 滑坡的形成条件

滑坡的形成条件是滑坡研究中的重要内容，滑坡的形成和地形地貌、地质构造、岩土类型、水文地质、地震、人类活动等条件密切相关。

(1)地形地貌

地形地貌条件是滑坡形成的基本条件，斜坡的坡度、高度和形态是最主要的影响因素。有关资料表明，坡度为21°~30°的斜坡最容易发生滑坡，下陡、中缓、上陡，上部成环状的坡形是滑坡发生的最佳坡形。一般地貌平缓、坡度较小、植被覆盖较好的山坡是比较稳定的，很少发生滑坡。在受到河流凹岸侧蚀、人工开挖坡脚、坡顶堆积弃土或建造工程建筑物时，斜坡形态会发生变化，滑坡现象也更容易发生。

(2)地质构造

地质构造条件是滑坡发生的内部条件，节理、断层、裂隙、层面等发育的山坡，岩层比较破碎，容易发生滑坡。岩层的各种结构面，如层面、断层面、节理面、堆积层内的分界面等，是构成滑动带的软弱面，当平行和垂直斜坡的陡倾角构造面及顺坡缓倾的构造面发育时，最易发生滑坡。另外，当岩层结构面的倾向与坡向一致，岩层的倾角又小于斜坡的坡脚时，也容易发生滑坡。

(3)岩土类型

岩土体是产生滑坡的物质基础。由于不同岩、土体抗剪强度、抗风化、抗软化、抗冲刷的能力等不相同，发生滑坡的频率也不同。一般抗剪能力、抗风化、抗冲刷能力差的岩土体，如黄土、红黏土、页岩、煤系、板岩等，与水作用时性质会发生变化，由这些岩土体构成的地层容易发生滑坡。有较多滑坡分布的地层称为易滑地层。

(4)气象水文

大气降水和地下水是滑坡发生的重要因素。一方面大气降水会增大岩土体的自重，降低土石层的抗剪强度，减小滑体的抗滑力；另一方面，地下水会软化、溶蚀、潜蚀岩土体，降低岩土体的强度，产生静水和动水压力，对透水岩层产生浮托力。因此，大雨、暴雨时更容易发生滑坡。

(5)地震

地震的剧烈震动会破坏岩、土体结构，并且引起地下水的变化，使斜坡稳定性降低。首先地震使岩土体结构张裂、松弛，尤其是砂层或粗粉砂层的颗粒遇到震动会重新排列，其次地下水的变化会降低斜坡的稳定性，导致滑坡的发生。

(6)人类活动

人类活动，如开挖坡脚、建造工程建筑物、坡顶堆积弃土、矿山开采等，会改变斜坡形态、加大斜坡承载力、加大滑体的下滑力，从而引起滑坡。

3.1.2 滑坡的形成机理

滑坡的形成机理是滑坡灾害预测、预防的理论基础。滑坡机理是一定地质结构条件下的斜坡，在各种因素作用下从稳定状态变化到失稳滑动，再达到新的稳定状态或永久稳定(死亡)整个过程动态变化的物理力学本质和规律。地质结构和作用的复杂多样，使滑坡类型和滑动机理也体现出多样性和复杂性。同时，滑坡也不是一个简单的力学过程，它有较复杂的物理化学作用，滑坡的发生和发展演化是一个不断变化的过程，因此研究滑坡机理也应该作为一个过程来研究，用动态的、发展的、变化的观点来研究。虽然为了研究和防治的方便，可以将整个过程划分为若干个发育阶段，但各个阶段之间是互有联系的。

目前，国内外关于滑坡的研究很多，其中地质学家和土力学家对滑坡的研究颇有见解。国外，K. Terzaghi 从土力学的角度揭示滑坡机理，根据滑带土孔隙水压力的变化来研究滑坡的形成机理，同时也注意到地质条件的控制作用；斋滕迪孝研究了赫性土的蠕变破坏规律，将蠕变划分为减速蠕变、等速蠕变和加速蠕变 3 个阶段，并以此为理论基础，应用滑坡位移监测资料成功地预报了日本饭山线高场山隧道滑坡滑动时间；Ter - Stepanian 研究了土体的蠕变过程和滑坡发生的关系。国内也有不少专家学者对滑坡的形成机理进行了深入的研究。晏同珍分析了滑坡平面受力状态，依据滑坡主要作用因素提出流变倾覆、应力释放平移、振动崩落及震动液化平推、潜蚀陷落、地化悬浮(下陷)、高势能飞越、孔隙水压力浮动、切蚀—加载、巨型高速远程 9 种滑动机理；张倬元、王兰生等从坡体的地质结构和受力过程出发提出了 5 种滑坡破坏模式；徐邦栋、王恭先分析了滑坡的受力状态和力学过程，从地质与力学的结合上提出了几种常见滑坡的机理；胡广韬提出了“滑坡动力学”的概念。

3.1.2.1 滑坡的发展过程

滑坡的形成经历了 4 个阶段：蠕动变形阶段、整体失稳缓慢滑动阶段、剧烈滑动阶段、渐趋稳定阶段。

(1)蠕动变形阶段

蠕动变形阶段是滑坡形成的第一阶段。斜坡上的岩土体在受到外力，如河流冲刷、人工开挖、暴雨、地震等因素的影响时，因其受到的剪切力大于抗剪强度，会发生变形，从而产生微小的滑动。随后继续变形滑动，在滑体和稳定土体之间会产生拉张裂缝。随着拉张裂缝的进一步的发展扩大，地下水渗入到滑体中，滑体的抗滑能力减小，滑体的两侧开始出现剪切裂缝。滑体前缘会因受到挤压而形成扇形裂缝和鼓胀裂缝。此时，虽然滑动面还未形成，但滑坡已隐伏潜存。蠕动变形阶段的长短和滑坡规模有一定的关系，一般规模越大的滑坡蠕动变形阶段越长。蠕动挤压阶段可以延续几个月，也可以长达数年至数十年。滑坡蠕动阶段示意如图 3-3 所示。著名的洒勒山滑坡大滑动前两年就发现了山顶的长大张裂缝；陕西省蓝田县敬家村黄土滑坡从后缘裂缝出现到滑动经历了 18 年。

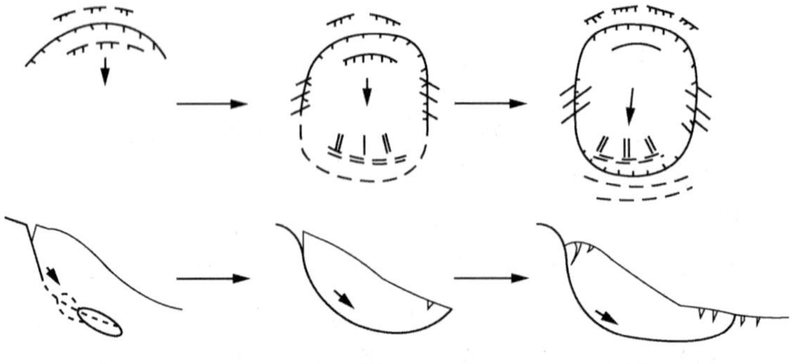

图 3-3　滑坡蠕动阶段示意

(a)土体受剪切力，开始蠕变　(b)滑动面逐渐贯通，张口加大
(c)滑动面全部贯通，即将发生滑动

(2)整体失稳缓慢滑动阶段

滑坡蠕动到一定阶段，斜坡上的滑动面开始贯穿，滑体缓慢向下坡移动，滑动距离随之增大，滑带土抗剪强度逐渐降低，抗滑阻力逐渐减小，整体失稳，切应力逐渐增大，裂缝也随之加大。

(3)剧烈滑动阶段

这一阶段，滑动面已经贯通，滑动面形成，滑体与滑坡床完全分离，滑带土的抗剪强度急剧降低，抗滑能力减小。在外界因素触发下，滑体的移动速度逐渐加大，而后剧烈滑动。滑体滑动的速度慢则每分钟数米，快则每分钟数十米。有些滑坡会出现周期性的变化，滑动会经历加速、减速、停止的过程；第二年雨季，在地下水的作用下，滑坡又会重复发生；这种周期性的滑坡也可能会持续若干年。滑床较陡或者无抗滑段的滑坡，一般无周期性的变化；滑动过程由蠕动挤压，到缓慢滑动，到剧烈滑动，再到稳定阶段，是一个完整的滑动过程。

(4)渐趋稳定阶段

经过剧烈滑动的滑坡，滑坡体重心降低，下滑力逐渐减小，抗滑阻力越来越大，移动速度逐渐减小，滑坡趋向稳定。岩土体松散破碎，透水性增加，含水量升高。滑坡后壁由于崩塌逐渐变缓，滑坡舌前渗出的泉水变清或消失。滑坡的稳定阶段时间不等，有的可达数年才会稳定下来。有些滑坡的稳定是暂时的，这类滑坡多为周期性滑坡，如遇触发因素还会再次滑动。有些滑坡稳定之后不会再发生滑动，这类滑坡多为永久稳定滑坡，如崩塌性滑坡。发生过永久稳定的滑坡，斜坡会由不稳定转化为稳定状态。

掌握滑坡的发育阶段，对于滑坡的预防和监测非常重要。例如在滑坡的蠕动变形阶段，应尽快判断出其规模、性质和危害性，采取排水、减重、反压等措施进行有效预防。该阶段的滑动尚未贯通，滑坡抗滑力较大，此时采取措施可以减小下滑力，增大抗滑力，预防滑坡造成的危害。根据滑坡的发育阶段，可以对滑坡进行有效监测，为预测和预报提供科学依据；同时，监测资料又可以为发育阶段和受力状态提供依据。

3.1.2.2 滑坡的运动特征

滑坡的运动特征包括滑坡的几何特征、滑坡的运动方向和轨迹、滑坡的速度特征、滑坡运动的周期性等。

(1)滑坡运动的几何特征

在滑动面贯通后，滑坡开始运动。但是由于岩土类型及滑面的空间形态的差异，使得滑坡运动有多种形态特征，其中典型的有整体滑动，分条、分级、分层滑动，塑流性滑动。

①整体滑动　整体运动是滑坡运动中最简单的一种运动形态。滑坡体只有一块，在周界裂缝贯通后，滑体整体滑动，滑动面只有一层。滑体滑动过程中，滑带土抗剪强度逐渐降低，抗滑能力减小，由匀速变成加速运动。滑体滑动到一定程度后，由于重心降低，前方受阻，或在较平坦的坡面上抗滑力增大，滑坡逐渐稳定，而后滑动停止。

②分条、分级、分层滑动　有些滑坡区情况比较复杂，会有多个块体发生滑动，在平面上出现多条、多级滑动，在立面上出现多层滑动。各个条、块、层的滑动先后次序、滑动速度和滑动距离都可能会有差异，所以会形成比较复杂的地貌形态特征。图3-4所示为几种常见的分条、分级、分层滑动的滑坡。

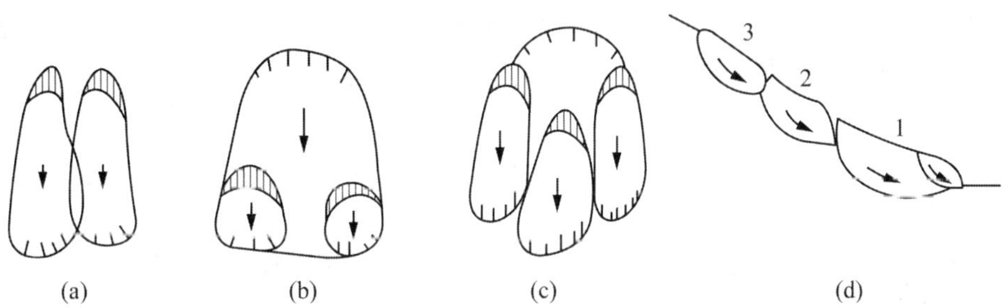

图3-4　分条、分级、分层滑动示意图

图3-4(a)所示为两条并行的滑坡一起向下滑动，若是新生滑坡，滑坡的交界处有很多纵横交错的裂缝，岩土体破碎，滑动后交界处会因裂缝及破碎的岩土体形成沟道。

图3-4(b)所示为斜坡下部会有两个先发生滑动的小滑坡，使整个坡体的支撑力削弱，进而引发上部更大范围的滑坡。滑动的时间次序不同。

图3-4(c)所示为中间一块滑体首先发生滑动，两侧滑体后发生滑动，或者中间的滑体滑动距离较大，两侧滑体的滑动距离较小，它们的滑动都会牵引上部坡体发生滑动。

图3-4(d)所示为多级牵引式滑坡。由于坡脚坍塌或小滑坡削弱滑坡“1”的支撑

力，引起“1”发生滑动，“1”的滑动又会牵引“2”和“3”的滑动。在具有浅、中、深层滑面的情况下，会出现多层滑动，一般浅层先滑动，浅层的滑动会削弱深层滑坡的支撑力和使深层滑带地下水增多，使得深层也相应滑动。

③塑流性滑动　这种运动形态一般出现在黏性土滑坡，由于坡面上的岩土体被水饱和，呈现塑性流动的状态，滑动面不明显，只有被水饱和的滑体与含水量较少的不动体之间的分界面，这种运动状态介于滑动和流动之间的状态。滑体厚度不大，多在5m 以内。治理这类滑坡多采用排除地下水的措施。

(2)滑坡运动的方向和轨迹

滑坡的运动方向一般指滑体重心移动的方向。滑坡的运动轨迹指滑坡在运动方向上的路线。一些滑坡区由多个滑动条、块构成，各条、块的运动方向不一定相同，这种情况下，应分别研究各个条、块的运动方向和轨迹。充分认识滑坡的运动方向和轨迹对滑坡防治工程的布设有重要意义。

滑坡的运动方向受滑动面和临空面两者控制，如有的滑坡为滑向线路，有的为斜交线路，有的斜向自然沟一侧，有的垂直河流，有的则偏向河流上游或下游方向。滑动方向常以滑坡(实际是每一滑块)的主轴断面方向为代表。滑坡的运动轨迹依滑动面形态有：直线形——沿单一平直面滑动的滑坡，其轨迹为平行该平面的一条直线；圆弧形——沿圆弧滑面滑动的滑坡，其轨迹为绕旋转中心的一条圆弧线；曲线形——沿连续曲线或折线滑面滑动的滑坡，其轨迹为一条复杂的曲线；抛物线形——剪出口位置较高的高速滑坡在滑出剪出口后，由于能量大、速度高，滑体沿抛物线运动滑出很远距离，有时在坡脚形成无或少堆积物的沟槽。

滑坡的运动轨迹在平面上有时呈曲线状的，一种是堆积土滑坡受沟槽平面弯曲形状控制呈现曲线运动；另一种是岩石滑坡受层面或构造面及临空面的限制，在平面上呈旋转运动。它们的表现是滑坡一侧裂缝发育，运动距离大，而靠旋转中心一侧裂缝不明显。

(3)滑坡的速度特征

①滑坡的运动形式　滑坡的运动形式依据其运动速度和成灾大小可分为以下4 种：

● 缓慢蠕动型：这类滑坡或因抗滑段滑动面尚未全部贯通，或因抗滑阻力较大，一般是主滑段滑床坡度较平缓(常小于 10°)，滑动速度缓慢，每年的位移量仅 15 ~ 20mm，只有用精密仪器观测才能发现，在宏观上只能见到一些刚性建筑物，如挡土墙、侧沟、隧道边墙等的裂缝及其发展变化，有的滑坡能发现铁路线路的下沉或抬升，但地面裂缝不明显。宝成铁路西坡车站滑坡，曾连续观测十数年，一直在蠕动中；成昆铁路莫洛滑坡线路位于滑坡的中上部，发现路基年年下沉，涵洞开裂变形。这类滑坡虽不会造成急剧的灾害，但危害是长期的。

● 匀速滑动型：这类滑坡多数滑床也较平缓，整体滑动开始后呈匀速运动，每年可位移 0.1 ~ 1.0m，用肉眼可容易观察到其变形形迹，用简易观测仪即可测出其位移值。有的滑坡匀速滑动只是一个短暂的阶段，随滑动距离增大滑带土强度降低或地表水灌入而转为加速滑动而破坏。也可因滑动中排出地下水或采取了工程措施而稳定。

● 加速滑动型：这类滑坡滑床较陡(多大于 20°)，一旦滑坡克服了抗滑力开始整体滑动，经过很短的匀速滑动即转入加速滑动直至破坏，常冲出滑床相当大距离而堆积于沟、堑或平坦地面上，因重心降低、阻滑力增大而停止滑动。滑坡前部先停止滑动，中后部逐渐压密而停止运动，完成一个完整的滑动过程。加速滑动除滑床坡度较陡外，还取决于滑带土的峰残强度比的大小及其降低的快慢，峰残比较大且强度降低较快者常可形成高速滑坡而滑出数百米，破坏性和危害范围均大。

• 间歇滑动型：这类滑坡滑床坡度一般在10°～20°之间，对降雨的影响十分敏感，常常是雨季降雨渗入坡体，地下水位升高，滑带土孔隙水压力增大，阻滑力减小而加速滑动，随着雨季的结束，地下水在滑动中排出一部分，水位下降，滑速逐渐减小甚至停止滑动。第二年雨季来临，又重复一次较大的位移。这样周期性的重复匀速—加速—减速—停止的滑动过程，但位移总量在增大。

②滑坡的速度　滑坡的类型各种各样，作用因素不同，形成机制各异，因此其运动速度也千差万别。前文已经提到，有的滑坡一年只移动几毫米至十几毫米，表现为蠕滑，肉眼不易觉察，只有用精密仪器观测才能发现其范围和量值。有的滑坡每秒钟可滑动数十米，表现为高速滑动，其破坏性和危害都比较大。所以从防灾和减灾角度出发，按滑坡的滑动速度划分，能事先对某一滑坡的滑速作出预测，是十分有意义的。滑坡运动速度示意如图3-5所示。

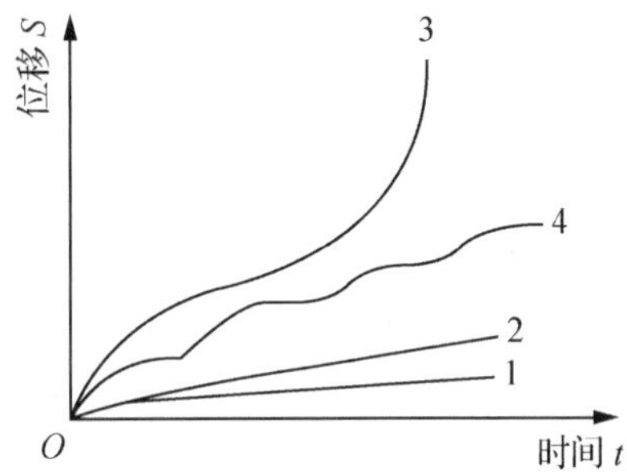

图3-5　滑坡运动速度示意图

1. 缓慢蠕动　2. 匀速滑动型
3. 加速滑动型　4. 间歇滑动型

• 蠕滑：每年只移动几毫米至20mm，肉眼不易觉察，只在刚性建筑物上有裂缝发生或扩大，地面难以发现明显裂缝。若是岩体滑坡则可见原有裂缝的加宽，滑体上的建筑物有变形。由于速度缓慢，有调查、勘探查清病害规模、性质、原因及采取工程防治的时间，容易防治。但也因变形量小，常常需经过监测才能确定治理方案。

• 缓慢滑动：每年位移20mm～1.0m，滑动缓慢但变形明显，地面可见拉张裂缝和建筑物变形，不易很快造成灾害，有勘察了解病害性质和规模及采取工程措施防治的时间，容易防治。

• 低速滑动：每月位移0.2～1.0m，变形速度较快，滑体上建筑物变形严重，人员必须搬迁。只有在采取应急措施，如滑坡上部减重，下部排除地下水以减缓滑动速度和推力下，才有可能采用工程措施稳定滑坡，防止造成灾害。

• 中速滑动：每天位移0.5～3.0m，移动速度较快，已不可能采用工程措施阻止其滑动，只能撤离人员和设备，防止造成人员伤亡和过大的经济损失。

• 快速滑动：每分钟滑动1～3m，这种滑坡速度快，不可能防治，人员可以逃出滑坡区，不会造成过大的人员伤亡；房倒屋塌，财产损失在所难免。

• 高速滑动：已有滑坡的实例反算的速度在每秒几米到几十米，但都是事后推算，不同的计算者得出的数据差别较大，如洒勒山滑坡，有的估算为28m/s，若按1min滑动800m计，则平均速度为13.34m/s。这类滑坡速度高，滑行远，灾害严重，破坏力大，预先防灾是十分必要的。

滑坡的滑动速度是滑坡的一个重要指标，除了低速以下的滑速可以观测外，快速和高速滑动都只能用特殊设备才可观测到，目前监测资料还少，只做一个初步的划分。从防灾角度出发，最大的困难还在于如何准确预测某一滑坡的滑动速度是多少，它不仅涉及滑床几何形态(坡度)、滑带上的强度衰减特性，还和作用因素有关，是值得进一步研究的课题。

(4)滑坡运动的周期性

滑坡运动的周期是指滑坡经过蠕动挤压、匀速滑动、加速滑动至停止的完整过程后再次滑动的时间间隔，对一个地区的众多滑坡来说，指其多数重新活动的时间间隔。它多与当地的主要促滑因素有关。

①滑坡活动的大周期　在大江大河两岸的阶地后缘我们可以看到许多古老滑坡分布，如在长江三峡库区两岸我们见到分布于Ⅲ级、Ⅱ级、Ⅰ级阶地后缘及现代河床岸边的滑坡，在黄河的Ⅱ级、Ⅰ级阶地后缘和现代河床岸边也见到许多滑坡，尤以Ⅱ级阶地后缘滑坡为多。它表明这些滑坡的发生与当时的河流侧向侵蚀关系密切，其发生间隔时间可能数百年至数千年，这是指一个地区滑坡发生的大周期。位于阶地后缘的滑坡，因水动力条件已不存在，一般应该是稳定的，并且因年代久远，有的被剥蚀外貌不清，但当有新的人为因素，如灌溉水下渗、人工开挖或堆载、水库蓄水浸泡时，又可能重复滑动。

②位于现代河岸(或海岸)边的滑坡活动周期　现代河流冲刷岸形成滑坡是较普遍的现象，有的滑坡年年洪水期受冲刷，年年滑动，但滑距不大；有的滑坡(一般规模较大的滑坡)一次滑动距离较大，前缘覆盖在河床上一定宽度，稳定性提高，可稳定一段时间。南昆铁路八渡车站滑坡，滑坡体覆盖南盘江卵石层宽达80m，滑动时曾将卵石层推掉3m厚，能量巨大。该滑坡发生在何时无从考证，但自1938年修建岸边公路至1996年修建铁路前无滑坡滑动的资料。尽管有江水冲刷这一因素存在，但该地区至少58年没有整体滑动过。然而铁路施工后改变了滑体的地表径流条件，使地表水下渗增加，加之1997年南盘江发生数十年一遇的大洪水，岸边冲刷异常强烈，引起了该滑坡的复活。

③高降雨与滑坡的活动周期　高降雨与滑坡的活动周期是人们研究较多的方向，Q. Zaruha调查了捷克的朗尼、斯特尔热米和捷克一里帕雨量站1878—1935年间连续3年的降雨量，降雨量最大的连续3年分别是1899—1901年、1914—1916年和1925—1927年，该时间正好与白平系地层分布区斜坡移动最强烈的时间相吻合，其周期大约为11年。

3.1.2.3 滑坡的力学分析

滑坡是主要在重力作用下产生的坡体变形，因此作用在滑坡系统的基本力系是重力和滑体周边的阻滑力。它们包括滑体自重沿滑动面的下滑分力、滑床对滑体滑动的阻滑力和滑体两侧壁的摩擦阻力。当滑动面在剪出口段反倾向时，还应包括该段滑体顺滑面的抗滑分力。滑体的两侧壁摩擦阻力对窄而长的滑坡作用较大，对宽度较大的滑坡则可忽略不计。虽然近十余年来随着计算机技术的发展，三维计算已经在发展，但在工程实用上仍以二维平面问题处理，主要问题是滑坡的边界条件和计算参数还不易精确确定。因此，这里我们仍以滑坡的主轴断面为代表（单宽 1m）用平面问题来分析。假定如下：①视滑体为刚体，即滑坡发生过程中滑体本身不发生拉伸和压缩变形，仅滑带土发生变形；②滑动面为弧形面或若干平直面的组合；③沿滑动面将滑体分为若干段，各段的下滑力和阻滑力均平行于相应段的滑面，各段岩上体之间的作用力作为内力考虑。剩余下滑力按矢量传递，负值时则不传递。

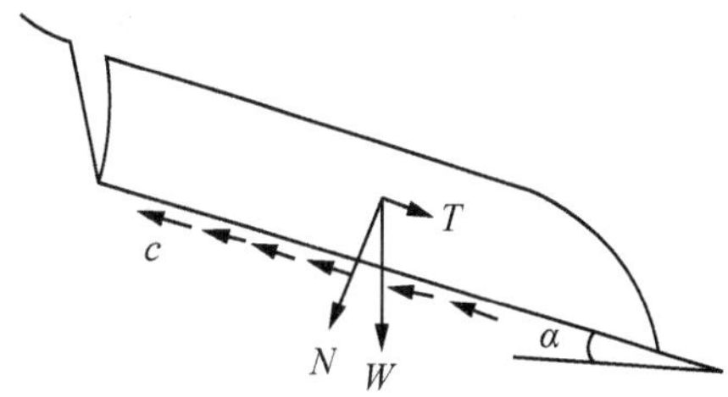

图 3-6　直线滑动示意图

（1）直线滑动

直线滑动示意如图 3-6 所示，滑体的下滑力及抗滑力可用以下公式得出：

$$T = W\sin\alpha \tag{3-1}$$

$$F = W\cos\alpha\tan\varphi + cL \tag{3-2}$$

式中：T——滑体的下滑力（kN/m）；

W——滑体的自重（kN/m）；

α——滑体滑动面与水平面的夹角（°）；

F——滑体的抗滑力（kN/m）；

φ——滑带土的内摩擦角（°）；

c——滑带土的黏聚力（kPa）；

L——滑动面长度（m）。

滑坡体的稳定系数 K 为滑动面上的总抗滑力 F 与岩土体重力 Q 所产生的总下滑力 T 之比。即

$$K = \frac{F}{T} \tag{3-3}$$

当 $K<1$ 时，滑体发生滑动；$K=1$ 时，滑体处于极限平衡状态；$K>1$ 时，滑体处于稳定状态。

（2）圆形滑动

过滑动圆心 O 作一铅直线，将滑坡体分成两部分，如图 3-7 所示。在线之右部分为滑动部分，滑动力矩 Q_1d_1，在线之左部分为抗滑部分，抗滑力矩 Q_2d_2。稳定系数 K 为总抗滑力矩与总滑动力矩之比。

$$K = \frac{Q_2d_2}{Q_1d_1} \tag{3-4}$$

当 $K<1$ 时，滑坡失去平衡，而发生滑坡。

（3）折线滑动

可采用分段的力学分析，从上至下逐块计算推力。每块滑坡体向下滑动的力与岩土体阻挡下滑力之差称为剩余下滑力，逐级向下传递。折线滑动示意如图 3-8 所示。

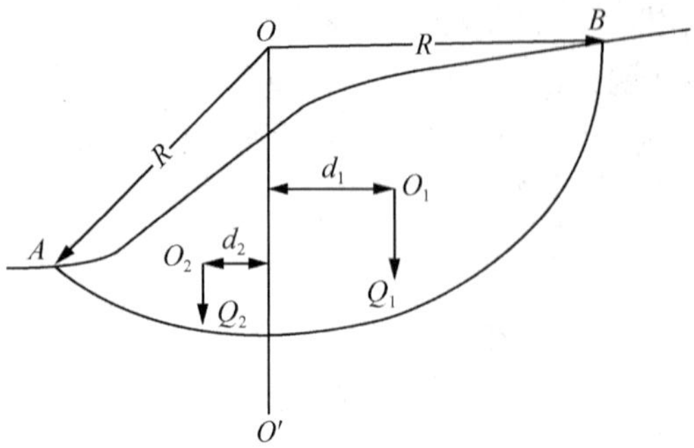

图 3-7　圆形滑动示意图

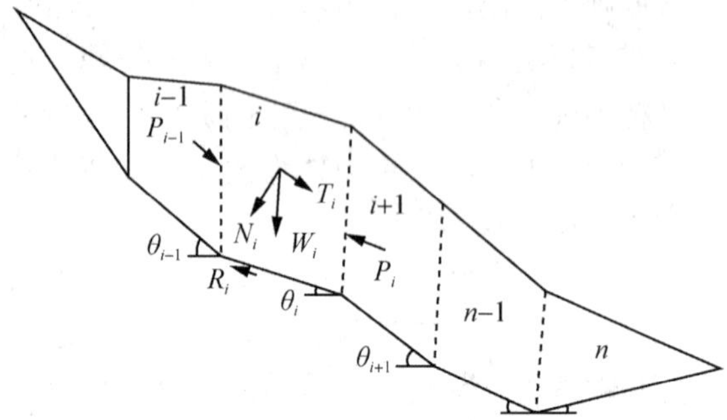

图 3-8　折线滑动示意图

(4)外力因素

作用于滑坡系统的附加力系，依主要作用因素的不同而不同，如地震力，爆破和机器振动力，滑坡后缘裂缝充水产生的静水压力，滑体饱水产生的浮力和动水压力，水库、江、河、湖、海水位上升产生的静水压力及骤降时产生的动水压力等。下面分不同情况讨论它们的量值，并根据不同情况列入推力及稳定性计算中。

①地震力　强地震能引起滑坡已是共知的事实，地震力是滑坡发生的重要附加力和触发因素。规范规定在Ⅶ度以上地震区评价滑坡的稳定性和作滑坡推力计算时都必须计入地震力的作用。频繁发生的小型地震对坡体稳定也是不利的，它能造成坡体岩土松弛，裂隙张开，有利于地表水下渗，但它量级小，是一种长期作用。6 级以上的较强地震，虽发生概率小，但能量大，破坏力强，常常诱发滑坡发生。

地震对滑坡的作用主要有三方面：一是增加下滑附加力，它作用在滑体的每一单元上，是体积力。二是地震造成滑带土超孔隙水压力，减小其抗剪强度。对于非液化性滑带土，根据经验，Ⅶ至Ⅺ度地震区，滑带土的内摩擦角约降低 1°～3°。三是地震力造成饱水粉细砂土滑带的液化，实际上也是超孔隙水压力的作用，但因它几乎使滑带土丧失全部强度，阻滑力几乎等于零。在重力和地震附加力作用下，滑坡常可滑出很远距离，破坏巨大。滑坡地震附加力示意如图 3-9 所示。

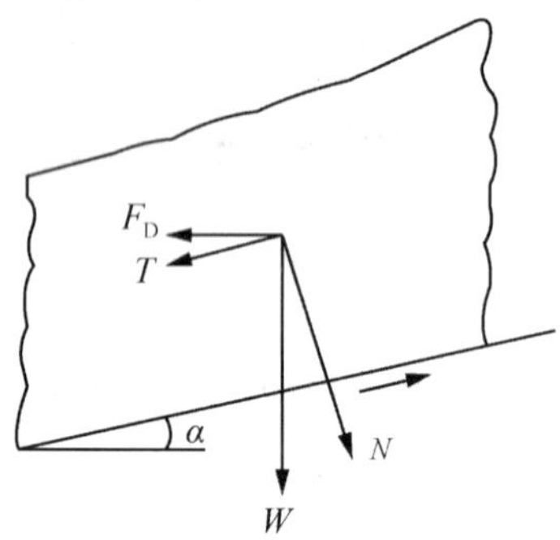

图 3-9　滑坡地震附加力示意图

在滑坡稳定性计算和推力计算中，后两方面主要从滑带土强度参数的选择上去考虑地震附加力。

$$F_D = \eta_c K_h W \tag{3-5}$$

式中：F_D——地震附加力；

η_c——综合影响系数，采用 0.25；

K_h——水平地震系数，按不同地震烈度区取值，Ⅶ度区取 0.1，Ⅷ度区取 0.2，Ⅸ度区取 0.4；

W——计算滑块的滑体自重力(kN/m)。

②静水压力　处在蠕动挤压阶段的滑坡，往往滑坡后缘先出现张裂缝，一旦暴雨

中裂缝充水，就产生一个静水压力，其数值为

$$F_c = \frac{1}{2}\gamma_\omega h^2 \tag{3-6}$$

式中：γ_ω——水的重度(kN/m^3)；

h——裂缝中的水头高度(m)。

静水压力在滑坡发生过程中的作用很大，一方面它可使尚未完全与中部滑面贯通的张裂缝迅速向下延伸扩大而贯通，另一方面是给牵引段滑体增加一个巨大的附加力，如10m高的水头，将增加0.5×10×100=500kN/m的附加力，20m高的水头将增加2000kN/m的附加力，使接近极限平衡的滑坡迅速产生滑动，许多滑坡发生在暴雨中即与此有关。静水压力示意如图3-10所示。目前评价其量值的困难是难以准确测定水头高度。对单一平面形滑坡稳定性计算时

$$F_s = \frac{W\cos\alpha\tan\varphi + cL}{W\sin\alpha + \frac{1}{2}\gamma_\omega h^2} \tag{3-7}$$

若滑坡前缘浸入水下时，有一个静水压力起稳定作用，则有

$$F_s = \frac{W\cos\alpha\tan\varphi + cL + \frac{1}{2}\gamma_\omega H^2}{W\sin\alpha + \frac{1}{2}\gamma_\omega h^2} \tag{3-8}$$

式中：H——滑坡前缘的浸水深度(m)。

对折线形滑面则逐块向下传递。

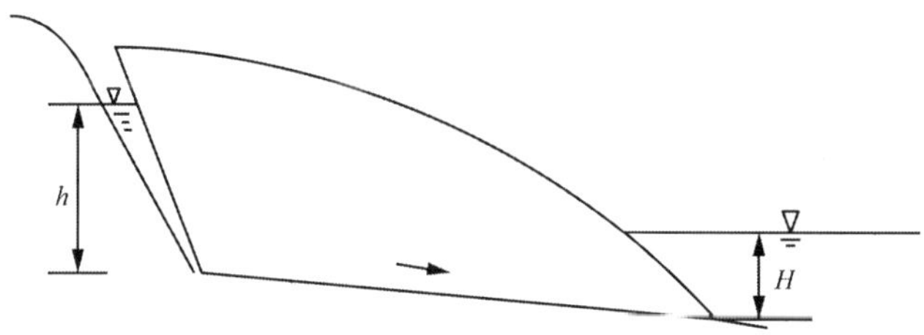

图3-10 静水压力示意图

③浮托力 当滑动带为隔水层滑体部分被水饱和时，应计算地下水对滑体产生的浮力作用，它减小了滑体正应力和摩阻力。常用的计算方法是对地下水位以下的滑体取其饱和重度，水上部分仍取天然重度。另一种计算是以水头高h代替滑带土的孔隙水压力，在正压力中减去孔隙水压力，两者应该是一致的。在有些堆积层滑坡和破碎岩石滑坡中，常常因地下水分布不均匀，或呈鸡窝状、呈脉状，而找不到统一的地下水位，因而难以准确计算。

当裂隙发育的滑体，滑体后缘裂缝至前缘有统一含水层面时，如某些岩体滑坡，应考虑浮力作用于滑体，其分布如图3-11所示，其数值为

$$F_f = \frac{1}{2}\gamma_\omega hL \tag{3-9}$$

式中：γ_ω——水的重度(kN/m^3)；

h——最大水头高度(m)；

L——滑动面长度(m)。

由以上公式可以看出浮力减小了滑体的正压力和摩擦阻力。

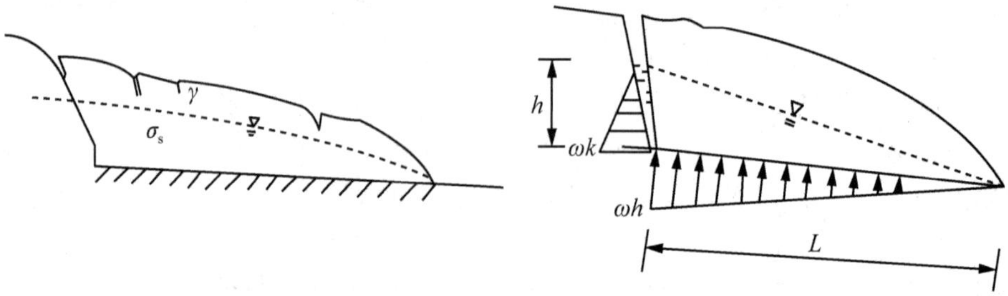

图 3-11　浮托力示意图

④动水压力　浸入水下的滑体，当地下水向下排泄时会对滑体岩土产生动水压力，尤其在水库水位上升时地下水位被抬高，水位骤降时，水力坡度突然增大，突增的动水压力常常造成库岸滑坡。动水压力的计算为

$$F = \gamma_{\omega} A i n \tag{3-10}$$

式中：γ_{ω}——水的重度(kN/m^3)；

A——浸水部分的滑体面积(m^2)，当取主轴断面单位宽度计算时为单宽面积；

i——地下水的水力坡度；

n——浸水部分滑体的孔隙度。

动水压力增大了滑坡的下滑力分量。

以上我们分析了 4 种主要的附加力，在实际滑坡分析评价时，应根据主要作用因素的情况考虑一种或几种附加力引入评价计算。

3.1.2.4　滑坡的稳定性评价

滑坡稳定性分析是滑坡隐患治理过程中的基础工作，是后续工作的前提。所以对滑坡进行稳定性研究的意义尤为重要，它不仅可为工程施工提供科学的理论依据，而且对滑坡发展趋势的预警预报也具有重要的指导作用。目前常用的评价方法有：瑞典条分法、剩余推力法等。

(1) 圆弧滑动——瑞典条分法

如图 3-12 所示，一简单均质土坡，取一假定滑弧圆心为 O，半径为 R 和滑弧 AC。将滑动土体沿铅直方向分成若干土条。

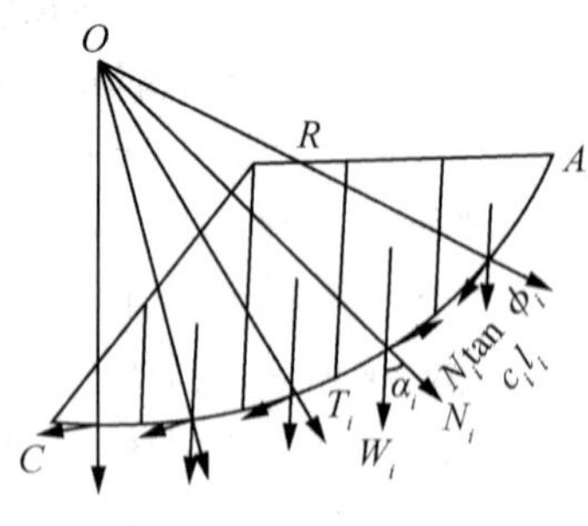

图 3-12　圆弧条分法示意图

整体稳定系数

$$F_s = \frac{W_2 d_2 + cLR}{W_1 d_1} \tag{3-11}$$

式中：W_1，W_2——下滑及抗滑块体的重量(kN)；

d_1，d_2——下滑及抗滑块体的重心至通过圆心垂线间的距离(m)；

c，L——滑面土的黏聚力(kPa)及弧长(m)；

R——圆弧半径(m)。

滑带强度受 c，Φ 控制。Φ 是内摩擦角(°)，c 是滑面土的黏聚力。

整体稳定系数：

$$F_s=\frac{\sum_{i=1}^{n}(N_if_i+c_il_i)R+T_n'R}{\sum_{i=1}^{n-1}T_iR}=\frac{\sum_{i=1}^{n}(N_if_i+c_il_i)+T_n'}{\sum_{i=1}^{n-1}T_i} \tag{3-12}$$

式中：N_i——第 i 段土体重量的法向分力，其值等于 $W_i\cos\alpha$(kN)；

T_i——第 i 段土体重量的切向分力，其值等于 $W_i\sin\alpha$(kN)；

T_n'——滑体重量的切向分力，其值等于 $W\sin\alpha$(kN)；

f_i——第 i 段滑体的滑带土摩擦系数，其值等于 $\tan\varphi$；

R——圆弧半径(m)；

c_i——第 i 段土体的滑带土的黏聚力(kPa)。

(2)折线滑动——剩余推力法

根据滑面纵剖面的起伏情况，取单位宽度考虑，把滑体划分成若干块段，1，2，…，n。其示意如图 3-13 所示。

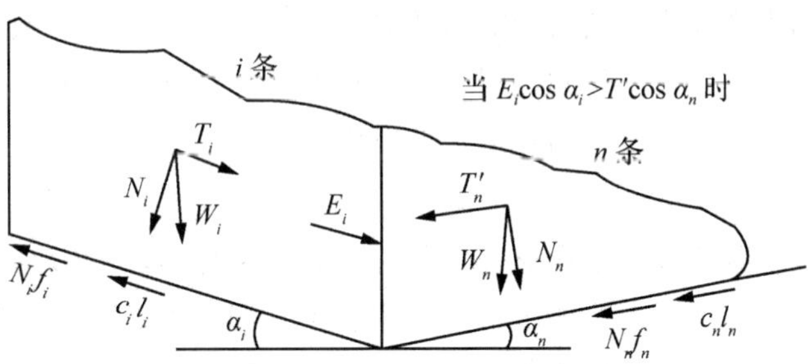

图 3-13 剩余推力法计算稳定性

①按传递下滑力计算

$$F_s=\frac{N_nf_n+c_nl_n+T_n'}{E_{n-1}\varphi_n} \tag{3-13}$$

②按剩余下滑力的水平分力计算

$$F_s=\frac{(N_nf_n+c_nl_n+T_n')\cos\alpha_n}{E_{n-1}\cos\alpha_{n-1}} \tag{3-14}$$

反坡段按被动土压力计算

$$F_s = \frac{\frac{1}{2}\gamma h^2 \tan^2(45° + \frac{1}{2}\varphi)}{E_{n-1}\cos\alpha_{n-1}} \tag{3-15}$$

式中：N_n——滑体重量的法向分力，其值等于 $W\cos\alpha$(kN)；

T_n'——滑体重量的切向分力，其值等于 $W\sin\alpha$(kN)；

f_n——滑带土的摩擦系数，其值等于 $\tan\varphi$；

c_n——滑带土的黏聚力(kPa)；

l_n——滑动面的长度(m)；

α_n——滑动面的倾角(°)；

E_n——计算段的剩余下滑力(kN)。

当任何一块剩余下滑力为零或负值时，说明该块对下一块不存在滑坡推力。当最终一块岩土体的剩余下滑力为负值或零时，表示整个滑坡体是稳定的。如为正值，则不稳定，应按此剩余下滑力设计支挡结构。由此可见，支挡结构设置在剩余下滑力最小位置处较合理。

3.2 滑坡防治技术

3.2.1 滑坡防治原则

滑坡防治是山地灾害防治的重要内容，防治滑坡需要遵循一定的原则，才能做到更好的防治效果。主要是依据预防为主、防治结合、综合防治的原则。

(1)预防为主，整治为辅

滑坡对人类的生产和生活会造成非常严重的危害，所以应及早做好滑坡的预防措施，防患于未然。山区进行工程建设时，要尽量避开易滑坡地层分布区、地质构造复杂区以及自然滑坡分布密集区，防止滑坡的发生。

(2)综合防治

滑坡是一种多因素造成的地质灾害，随着时间的推移滑坡的影响因素也会发生变化，因此在防治时要综合分析影响滑坡的因素，治理时排水、支挡、减压、滑动带加固工程等措施要综合考虑，提出优化治理方案，综合实施。实施工程措施的同时还要考虑环境的保护和美化，尽量避免产生新的环境破坏。

(3)根治与分期治理相结合

根据保护对象的重要性及保护时限，区别对待滑坡治理工程使用寿命，设计使用年限应为50年，属于根治范畴。滑坡体规模巨大(超过 $1000\times10^4\mathrm{m}^3$)、目前稳定性较好、治理经费有限时，可进行分期治理；稳定性差、危险性大的滑坡区域予以优先治理，尚不能实施有效治理的滑坡区域必须进行地表位移、深部位移及应力监测。分期治理的滑坡应根据监测结果时刻掌握滑坡的稳定状态，据此调整滑坡后期治理思路及方案。

(4)治早、治小

滑坡的发生和发展是一个由小到大逐渐变化的过程，防治滑坡最好是把它消灭在初始阶段和萌芽状态，如滑坡处在蠕动挤压阶段，虽其后缘张拉裂缝已贯通或有下错，但整个滑动面尚未贯通，抗滑段还有较大抗力，滑带土强度也未完全达到其残余强度，整体稳定系数尚大于1，若在此阶段治理滑坡，可充分利用土体自身的强度，支挡工程量小，可节约工程投资。

有些滑坡具有牵引(后退)扩大的性质，即前一级滑动后，后一级因失去支撑力而跟着滑动、扩大。若能及时稳定前一级，后级就不会再发展、扩大，因为前一级范围小，治理投资也少，否则待滑坡扩大后再治理，难度和工程量均大大增加。这就是滑坡要治早、治小的原因。但在滑坡变形初期阶段，或因资料不充分，或因认识不统一，常常延误治理时机。如把滑坡变形误认为是坍塌变形，而在滑坡前缘刷方放缓边坡，结果进一步削弱了抗滑力，人为地促使了滑坡扩大。

(5)科学施工

再好的设计若无科学而高质量的施工，也不能有效预防和治理滑坡。防滑工程的施工应在旱季，并应首先做好地表排水工程和夯填地表，防止地表水渗入滑体影响其稳定。同时应加强滑坡动态监测，保证施工安全。抗滑支挡工程，不论是抗滑挡土墙还是抗滑桩，其施工开挖总会削弱滑坡原有稳定性。因此，为防止施工不当引起滑坡大滑动，要求基坑开挖分批(一般分三批)分段跳槽开挖，并应挖好一批，砌(灌)筑一批，及时恢复支撑力，然后再开挖下一批。决不允许全面开挖和大拉槽施工造成滑坡大滑动。1967年在成昆铁路甘洛二号滑坡抗滑挡墙施工时，施工单位不按设计要求分段跳槽开挖，而用机械大拉槽开挖，结果造成滑坡大滑动，填满了4m深的基坑，不得不变更设计，重新施工。1988年在四川省江油市一滑坡抗滑桩施工时，已经是雨季，施工单位为赶进度而开挖1/2桩坑，结果一场大雨后滑坡移动，将桩坑护壁混凝土挤裂，出现2～3cm的宽的裂缝，被迫停工，回填已开挖桩坑，等到雨季过后再按设计施工。滑坡区施工是在动体上施工，不同于一般场地，生产、生活用水的排放及堆料等都能影响滑坡的稳定，更不允许采用大药量爆破施工。

(6)技术可行经济合理

任何一项工程都应要求技术可行，经济合理，对滑坡防治工程来说也不例外，在保证预防和止住滑坡的前提下应尽量节约投资。所谓技术上可行，即结合滑坡现场的具体地形地质条件和保护对象的重要性，提出多个预防和治理方案进行比选，其措施应是技术先进、耐久可靠、方便施工、就地取材和经济有效的。一般来说，地表排水工程造价不高，不起控制作用。地下排水工程有截水隧洞、截水盲沟、支撑盲沟、仰斜孔排水、虹吸排水等措施，应根据滑坡的具体条件及地下水在滑坡形成中的作用决定采用哪一种或两种措施。当地下水比较发育时，截排水工程常可起到稳定和预防滑坡的明显效果。支挡工程如抗滑挡墙、抗滑桩、预应力锚索抗滑桩、预应力锚索框架(或地梁)以及减重、反压工程等，在稳定滑坡上能起到立即见效的作用，但造价也比较昂贵。一般来说，当有条件在滑坡上部减重、前部反压时，是比较经济有效的，应优先采用。当无减重、反压条件时，只能采用支挡工程。由于其造价高，更应多方案精心比选，包括支挡工程设置的位置、排数、结构类型选择等。一般中小型滑坡可用抗滑挡土墙或结合支撑盲沟，对中大型滑坡则只能采用抗滑桩和预应力锚索抗滑桩，当预应力锚索有较好的锚固条件时，后者比前者可节约30%投资。

总之，只要精心勘察，精心设计，滑坡是能够经济而有效地预防和治理的。

3.2.2　滑坡防治措施体系

滑坡的防治措施有预防、预报和治理措施。其中，预防措施包括预测、绕避、清除和保护；预报措施包括监测(降水、地表地形、地下变形)、预报模型、报警装置；治理措施包括减滑和抗滑，减滑措施有减重反压、河道整治(拦沙坝、固床、护岸、导流)、排水(地表排水、地下排水)，抗滑措施有挡墙、抗滑桩、锚固。

(1)美国滑坡防治工程技术体系

美国滑坡防治工程技术体系见表3-4所列。

表3-4　美国滑坡防止工程技术体系

类型	绕避或消除滑体	减少下滑力	增加抗滑力
主要方法与措施	①改移道路 ②全部或部分清除不稳定体 ③架桥跨越滑体	①改变线路位置或坡度 ②排除地表水 ③排除地下水 ④减重	①排除地下水 ②扶壁和反压 ③设置桩群 ④设置锚杆 ⑤化学处理 ⑥电渗排水 ⑦焙烧处理

(2)日本滑坡防治措施体系

日本的滑坡防止措施分为控制工程和抑制工程。控制工程包括地表排水、地下排水、减重、反压、河道工程，其中地下排水工程有浅层地下排水工程(边坡渗沟、双层排水沟、平孔排水)、深层地下排水工程(平孔排水、排集水井、排水隧洞)。抑制工程包括桩工程、大直径就地灌注桩工程、锚索工程、挡土墙工程。

(3)我国滑坡防治措施体系

我国滑坡防治措施体系见表3-5所列。

表 3-5 中国滑坡防治措施体系

类型	绕避滑坡	排水	力学平衡	滑带土改良
主要工程措施	(1)改移线路 (2)用隧道避开滑坡 (3)用桥跨越滑坡 (4)清除滑坡	(1)地表排水系统 ①滑体外截水沟 ②滑体内排水沟 ③自然沟防渗 (2)地下排水工程 ①截水盲沟 ②盲(隧)洞 ③水平钻孔群排水 ④垂直孔群排水 ⑤井群抽水 ⑥虹吸排水 ⑦支撑盲沟 ⑧边坡渗沟 ⑨洞—孔联合排水 ⑩电渗排水	(1)减重工程 (2)反压工程 (3)支挡工程 ①抗滑挡墙 ②挖孔抗滑桩 ③钻孔抗滑桩 ④锚索抗滑桩 ⑤锚索 ⑥支撑盲沟 ⑦抗滑键 ⑧排架桩 ⑨钢架桩 ⑩钢架锚索桩 ⑪微型桩群	(1)滑带注浆 (2)滑带爆破 (3)旋喷桩 (4)石灰桩 (5)石灰砂桩 (6)焙烧

3.2.3 滑坡防治工程设计

防治滑坡的目的在于消除其危害。依据滑坡的防治原则，能避开者应尽量避开，能预防者应尽可能预防，特别是对那些大型复杂的滑坡。对避不开又防不了滑坡，或事先认识不足，在施工开挖后出现的滑坡，受各种条件限制不能避开者，只能进行治理，而且应尽可能做到一次根治，不留后患，既稳定滑坡又节约投资。

国外用工程措施治理滑坡已有一百多年的历史，但大量的工程防治和技术上的发展是第二次世界大战后随着各国社会经济发展而发展的。我国大量采用工程措施治理滑坡是新中国成立后才开始的。近 20 年来，各国在滑坡防治技术上投入了大量研究，也取得了新的进展。

3.2.3.1 排水工程

滑坡的形成和发展都往往与滑坡地表水和地下水的活动有关，有的还是引起滑坡滑动的主要因素。因此，滑坡截排水工程与支挡工程具有同等重要性，其作用是不可忽视的，它不仅可以减小滑坡推力，提高滑带土抗剪强度，而且可以改善抗滑工程建筑物的受力条件，使其更好地发挥抗滑作用，同时也是减缓滑坡活动，为做永久性工程赢得时间的重要应急措施之一。滑坡截排水工程分为截排地表水工程和截排地下水工程。

(1)地表排水

由于水是滑坡发生和发展的重要影响因素，因此，容易实施且见效快的地表排水工程对任何一个滑坡的预防和治理都是不可缺少的。它既是应急工程的组成部分，又是永久治理工程的重要组成部分。

地表排水的目的是把滑坡区以外的山坡来水截排，不使其流入滑坡区，把滑坡区内的降水及地下水露头(泉水、湿地及其他水体)通过人工沟道尽快排出滑坡区，减少其对滑坡稳定的影响。

地表排水系统包括滑坡区以外的山坡截水沟、滑坡区内的树枝状排水沟及自然沟的疏通和铺砌等，形成一个统一的排水网络。滑坡区以外的山坡截水沟应布设在滑坡可能发展扩大的范围以外至少5m处，以免滑坡扩大破坏水沟使沟中水集中灌入滑坡后缘裂缝，加速滑坡的发展。其断面尺寸取决于汇水面积、地面土质和坡度、植被情况和当地的年降水量和集中暴雨量。排水沟纵坡一般不小于2%，陡坡地段设置跌水或急流槽。滑体内的树枝状排水沟，主沟方向应尽量与滑坡的主滑方向一致，或充分利用滑体内外的自然沟，支沟一般每30～50m设置一条，其方向应与主滑方向呈30°～45°夹角，以免滑坡滑动时被拉裂或错断。跨越滑坡裂缝的排水沟在滑坡稳定之前应做成活动的搭接式活动接头(木质的或钢筋混凝土的)或沟底铺设柔性隔水土工布，待滑坡稳定后再作成永久性的。泉水、湿地水的引排，多采用明沟与盲(暗)沟相结合的方式引入就近的排水沟。自然沟是历史上已形成的排水通道，要充分利用，其沟岸坍塌、堵塞段应进行疏通，使排水流畅。至于是否铺砌则视是否有沟水补给滑坡而定，可据实际情况采取局部地段铺砌的办法。

排除和拦截滑坡地表水是整治滑坡的辅助措施之一，而且是先行措施。拦截和排除地表水的目的是使滑坡体以外的，特别是滑坡上方的地表水不流入滑坡范围，把滑坡范围内的地表水，包括滑坡范围内出露的泉水尽快地排到滑坡范围以外，避免地表水渗进滑坡体和滑带，增加滑体物质的重度，泡软滑带，增加动水或孔隙水压力，降低滑坡的稳定性或加剧滑坡的滑动。不同地区和不同类型的滑坡，地表水的危害程度是不同的，应根据不同情况采取不同的地表截排水措施，否则不但达不到预期效果，还可能造成危害。地表截排水工程分临时性和永久性两种。对于滑坡界限比较固定的和牵引范围不大的滑坡，在滑坡范围以外的地表截排水工程可一次做成永久性的，在滑坡范围内的地表排水工程，视具体情况而定，当滑坡一直处于不稳定状态时，应做成临时性的，少投资，及时维修，起到临时排水，达到不使滑坡因表水下渗而恶化的作用即可，待滑坡稳定或基本稳定以后再做成永久性的排水工程。当滑坡在旱季处于暂时稳定状态，预计在雨季到来之前可做成部分支挡工程基本稳住滑坡时可做成永久性的，这对于减轻刚刚做起的部分抗滑工程是非常重要的。因滑坡移动而破坏的部分排水工程应及时修复。地表截排水工程有：环形截水沟、树枝状排水沟、衬砌疏通自然沟、铺设防渗土工布、整平夯实坡面裂缝、积水洼地和加强地表植被等。各种地表排水设施的设计和要求分别叙述于下。

①截水沟 截水沟布置在滑坡范围之外，拦截地表径流，使其不进入滑坡体，排泄到安全地点的渠。其结构示意如图3-14所示。

根据山坡汇水面积、降水量，特别是暴雨量进行设计，多采用25年一遇的流量。截水沟应设在滑坡可能发展的边界以外不小于5m处。若汇水面积、地表径流流量和流速较大，可设数条截水沟，其间距以50m左右为宜。截水沟的断面形式，决定于所在山坡形态和覆盖层的渗透系数。铺砌时先砌沟壁，后砌沟底，以增加其坚固性。

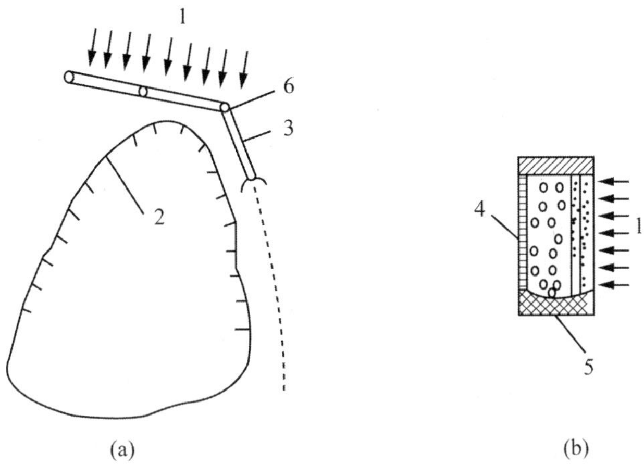

图 3-14　截水盲沟布设示意图

(a)平面图　(b)断面图

1. 地下水流向　2. 滑坡周界　3. 盲沟　4. 隔水墙　5. 排水渗管　6. 检查井

截水沟的适用条件为：在地质地貌条件允许情况下应首先考虑；滑坡边界比较清楚。

截水沟一般布置在滑坡可能发展的边界以外不少于 5.0m 处。平面布置依地形而定，一般可布置为环形或八字形。

断面设计可按地区、汇水面积、降水量等计算流量，也可根据截水沟纵坡、衬砌材料进行水力计算截水沟底宽 b、水深 h、边坡系数 m(一般采用 1∶0.5)、水深超高 Δh(一般取 0.5m)。

用于滑坡防治的截水沟多采用浆砌石构筑。

②排水沟　结构示意如图 3-15 所示。

排水沟的适用条件：处于极限平衡状态的滑坡；处于蠕滑阶段的滑坡；滑坡范围内有地下水出漏；滑坡面积较大。

排水沟的布置应因地制宜，首先利用滑坡范围内的天然水道改造为排水沟。排水沟一般以树枝状布置，主沟应与滑坡移动的方向基本一致。支沟宜与滑坡移动方向斜交成 30°~45°。

在结构上：滑坡治理阶段一般只做临时性的排水沟，待滑坡基本稳定以后再做成永久性的排水沟。在表土松软的地方，可简便的夯地成沟，上铺黏土；当排水沟必须经过裂缝区时，可采用渡槽式排水沟；当滑坡体由黏性土组成时，可采用法国式排水沟。

(2)地下排水

地下排水工程是治理滑坡的主体工程之一，特别是地下水发育的大型滑坡，地下排水工程应是优先考虑的措施。它比支挡工程投资少，但发挥的作用是较大的，主要是截断了补给滑带的水源，降低了地下水位，减少了滑带土的孔隙水压力，提高其抗剪强度，从而增大了滑坡的稳定性，因而可减少甚至取消支挡工程，节约投资。地下排水工程依据不同的滑坡地下水分布和补给情况，常用的措施有：截水盲沟、截水盲

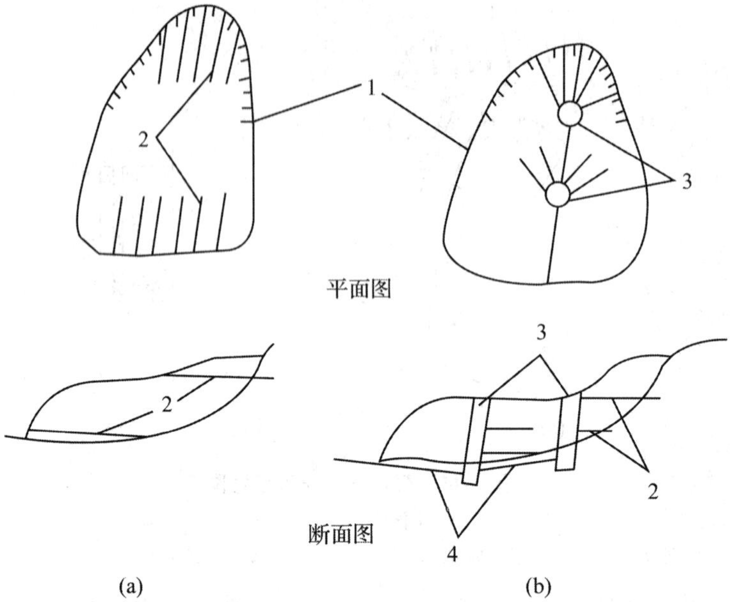

图 3-15 仰斜孔排水和井—孔联合排水示意图

(a)仰斜孔排水 (b)井—孔联合排水

1. 滑坡周界 2. 仰斜排水孔 3. 集水井 4. 排水管

(隧)洞、仰斜(水平)孔群排水、垂直钻孔群排水、井点抽水、虹吸排水、支撑盲沟等。

滑坡地下排水工程常用的有盲沟和盲洞。盲沟，也称渗沟，按其所起作用又分为支撑盲沟、边坡渗沟和截水盲沟。盲洞，也称泄水隧洞，根据其作用不同又分为截水盲洞、排水盲洞和疏干盲洞。

除上述常见的地下水排水工程以外，还有下列几种排水工程：垂直钻孔群排水、平孔排水、竖井—平孔联合排水、井点抽水、虹吸排水、孔洞联合排水，这 6 种排水方法在日本、美国已普遍采用，造价低，效果好；但国内以往受钻机限制使用较少。随着国内水平钻机的出现和发展，平孔排水已逐渐被推广，所以本文着重介绍。

①盲沟

• 支撑盲沟：支撑盲沟以支撑山体滑动为主，兼起排除滑坡地下水，疏干滑体的作用，所以在一些文献上也把支撑盲沟列入滑坡支挡工程。支撑盲沟的深度决定于滑坡滑动面埋深及滑体含水情况，一般为数米至 12m 为宜，施工方便，造价低。若太深，开挖困难，特别是当滑体含水量大时，开挖过程中沟壁坍塌，需大量支撑材料，危险性大，造价高。应根据滑坡地下水流向和分布合理地布置盲沟，平行滑动方向布设。需要截水时，上部分岔，呈 Y 形，盲沟间距按土质情况采用 6 ~ 15m。

支撑盲沟的底部应放在滑动面以下不小于 0. 5m 的稳定地层中。为防止滑带向下发展而使盲沟破坏或“坐船”，做成 2% ~ 4% 的排水纵坡，沟底设计成台阶形，用浆砌片石铺砌。支撑盲沟平面示意如图 3-16 所示。

盲沟两侧及后部设 2 ~ 3 层反滤层，也有用透水混凝土板代替反滤层的。反滤层与土之间加设上工布，效果更好。盲沟内部填坚硬片石。沟顶一般不设反滤层，在沟端上方修月牙形挡水捻，防止地表水及流泥渗入沟内堵塞填料空隙。

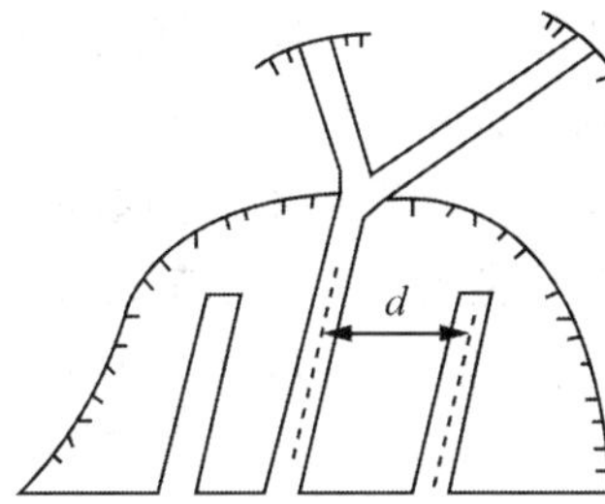

图 3-16　支撑盲沟平面示意图

d. 间距（6～15m）

盲沟设计步骤：

a. 假定：沟间土体密实，能形成自然拱，拱矢为 $d/2$（d 为沟间净距）；设置盲沟以后，可使自然拱以下的土体处于稳定状态；盲沟侧壁与上体之间的摩阻力不计。

b. 每条窗沟的支撑力：

$$P = Vrf = Abrf \tag{3-16}$$

式中：P——每条盲沟的支撑力（kN）（水平方向支撑力）；

f——支撑盲沟沟底与地基间的摩擦系数；

V——每条盲沟的体积（m^3）；

A——每条支撑盲沟的单侧侧面积（m^2）；

r——支撑盲沟填料及反滤层的平均单位重（kN/m^3）；

b——支撑盲沟的宽度（m）。

作用在每条盲沟上的总下滑力（沿斜面）：

$$T = E(b + d) \tag{3-17}$$

式中：d——相邻盲沟之间的净距（m）；

E——育沟以上滑体每米宽的下滑力（kN/m）。

极限平衡时：

$$P = T\cos\alpha - Tf\sin\alpha = T(\cos\alpha - f\sin\alpha) \tag{3-18}$$

式中：α——盲沟上方（后部）一段滑面的倾角。

c. 盲沟设计：按抗滑控制设计，取抗滑安全系数 $K \geqslant 1.3$。

$$P = KT\cos\alpha - Tf\sin\alpha \tag{3-19}$$

$$K - \frac{p + Tf\sin\alpha}{T\sin\alpha} \geqslant 1.3 \tag{3-20}$$

$$P = KT\cos\alpha - Tf\sin\alpha = Abrf = hLbrf \tag{3-21}$$

式中：f——支撑盲沟底与地基间的摩擦系数；

h——盲沟高度（m）；

L——盲沟长度（m）。

实际设计时，给定 h，b，求 L。

● 截水盲沟：当滑坡范围外有丰富的深层地下水供给滑带时，常采用截水盲沟将地下水拦截于滑坡之外并引走。截水盲沟示意如图 3-17 所示。

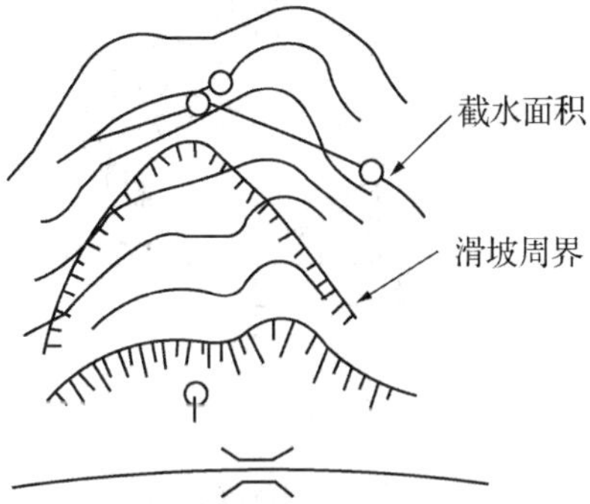

图 3-17　截水盲沟示意图

截水盲沟一般设在滑坡可能发展范围以外不小于5m 的稳定土体处，并与地下水流向大致垂直，在平面上基本呈环形。其断面尺寸主要取决于含水层深度和施工开挖的要求，沟底宽度应不小于1.0m，当埋深超过5m时，沟底宽度应不小2m。沟壁设计成垂直，背水面及沟顶设置隔渗层，迎水面设置反滤层，填料采用碎石、卵石、粗砂，反滤层总厚度为45～60cm。截水盲沟基底应埋入最底一层含水层以下的不透水层或基岩内。当基底下为非基岩时，常用浆砌片石砌成沟槽以防冲刷或泡软。为便于人进入检查、疏通，底部排水孔高度应不小于1.0m，宽度不小于0.6m。沟底纵坡一般不小于0.7%。因维修需要，在截水盲沟的直线部分每隔30～40m和盲沟转折点、变坡点处设置检查井。井壁为钢筋混凝土时，一般不再进行土压力计算，厚度采用15～20cm。当井深超过20m时需要进行专门设计(盲沟太深开挖困难，造价高，多用泄水隧洞代替，所以检查井很少超过20m)。

②盲洞(泄水隧洞) 当地下水是造成滑坡滑动的主要原因时，就应首先采取截排疏导地下水的措施。一般地下水埋深10～15m或更深时，采用盲沟施工开挖困难，土方量大，需大量支撑材料，造价高昂，多用泄水隧洞或水平钻孔排除滑坡地下水。当滑坡体上已建成永久性设施不便拆迁，不能明挖时，也采用盲洞排水。盲洞必须设在滑床以下，并考虑滑面可能向下发展的界限，以免因滑坡体滑动而被破坏。盲洞造价较高，施工困难，工期较长，其位置也不容易布置合适，在设计时必须有滑坡的详细工程地质和水文地质资料，准确查明地下水分布、流向、水量大小和不同含水层之间的水力联系等，以便达到预期效果。盲洞结构示意如图3-18所示。

盲洞依其作用不同分成截水盲洞、排水盲洞和疏干盲洞。当查清滑坡地下水的补给来自滑坡体外时，用截水盲洞在滑坡体以外的上方，或一侧将地下水截断，不使补

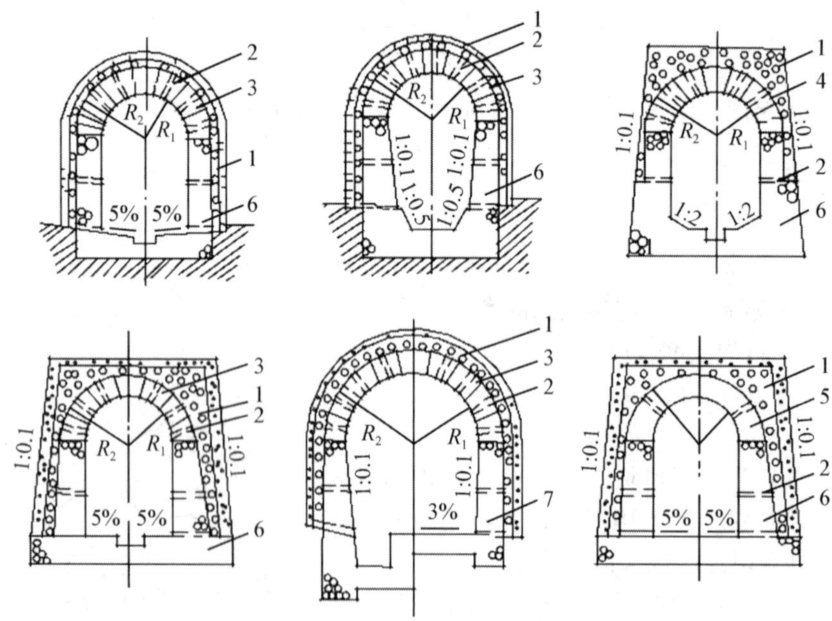

图3-18 盲洞结构示意

1. 反滤层 2. 泄水孔 3. 混凝土拱砖 4. 混凝土拱砖 5. 混凝土半圆拱
6. 混凝土或浆砌片石 7. C13混凝土

给滑动带。其轴线大致垂直于地下水流向，底部低于隔水层顶面最少 0.5m，当设在滑坡后部滑动面以下时，开挖顶线必须切穿含水层不小于 0.5m，挖穿滑动带，拱顶又须低于滑面 0.5m，以便敷设反滤层和防止因滑坡向后牵引而破坏盲洞。当滑坡体内有封闭式的积水，需用排水盲洞将其排走，若滑坡尚在移动中，盲洞应全部埋在滑动面下不少于 0.5m，通过稳定部分时洞底也须设在含水层底 0.5m 以下。当老滑坡整体处于稳定状态，较厚头部有壤中水活动，降低头部抗滑能力时，则在头部顺滑动方向设数条盲洞疏干滑坡体，这种盲洞洞底应设在滑动面以下不小于 0.5m 处。有时洞顶须设渗井、渗管以扩大疏干范围。洞、井间距一般各为 10 ~ 15m。

各种盲洞的纵坡以不小于 0.5% 为宜，各坡段之间可用顺坡、台阶、跌水、竖井连接。盲洞衬砌厚度的计算与隧道相同，其断面型式有：拱形断面（拱圈多为圆弧形，边墙有多种形式）、卵形断面、梯形断面。不同的断面形状适用于不同的地质条件，各有其优缺点。

3.2.3.2 抗滑挡墙

抗滑挡墙与一般挡土墙的主要区别在于：一般挡土墙所承受的荷载是主动土压力，其大小方向和土体破裂面的位置与墙的高度、墙背形状及粗糙度有关，土压力基本呈三角形分布，其合力作用点在墙底以上 1/3 墙高处；抗滑挡墙承受的是滑坡推力，滑动面的位置、滑坡推力的大小和方向与抗滑挡墙的高度、墙背形状无关。抗滑挡墙分一般重力式抗滑挡墙和预应力竖、横向锚杆挡墙两大类型。重力式抗滑挡墙多用于治理滑坡推力较小的中小型滑坡及作为辅助措施设在大滑坡的前缘两侧，一般埋深较浅并与边坡渗沟、纵向排水盲沟联合采用。竖向预应力抗滑挡墙是在挡墙靠近墙背处设置竖向预应力锚杆以增加挡墙的抗倾覆能力和减小挡墙基底前部地基的负荷。基底为基岩或基岩埋深较浅的情况，横向锚杆挡墙既增加抗滑能力又增加抗倾覆能力。预应力抗滑挡墙设计和施工都很简单，基本同一般抗滑挡墙。

(1)抗滑挡墙的特点

抗滑挡墙广泛应用于中小型滑坡治理中，具有稳定滑坡收效快、就地取材、施工方便等优点。抗滑挡墙与一般的挡土墙结构相似，但抗滑挡墙受力状况与一般的挡土墙不一样，其特点如下：①抗滑挡墙主要受滑坡推力作用；②滑坡推力与墙体结构尺寸和墙体材料无关；③一般情况下，滑坡推力比土压力大得多。

(2)抗滑挡墙的类型

常见的抗滑挡墙按结构特点和墙体材料可分为干砌石抗滑挡墙、石笼抗滑挡墙、框箱抗滑挡墙、浆砌石抗滑挡墙、混凝土和钢筋混凝土抗挡墙、沉井式抗滑挡墙和加筋土抗滑挡墙等。

①干砌石抗滑挡墙　干砌石抗滑挡墙整体性差，墙体体积大，但具有就地取材、造价低、施工简单、透水性好等优点，一般用于小、微型滑坡的防治。

②石笼抗滑挡墙　石笼抗滑挡墙一般由尺寸不同的钢筋石笼长方体组合而成，整体性较干砌石好，具有一定的柔性，能在地基有少量变形的地带使用，常用于临时性的抢险工程和半永久性工程。

③框箱抗滑挡墙 由预制的钢筋混凝土桁或原木在现场组合成框箱，在框箱内砌毛石或卵石，一般用于渗水量大的滑坡。

④浆砌石抗滑挡墙 构成墙体的石料之间用水泥浆砂填充，具有较好的整体性，是我国应用最广泛的抗滑挡墙结构。

⑤混凝土和钢筋混凝土抗滑挡墙 混凝土和钢筋混凝土抗滑挡墙整体性好，强度高，墙体结构尺寸比砌石墙体小。这两类挡土墙适用于石料缺乏的地区或重要的滑坡治理。素混凝土或少筋混凝土抗滑挡墙结构域浆砌石结构相似，钢筋混凝土抗滑挡墙常设计为扶壁式和悬臂式。

⑥沉井式抗滑挡墙 在滑坡前缘布置间隔一定距离的方形或圆形沉井，在沉井填充毛石混凝土，利用沉井的巨大重量来阻止滑坡向下滑动，称为沉井式抗滑挡墙，一般用于滑动面埋置太深，开挖基坑困难的大、中型滑坡和滑坡下有重要保护对象的滑坡治理。

⑦加筋土抗滑挡墙 加筋土是由回填土和加筋片按一定规则组成的块体。加筋土是一种重力式结构。加筋土抗滑挡墙的侧面通常是由混凝土板组成的垂直面，加筋片与面板连接并成层地平铺在面板后，填料被充填在面板后，形成加筋体。加筋土抗滑挡墙在山区公路和工业建设中采用很多，特别适用于地基承载力较小的基础上。

(3)重力式抗滑挡墙的设计

重力式抗滑挡墙依靠其自身重量在地基上产生的摩擦力来抵抗抗滑后滑坡的推力，是滑坡防治工程中使用最广泛的一种抗滑结构。下面以浆砌石抗滑挡墙为例，介绍重力式抗滑挡墙的设计方法。

应用条件：中小型滑坡；滑坡剪出口埋深浅；地基承载力较大。

设计：

①首先要清楚滑坡的性质、范围、滑动面位置、滑体厚度、稳定状态及发展趋势。

②收集设计必需的资料：1∶500 的滑坡工程地质平面图、1∶200 的地质断面图、滑坡推力计算资料、水文地质资料、墙址处 1∶200 的地质纵断面图、设墙处岩土的物理力学指标和地基承载力。

③确定设墙位置及范围。根据滑坡范围，推力大小和滑动面位置及形状确定设置抗滑挡墙的位置和设置范围。一般推力较小的中小型滑坡，可把挡墙设在滑坡前缘；滑坡前部有稳定岩层锁口者(狭窄处)可设在锁口处，充分利用锁口抗力，减小设墙范围。设墙位置应便于施工，节省场工量，以不切坡为宜，施工中尽可能不破坏滑坡现有的稳定状态。总之，应根据具体情况确定抗滑挡墙位置及断面形式。

④确定墙高。一旦抗滑挡墙墙背位置确定下来，并将滑坡推力计算到墙背处，便可根据墙背后一段滑体物质的 c、φ 值进行越顶检算。其作法是，首先假定一个墙高 AB，然后从墙顶 A 点向下作 Aa 线交滑面于 a，使与水平线成 α 角，$\alpha = 45° - \varphi/2$ 检算滑坡沿 aA 剪出的可能性，如不出现正值，说明不会沿 aA 面剪出。然后检算 aA 面上、下的面 bA、cA……，直至出现最低下滑力的峰值为止。根据检算结果决定是否需要调整墙高。找出适宜的墙高，如图 3-19 所示。

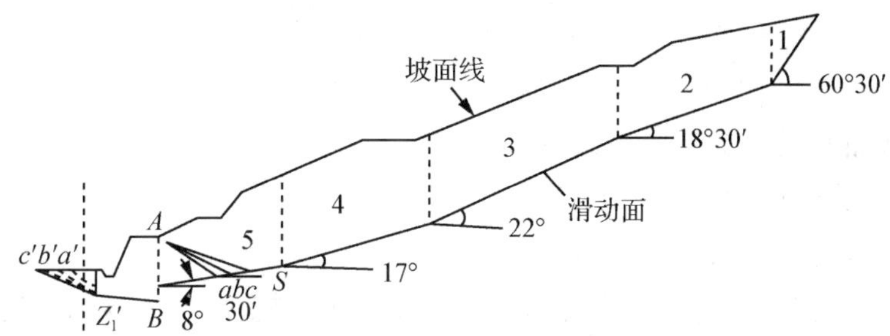

图 3-19 重力式挡墙墙高确定图

⑤确定墙基埋置深度。墙基埋深视地基情况而定，首先查清滑动面有无向下发展的可能性，通过检算确定埋深。一般在完整基岩中埋置深度不小于 0.5 m，并把基底做成台阶形。

在稳定土层中埋置深度不小于 2.0m 并将基底做成(0.1 ~0.15)∶1 的倒坡以增加抗滑能力。

⑥计算墙前可以利用的被动土压力 E_p。当抗滑挡墙墙基埋深较大时($H\geqslant3.5$m)，应考虑利用墙前被动土压力 E_p 以减少圬工。图 3-20 是抗滑挡墙断面检算示意图。

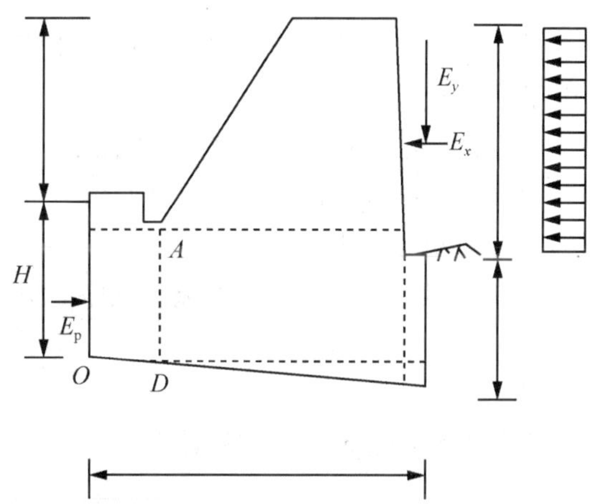

图 3-20 抗滑挡墙断面检算示意图

$$E_p = \frac{\gamma}{2}H^2\tan^2\left(45° + \frac{\varphi}{2}\right) \tag{3-22}$$

式中：γ——墙前土体重度(kN/m^3)；

H——挡墙墙址埋深(m)；

φ——墙前土体的内摩擦角(°)。

⑦检算抗滑挡墙的抗滑能力，抗倾覆能力，墙身截面强度以及基底应力。

⑧断面墙设计，以抗滑稳定控制的最小断面面积为

$$A_{\min} = \frac{K_c E_x - E_p - fE_y}{f\gamma_{圬}} \tag{3-23}$$

式中：E_x——滑坡推力 E 在水平方向的分力(kN/m)；

E_y——滑坡推力 E 在竖直方向的分力(kN/m)；

E_p——墙前被动土压力(kN/m)；

f——基底摩擦系数；

K_c——抗滑稳定系数($K_c \geq 1.3$)；

$\gamma_{圬}$——墙体圬工重度(kN/m^3)。

⑨抗滑挡墙施工注意事项：尽量在旱季施工，确保施工安全，若滑坡活动时间滞后雨季一段时间，则应避开滞后时间；必须分段跳槽开挖，绝对避免全面拉槽开挖。每开挖一段，立即砌筑回填，确保施工过程中滑坡的稳定性；施工从滑坡两侧向中部推进。

3.2.3.3 抗滑桩

抗滑桩类，包括一般悬臂式抗滑桩、抗滑短桩(也称抗滑键)、刚架抗滑桩、预应力锚索抗滑桩等；按材质可分为钢筋混凝土抗滑桩和钢桩；按刚度又可分为刚性桩和弹性桩。

(1)抗滑桩的优点和适用条件

①设桩位置灵活，除成排设在滑坡前缘外，也可根据具体情况，设在滑体的其他部位，并可与其他防治措施联合使用。

②开挖土石方量小，施工中对滑坡体的稳定状态影响小。

③挖孔桩桩孔也是一个很好的探井，通过它可以清楚滑坡的工程地质和水文地质情况，检验和修改原设计，使其更完善更符合实际情况。

④在新线施工中，可采用先做桩后开挖路堑的施工顺序，防止产生新滑坡或老滑坡复活。

⑤施工方便，设备简单。

抗滑桩适用范围广，对浅层和中、厚层非塑流性滑坡，均可采用抗滑桩治理。

(2)抗滑桩的类型

①按桩的刚度分有刚性桩和弹性桩。

②按桩的埋置情况分有悬臂式和全埋式，其中悬臂式居多。

③按材质和截面形状分，有木桩(多用于临时性工程)、管桩(多用于钻孔桩)、钢筋混凝土桩(矩形、圆形)和钢桩。国内使用最多的为矩形钢筋混凝土挖孔桩。

(3)桩的平面布置

一般情况下，抗滑桩均成排地布置在滑坡体前缘抗滑段位置，尽量利用桩前岩土的抗力，只在特殊情况下或因施工条件的限制才考虑其他部位。桩的间距，对于岩质滑体，一般取决于滑坡推力大小；对于土质滑体，要确保滑体不从桩间挤出，根据滑体的密实程度、含水情况、滑坡推力大小、桩截面大小及施工难易和土体自然拱作用等综合考虑，多为2~5倍的桩径。应该指出的是，滑体从桩间挤出的现象是非常罕见的，因为滑体从桩间挤出需要在立面上形成新的多条剪切面，是非常困难的。在实际设计中，桩的横向间距(中—中)多设计为6m左右，以保证滑体不会从桩间挤出。日本在大型滑坡治理中，为便于机械化施工，常采用巨型桩，有的桩间净距达9m以上，其滑体含水量相当大，也未出现滑体从桩间挤出的现象。桩的间距太小，不但施工困难，而且减小滑坡地下水排泄断面，若桩后未设排水盲沟，应注意可能因地下水水位抬高，滑坡出臼上移而导致滑坡"越顶"，即从抗滑桩桩顶以上剪出。准格尔黑黛沟露天煤矿成品仓滑坡就发生了这种事故。

(4)抗滑桩的设计

①桩的计算宽度　抗滑桩的受力状态是一个比较复杂的空间问题，它以桩排的形式抵抗水平方向的滑坡体的推力，与以受垂直荷载为主的桥桩所受的横向推力并不一样。桥桩设计上认为桩的截面形状和受力条件对桩周介质水平方向的承载能力和反力图形有一定影响。为了简化计算，在计算桩侧应力时，引进了桩的计算宽度 B_p 的概念。

当 B(或 d) >0.6m 时，桩的计算宽度 B_p，为

矩形桩：$B_p = B + 1$　(3-24)

圆形桩：$B_p = 0.9(d + 1) = 0.9d + 0.9$　(3-25)

式中：B——抗滑桩的设计高度(m)；

d——抗滑桩的设计直径(m)。

②地基系数 C　在弹性变形限度内，使单位面积的岩土产生单位压缩变形所需要施加的力称为地基系数。

$$C = \frac{\sigma}{\Delta} \tag{3-26}$$

式中：σ——单位面积上的压力(kN/m^2)；

Δ——变形(m)。

地基系数分侧向地基系数 C 和竖向地基系数 C_a。至今对地基系数的研究还很不充分，在实际工作中，多采用一定的假定，有的假定在砂性土中桩侧土的侧向地基系数 C 随深度成比例增加，在硬戮土(戮土岩)和岩石中，侧向地基数和竖向地基系数均为常数。设 m 和 m_0 分别代表水平和竖直向地基系数随深度变化的比例系数，则深度为 y 处的侧向地基系数

$$C_y = my \tag{3-27}$$

桩底侧向地基系数

$$C' = mh$$

桩底竖向地基系数

$$C_0 = m_0 h$$

式中：h——桩的埋置深度(m)。

m 和 m_0 值一般应采用实测值，当无实测资料时，可参考表3-6。当平均深度为10m时，m 值接近竖向荷载作用下的 C_0 值，故 C_0 值对应的深度不得小于10m。

表 3-6 水平和竖直向地基系数随深度变化的比例系数

编号	土壤性质	m 和 m_0 (kN/m^4)
1	流塑黏性土 $I_L \geqslant 1$，淤泥	3000～5000
2	软塑黏性土 $I_L \geqslant 0.5$，粉砂	5000～10000
3	硬塑黏性土 $0.5 > I_L > 0$，细砂、中砂	10000～20000
4	半坚硬的黏性土、粗砂	20000～30000
5	砾砂、角砾砂、砾石土、碎石土、卵石土	30000～80000
6	块石土、漂石土	80000～120000

注：本表适用于抗滑结构在地表处位移不超过6mm，位移较大时应当降低。对于抗滑桩来说，允许滑面处和桩顶有较大的位移，所以可以采用表中偏小的值。

3.3 滑坡灾害主要监测内容、方法

3.3.1 滑坡监测的目的

①通过监测可掌握滑坡的变形特征及规律，预测预报滑坡的边界条件、规模、滑动方向、失稳方式、发生时间及危害性，并及时采取防灾措施，尽量避免和减轻灾害损失。

②具体了解和掌握滑坡的演变过程，及时捕捉滑坡灾害的特征信息，为滑坡的正确分析、评价、预测预报及治理工程等提供可靠的资料和科学依据。

③监测结果也是检验滑坡分析评价及滑坡治理工程效果的尺度。

3.3.2 监测内容

监测的内容应该是全方位、立体化的监测，即由地表监测拓宽到地下监测及水下监测，由位移监测拓宽到应力应变监测、环境因素监测和相关动力因素。具体可分为：裂缝监测、位移监测、滑动面监测、地表水监测、地下水监测、降水量监测、应力监测和宏观变形迹象监测。

宏观前兆监测包括如下：

①宏观形变　包括滑坡变形破坏前出现的地表裂缝和前缘岩土体局部坍塌、鼓胀、剪出，以及建筑物及地表的破坏等。要测量其产出部位、变形量和变形速率。

②宏观地声　监听在滑坡变形破坏前发出的宏观地声和其发生地段。

③动物异常举动观察　对滑坡破坏前动物（狗、牛、羊、鸡等）异常的活动进行观察。

④地下水和地表水宏观异常　监测滑坡地段地表水、地下水水位突变（上升或下降）或水量突变（增大或减少），泉水突然增大、消失、变混或突然出现新泉等。

3.3.3 监测技术方法

3.3.3.1 监测方法的基本要求

滑坡的监测应在监测内容的基础上，根据其重要性和危害性、监测环境优劣情况

和难易程度、技术可行性和经济合理性等，本着先进、直观、方便、快速、连续等原则确定。

Ⅰ级监测站(点)和有条件的Ⅱ级监测站(点)应尽可能采用多种方法和新技术、新方法进行监测，形成合理的监测方法的组合。多种方法监测所取得的数据、资料，互相联系、互相校核、互相验证，并做出综合分析，取得可靠的结论。群测群防监测，一般采用简易方法进行监测。监测点的分级具体见表3-7。

表3-7 监测站(点)分级表

监测站(点)分级	所处位置的重要性	失稳或活动的危害性	出现滑坡变形破坏时受灾害威胁的人数	滑坡出现变形时潜在可能造成的经济损失/万元
Ⅰ级	特别重要(县级和县级以上城镇等)	特大	>1000	>10000
Ⅱ级	重要(重要集镇、重要工矿企业和重要交通设施等)	大	1000~500	10000~5000
Ⅲ级	较重要(集中居民点、一般工矿企业等)	中	500~100	5000~100
Ⅳ级	较重要(居民点、一般工矿企业等)	小	<100	<100

3.3.3.2 监测仪器基本要求

①监测仪器、设备，应该满足监测精度要求，精确可靠。

②能适应环境条件，抗腐蚀能力强，受温度、冻融、风、水、雷电、振动等作用影响小，支架焊接变形小。

③能保持仪器和传输线路的长期稳定性与可靠性，故障少，能够便于维护和更换。

④在经济、技术条件具备的情况下，逐步实现监测数据采集自动化和实时监测。

⑤自动化监测仪器、设备，应有自检、自校功能，没有自检、自校功能的应该至少每三个月进行一次人工检查、校正，确保长期稳定。在自动化监测的同时，仍应适当地进行人工监测，保证自动化仪器、设备发生故障时，观测数据不至于中断。

3.3.3.3 监测的传统方法

(1)裂缝监测

建筑物和山坡上的裂缝是滑坡一个最明显的标志。我们可以首先对着裂缝进行监测，既是最直接又是最简单的监测。一般情况下裂缝监测在整个监测系统中是最先被采用的。

最简单的一种方法是在滑坡的周界两侧选择几个点，分别在滑动体和不动体上各自打入一个桩且在土中的埋深要求必须不小于1m，桩顶做标记。定时用钢尺测量两个点之间的距离，就可以求出两桩之间的距离变化。若在不动土体上设置两个桩，滑动体上设置一个桩，形成三角形，从三边长度的变化可以求出滑动体的移动方向和数量，如图3-21所示。

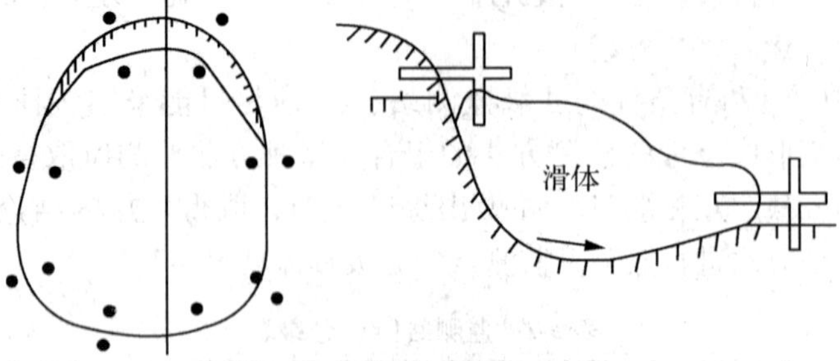

图 3-21 简易监测桩示意图

如果想要测出滑坡的绝对位移值和平均位移速度，可以在滑坡主轴断面上的后壁和前缘出口设置两组桩。在桩露出地面的部分刻上标尺，或者另设立标尺，一个水平，一个垂直，设置好后记录原始读数，以后测量时记录水平和垂直读数即可求出滑坡体的水平位移和垂直升降值。

在不动土体上水平楔入桩，楔入土体的长度也应该大于1m。在桩上吊一个垂球，下面的动体上建立一个混凝土墩，墩上画有方格坐标，每次观测时都记录坐标，这样就可以测量出移动的路径和大小。垂球距离土墩的距离大约可以测出滑动体的沉降量。这样就能同时测出滑动体的位移大小和方向，如图 3-22 所示。

对于建筑物上裂缝的监测比较简单，只需在裂缝两侧设置固定点，定期用尺测量。或者在裂缝上贴水泥砂浆片，观测水泥砂浆片被拉裂、错开的情况即可。

国外广泛使用滑坡记录仪(也被称为伸缩计、滑坡计)，来监测滑坡裂缝的位移。记录仪是带有计时钟的滚筒装置，固定在裂缝外的不动体上，滑动体上设置观测点，点与仪器之间的距离在15m左右为宜。中间拉一铟钢丝(Φ0.5mm)，铟钢丝应该设塑料管或木槽保护以防动物碰撞，如图 3-23 所示。位移会随着时间的变化而记录在记录纸上。一定的时间更换记录纸，一般是一周或者一月更换一次，可连续记录。记录仪上可带报警器，当位移达到规定的数值时，就会发动警报。

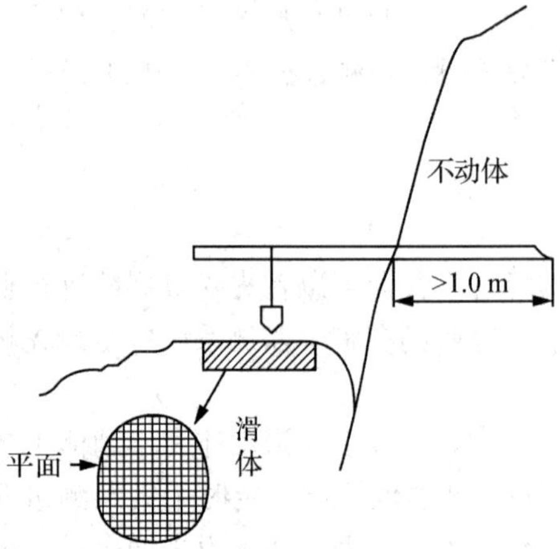

图 3-22 垂球法监测示意图

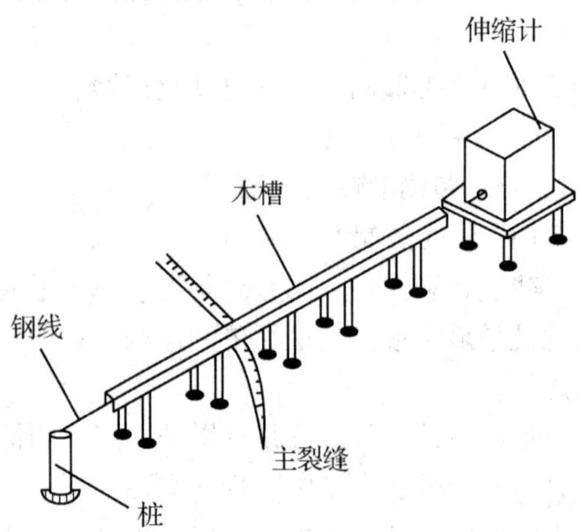

图 3-23 滑坡自动记录仪

(2)地面位移监测

①地面倾斜仪监测　山坡上建筑物出现裂缝和变形，但是滑坡的边界裂缝还不明显，滑坡范围不清楚时，或者想要了解滑坡的影响和扩展范围，就可以用地面倾斜仪观测。该仪器精度高，反应灵敏，能够测出地面的倾斜方向和角度。

将倾斜仪放在监测点浇筑的混凝土基座上，基座土中的埋深不少于0.6m。如果用单管倾斜仪，要互相垂直的放置两根，以便可以测出倾斜的合矢量方向。也可以直接用中国铁道科学研究院西北分院设计制造的双管倾斜仪，这种仪器造价便宜，易于埋设和操作，但是只可以用在水平面上测量，不能用于垂直面测量，如图3-24和图3-25所示。

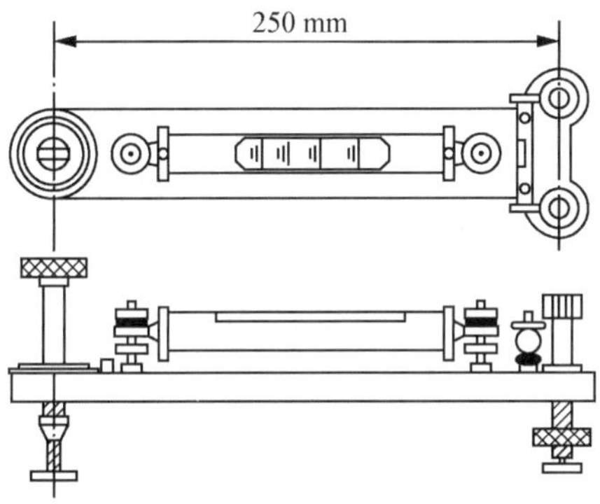

图3-24　单水准管倾斜仪

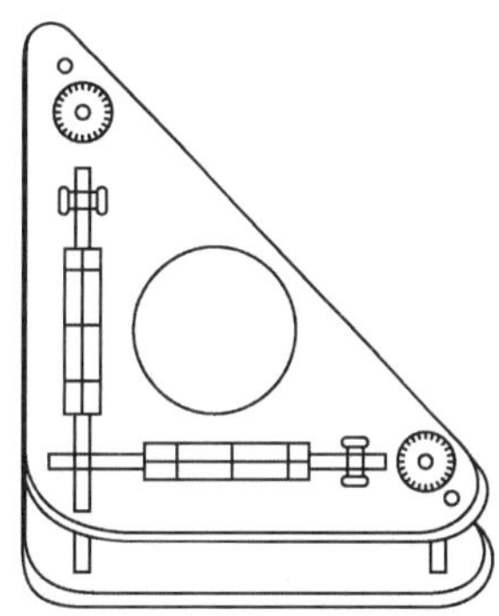

图3-25　双水准管倾斜仪

②地面观测网监测　这种监测方法比较传统，即在滑坡区(含可能扩大的范围)设置多个观测桩，临时的观测桩用木桩，长期观测可以用混凝土桩，这些观测桩会构成若干条观测线，最终汇成观测网，如图3-26所示。在每条观测线的两端的稳定体上设置照准桩、镜桩和护桩。然后用经纬仪测出各个观测桩的垂直方向的位移值，用水平仪测出各桩的升降值，这样就能控制各个观测桩三维空间的位移方向和位移量。

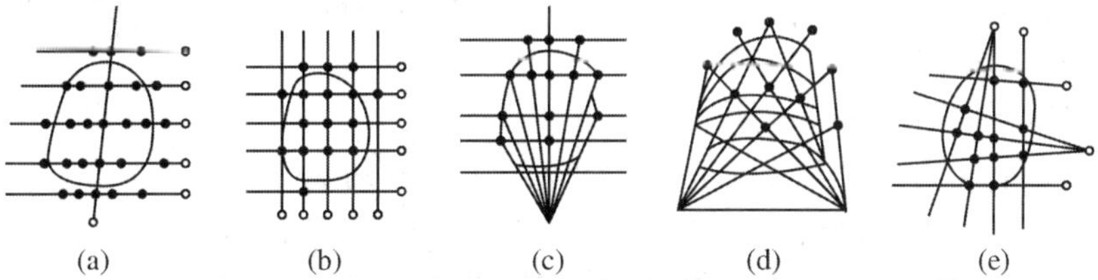

图3-26　观测网类型示意图

(a)十字交叉网　(b)正方格网　(c)射纹网　(d)基线交点网　(e)任意方格网

图3-26所示的各种网形，各有其适用的地貌条件，不需要繁琐的计算。

观测网中应有一条观测线与滑坡的主轴相吻合，目的是可以充分利用资料。观测间距以15～30m为宜，同样桩间距也以15～30m为宜，可以根据观测的时间情况来设定，没必要等距布设。每条观测线在滑坡周界外也应设置1～2个观测桩，以便监测滑坡扩展的范围。

建网步骤如下：

● 现场调查，初步确定滑坡的性质、范围、主轴位置、可能选用的观测网型和置镜点、照准点位置。

● 在图上或现场布置观测网线，决定各种桩的数量。

● 设置镜桩、照准桩及其护桩。

● 用两台经纬仪分别置于相互交叉的两条观测线的镜桩上，交出观测桩的位置，就地灌注观测桩，同时定出观测标记点。

● 对各桩进行编号、描述、建立卡片。

● 桩稳定后，进行第一次观测，记录初始数据。

观测方法如图 3-27 所示，由经纬仪定出观测线，用三角尺测出垂直观测线的位移值并记录。

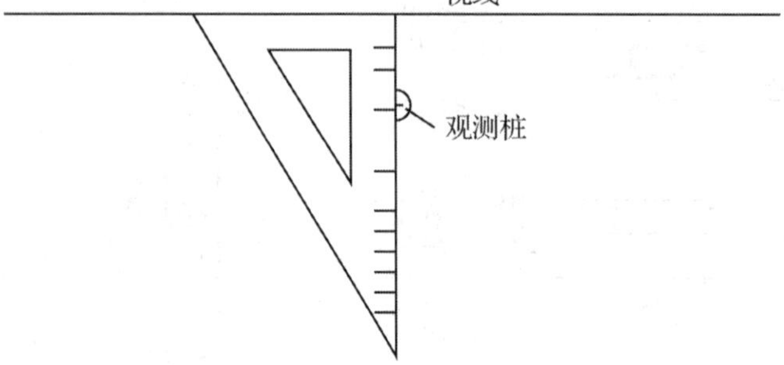

图 3-27　观测方法示意图

(3) 地下位移和滑动面监测

一般来说，理论上都是假定滑坡是整体位移的，而实际上它随滑坡体的结构而变化。例如，板状顺层岩石滑动，或滑体相对密实、含水较少的滑体多是整体滑移，滑动面跟地面各点的位移基本相同或者比较接近，而旋转滑动、滑坡体含水量高者，滑体内的位移则与地面差距较大。况且人们十分关心滑动面位置的测定，如果仅仅依靠地质上钻孔岩芯的鉴定和分析，对位移比较小的滑坡难以判断是哪一层在动，滑动面判定不准确，造成浪费或工程的失败。

①简单地下位移监测

● 埋入管节监测：对于几米深的浅层滑坡，用挖井的方法，挖到可能的滑动层以下，之后逐节埋入管节(陶瓷或者塑料)直到地面，过一段时间后，边挖边测量管节的位移量，如图 3-28 所示，就可以测出不同深度的位移和滑动面的位置。

● 塑料管—钢棒观测法：将塑料管埋入孔中，至少要到预计的滑动面以下 3 ~ 5m 的地方。每隔一定的时间用钢棒探入塑料管中测量。如果滑坡运动将塑料管挤弯时，钢棒就会在滑动面的地方受到阻力，这样就可以测量出滑动面的位置。但是这种方法只能测出上层滑动面的位置。若滑动面多于两层时，可以提前在孔底放入一棒，然后用提拉的办法测出下层滑动带的位置。具体如图 3-29 所示。

● 变形井监测：观测地面下面的各点的位移，可以用勘探井来监测。首先在井中放置一串叠置的井圈(混凝土圈或钢圈)。圈外面要充填密实。从地面上向井底稳定层吊一个垂球作为观测基线。当圈随着滑坡移动而改变位置时，就可以测出不同深度圈

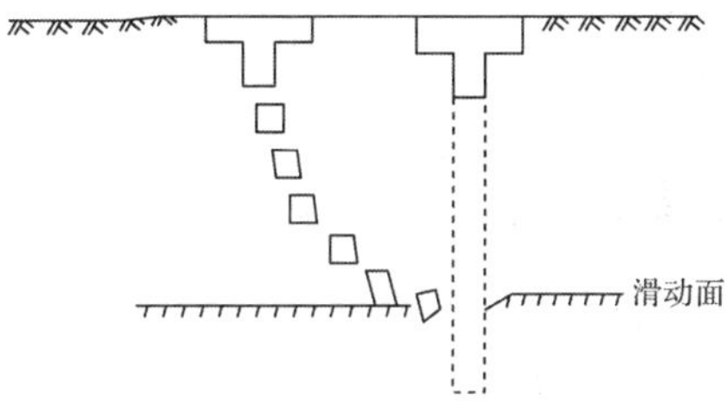

图 3-28 管节测量地下位移示意图

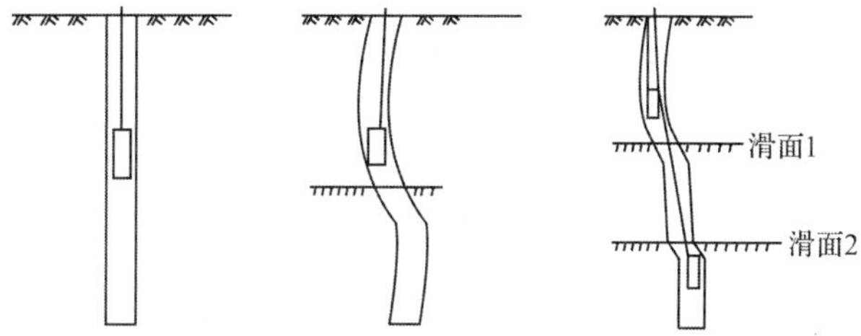

图 3-29 塑料管—钢棒侧滑面示意图

的位移量，由此而判断出滑动面的位置。变形井观测示意如图 3-30 所示。

②应变管监测　应变管，即是在硬质聚氯乙烯管或者金属管上粘贴电阻应变片，然后将应变管埋进钻孔中，管外重填密实，管会随着滑坡的位移形变而产生变形，电阻应变片就会跟着变化，这样就能分析判断出地下位移和滑动面的位置。日本人最早将其用于监测滑坡的地下位移和滑动面位置。

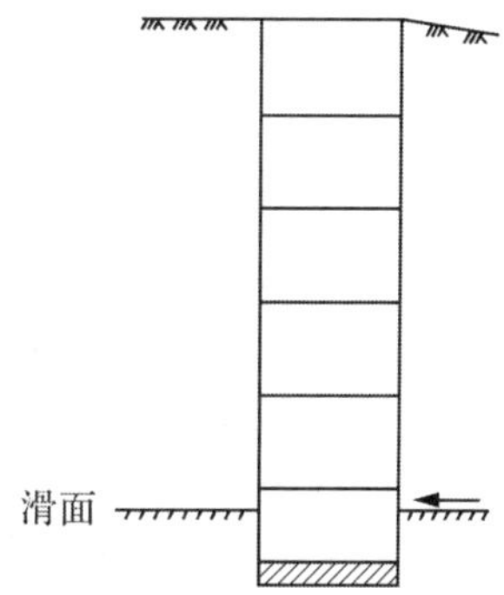

图 3-30 变形井观测

日本人用的塑料管和 3 节导向管联结为一组。贴电阻应变片的方式有两种：一是当滑动方向为已知时，可沿滑向对贴两片，如图 3-31（a），成半桥连接，埋管时必须注意其方向性；二是当滑动方向不明确时，在互相垂直的两个方向贴 4 片，如图 3-31（b），成全桥连接，由观测结果判定滑动方向。

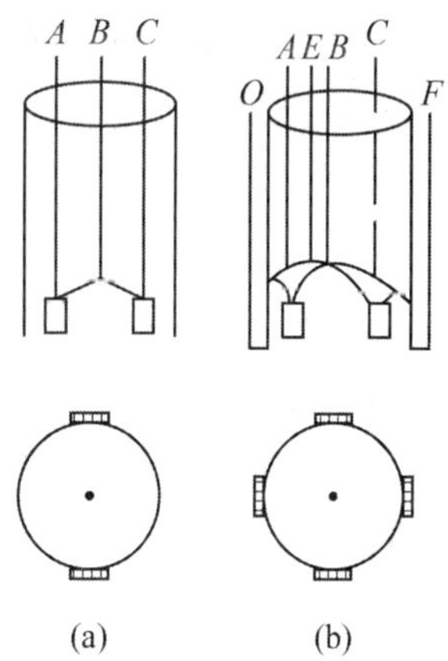

图 3-31 应变管

管上电阻应变片的间距以 20～25cm 为宜，应变管长度 3～6m，用定向杆放入可能滑动面上、下。

应变管的优点是操作容易，造价低，测定仪器不复杂。该方法的关键是贴片工艺和防潮，在孔中有水时使用寿命有限。其缺点是不易直接测出位移值。

③固定式钻孔测斜仪监测　从 20 世纪 50 年代开始人们就着手研制测斜仪，以便下入钻孔中测定土体的侧向位移，先后出现过多种形式，目前较多采用的有 4 种：惠斯登电桥摆锤式、应变计式、加速度计式和摄影式。

前 3 种都要定向埋设，第 4 种在滑坡监测上运用的不多。固定式测斜仪是将若干台测斜仪定向放入钻孔中欲测的位置，把电线拉出孔外，可以定时测量，也可以连续测量。

为了定向，初始曾设计将定向杆探头送入孔内，后来设计了带槽的塑料管或铝管，使定向更好，可以将探头提出孔外维修。槽形管如图 3-32 所示。4 个槽在两个互相垂直的方向上，探头上有 4 个带弹簧的导向轮（或弹簧片），卡在槽中定向。固定式测斜仪的优点是位置固定，减少了取放仪器的人为影响。缺点是所需探头数量多，花费大。

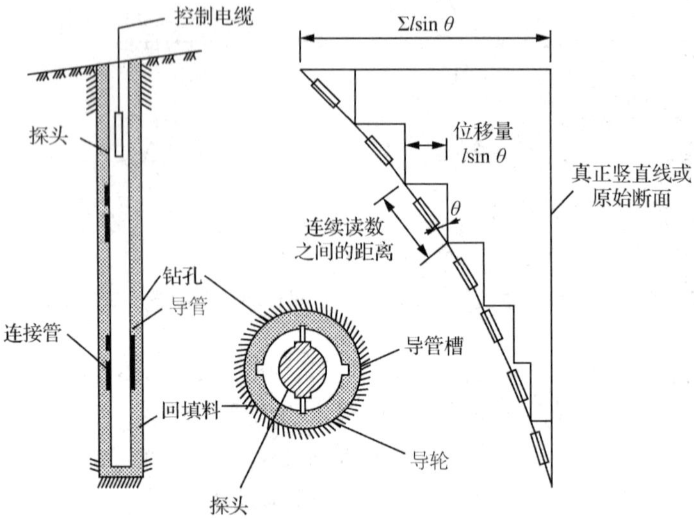

图 3-32 导向槽管

④活动式测斜仪监测 活动式测斜仪是将槽形管埋入钻孔中，槽形管外充填密实，将管固定，但是并不将探头固定在孔中，而是用电缆与探头连接，在钻孔的固定深度进行两个方向的倾斜测定，以便求出合位移的方向。其测量原理如图 3-32 右图所示，以滑动面以下稳定地层中某点为参照点，以上每点的位移为

$$\Delta = l\sin\theta$$

式中：l—— 两测点间距离(m)；

θ—— 倾斜角度变化值(°)。

累积位移为

$$D = \sum l\sin\theta$$

一台仪器可以多孔多点使用，用干电池充电，在无交流电的地方也可以使用是这种仪器最大的优点。然而缺点是测定位置不同的测次不能很好地重合，所以必须要求管槽特别精细，管节的连接要光滑，埋设时减少扭曲，测定时严格控制尺寸。

这种仪器的常用测角范围为 0° ~ 30°，系统精度为每 25m 所累计的误差小于 ±6mm。

图 3-33 为一个钻孔的测定曲线，可以明显地看出滑动面的位置。

⑤拉线式地下位移监测(多点位移计) 这也是一种简易观测方法。在钻孔中，从可能滑动面以下到地面设置若干个固定点，间距 2 ~ 3m，每一点用一根钢丝拉出孔外，并固定在孔口观测架上，分别用重锤或弹簧拉紧。观测架上设有标尺，可测定钢丝的伸长或缩短的距离，即表示孔内点的位移。为防各钢丝在孔中互相缠绕，每 3m 设一架线环，即一块金属板上钻若干孔，将钢丝穿入孔中定位。图 3-34 为其示意图。

(4)地下水动态监测

监测内容有：井和钻孔中水位升降变化的观测；泉、沟、洞中水流量变化观测；水温变化观测；水质变化的试验和分析。

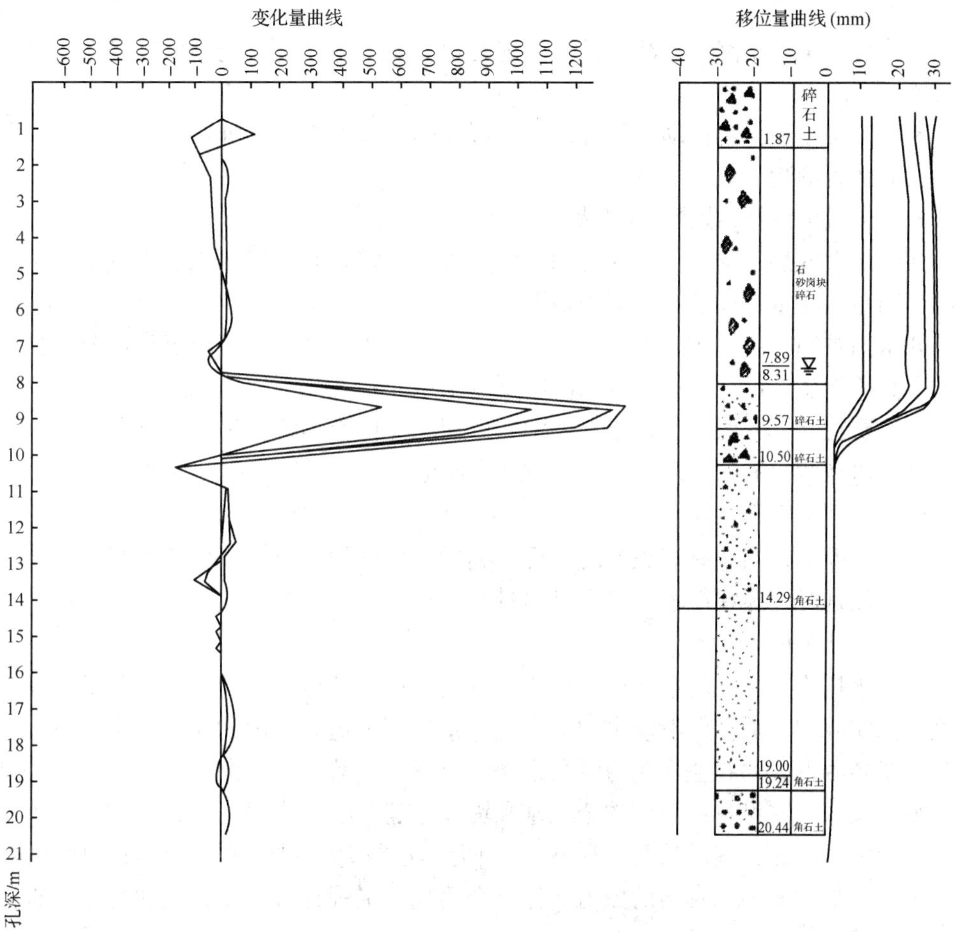

图3-33 测斜曲线和滑面位置

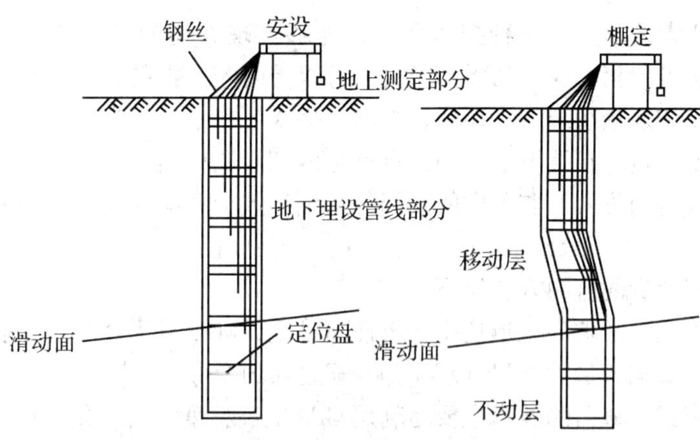

图3-34 多点位移计

①水位观测

• 简易方法：用测绳和测水钟进行定时观测和记录，每次观测应固定在井口的同一位置。

• 自动观测法：用自动水位计观测，可连续记录水位随时间的变化关系。

②流量观测法

• 小流量可用杯(或桶)与秒表测量。

• 流量大的泉、沟、洞中水可用三角堰进行测定。对自然沟水应在其上、中、下游的不同地点测量，以了解其漏失情况。

③水温观测　泉、沟、洞和溢出地表的钻孔中水，可用一般温度计测量，井、孔中的水温用缓变温度计测量，入水时间不少于10min。

④水质化验　一般只在雨季前、中、后期取样化验其离子含量的变化。

地下水观测应和降雨观测、位移观测同时进行，以了解其相互关系。

(5)降雨和气象监测

一般情况下，当地有气象站时，可以利用气象站的气象和降雨等资料。若滑坡区离气象站较远时，应在滑坡区设简易雨量观测。

(6)孔隙水压力监测

孔隙水压力理论在斜坡稳定性评价中得到了广泛的应用。而其中最关键的问题是怎么样能实际测出坡体内滑动带中真实孔隙水的压力值。各国的研究者和工程技术人员研制了各种形式的孔隙水压力测量设备，有开口立管式、卡萨格兰德型、气动型和电动型探头。这些设备在我国软土地基和堤坝修建中也已广泛应用，但在滑坡上应用尚少，原因之一是有些滑坡滑动带很薄，而且埋深很大，探头埋设和封水比较困难，常因埋设不好而测不到真实的数值。但是今后仍应加强这方面工艺的研究，以求能测出可靠的数值。

3.3.3.4 新方法

(1)GPS滑坡监测系统

GPS是现代大地测量的一种技术手段，能够实现大地的三维测量，作业简单方便，所具备的优点包括：测站间无需通视，可以同时测定点的三维位移，不受气候条件的限制，容易实现全系统的自动化，能够消除或者减小系统误差和可以直接用大地高进行垂直形变测量。在滑坡监测中，重点是两期监测中监测点坐标之间的差异，而不是监测点坐标。因为两期监测中的共同的系统误差会影响两期坐标的本身却对变形量没有影响。

GPS滑坡变形量的监测方法如下：

①周期性模式　滑坡的变形速率比较慢的时候，可以用几台GPS接收机，进行人工定期逐点采集数据，最后通过处理得到各期之间的变形。

②连续性模式　该监测技术主要是利用GPS的高精度、自动化、全天候和测点之间无须通视等优点。实时动态监测主要来监测目标的动态变形，数据的采集密度较高，可以实时计算出每个历元的位置。

③GPS 天线阵列监测系统　精密测量的 GPS 接收机价格太贵，导致系统的建设成本增大，这就制约了其在滑坡监测中的应用。而 GPS 天线阵列监测就是在监测点上安装一个 GPS 天线，通过这个天线与接收机连接，系统能按照串口的设置，自动连接获得各个天线的卫星接收信号。因此，在增高监测点数据时，不需要增加 GPS 接收机，只需要增加接收天线和连接天线的电缆，从而大大降低了硬件成本。另外，一个区域只有一个 GPS 接收机可以减少系统的通信成本和数据处理复杂度，但是数据处理方式与连续运行监测技术的数据处理一样，这样监测点的精度也比较高。

(2)TDR 监测技术

TDR(时域反射法)是一种远程遥感测试技术，产生于20世纪30年代，在滑坡监测的应用方面也取得了较大成就。

①TDR 基本原理　同轴电缆中 TDR 与雷达技术的工作原理基本一样，区别是传播介质不一样。在 TDR 测试过程中，采用同轴电缆作为传输具有一定能量的瞬时脉冲传播介质，电脉冲信号在同轴电缆中传播的同时也能反映同轴电缆的阻抗特性。电缆发生变形时，它的特性阻抗就会发生变化。测试脉冲遇到电缆的特性阻抗发生变化时，会产生反射波。对反射波信号的传播时间进行测量，就能够推算电缆的确定传播时间和速度，因此能够推断出同轴电缆特性阻抗发生变的位置；对反射信号振幅进行分析，就可以进一步推算出电缆的状态等。所以，同轴电缆 TDR 技术又被称为"闭路雷达"。

②TDR 滑坡监测　首先，在待监测的岩土体中钻孔，把同轴电缆放入钻孔中，顶端与 TDR 测试仪相连，并用砂浆填充钻孔的空隙，目的是保证同轴电缆可以跟岩土体同步变形。岩土体的变形和位移会使埋置于其中的电缆发生剪切、拉伸、变形，从而导致局部的特性阻抗发生变化，电磁波将会在这些阻抗变化区域发生反射和透射，并反映于 TDR 波形中。对波形进行分析，结合室内标定试验建立起的剪切和拉伸与 TDR 波形的量化关系，就可掌握岩土体的变形和位移状况。

与传统的测斜仪相比，TDR 具有以下特点：

- 信号的可信度高，测试过程快速方便，耗电量低，并且一套 TDR 设备可以同时监测几百个点。
- TDR 与 GIS 结合，可以利用通信网络远距离传输监测数据和信号。
- 技术人员在室内便可以对各个监测点进行远程监控，安全性大大提高。

(3)分布式光线传感技术

①分布式光纤传感技术原理　光纤传感技术是对光线内传输光的参数(强度、相位、频率、偏振态等)变化的测量，来实现对环境参数的测量。分布式光纤传感技术因为其可重复用、分布式、长距离传输的优点成为光纤传感技术中最有前途的技术之一，是光纤传感监测的发展趋势。其中，光纤布拉格光栅传感技术(FBG)与布里渊光时域反射传感技术(BOTDR)是最具代表性的两种分布式光纤传感技术。

②光纤传感滑坡监测的方法　滑坡监测中，最为重要的是光纤的选择。因为滑坡的应变比较大，适当的光纤可以提高监测的寿命。目前最常用的监测光纤有裸纤和紧套型光纤两种。裸纤测量比较灵敏，但是量程小，容易折断，施工难度较大，适应于

小应变测量；紧套型光纤由纤芯、包层、涂敷层和护套组成，具有耐腐蚀性强、防水性能好的优点，比裸纤更能抵抗应力作用，量程略大，并且不易断电，便于施工。选用紧套型光纤可提高监测的寿命，所以滑坡监测用光纤常选择紧套型光纤。光纤的网络布置一般有两种形式：一维网络形式，光纤连续的沿着灾害体自下而上的做蛇形布设，这种方式适合于监测一个方向的位移变化情况；二维网络形式，在上个形式的基础上再连续地沿着水平方向从左至右做蛇形布设，这种方式适合于监测两个方向的位移变化情况。在监测的实际工程应用中，光纤铺设有两种方法，全面接触式铺设和定点接触式铺设。全面接触式铺设的特点是可以全面监测地质灾害体的变形情况，监测对象为整个滑坡体。定点接触式铺设的特点是重点监测变形缝、应力集中区等潜在变形处的变形情况，监测对象为滑坡变形缝等潜在变形处。

FBG 与 BOTDR 两种光纤传感技术各有优缺点：FBG 传感器灵敏度高，能够非常准确地测量应变，虽然多个 FBG 串联组成的 FBG 传感网络能实现准分布测量，但其用于响应外部被测量的敏感单元是预先设置的传感阵列，因此要对这些离散分布的传感点进行测量，灵活性较低；BOTDR 传感元件为光纤，可实现分布式、长距离、不间断测量，受其技术本身的限制，测量的空间分辨率最高只能达 1m。如果将两者联合起来监测滑坡，在整个滑坡体上铺设监测光纤，利用 BOTDR 技术就能获得整个滑坡体的概要信息；在滑坡体变形的关键部位安装 FBG 传感器，利用其灵敏度高的特点，获得滑坡体关键部位的应变值。这样，将 FBG 与 BOTDR 两种技术结合起来监测滑坡，不但克服 BOTDR 监测分辨率不高的缺点，又弥补 FBG 只能实现离散点测量的不足，从而实现由点到线再到面的滑坡监测，获得滑坡体比较完整的应变信息。

(4)基于无线传感器网络的滑坡监测

①监测预警系统的总体结构　监控预警系统在大范围监控、预警的基础上，以局域网为平台，致力于数据采集和发送的有效性及处理上的精确性。监测预警系统的总体结构可分为两部分：上层的监控中心和下层的监控基站。监控基站和监控中心通过以太网连接起来，管理人员也可通过自定义网络访问监控基站。监控基站和众多的无线传感器节点一起组成无线传感器网络。无线传感器网络具有很好的扩展性，随意增减节点，对网络的拓扑结构和组网模式没有太大的影响，因而可以方便地根据实际情况增加或减少监控节点的数量。

②适用于滑坡监测的无线传感器网络设计　这种无线传感器网络由众多具有感知和路由功能的无线传感器节点组成，能够协作实时监测，感知并采集各种环境对象的信息，将其通过多跳转发送传回主机进行分析、处理。以这些工作节点为依托，通过无线通信组成网络拓扑结构。系统中大部分的节点是子节点。从组网通信上看，他们只是其功能的子集，被称为 RFD(精简功能设备)，这种设备没有路由功能；另外，还有一些节点负责控制子节点的通信，数据的汇集和发布控制，或者起着通信路由的作用，称为 FFD(全功能设备或协调器)。

在整个硬件平台的设计中，节点是一个重要因素，它决定着传感器网络的寿命。如果节点当前没有传感器任务而且不需要为其他节点转发数据时，可以通过关闭节点的无线通信模块、数据采集模块等来节省能耗。为控制子节点选择合适的地点，提供较充足的能源，为延长节点使用寿命，提高监测预警系统有效性。

随着科学技术的不断发展，我们的监测技术越来越多，技术发展也越来越完善。每个方法都有自己的优点和缺点，几种方法综合使用可以互补，更好地为滑坡监测服务。

3.4 滑坡的预测和预报

3.4.1 滑坡的预测

进行滑坡预测研究是为了控制滑坡，达到预防滑坡发育、选定合理防治措施的目的。滑坡预报广义上包括空间预测、强度预测和时间预报三方面。就目前的研究水平来看，在预测空间发育方面具有较高的水平，强度预测次之，时间预报水平则较差。从当前的研究手段来看，空间预测和强度预测还处于统计预报阶段，时间预报是目前滑坡预报研究的核心内容，也是滑坡预报研究最重要和最有意义的内容。

滑坡的预测可以分为可能性、活跃性和危险性 3 类，均用度来表示，也分三级或五级。每一类的预测可以分区域和单坡两种。预测的方法较多，主要是因子综合加权法和简易叠加法两种。

3.4.1.1 可能性预测

可能性预测仅仅是判断某一区域发生滑坡的可能性大小，并用可能度(K_P)来表示，确定 K_P的步骤如下：

滑坡发生的首要决定因素是地质(B)，其中最主要的因子为地层岩性(B_1)、构造活动(B_2)以及地下水状态(B_4)。其次为地形因素(A)中的山坡坡度(A_1)和相对高差(A_2)；气象因素(C)中的暴雨强度(以 24h 或者 1h 的降雨量为标准)(C_1)和一次性连续降雨量(C_2)，以及生态环境因素(D)中堆放的固体废渣因子(D_3)和人为因子(D_2)都有着重要的作用。

滑坡可能度的确定步骤是确定上述 9 个因子的指标值。然后确定 4 个因素的指标值，倘若 1 个因素只有 1 个因子，则该因子的指标值就是其对应因素的指标值；若 1 个因素有 2 个或 2 个以上的因子，则根据因子对滑坡可能性影响的大小来确定各因子的权重系数 K，权重系数之和必须是 1.0，再确定因素指标值，最后在确定 4 个因素对可能性影响的权重系数 K'_a、K'_b、K'_c和 K'_d基础上求出可能度 K_p。

在进行区域的可能性预测时，首先应该按照流域、行政区、地貌单元、影响因素的相似性或网络进行分区，然后求各分区的 K_P值，按照各区的 K_P值绘制滑坡可能度分区图。单个滑坡不进行分区，考虑的因子与区域也有所不同，在地形因素(A)中主要因子是斜坡临空面的坡度(A_1)、高度(A_2)和形状(A_3)；在社会经济因素中，如果有可能发生滑坡堵塞主河(沟)形成堵塞坝，就应该增加间接损失 E_a；如果斜坡上没有人为干扰，则生态环境因素(D)中 D_1和 D_2可以不考虑。

3.4.1.2 活跃性预测

滑坡活跃性由活跃度(K_A)来表示，活跃度(K_A)是由可能度(K_P)、频繁率(M_A)所构成。频繁率主要取决于地震活动的强度、地震频率(B_3)、暴雨频率(C_2)和沟谷密度密度(A_2)(单一的斜坡可以不考虑)，因为每个因素只有一个因子，故因子指标标值即为因素的指标值。依照每个因素对频繁度的影响来确定去权重系数 K''，然后求得 M_A。K_P和 M_A对活跃度影响的权重系数 K'_{KP}和 K'_{ma}均取 0.5，则求得活跃度 K_A。求得各分区的 K_A后即可编制滑坡活跃分区图。

3.4.1.3　危险性预测

滑坡的危险性由危险度(K_R)表示，它由滑坡的活跃度(K_A)和该区域的受害率(M_R)组合而成。M_R取决于社会经济因素(E)，对某一区域来讲，主要影响因子为单位面积上的平均居民数(E_1)、固定资产值(E_2)和年生产总值(E_3)。对一个斜坡来讲，E_1、E_2和 E_3以可能直接受危险地区的总值来表示；间接危害(E_4)则以可能受间接损失的总值来表示。然后确定各因子影响的权重系数 K''，并求得因素 E 的指标值 E'''，E'''即为受害率(M_R)。一般 K_A和 M_R对危险度(K_R)影响的权重系数均取0.5，这样就可求得 K_R。获得各分区得 K_R值后，就可编制危险度分区图。

3.4.1.4　用因子简易叠加法进行滑坡预测

因子简易叠加法仅考虑了地形和地质两个因素，地形因素中主要是坡度因子(A)、地层岩性因子(B)和断裂构造因子(C)，每个因子按其对滑坡发生影响程度分成 3 个等级，并分别表示在图上，三图叠加可以获得滑坡预测分区图，也称危险性分区图。但是这个危险性比较片面，只考虑了斜坡本身，却没有考虑受害对象的损失。预测的具体方法和步骤如下。

(1)确定影响因子及进行影响分级

①地形因子(A)　分为极利滑坡形成的地形(A_1)，坡度 $\alpha>20°$；利于滑坡形成的地形(A_2)，$10°<\alpha<20°$；一般不利于滑坡形成的地形，$\alpha<10°$。

②地层岩性因子(B)　分为极易滑地层(B_1)、易滑地层(B_2)和偶滑地层(B_3)。

③断裂构造因子(C)　分为断裂作用强烈(C_1)、断裂作用中等强度(C_2)和断裂作用微弱(C_3)。

(2)编制因子作用分级分区图

为便于掌握编制方法，选某一区域为例。该区域处于山区，有 3 级水系、7 种地层岩性(包括第 4 系冲洪积物)和 3 种程度的断裂作用。按该区受 3 种因子(A、B、C)影响程度不同，根据上述分级原则，均分 3 级绘制各因子影响分区。

(3)绘制滑坡发生的预测分区图

对滑坡预测亦分为极易发生Ⅰ、易发生Ⅱ和偶发生Ⅲ。把上面的 3 种因子影响分区叠加在一起，便得到 27 种组合形式。其中，$A_1B_1C_1$、$A_1B_2C_2$、$A_1B_1C_3$、$A_1B_2C_1$、$A_2B_1C_1$和 $A_2B_1C_2$ 6 种形式归为极易发生区Ⅰ；$A_3B_3C_3$、$A_3B_3C_2$、$A_3B_3C_1$、$A_3B_2C_3$、$A_3B_2C_2$、$A_2B_2C_2$和 $A_2B_3C_2$ 7 种组合形式归为滑坡偶发(少发)区Ⅲ；余下的 14 种组合形式均系滑坡易滑区Ⅱ。将获得的Ⅰ、Ⅱ、Ⅲ区分别表示在图上，就可得滑坡发生预测图。这种方法比较简单、易操作，但只能预测易不易发生滑坡。

3.4.2 滑坡预报

滑坡的预报广义上来说，包括时间预报、空间预测及灾害预测等。狭义的角度来讲仅仅是对滑坡滑动时间的预报。滑坡预报是滑坡研究的重点和难点，尽管近年来国内外均有不少预报成功的案例，但灾难性的滑坡时有发生，总的来讲预报水平较低。滑坡时间预报的核心是预报模型和预报判据的建立。滑坡预报分为长、中、短 3 类。由于滑坡形成的条件、孕育过程、诱发因素的复杂性和多样性，而且不少因素还具有不确定性和随机性，因此判断某一斜坡什么时候将发生滑动的难度很大。然而经过广大学者的探索，突变理论、灰色理论和非线性理论在预报上得以应用，为进一步提高滑坡预报成功率提供了理论和技术。目前已进入系统的综合预报、全息预报和实时跟踪动态预报阶段。真正具有实际意义的预报是短期预报，长期预报可为制定区域的发展规划、建设计划和工程项目选址提供避免和减轻滑坡危害的依据。由于滑坡预报内容的多样性，也就决定了滑坡预报基础技术和方法手段的非单一性，综合国内外目前工程实践中常用的预报方法，可大致分为以下 3 类。

3.4.2.1 确定性预报模型

该模型的显著特点是用严格的推理方法，特别是数学、物理方法进行精确分析，得出明确的预测判断。换言之，确定性预报模型是用明确的函数来表达其数学关系。此类模型预报可反映滑坡的物理实质，多适用于滑坡或斜坡单体预报。

最早提出的斋腾迪孝法、K. KAW AMURA 法、HOCK 法、传统的极限平衡分析法以及在数值模拟技术方面发展起来的有限元、边界元、离散元及其耦合方法等都属于确定性方法。其中，以斋腾法以及以其为基础发展起来的一些方法属加速蠕变经验方程，精度较低，适于滑坡的中短期预报和临滑预报。

3.4.2.2 非确定性预报模型

该模型与确定性预报模型相反，不能用明确的函数来表达其数学关系。此类模型多适用于区域的土地利用和国土开发规划，具有宏观决策的意义。这类模型一般是利用已取得的位移监测资料，通过一定形式的数学处理(虑波、平滑、回归等)进行趋势预报或跟踪预报。因此，这类模型适用于各类滑坡的中、短期预报。

3.4.2.3 比较分析法

此类方法通过与被测对象相近似的参照对象比较，来类推被测对象的未来发展趋势，介于确定性和非确定性分析之间。

从时间上来说，分为长期预报、中期预报、短期预报和临滑预报。

(1)长期预报

长期预报是指滑坡还不具备肉眼能观测到的变形或变形变化不明显时，所做出的对滑坡今后变形行为和破坏时间的趋势预报，判断 1 年后将发生的滑坡或发生滑坡的区域，其时间只能预报到哪一时段(几个月内)、哪一年或哪几年发生，不确定性较大。激发滑坡发生或复活的自然因素主要是降水和地震。通常丰水年会多暴雨，易发生滑坡。

地震活动通常有两种周期：一是与太阳黑子活动有关的22年周期，通常在进入太阳黑子活动最低值年前1~3年地震比较活跃，这样相应的这几年或其以后几年滑坡活动比较多。另一种周期是地壳内部应力由集中到释放有关的周期，通常为100年(前后变幅20年)和50年(前后变幅10年)的活动周期，如四川鲜水河地震带和安宁河地震带的地震活动分别具有50年和100年周期，可按上次地震发生的时期推断下次地震的大致时期和相应的滑坡活动活跃期。

此外，在不稳定的斜坡上或者古滑坡体上进行削坡、加荷、修筑引水渠和水田等人为活动，在一至两年内会引起古滑坡复活或发生新滑坡，这种现象在具备滑坡发生条件的山区相当普遍。

(2)中短期预报

滑坡中、短期预报的时间提前量分别为3个月至1年和3天至3个月，这两类预报均建立在对可能发生滑坡的斜坡进行动态监测、模型试验，以及进行激发因子分析的基础上。

①激发因子分析预报法　激发滑坡发生的因子与长期预报一样也是降水、地震和人为作用3类，其预报是否正确主要是建立在对降水、地震预报是否正确和人为作用的评估是否客观的基础上，由于目前对降水的中长期预报和地震的预报在时间和强度方面正确性较低，因此滑坡发生的预报正确率相应地也较低；人为因素受控于人为活动，只要对坡体本身的特性有一客观的认识，则可作出比较正确的预报。这种预报法对区域和单一斜坡均适用。

• 降水因子分析预报法：降水激发滑坡往往有两种情况：一是暴雨，尤其是特大暴雨的作用，通常体现在一次暴雨累积降水量、日降水量或1h雨量上，如西南地区一次暴雨累积降水量超过200~250mm或日降水量超过150mm就会发生大量滑坡。川东地区1982年7月一次大暴雨，大部分滑坡集中在200mm降水等值线以内。在半湿润半干旱的西北地区，一次暴雨日降水量超过50mm就会激发滑坡，但在湿润的中南、华南山区，一次暴雨日降水量超过100~150mm才能发生滑坡。另一种情况是连续降水量超过某一极值后，又出现较大的降雨也可发生滑坡。因此，如能在上述地区预报到超过上述极限值的降水量，就能比较正确地作出区域滑坡预报。

• 地震因子分析预报法：地震烈度与滑坡发生具有紧密的关系，据西南地区的统计资料分析，通常烈度超过Ⅵ就可能激发滑坡；Ⅸ度以上就会发生大量滑坡。若能正确地预报某一地区地震发生的时段和烈度，就有可能正确地预报该区的滑坡活动。

• 人为因素分析预报法：人为因素又可视为生态环境因素，其激发滑坡的因子有削坡和加荷、修引水渠和种水田，前者通过加陡边坡、增加荷载，使坡体失去稳定；后者是通过增加地下水、浸润软弱面，减小摩擦阻力，促进滑坡活动。一般根据坡体的组成和结构，要在1年后才发生滑坡，但特别松散的土体或裂隙十分发育的破碎岩体可在1年甚至1月内发生滑动，因此这类预报是否正确主要取决对坡体组成物的客观认识，也可通过模型实验来确定。

②坡体位移历时分析预报法 目前国内外比较正确的预报均采用这种方法。自然滑坡的形成通常要经历蠕滑、加速位移(变形)和剧滑3个阶段。其中，蠕滑阶段往往要历时1年，甚至几百年以上，而剧滑的历时常常只有几分钟到几十分钟，故前后两者分别属于长期预报和临报范畴，对中短期预报有意义的是加速位移阶段。加速位移的历时一般从数天到数十天。为了获得加速位移的资料，必须对滑坡进行认真的监测。获得位移历时资料后，绘制坡体位移历时曲线，然后将曲线延长，预测坡体进入剧滑阶段的时间，即可作出短期预报。如智利楚基卡马塔露天铜矿东侧斜坡的滑坡就是利用这种方法预报成功的典型案例，现介绍如下。

该滑坡的发生与人为影响直接有关，变形过程十分复杂。

露天铜矿东侧一斜坡1966年8月出现张裂缝，但位移很小。1967年12月20日该地发生了5级地震，斜坡再次移动，速度逐渐增大，至1968年1月在滑坡区附近曾有1200万~1500万吨岩体发生较大位移，8月在斜坡上清除了450万t岩土体，但未能制止斜坡位移。

1968年11月6日，在斜坡脚处进行了大量爆破，3d后坡体位移量迅速增至20~70mm/d，进入加速变形阶段。

根据上述斜坡变形过程于1969年1月13日(C处)绘制了坡体位移历时曲线，其中根据斜坡最大和最小位移值分别点绘了A线和B线，利用曲线外延法，从A线预示将于2月18日(D处)进入剧滑阶段，但B线进入剧滑阶段要大大后移，故滑坡最早将于2月18日发生。结果在18日18时58分发生滑坡，与A线的推断预报完全一致。

③斋藤法 该方法是由日本著名滑坡专家斋藤迪孝运用滑坡位移历时变化规律提出的一种预报方法。适用该法的前提是：滑坡发生不受暂时性诱发因素影响；滑坡前缘有开阔的空间，使其能自由滑动；适用于崩塌性滑坡。因这种方法比较复杂，这里不作详细介绍。

④位移观测法 前述3种预报方法都是建立在滑坡位移历时观测的基础上，位移观测的方法为：用钢卷尺直接测定从稳定地区至变形坡体之间的距离变化，桩的布设采用排桩法和三角桩法；用水准仪、经纬仪、激光测距仪、红外测距仪和GPS等精密仪器进行重复测定布设在稳定地区和滑坡体上的控制网点，网点的布设和点的多少可根据观测的要求和精度确定，通过重复测量可以获得垂直、水平位移量和斜体上个部分的变形过程；安装变形观测仪器，如位移计、伸缩仪等，这类观测精度高，但量程小，一般不超过1m，只能安在一条裂缝的两侧。

近年来出现了一些新的预报理论和预报方法，比较成功的有“滑坡灰色预报”。该预报法也为斜坡变形位移历时为基础，利用连续微分模型来建立动态的灰色系统模型，进行滑坡破坏时间的灰色预报。不论哪种预报手段都应做到“多种手段、系统监测、逐点分析、逐步逼近、综合决策、总体预报”。对大型滑坡而言，不论采取什么样的监测措施，都不是一个监测点就能解决问题的，必须在有代表性的地点设置若干个监测点，而这些监测点的动态不可能是同一的，即便是临近剧滑阶段。因此，不能用一条蠕变曲线来表示所有监测点的动态。如果能够随着时间的推移，把不断得到的位移资料及时分析计算，那么监测点的预报结果将会逐渐趋于一个同样的时刻。利用的资料越接近剧滑时间，预报结果越准。

3.4.3 滑坡的临报和警报

滑坡临报的时间提前量为1～3d，警报为1d之内，往往两者很难分开，因为滑坡进入剧滑阶段后，有的几分钟内就整体下滑，有的需要十多个小时滑落，也有的具有跳跃现象，延续时间更长。由于短期预报、临报和警报都是以斜坡位移历时变化为基础，所不同的只是作出判断的时间提前量，一般在加速变形阶段的后期，变形迅速加快，即将进入剧滑前夕作出的判断为临报；已进入剧滑阶段，坡体肯定要下滑所作出的判断为警报。

临报和警报的斜坡位移历时观测的方法与短期预报相同，除位移外往往其他的变形现象亦应充分考虑。如通常后缘裂缝贯通，位移量超过0.5m/12h，前缘出现滚石，则滑坡将在1d内滑落，可发出警报。也有少量滑坡发生前地表变形不明显，但却出现泉眼或井水突然增大或枯竭，动物出现异常，地下发出声音，则应引起高度重视。

思考题

1. 滑坡的组成要素及种类有哪些?
2. 简述影响滑坡的因素。
3. 简述滑坡的防治措施及防治原则。
4. 滑坡监测的内容有哪些? 简述滑坡的监测方法。
5. 滑坡的预报、临报和警报的方法有哪些?

参考文献

晏同珍，杨顺安，方云. 2000. 滑坡学[M]. 北京：中国地质大学出版社.

王兰生，张倬元. 1986. 斜坡岩体变形的基本地质力学模式·水文地质工程地质论丛书[M]. 北京：地质出版社.

徐邦栋，王恭先. 1986. 几类滑坡的发生机理·滑坡文集(第5集)[M]. 北京：中国铁道出版社.

王恭先. 1991. 滑坡过程的力学分析·滑坡文集(第8集)[M]. 北京：中国铁道出版社.

胡广韬. 1989. 滑坡动力学[M]. 西安：陕西科技出版社.

第4章

山　洪

山洪是指由于山丘区小流域由降雨引起的突发性、暴涨暴落的地表径流，在山区(包括山地、丘陵、岗地)指沿河流及溪沟形成的暴涨暴落的洪水及伴随发生的滑坡、崩塌、泥石流的总称。山洪具有较大的冲击力和负荷力。山洪及其诱发的泥石流、滑坡，常造成人员伤亡，毁坏房屋、田地、道路和桥梁等，甚至可能导致水坝、山塘溃决，山洪灾害不仅对山丘区的基础设施造成毁灭性破坏，而且对人民群众的生命安全构成极大的损害和威胁，已经成为当前防灾减灾中的突出问题，是山丘区经济社会可持续发展的重要制约因素之一。

我国针对中小河流山洪灾害的技术研究开展较晚。目前，我国山丘区山洪灾害的预报预警非常薄弱，局部强降雨的预报精度不高，山洪灾害的发生与发展的预测不够准确。绝大多数山丘区小流域没有洪水预报和预警系统。

近年来，湖南、江西、浙江、河南、福建等省积极推广山洪灾害防御试点建设，加快山洪灾害监测预警系统建设步伐。例如，在基于分布式水文模型的山洪灾害预警预报系统研究项目中，以河南省1∶50000DEM为基础，科学划分小流域，采用最新方法进行无资料小流域单位线分析和计算，用分布式水文模型进行洪水模拟，用总出口断面流量资料做检验；从底层开发模型方法库模块，采用分布式仿真技术设计山洪灾害预警预报系统软件，从而获得了集实时信息处理、主要水文断面洪水过程预报以及山丘区小流域和中小型水库洪水过程预报、成果查询和发布、山洪预警为一体的河南省山洪灾害预警预报系统。

近几年来，世界范围内越来越严重的山洪灾害也已经引起了许多国家的重视，很多国家已经或正在研发有效的山洪监测预警预报系统和洪水管理方法，力求使灾害程度达到最小。例如，美国水文研究中心(HRC)研发了FFG系统，已广泛应用于中美洲、韩国、湄公河流域四国、南非、罗马尼亚及美国加州等地；世界气象组织(WMO)也在积极推进一体化洪水管理理念，并在南亚地区孟加拉国、印度和尼泊尔三国成功地开展了“社区加盟洪水预警与管理”的示范区项目。

4.1　山洪的分类及影响因素

4.1.1　山洪的分类和特征

4.1.1.1　山洪分类

按照山洪的成因不同可将山洪分为由短历时大暴雨形成的局地性山洪；由中等历

时的一次暴雨过程所形成的区域性山洪及由长时间大范围的连续淫雨，并有多个地区多次暴雨组合产生的大范围淫雨性山洪。按山洪性质不同可将山洪分为由强降雨引起的暴雨山洪，积雪融化导致山区水量增加引起的融雪山洪及冰川的融化导致的冰川山洪。

4.1.1.2 主要特性

(1)季节性

汛期4~9月，特别是主汛期6~8月，是山洪灾害多发期。在同一流域，甚至同一年内有可能发生多次山洪灾害，所以具有季节性强、频率高的特征。

(2)突发性

山丘区小流域因流域面积和沟道调蓄能力小，沟道坡降大，流程短，洪水持续时间较短，但水位涨幅大、洪峰流量高。降雨产流迅速，一般只有数小时，激发山洪的暴雨具有突发性，导致山洪灾害的突发性，山洪暴发历时很短，成灾非常迅速。

(3)群发性

溪流源头或沟谷两侧具有较高的临空面，经常出现崩塌。复杂的地质结构、大量地表松散固体物质是加剧泥石流灾害的重要因素。在暴雨中心范围内，前期崩塌形成的松散堆积物，在暴雨作用下各支沟同时形成泥石流。

(4)易发性

由于山区经济发展相对落后，预警预报设施不完善，不能及时采取有效措施减少洪灾损失。加之对山洪灾害的规律性研究不够，没有定量判别标准，以往的山洪灾害防御预案操作性不强，山洪灾害预见性差，防御难度较大。

4.1.2 山洪的影响因素

4.1.2.1 地质地貌因素

山洪灾害易发地区的地形往往山高、坡陡、谷深，切割深度大，侵蚀沟谷发育，其地质大部分是渗透强度不大的土壤，如泥质岩、板页岩发育而成的抗蚀性较弱的土壤，遇水易软化、易崩解，极有利于强降雨后地表径流迅速汇集，一遇到较强的地表径流冲击时，从而形成山洪灾害。

4.1.2.2 气象水文因素

山丘区不稳定的气候系统，往往造成持续或集中的高强度降雨。据统计，发生山洪灾害主要是由于受灾地区前期降雨持续偏多，使土壤水分饱和，地表松动，遇局地短时强降雨后，降雨迅速汇集成地表径流而引发溪沟水位暴涨、泥石流、崩塌、山体滑坡。从整体发生、发展的物理过程可知，发生山洪灾害主要还是持续的降雨和短时强降雨而引发的。

4.1.2.3 人类活动因素

山丘地区土地过度开发，或者陡坡开荒，或工程建设对山体造成破坏，改变地形、地貌、破坏天然植被，乱砍滥伐森林，使其失去水源涵养作用，均易发生山洪。

4.2 山洪防治技术

4.2.1 山洪防治原则

(1)坚持人与自然协调共处的原则

人类活动的负面效应已成为山洪灾害的重要致灾因素之一，不仅给人类自身带来严重问题，而且使自然生态系统遭到严重破坏。通过加强管理，规范人类活动，制止对河流行洪场所的侵占，采取退耕还林还草、改变耕作方式等措施，改善生态环境，保护水土资源。

(2)坚持"以防为主，防治结合"、"以非工程措施为主，非工程措施与工程措施相结合"的原则

产业发展和城市及村镇建设要根据各地山洪灾害风险的程度，合理进行布局；通过宣传、教育，提高人们主动避灾意识；开展预防监测工作，提前预报，及时撤离危险地区。

(3)贯彻"全面规划、统筹兼顾、标本兼治、综合治理"的原则

根据各山洪灾害区的特点，统筹考虑国民经济发展、保障人民生命财产安全等各方面的要求，做出全面的规划，并与改善生态环境相结合，做到标本兼治。

(4)坚持"突出重点、兼顾一般"的原则

山洪灾害的防治工作，要实行统一规划，分级分部门实施，确保重点，兼顾一般。采取因地制宜的防治措施，按轻重缓急要求，逐步完善防灾减灾体系。

(5)应遵循国家有关法律、法规及批准的有关规划，充分利用已有资料和成果

规划拟定的目标、对策措施和工程布局，要与经济社会发展规划、国土规划、气象发展规划、地质灾害防治规划、城市规划、城镇体系规划、村镇规划、环境保护规划、土地利用规划、水资源开发利用规划、水土保持规划等相协调。

4.2.2 山洪防治措施体系

4.2.2.1 农业措施

防治山洪的农业措施，按其性质和形式的不同，分为农业改良土壤措施和农业耕作技术措施。

(1)农业改良土壤措施

农业改良土壤措施的主要作用是改变局部山坡的表面地形，主要目的是拦截径流和泥沙。这种措施的内容主要包括：

①梯田　梯田是在坡地上分段沿等高线建造的阶梯式农田，是治理坡耕地水土流失的有效措施，蓄水、保土、增产作用十分显著。梯田的通风透光条件较好，有利于作物生长和营养物质的积累。按田面坡度不同而有水平梯田、坡式梯田、复式梯田等。

②拦水沟埂 为一种蓄水式沟头防护工程，以蓄为主，其作用是在于用改变小地形的方法防止坡地水土流失，将雨水及融雪水就地拦蓄，使其渗入农地、草地或林地，减少或防止形成坡面径流，增加农作物、牧草以及林木可利用的土壤水分。同时，将未能就地拦蓄的坡地径流引入小型蓄水工程。

③水簸箕 在坡地宽而浅的沟中，修筑一道或数道平顶土埂，形似簸箕。

④起垄 起垄是在田间筑成高于地面的狭窄土垄 。起垄能加厚耕层，提高地温，改善通气和光照状况，便于排灌。

⑤作畦 畦是用土埂、沟或走道分隔成的作物种植小区。作畦有利于灌溉和排水，分为平畦、高畦。

(2)农业耕作技术措施

农业耕作技术措施的主要作用在于减少地表径流，减少土壤流失。其内容主要包括：

①横坡耕作 沿等高线方向用犁开沟播种，利用犁沟、耧沟、锄沟阻滞径流，增大拦蓄和入渗能力。防止水流直接冲刷地表，减少地表水土的流失，普遍见于丘陵或山地地区。

②深耕 深耕具有翻土、松土、混土、碎土的作用，合理深耕能显著促进增产。

③间作套种 间作套种是指在同一土地上按照一定的行、株距和占地的宽窄比例种植不同种类的农作物，间作套种是运用群落的空间结构原理，以充分利用空间和资源为目的而发展起来的一种农业生产模式。

④垄作 在高于地面的土上栽种作物的耕作方式。

4.2.2.2 林草措施

林草措施是在水土流失地区人工或飞播造林种草、封山育林育草等，为涵养水源、保持水土、防风固沙、改善生态环境、开展多种经营、增加经济与社会效益而采取的技术方法。水土保持林草措施又称植物措施，是小流域综合治理措施的组成部分，与水土保持农业措施、水土保持工程措施组成一个有机的综合防治体系。水土保持林草措施包括水蚀、风蚀等地区经营的天然林、水土保持林、农田防护林、固沙造林、经济林等林种。而水土保持林又分为水源涵养林、梁峁防护林、坡地防护林、侵蚀沟防护林、梯田防护林、护牧林、薪炭林、道路防护林、护岸护滩林等。水土保持种草措施包括封山育草、人工或飞播种草、天然草地改良与合理放牧等。

(1)封山育林育草

封山育林育草是利用森林、草地的更新能力，在自然条件适宜的山区与草原，实行定期封山，禁止垦荒、放牧、砍柴等人为的破坏活动，以恢复森林、草原植被的一种育林育草方式。

(2)飞播

飞播就是飞机播种造林种草，按照飞机播种造林规划设计，用飞机装载林草种子飞行宜播地上空，准确地沿一定航线按一定航高，把种子均匀地撒播在宜林荒山荒沙上，利用林草种子天然更新的植物学特性，在适宜的温度和适时降水等自然条件下，促进种子生根、发芽、成苗，经过封禁及抚育管护，达到成林成材或防沙治沙、防治水土流失的目的。

(3)植树造林、种草

山坡植被遭受破坏，是形成山洪的一个重要原因。因而，在荒山植树造林、种草是防止山洪的一项有力的措施。雨水被树枝、落叶、杂草层层截留，一部分蒸发为水气向空中散去，一部分沿着树枝、树干徐徐落到地表，减弱强烈雨点的冲刷力量；同时，大量的落叶、树枝、草丛、动物的尸体等堆积在地表，构成腐殖质层，这层腐殖质层具有很大的透水性和容水量，增加了地表粗糙度和土壤的渗透能力，减缓了地表径流的流速，延长了集流时间，可以防止洪水急剧集中。此外，由于树木吸收大量的水分，及其根系深深地穿入土层，构成了地表水渗入土层的孔道，能减少地表径流量。

由于径流强度降低和径流量的减少，水流中的泥沙量也减少。因此，山洪的破坏能力也会大大减弱。据实验资料证明：在森林区，降雨强度每分钟达1mm的暴雨所产生的径流，比无森林地区要减少80%～83%，草类被覆地区的粗糙率系数可达0.65。森林区土壤的透水性比耕地的透水性大10～30倍。据天水站测验，七岭洋槐幼林，每亩350余株(1亩$\approx 0.067hm^2$)，平均可承接降雨量的13.9%，比耕地减少径流24%，减少冲刷量达82%。

造林的方法很多，我国各地都具有丰富的经验。如在山区采用鱼鳞坑造林，黄土区采用水平阶造林，干旱黄土区采用水平沟造林等，都是比较成熟的经验和行之有效的方法。

造林树种，应根据气候条件、造林位置，土壤情况等方面，选择根系发达、容易固定、能改良土壤、易于成活、抗冲刷能力强、能拦蓄径流的树种。目前，较好的造林树种有：洋槐、杨树、榆树、油松、侧柏、臭椿、紫穗槐、葛藤等。

4.2.2.3 工程措施

山洪防治工程措施主要有：山洪排导工程、山洪拦挡工程、护岸与治河工程。

(1)山洪排导工程

山洪及泥石流排导沟(或称排洪沟、导流堤)是开发利用荒溪冲积扇，防止泥沙灾害，发展农业生产的重要工程措施之一。修建排导工程的目的是让泥石流和洪水顺畅排泄，不至于漫流改道，减轻沿途造成冲毁和淤埋的危害，确保沿河两岸村庄、城镇、工矿区和农田的安全。

排导工程中最常用的是导流堤、防洪堤、丁坝。导流堤一般在拦挡坝下游居民点及重要基础设施的关键部位单侧布设。导流堤、防洪堤通常采用土石坝，引水面采取浆砌石护坡；导流堤、防洪堤的堤前和堤后要求栽植护岸林。

(2)山洪拦挡工程

山洪拦挡工程包括谷坊、拦沙坝、淤地坝、沉沙场等。

谷坊又名防冲坝、沙土坝、闸山沟等，如图4-1所示，是水土流失地区沟道治理的一种主要工程措施，谷坊一般布置在小支沟，冲沟或切沟上，稳定沟床，防止因沟床下切造成的岸坡崩塌和溯源侵蚀，坝高 3 ~ 5m，拦沙量小于 1000m^3，以节流固床护坡为主。

拦沙坝指在沟道中以拦蓄山洪及泥石流中固体物质为主要目的的拦挡建筑物如图 4-2 和图 4-3 所示。它是山沟治理工程的主要形式之一，坝高一般为 3 ~ 15m。

图 4-1　谷　坊

图 4-2　拦沙坝

图 4-3　拦沙坝

淤地坝指在沟道里为了拦泥、淤地所建的坝，坝内所淤成的土地称为坝地如图 4-4 所示。淤地坝是在我国古代筑坝淤田经验的基础上逐步发展起来的。据调查陕西省佳县仁家村的淤地坝已有 150 多年的历史，山西离石县贾家塬的淤地坝已有 200 多年的历史。新中国成立以来，在黄河中游地区已修建淤地坝 10 余万座，淤出坝地 20 余万公顷以上，对发展农业生产，控制入黄泥沙都发挥了重要作用。实践证明，淤地坝是我国黄河中游水土流失地区沟道治理的一项行之有效的水土保持工程措施。

在荒溪内及冲积扇上拦蓄泥沙有两种方法，一类是垂直方向的，如拦沙坝(或淤地坝)；另一类是水平方向，即沉沙场(又名停淤场)，如图 4-5 所示。沉沙场的作用

图 4-4 淤地坝

图 4-5 沉沙场

主要是拦蓄沙石。

(3) 护岸与治河工程

①整治建筑物 整治建筑物按其性能和外形，可分为丁坝、顺坝等几种。

丁坝是由坝头、坝身和坝根三部分组成的一种建筑物，其坝根与河岸相连，坝头伸向河槽，在平面上与河岸连接起来呈丁字形，坝头与坝根之间的主体部分为坝身，如图 4-6 所示，其特点是不与对岸连接。丁坝的主要作用是改变山洪流向，防止横向侵蚀，有时，山洪冲淘坡脚可能引起山崩，修建丁坝后改变了流向，即可防止山崩；缓和山洪流势，使泥沙沉积，并能将水流挑向对岸，保护下游的护岸工程和堤岸不受水流冲击；调整沟宽，迎托水流，防止山洪乱流和偏流，阻止沟道宽度发展。

顺坝是一种纵向整治建筑物，由坝头、坝身和坝根三部分组成，坝身一般较长，与水流方向接近平行或略有微小交角，直接布置在整治线上，具有导引水流、调整河岸等作用，如图 4-7 所示。

图 4-6 丁 坝

图 4-7 顺 坝

②治滩造田工程　治滩造田就是通过工程措施，将河床缩窄、改道、裁弯取直，在治好的河滩上，用引洪放淤的办法，淤垫出能耕种的土地，以防止河道冲刷，变滩地为良田。

③河流生态修复及整治　河流生态修复及整治就是重建受损生态系统的功能，恢复生态系统的原有结构和功能，再现一个自然的能自我调节的河流生态系统。

在遵循自然的前提下，河流生态修复及整治应采用一切工程和生物手段，控制待修复生态系统的演替方向及过程，重建受损河流的生态系统。恢复其可再生循环能力，从而实现生态系统的稳定和良性循环。

河流生态修复及整治的主要技术包括防洪排涝(护岸)、水质改善和生态景观建设三方面。

Ⅰ. 生态护岸技术：生态护岸是结合治水工程与生态环境保护而兴起的一种新型护岸技术，对水陆生态系统的物流、能流、生物流发挥着廊道、过滤器和天然屏障的功能。

Ⅱ. 水质改善技术：河湖水体修复技术按照原理可分为物理类、化学类和生物—生态类。生物—生态方法与物理、化学方法相比，具有经济性好、能源消耗少、管理费用低、负面作用小、可持续发挥治污作用等优势，应用较为普遍。

Ⅲ. 河流生态景观建设：河流生态景观建设是指在河流治理工程中除了完善防洪、排涝、航运和供水等传统水利功能以外，还力图使河流更接近自然状态，完善河流生态系统的结构和功能，展现自然河流的美学价值，发掘河流的人文历史精神，创造良好的人居环境。

4.2.2.4　政策性措施

(1)加强全社会对山洪灾害的认识

加强山洪灾害风险宣传教育，通过报纸、广播、电台、电视等多种媒体进行宣传，增强群众防灾、避灾意识。根据山洪特点，编制山洪灾害防治预案，建立山洪灾害预防领导、指挥及组织机构，进行山洪灾害普查，明确山洪灾害范围与影响程度，确定避灾预警程序和临时转移人口的路线和地点。

(2)依法防治

健全和完善有关法律、法规，特别是山洪灾害重点防治区内退耕还林和移民搬迁生态环境保护等方面的政策。认真贯彻落实新水法、水土保持法、防洪法以及河道管理条例等法律、法规，严格按照有关行政处罚办法管好水事，强化行政执法队伍素质，提高执法能力，纠正一切违法行为。加强河道管理力度，控制水土流失，严格禁止侵占行洪河道行为，疏通洪水宣泄渠道。

(3)建设监测、通信、预警系统

建设雨水情监测站点；全面配备预警设施；依托 GIS、数据库技术和大比例尺电子地图，研制开发县级山洪灾害监测预警平台；建立县、乡、村、组、户 5 级责任制体系，明确各级各类责任人员的职责，形成群测群防的防御体系；编制防御预案，规范防灾避灾行动；开展防灾避灾宣传、培训及演练，有效提高基层干部群众的防灾意识和应急反应能力。

(4)防治组织建设

建立由各级政府部门负责的群测群防组织体系，编制组织结构图。县水务局要带领各部门加快培养一支懂技术、愿管理、责任心强、长期在农村工作的年青队伍，形成一套从设备维护、人员配备、劳务报酬、经费投入等长效的良性机制。真正培养一批农村防汛预警的信息员、水利事业宣传员、水文设施的管理员队伍。

4.2.3 山洪防治工程设计

4.2.3.1 山洪排导工程

(1)排导沟的平面布置

排导沟在平面布置上有不同形式。设计时应针对荒溪的特点、类型和冲积扇的地形情况，因地制宜地选好排导沟的平面位置。根据排导沟工程实际运行经验、排导沟的平面位置，主要有以下4种形式。

①向中部排　向中部排是排导沟经冲积扇中部把山洪及泥石流直接排入河道的一种方式。排导沟的出口与河流基本上正交，居民区和农田分布在两侧。

②向下游排　将排导沟修在冲积扇靠河道下游一侧，出口与河道呈斜交。这种排导方式在我国西南及西北应用较多。

③向上游排　排导沟的位置在冲积扇靠河道上游一侧，其流向与河道的流向成钝角相交。

④横向排　在沟口修横向排导沟，把两条或几条泥石流沟汇集到一条主干沟内，并选择适当的地方排入河道。

(2)排导沟的类型

根据挖填方式和建筑材料的不同，排导沟可分为3种类型：挖填排导沟、三合土排导沟和浆砌块石排导沟。

①挖填排导沟　挖填排导沟是在冲积扇上按设计断面开挖或填方修筑起来的排导沟，它具有结构简单、可就地取材、易于施工、节省投资等优点。在泥石流荒溪的冲积扇上可采用这种类型。挖填排导沟的断面形式有3种：梯形断面、复式断面和弧形断面。

②三合土排导沟　排导沟的土堤是以土、沙和石灰(比例为6:3:1)的混合物，分层填筑，夯实而成，它适用于高含沙山洪荒溪。三合土排导沟的内坡一般为1:(0.5~1.4)，外坡为1:(0.3~0.75)。堤顶宽度，没有行车要求时为1.0~1.5m，有行车要求时，根据通行车型确定。

③浆砌块石排导沟　适于排泄冲刷力强的山洪。浆砌石衬的方式主要有两种：一种是边坡衬砌；另一种是边坡与沟底均衬砌。浆砌块石衬砌多用于半挖半填的排导沟中。

(3)排导沟的防淤措施

排导沟设计要保证排泄顺畅，既不淤积，又不冲刷，为了防治淤积应注意以下几点：

①修建沉沙场。

②选择合适纵坡 根据各地经验，对一般高含沙山洪沟道，流体容重小于1.5t/m³的情况下，纵坡为3.0%~4.0%。对于泥石流荒溪，流体容重大于1.5t/m³时，纵坡为4.0%~15.0%，泥石流容重越大，则纵坡越大。

③合理选择沟底宽度 排导沟的底宽，可根据式(4-1)所列经验公式确定，即：

$$b = 1.7\frac{F^{0.23}}{i^{0.4}} \tag{4-1}$$

式中：b——排导沟底宽(m)；

i——排导沟纵坡(%)；

F——流域面积(km²)。

④排导沟的出口衔接 排导沟与大河衔接时，应保证出口标高高于同频率的大河水位。与低洼地衔接时，也应注意出口和低洼之间的高差不能过小。

(4)排导沟的断面设计

①横断面设计 横断面设计的主要任务是确定过流断面的底宽 b 和深度 h。横断面设计的步骤如下：

- 根据荒溪的类型，计算山洪或泥石流的设计流量。
- 根据冲积扇的特性选定排导沟的断面形式。一般情况下，排导沟采用梯形断面。
- 根据式(4-1)初步确定底宽。
- 根据山洪或泥石流流量公式试算水深或泥深。
- 排导沟深度的确定

在直槽中

$$h = h_c + h_1 \tag{4-2}$$

在弯道凹岸

$$h = h_c + h_1 + \Delta h \tag{4-3}$$

式中：h——排导沟的深度(m)；

h_c——水深或泥深(m)；

h_1——安全超高(m)；

Δh——弯道超高(m)。

- 绘制横断面设计图。

② 纵断面设计

- 根据高程测量数据绘出地面高程线。
- 根据选定的纵坡，并考虑与大河的衔接，绘出排导沟的沟底线。
- 根据横断面设计水(泥)深，绘出水(泥)位线，即水(泥)位高程＝沟底高程＋设计水(泥)深。
- 根据水(泥)位高程和超高，绘堤顶线，即堤顶高程＝水(泥)位高程＋超高。
- 计算冲刷深度。对于宣泄山洪的排导沟，其设计纵坡如大于合理纵坡，一般可能发生冲刷。山洪或泥石流对于沟底的冲刷深度可由下列公式确定：

在直槽中

$$t = \frac{0.1q}{\sqrt{d_{cp}}\left(\frac{h_c}{d_{cp}}\right)^{1/6}} \tag{4-4}$$

在弯道凹岸中

$$t = \frac{0.17q}{\sqrt{d_{cp}}\left(\frac{h_c}{d_{cp}}\right)^{1/6}} \tag{4-5}$$

式中：t——由沟床底部算起的冲刷坑深(m)；

q——单宽流量[$m^3/(s \cdot m)$]；

d_{cp}——流体中固体物质的平均粒径(mm)；

h_c——排导沟水(泥)深(m)。

根据冲刷深度采取相应的工程防冲措施。

4.2.3.2 山洪拦挡工程

(1)谷坊

① 谷坊的种类　谷坊可按所使用的建筑材料不同、使用年限不同、透水性的不同，进行分类。

• 根据谷坊所用的建筑材料的不同，大致可分为以下几类：土谷坊、干砌石谷坊、枝梢(梢柴)谷坊、插柳谷坊(柳桩编篱)、浆砌石谷坊、竹笼装石谷坊、木料谷坊、混凝土谷坊、钢筋混凝土谷坊、钢料谷坊。

• 根据使用年限不同，可分为永久性谷坊和临时性谷坊。

• 按谷坊的透水性质，又可分为透水性谷坊与不透水性谷坊。

② 谷坊位置的选择　谷坊修建的主要目的是固定沟床，防止下切冲刷。因此，在选择谷坊坝址时，应考虑以下几方面的条件：

• 谷口狭窄。

• 沟床基岩外露。

• 上游有宽阔平坦的贮沙地方。

• 在有支流汇合的情形下，应在汇合点的下游修建谷坊。

• 谷坊不应设置在天然跌水附近的上下游，但可设在有崩塌危险的山脚下。

判断基岩埋藏深度(或沙砾层厚度)，是选择谷坊坝址的重要依据之一。

③ 谷坊设计　谷坊设计的任务是：合理选择谷坊类型，确定谷坊高度、间距、断面尺寸及溢水口尺寸。

A. 谷坊类型选择：谷坊类型选择取决于地形、地质、建筑材料、劳力、技术、经济、防护目标等多种因素，并且由于在一条沟道内往往需连续修筑多座谷坊，形成谷坊群，选择类型应以能就地取材为好，即遵循“就地取材，因地制宜”的原则。

B. 谷坊群布设位置的确定：谷坊主要布设在流域的支毛沟中，自上而下，小多成群，组成谷坊系。谷坊群布设原则是“顶底相照”、小多成群、工程量小、拦蓄效益大。

C. 谷坊工程设计：

a. 谷坊高度：谷坊高度应依据所采用的建筑材料来确定，以能承受水压力和土压力不被破坏为原则。另外，溢流谷坊堰顶水头流速应在材料允许耐冲流速范围以内，因此，要通过溢流口水力计算校核后确定。为了使其牢固，约1.5～3.0m为宜。在一般情况下，谷坊的设计高度h，可根据谷坊的建筑材料参考下列经验值选择确定。插柳谷坊$h=1.0$m；干砌石谷坊$h=1.5$m；浆砌石谷坊$h=3～3.5$m；土石谷坊$h=4～5$m。对于不透水性谷坊，还需在设计高度的基础上增加0.25～0.5m的安全超高。

b. 谷坊断面尺寸：确定合适的谷坊断面，必须因地制宜，要考虑既稳固又省工，还能让坝体充分发挥作用。谷坊的高度，应依建筑材料而定，一般情况下，土谷坊不超过5m，浆砌石谷坊不超过4m，干砌石谷坊不超过2m，柴草、柳梢谷坊不超过1m。土、石谷坊的断面一般为梯形，常见的土谷坊断面尺寸的最小值（即选用时不允许减小）可参考表4-1、表4-2选择确定；也可按当地经验数值确定。

表4-1 土谷坊断面尺寸

坝高/m	迎水坡	背水坡	坝顶宽/m	坝脚宽/m	1m长坝身需用土方/m³	心墙尺寸/m			
						上宽	下宽	底宽	高度
1.0	1:1.0	1:1.0	1.0	4.0	3.8	—	—	—	—
2.0	1:1.5	1:1.0	1.0	6.0	7.0	0.8	1.0	0.6	1.5
3.0	1:1.5	1:1.5	1.5	10.0	18.0	0.8	1.0	0.6	2.5
4.0	1:2.0	1:1.5	2.0	16.0	36.0	0.8	1.5	0.7	3.5
5.0	1:2.5	1:2.0	3.0	25.5	71.3	0.8	2.0	0.9	4.5

表4-2 石谷坊断面尺寸

谷坊类别	断　　面			
	高/m	顶宽/m	迎水坡	背水坡
干砌石谷坊	1.0～3.0	0.5～1.2	1:(0.5～1.0)	1:(0.2～0.5)
浆砌石谷坊	2.0～4.0	1.0～1.5	1:(0～1.0)	1:0.3
土石谷坊	1.0～2.0	0.8～1.5	1:1.0	1:1.0

c. 谷坊间距与数量：在有水土流失的沟段内布设谷坊时，需要连续设置，形成梯级，以保护该沟段不被水流继续下切冲刷。谷坊示意如图4-8所示。谷坊的间距可根据沟壑的纵坡和要求，按下列两种方法来设计：

● 谷坊淤积后形成完全水平的川台，即上谷坊与下谷坊的溢水口底（谷坊顶）高程齐平，做到“顶底相照”。这时谷坊的间距与沟床比降和谷坊高度有关，如沟床比降为i，谷坊高度为h（谷底至溢水口底），则两谷坊的间距：

$$L = \frac{h}{i} \tag{4-6}$$

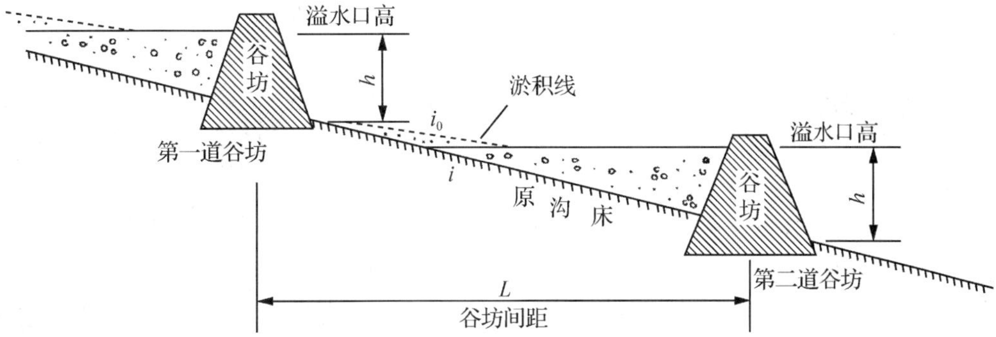

图 4-8 谷坊示意图

• 当沟床比降较陡时，如按淤成水平的川台设计，谷坊数过多，不符合经济原则，在这种情况下，往往允许两谷坊之间淤成后的台地具有一定的坡降，对应的坡度称为稳定坡度。

该坡降的大小以不受径流冲刷为原则。设稳定坡度为 i_0，则相邻两谷坊间距可按下列公式计算：

$$L = \frac{h}{i - i_0} \tag{4-7}$$

式中：L——谷坊间距(m)；

h——谷坊有效高度，即谷坊溢水口底至沟底高差(m)；

i——沟底天然坡度，以小数计；

i_0——回淤面稳定坡度，以小数计。

谷坊淤土表面的稳定坡度 i_0的数值可按下列方法确定：

Ⅰ. 根据淤积土的土质确定淤积物表面的稳定坡度：沙土为 0.005；黏壤土为 0.008；黏土为 0.01；粗沙兼有卵石子为 0.02。

Ⅱ. 认为稳定坡度等于沟底原有坡度的 1/2。

Ⅲ. 按照瓦兰亭(Valcntine)公式来计算稳定坡度：

$$i_0 = \frac{0.093d}{H} \tag{4-8}$$

式中：i_0——稳定坡度，以小数计；

d——淤积泥沙平均粒径(m)；

H——平均水深(m)。

瓦兰亭公式适用于粒径较大的非黏性土壤。

Ⅳ. 修建试验谷坊，在实验性谷坊淤满之后实测稳定坡度。根据前苏联罗日杰斯特文斯基的实测结果，当谷坊高度为 2m 时，在沟底坡度 $i < 0.25$ 的情形下，稳定坡度为 0.10；$i = 0.25 \sim 0.30$ 的情形下，稳定坡度为 0.12 ~ 0.15。

日本在确定沟道固床工程间距 L(图 4-9)时采用的经验公式如下：

• 对于狭窄沟道：$L = (1.5 \sim 2.0)n$ (4-9)

• 对于宽沟道：$L = (1.5 \sim 2.0)b$ (4-10)

式中：L——谷坊间距(m)；

n——沟床纵坡比的倒数；

b——沟宽(m)。

当连续修建谷坊时，上一座谷坊脚与下一座谷坊顶大致水平，或略有坡度。

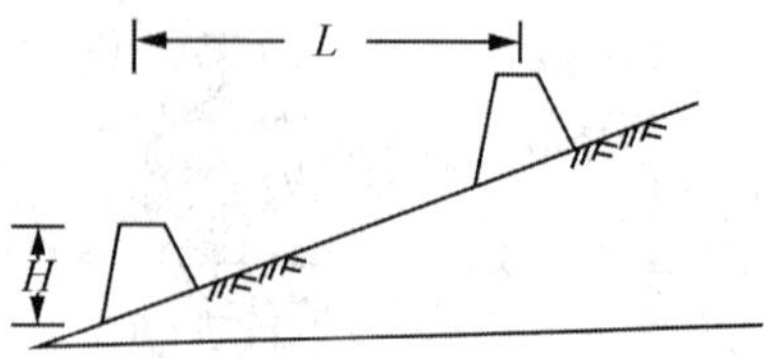

图 4-9 谷坊的间距

d. 溢流口设计：溢流口是谷坊的安全设施。它的任务是排泄过量洪水，以保障工程不被水冲毁。设计谷坊最重要的是应保证谷坊能经常处于正常工作状态，使其具有足够的强度和稳定性，不致被洪水冲毁。因而正确选择谷坊溢流口的形状和尺寸具有重要意义。溢流口的形状视岸边地基而定，如两岸为土基，为了使其免遭冲毁，将溢流口修筑于中央，做成梯形。

溢流口的断面尺寸要能保证通过最大溢水流量。由于谷坊库容很小，调蓄作用不大，溢流口最大溢水流量可按设计最大洪峰流量计算。溢流口断面形式常采用矩形和梯形两种。

● 矩形溢流口

$$Q = MBH_0^{\frac{3}{2}} \tag{4-11}$$

式中：Q——设计频率洪峰流量(m^3/s)；

M——流量系数；

B——溢流口宽度(m)；

H_0——溢流口计算水头，可采用溢洪水深 H 值(m)。

● 梯形溢流口

当边坡为1:1时：

$$Q = (1.77B + 1.42H)H^{\frac{3}{2}} \tag{4-12}$$

当边坡为1:0.5时：

$$Q = (1.77B + 0.71H)H^{\frac{3}{2}} \tag{4-13}$$

当边坡为1:0.3时：

$$Q = (1.77B + 0.43H)H^{\frac{3}{2}} \tag{4-14}$$

确定后，尚须校核溢流口下游端流速 V_k 是否小于材料的最大允许流速。V_k 值可根据末端临界水深 h_k 按下式计算：

$$V_k = \frac{Q}{h_k} \tag{4-15}$$

e. 谷坊工程量：根据沟谷断面形式不同，分别按下式计算谷坊的体积。

● 矩形沟谷：

$$V = \frac{LH}{2}(2b + mH) \tag{4-16}$$

● V 形沟谷：

$$V = \frac{LH}{6}(3b + mH) \tag{4-17}$$

● 梯形沟谷：

$$V = \frac{H}{6}[L(3b + mH) + l(4b + 3mH)] \tag{4-18}$$

● 抛物线形（弧形）沟谷：

$$V = \frac{LH}{15}(10b + 4mH) \tag{4-19}$$

式中：V——谷坊体积（m^3）；

L——谷坊顶长度（m）；

H——谷坊高度（m）；

b——谷坊顶宽度（m）；

l——梯形沟谷底宽度（m）；

m——谷坊上、下游坡率总和，如上游坡为 $1:m_1$，下游坡为 $1:m_2$，则 $m = m_1 + m_2$。

（2）拦沙坝

① 坝址选择　在泥石流沟道上，可建立拦沙坝的坝址不多，要寻找理想的坝址更难。拦沙坝坝址的选择可参考以下原则：

A. 地质条件：坝址附近应无大断裂通过，坝址处无滑坡、崩塌，岸坡稳定性好，沟床有基岩出露，或基岩埋深较浅，坝基为硬性岩或密实的老沉积物。

B. 地形条件：坝址处沟谷狭窄，坝上游沟谷开阔，沟床纵坡较缓，建坝后能形成较大的拦淤库容。

C. 建筑材料：坝址附近有充足的或比较充足的石料、沙等当地建筑材料。

D. 施工条件：坝址离公路较近，从公路到坝址的施工便道易修筑，附近有布置施工场地的地形，有可供施工使用的水源等。

② 拦沙坝的布置　天然坝址初步选出后，拦沙坝的确切位置应按下列原则作出决定。

A. 与防治工程总体布置协调。如与上游的谷坊或拦沙坝，下游拦沙坝或排导槽能合理地衔接。

B. 满足拦沙坝本身的设计要求。如以拦砂为主的坝，应尽量选在肚大口小的沟段，以拦淤反压滑坡为主的坝，坝址应尽量靠近滑坡。

C. 有较好的综合效益。如拦沙坝既能拦沙，又能稳坡，使一坝多用。

③坝型选择

A. 按结构分：

重力坝：依自重在地基上产生的摩擦力来抵抗坝后泥石流产生的推力和冲击力，其优点是：结构简单，施工方便，就地取材，耐久性强。

切口坝：又称缝隙坝，是重力坝的变形。即在坝体上开一个或数个泄流缺口，主要用于稀性泥石流沟，有拦截大砾石、滞洪、调节水位关系等特点。

错体坝：将重力坝从中间分成两部分，并在平面上错开布置，主要用于坝肩处有活动性滑坡又无法避开的情况。

拱坝：可建在沟谷狭窄，两岸基岩坚固的坝址处。在平面上呈凸向上游的弓形，拱圈受压应力作用，可充分利用石料和混凝土的高抗压强度，具有省工、省料等特点。

格栅坝：具有良好的透水性，可有选择性的拦截泥沙，还具有坝下冲刷小，坝后易于清淤等优点。缺点是坝体的强度和刚度较重力坝小，格栅易被高速流动的泥石流龙头和大砾石击坏，需要的钢材较多，要求有较好的施工条件和熟练的技工。

钢索坝：采用钢索编织成网，再固定在沟床上面构成。这种结构有良好的柔性，能消除泥石流巨大的冲击力，促使泥石流在坝上游淤积。这种坝结构简单，施工方便，但耐久性差，目前使用较少。

B. 按建筑材料分：

砌石坝和堆石坝：可分为干砌石坝、浆砌石坝和堆石坝。浆砌石坝属重力坝，多用于泥石流冲击力大的沟道，结构简单，是常用的一种坝型。

浆砌石坝断面一般为梯形，但为了减少泥石流对坡面的磨损，坝下游面也可修成垂直的。泥石流溢流的过流断面最好做成弧形或梯形，在常流水的沟道中，也可修成复式断面。用石料堆筑成的坝称为堆石坝；用石料干砌成的坝称为干砌石坝，干砌石坝的坝体系用块石交错堆砌而成，坝面用大平板或条石砌筑，施工时要求块石上下左右之间相互“咬紧”，不允许有松动、脱落的现象出现。

土坝：泥石流拦沙土坝与淤地坝土坝不同，它主要考虑过泥石流时对坝面的冲刷作用，因而在坝体溢流部位须用浆砌块石或混凝土护面，且在下端设消能工。

我国黄土泥流地区或固体物质粒径较小地区，可采用土坝作为拦沙坝。甘肃东部地区泥石流土坝断面尺寸(表4-3)可供设计参考。

表4-3 拦沙土坝断面尺寸

坝高/m	坝顶宽/m	上游边坡	下游边坡
5~10	1.5~2.0	1:(1.5~2.0)	1:1.5
10~20	2.0~3.0	1:(2~2.5)	1:2
20~30	3.0~5.0	1:(2.5~3)	1:2.5

混合坝：可分为土石混合坝和木石混合坝。土石混合坝的坝身用土填筑，而坝顶和下游坝面则用浆砌石砌筑。木石混合坝的坝身由木框架填石构成。为了防止上游坝面及坝顶被冲坏，常加砌石防护。

铁丝石笼坝：这种坝型适用于小型荒溪，在我国西南山区较为多见。它的优点是修建简易，施工迅速，造价低。不足之处是使用期短，坝的整体性也较差。为了增强石笼的整体性，往往在石笼之间再用铁丝加固。

④坝高与拦沙量的确定

A. 坝高的确定：

- 小型拦沙坝　坝高5~10m。
- 中型拦沙坝　坝高10~15m。
- 大型拦沙坝　坝高>15m。

B. 拦沙量的确定：对坝高已定的拦沙坝库容的计算可按下列步骤进行：

• 在方格纸上给出坝址以上沟道纵断面图，并按山洪或泥石流固体物质的回淤特点，画出回淤线。

• 在库区回淤范围内，每隔一定间距测绘横断面图。

• 根据横断面图的位置及回淤线，求算出每个横断面的淤积面积。

• 求出相邻两断面之间的体积，计算公式为：

$$V = \frac{W_1 + W_2}{2} \cdot L \tag{4-20}$$

式中：V——相邻两横断面之间的体积(m^3)；

W_1，W_2——相邻横断面面积(m^2)；

L——相邻横断面之间的水平距离(m)。

• 将各部分体积相加，即为拦沙坝的拦沙量。

推求拦沙量还可根据下式计算：

$$V = \frac{1}{2} \cdot \frac{mn}{m - n} bh^2 \tag{4-21}$$

式中：V——拦沙量(m^3)；

b，h——拦沙坝堆沙段平均宽度，高度(m)；

$1/n$——原沟床纵坡比降；

$1/m$——堆沙区表面比降。

当堆沙表面比降采用原沟床比降 1/2 时，$m = 2n$，$V = nbh^2$ (4-22)

⑤拦沙坝的断面设计　拦沙坝的断面设计任务是，确定既符合经济要求又保证安全的断面尺寸，其内容包括：断面轮廓的初步设计拟定，坝的稳定设计和应力计算，溢流口计算，坝下冲刷深度估算，坝下消能。

A. 断面轮廓尺寸的初步拟定：坝的断面轮廓尺寸是指坝高、坝顶宽度、坝底宽度以及上下游边坡等。

日本防沙工程设计拦沙坝断面时，根据坝顶溢流水深 h_1 及上游坝坡系数 m 用经验公式推求坝顶宽度 b：

$$b \geqslant (0.8 \sim 0.6) mh_1 \tag{4-23}$$

一般也可根据坝高 h 确定坝顶宽度 b：

$h = 3 \sim 5$m 时，$b = 1.5$m，

$h = 6 \sim 8$m 时，$b = 1.8$m，

$h = 9 \sim 15$m 时，$b = 2.0$m。

拦沙坝下游坝坡系数 n 可用下列公式估算：

$$n \leqslant V\sqrt{\frac{2}{gh}} \text{或} n \leqslant 0.46V = \frac{1}{\sqrt{h}} \tag{4-24}$$

式中：n——下游坝坡系数；

V——下游最小石砾的始动流速(m/s)；

h——坝高(m)。

上游坝坡与坝体稳定性关系密切，m 值越大，坝体抗滑稳定安全系数越大，但筑坝成本越高，因此，m 值应根据稳定计算结果确定。

B. 溢流口设计：设计步骤如下：

● 确定溢流口形状和两侧边坡。一般溢流口的形状为梯形，边坡坡度为 1:(0.75～1)。对于含固体物很多的泥石流沟道，可为弧形。

● 计算坝址处设计洪峰流量。

对于一般荒溪山洪及高含沙荒溪山洪，山洪设计洪峰流量可按一般小流域暴雨径流公式进行计算。如果缺乏观测资料，泥石流的洪峰流量可用泥痕调查法进行计算。

● 选定单宽溢流流量 q(m^3/s)，估算溢流口宽度 B。

$$B = \frac{Q_c}{q} \tag{4-25}$$

● 根据选择的溢流口形状，流速及洪峰流量，用试算法求出过坝溢流深度 h_0，高含沙山洪的流速 v_c 可采用下列公式计算：

$$v_c = \frac{15.3}{a} R^{\frac{2}{3}} I^{\frac{3}{8}} \tag{4-26}$$

式中：R、I——水力半径(m)及水面纵坡(%)；

a——阻力系数。

$$a = (\varphi/\gamma_H + 1)^{\frac{1}{2}} \tag{4-27}$$

$$\varphi = \frac{\gamma_c - 1}{\gamma_H - \gamma_c} \tag{4-28}$$

式中：φ——修正系数；

γ_H——山洪中固体物质比重，一般为 2.4～2.7t/m^3；

γ_c——山洪容重。

● 计算溢流口高度 $h = h_0 + \Delta h$，Δh 为超高，一般采用 0.5～1.0m。

C. 坝下消能防冲工程设计：

a. 子坝(副坝)消能：它适用于大中型山洪或泥石流荒溪。这种消能设施的构造是，在主坝的下游设置一座子坝，形成消力池，以消减过坝山洪或泥石流的能量。子坝的坝顶应高出原沟床 0.5～1.0m，以保证子坝回淤线高于主坝基础顶面。子坝与主坝间的距离，可取 2～3 倍主坝坝高。在沟内修成坝系的情况下，只要保证下一座坝的回淤线高于上一座坝的基础顶面，便可达到防冲要求。

b. 护坦消能：这种消能措施仅适用于小型沟道。

护坦多用浆砌块石砌筑，其长度为 2～3 倍主坝高。护坦厚度可用下列经验公式估算：

$$b = \sigma \sqrt{q\sqrt{z}} \tag{4-29}$$

式中：b——护坦厚度(m)；

q——单宽流量[m^3/(s · m)]；

z——上下游水位差(m)；

σ——经验系数，为 0.175～0.2。

c. 坝下冲刷深度计算：坝下冲刷深度估算的目的在于合理确定坝基的埋设深度。

决定冲刷深度需要考虑建筑物的形式、泄流状态以及河床的地形、地质等条件，是一个相当复杂的问题。通常只有采用模型试验以及对比实际工程资料，才能得到较为可靠的结果。除此之外，在初步设计时也可参照过坝水流的公式进行粗略的估算：

$$T = 3.9q^{0.5}\left(\frac{z}{d_m}\right)^{0.25} - h_t \tag{4-30}$$

式中：T——从坝下原沟床面起算的最大冲刷深度(m)；

q——单宽流量[$m^3/(s \cdot m)$]；

h_t——坝下沟床水深(m)；

d_m——坝下沟床的标准粒径(mm)，一般可用泥石流固体物质的 d_{90} 代替。以重量计，有 90% 的颗粒粒径比 d_{90} 小。

Schoklitsch 经验公式：

$$T = \frac{4.75}{d_m^{0.32}}Z^{0.2}q^{0.57} \tag{4-31}$$

(3)淤地坝

淤地坝主要目的在于拦泥淤地，一般不长期蓄水，其下游也无灌溉要求。随着坝内淤地面积的逐年提高，坝体与坝地能较快地连成一个整体，实际上坝体可以看作是一个重力式挡泥(土)墙。

一般淤地坝由坝体、溢洪道、放水建筑物 3 个部分组成。坝体是横拦沟道的挡水拦泥建筑物，用以拦蓄洪水，淤积泥沙，抬高淤积面。溢洪道是排泄洪水建筑物，当淤地坝洪水位超过设计高度时，就由溢洪道排出，以保证坝体的安全和坝地的正常生产。放水建筑物多用竖井式和卧管式，沟道常流水，库内清水等通过放水设备排泄到下游。反滤排水设备是为排除坝内地下水，防止坝地盐碱化，增加坝坡稳定性而设置的。

① 坝址选择　一般应考虑以下几点：

- 坝址在地形上要求河谷狭窄、坝轴线短，库区宽阔容量大，沟底比较平缓。
- 坝址附近应有宜于开挖溢洪道的地形和地质条件。最好有鞍形岩石山凹或红黏土山坡。还应注意到大坝分期加高时，放、泄水建筑物的布设位置。
- 坝址附近应有良好的筑坝材料(土、沙、石料)，取用容易，施工方便，因为建筑材料的种类、储量、质量和分布情况，影响到坝的类型和造价。
- 坝址地质构造稳定，两岸无疏松的坍土、滑坡体，断面完整，岸坡不大于 60°。坝基应有较好的均匀性，其压缩性不宜过大。岩层要避免活断层和较大裂隙，尤其要避免有可能造成坝基滑动的软弱层。
- 坝址应避开沟岔、弯道、泉眼，遇有跌水应选在跌水上方。坝肩不能有冲沟，以免洪水冲刷坝身。
- 库区淹没损失要小，应尽量避免村庄、大片耕地、交通要道和矿井等被淹没。有些地形和地质条件都很好的坝址，就是因为淹没损失过大而被放弃，或者降低坝高，改变资源利用方式，这样的先例并不少见。

• 坝址还必须结合坝系规划统一考虑。有时单从坝址本身考虑比较优越，但从整体衔接、梯级开发上看不一定有利，这种情况需要注意。

② 淤地坝水文计算　有边埂的水平梯田，在一般暴雨情况下可以达到全拦全蓄，但在设计暴雨情况下，也有少量的径流发生。同时，由于梯田的质量和数量，很难达到试验区的标准。因此在设计暴雨的情况下，随着设计频率的不同，采用不同的面积作用系数。

造林是防治水土流失的重要措施，其作用主要取决于林冠郁闭度的大小，在设计洪水中对于林冠郁闭度大于0.7的，应考虑其作用，这个作用仍按面积作用系数计算。水平梯田及郁闭度大于0.7的林地，不同频率暴雨下的面积作用系数见表4-4。

表4-4　不同频率的面积作用系数表

频率/%	1	2	3	5	10
作用系数	0.50	0.60	0.65	0.80	0.95

例如，在工程控制面积内有水平梯田200亩，郁闭度大于0.7的林地300亩，设计暴雨频率$P=5\%$时，其作用系数为0.8，所以不产流面积为$0.8\times(200+300)=400$亩，这个面积在计算洪水时应扣除。

群众性小型蓄水工程、谷坊、小型淤地坝等对设计洪水的作用不考虑。

③淤地坝坝高确定　淤地坝除了拦泥淤地外，还有防洪的要求。所以，淤地坝的库容由两部分组成：一部分为拦泥库容，另一部分为滞洪库容。而相应于该两部分库容的坝高，即为拦泥坝高和滞洪坝高。

另外，为了保证淤地坝工程和坝地生产的安全，还需增加一部分坝高，称为安全超高。

因此，淤地坝的总坝高等于拦泥坝高、滞洪坝高及安全超高之和。

④淤地坝调洪演算

A. 淤地坝设计洪水的标准：淤地坝建设中存在的一个突出问题是容易被洪水冲毁。在淤地坝规划时，必须选择相应于某一频率的洪水作为依据，称为设计洪水，包括设计洪峰流量、设计洪水总量和设计洪水过程线三部分内容。

设计洪水标准的选择对淤地坝坝体安全和筑坝成本具有重要的影响。设计洪水标准选择过大，所求得的滞洪坝高和溢洪道尺寸偏大，对淤地坝工程和坝地生产是安全的，但工程量大、造价高、不经济；反之，工程量减小，可节省投资，一旦来了较大的洪水，工程极不安全，造成垮坝。因而，合理的选择设计洪水标准是十分重要的，尤其是大中型淤地坝必须慎重考虑。

拦洪坝的主要作用是滞洪削峰，保护下游淤地坝及小水库和村镇的安全，拦洪坝随着洪水泥沙的淤积，后期将逐步淤满而成为淤地坝。拦洪坝是坝系防洪拦沙的骨干工程，应与水库防洪标准相同，又因其兼具拦泥特点，亦应考虑有一定的设计淤积年限。表4-5为骨干坝等别划分及设计标准。

表 4-5 骨干坝等别划分及设计标准

总库容/ $\times 10^4 m^3$		100 ~ 500	50 ~ 100
工程等别		四	五
建筑物等级	主要建筑物	4	5
	次要建筑物	5	5
洪水重现期/年	设计	30 ~ 50	20 ~ 30
	校核	300 ~ 500	200 ~ 300
设计淤积年限/年		20 ~ 30	10 ~ 20

B. 淤地坝调洪演算的方法：在溢洪道无闸门控制或闸门全开情况下，溢洪道的泄流量可按堰流公式计算。即

$$q_{溢} = MBH^{\frac{3}{2}} \tag{4-32}$$

式中：$q_{溢}$——溢洪道的泄流量(m^3/s)；

H——溢洪道堰上水头(m)；

B——溢洪道堰顶净宽(m)；

M——流量系数，可查阅水力学书籍。

对于具体的淤地坝而言，当泄流建筑物形式与尺寸一定时，泄流量只取决于泄流水头或坝库蓄水量。泄流量是泄流水头的单值函数。

$$q = f(V) \tag{4-33}$$

水文学上调洪计算方法很多，有列表试算法、半图解法、图解分析法、简化三角形法等。对于中小型坝库，一般只要求确定最大调洪库容和溢洪道最大泄洪流量，不要求计算蓄泄过程，因此，常采用简化三角形法进行调洪计算。

简化三角形法进行调洪计算时，有如下假设：

- 设计洪水来水过程线形状为三角形(简化为三角形)。
- 洪水来临前坝库中水位(或淤地面)与溢洪道堰顶齐平，过堰泄洪流量过程线近似为直线。

若设沟道来水洪峰流量最大值为 $Q_{洪}$，溢洪道最大泄洪流量为 $Q_{泄}$，相应历时为 t_1 及 t_2，来水总历时为 t_3，泄水总历时为 t_4，滞洪容积为 V，则由图 4-10 可看出：

来水总量

$$W_{洪} = \frac{1}{2}t_3 Q_{洪} \tag{4-34}$$

滞洪容积

$$V_{滞} = W_{洪} - \frac{1}{2}t_3 Q_{泄} = \frac{1}{2}t_3(Q_{洪} - Q_{泄}) \tag{4-35}$$

或

$$V_{滞} = \frac{1}{2}(Q_{洪} - Q_{泄})\frac{2W_{洪}}{Q_{洪}} = Q_{洪}\left(1 - \frac{Q_{泄}}{Q_{洪}}\right)W_{洪} \tag{4-36}$$

由此得溢洪道最大泄流量为 $Q_{泄}$

$$Q_{泄} = Q_{洪}\left(1 - \frac{V_{滞}}{W_{洪}}\right) \tag{4-37}$$

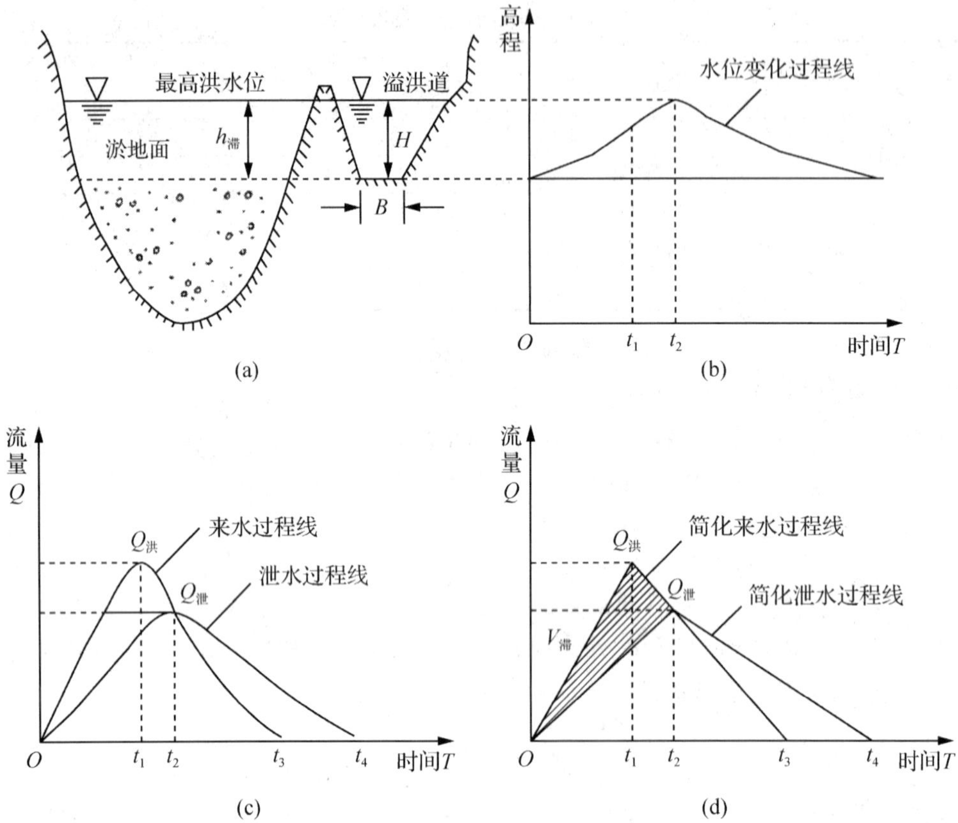

图 4-10　坝库来水泄水过程线示意图

(a)坝库溢洪道下游立视图　(b)溢洪道水位变化过程线

(c)来水与泄水随时间变化过程线　(d)来水与泄水随时间变化简化过程线

式(4-37)中 $Q_{洪}$、$W_{洪}$ 一般由地区水文手册中可查出，查出后可采用试算法假定 $Q_{泄}$ 求出 $V_{滞}$。对于大中型淤积年限较长的大库容坝库，需多年方能使淤积库容淤满，因此可计入部分拦泥库容的调洪作用，此时调节后的洪峰流量，即溢洪道设计流量 $Q_{泄}$，可按下式计算：

$$Q_{泄} = Q_{洪}\left(1 - \frac{V_{滞}}{W_{洪} - W_{拦}}\right) \tag{4-38}$$

当设计淤积年限 $T < 5$ 年时，$W_{拦} = 0$；$T = 5 \sim 10$ 年时，$W_{拦} = 10\%$ 设计淤积库容；$T > 10$ 年时，$W_{拦} = 20\%$ 设计淤积库容。在具体计算时，常常和确定溢洪道尺寸一并求解，一次可完成全部调洪计算的目的。这就是把常见溢洪道作为宽顶堰的计算堰流公式(4-32)与式(4-37)或式(4-38)联立求解。

$$MBH^{\frac{3}{2}} = Q_{洪}\left(1 - \frac{V_{滞}}{W_{洪}}\right) \tag{4-39}$$

或

$$MBH^{\frac{3}{2}} = Q_{洪}\left(1 - \frac{V_{滞}}{W_{洪} - W_{拦}}\right) \tag{4-40}$$

式中：B——溢洪道底宽(m)。

求解时，根据溢洪道布设处地形特征，先选定一个宽度 B，再设定一个 $H(=H_{滞})$，即可求出 $V_{滞}$。有了 $V_{滞}$(或 B、H)，可求出 $Q_{泄}$。

(4)沉沙场

① 沉沙场规划布置

• 山坡陡峻，坡面侵蚀作用强烈的荒溪流域、山洪中可能挟带很多泥石，在这类沟道中除修筑拦沙坝外，还可修筑沉沙场。

• 沉沙场可选在坡度较小的沟段修筑。也可将沉沙场设在沟道出山谷后的冲积扇上。

• 在沉积区修建沉沙场时，由于淤积作用强烈，有些地段可能造成沟底高于两岸以外的田地、房舍等现象。因此，在淤积作用强烈而又可能危及农田、房舍的沟段不宜设置沉沙场。

• 在沉沙场被淤满沙石后，可以另选场地设置一个新的沉沙场。在缺乏新场地时，就必须清挖已淤积的沙石。

②沉沙容量的确定　在确定沉沙场的容量时，要对流域的地质、地形、坡度、植被等情况进行充分的调查研究，并计算出山洪中所挟带的沙石数量，按每年 1 次或 2 次的挟沙量来决定沉沙场的容量。

奥地利学者 R. Hampel 于 1980 年提出用以下经验公式计算山洪或泥石流的一次挟沙量：

$$M = 4.42 E h_{100} \Psi_0 \frac{(J\% - 1.23)^{2.83}\left(1 - \frac{H_u}{2300}\right)}{SlJ\%} \tag{4-41}$$

式中：M——山洪或泥石流一次挟沙量(m^3)；

E——流域面积(km^2)；

h_{100}——百年一遇最大日降雨量(mm)；

Ψ_0——径流系数；

J——冲积圆锥表面比降(%)；

H_u——沟口的海拔高度(m)；

S——悬移质含量(阿尔卑斯山中部 $S=0.66$，石灰岩山区 $S=0.8$)；

l——底沙运输距离(km)。

日本建设省河川局沙防部公布了一次山洪或泥石流的挟沙量。

在泥石流发生地区(以流域面积 $1km^2$ 为标准)，其一次泥沙流的挟沙量如下：

花岗岩区：$(5\sim15)\times10^4 m^3/km^2$

火山灰区：$(8\sim20)\times10^4 m^3/km^2$

第三纪沉积物区：$(4\sim10)\times10^4 m^3/km^2$

断裂区：$(10\sim20)\times10^4 m^3/km^2$

其他区：$(3\sim8)\times10^4 m^3/km^2$

如果沉沙场所在的荒溪流域比标准流域大 10 倍，则上列数值乘 0.5，如果为标准流域面积的1/10，则乘3。

在山洪发生地区，标准流域面积为10km^2，在50年一遇的暴雨条件下，其一次山洪挟带的泥沙量估算如下：

花岗岩区：(4.5～6)×$10^4m^3/km^2$

火山灰区：(6～8)×$10^4m^3/km^2$

第三纪沉积物区：(4～5)×$10^4m^3/km^2$

断裂区：(10～12.5)×$10^4m^3/km^2$

其他区：(2～3)×$10^4m^3/km^2$

如果沉沙场所在的荒溪比标准面积大10倍，则上列数值乘0.5，如果为标准面积的1/10，则乘3。

③沉沙场的结构　沉沙场最简单的构造是将沟道宽度扩大，沟岸用普通砌石工程或其他护岸工程加以防护。在沉沙场的入口与出口处，都要修筑横向建筑物(如坝、堰、护底工程等)，并需使沉沙场以外沟道的上、下游大致维持沟床的原有高程。

沉沙场的入口部分，如果过流断面急剧扩大，即转角很大时，则因水流急剧扩散，能量及流速急剧下降，沙石沉积很剧烈。泥石堵塞后即逆向上游沉积，堵塞沟道，使沉沙场以上的沟道过水断面减少，引起泛滥。因此，应当注意不使转角过大。转角应根据沟道情况、施工位置等来决定，大体上可取30°左右。

沉沙场中沟道扩大的部分，应作护岸工程，边坡防护可用砌石、木桩编栅、种草皮等方法。

堆积在沉沙场中的沙石，应当计划在当年之内清除完毕。可以用机械方法或人工开挖，用小车等方式搬运。有条件时，也可考虑用水力机械清淤。

4.2.3.3　护岸与治河工程

(1)整治建筑物

整治建筑物按其性能和外形，可分为丁坝、顺坝等几种。

①丁坝的设计与施工　由于荒溪纵坡陡，山洪流速大，挟带泥沙多，丁坝的作用比较复杂，建筑不当不仅不能发挥作用，有时还会引起一些危害，如在窄小的新河槽，有时会由于修筑了丁坝而减小造地面积，或因水流紊乱而使对岸的不坚实岸坡遭冲刷而引起横向侵蚀，在这种情况下都不宜建筑丁坝。因此，在设计丁坝之前，应对荒溪的特点、水深、流速等情况进行详细的调查研究，计划一定要留有余地，在丁坝的设计与施工中应注意以下几个问题。

A. 丁坝的布置：

a. 丁坝的间距：单独布置一座丁坝，在水流的冲击下，很容易遭到破坏，因此，丁坝的布置往往以丁坝群的方式出现。一组丁坝的数量要考虑以下几个因素：

第一，视保护段的长度而定，一般弯顶以下保护的长度占整个保护长度的60%，弯顶以上占40%。

第二，丁坝的间距与淤积效果有密切的关系。间距过大，丁坝群就和单个丁坝一样，不能起到互相掩护的作用，间距过小，丁坝的数量就多，造成浪费。合理的丁坝间距，可通过两个方面来确定。一是应使下一个丁坝的壅水刚好达到上一个丁坝处，避免在上一个丁坝下游发生水面跌落现象，既能充分发挥每一个丁坝的作用，又能保证两坝之间不发生冲刷；二是丁坝间距 L 应使绕过上一个坝头之后形成的扩散水流的边界线，大致达到下一个丁坝的有效长度 L_p 的末端，以避免坝根的冲刷，此关系一般是：

$$L_p = \frac{2}{3}L_0 \tag{4-42}$$

$$L = (3 \sim 5)L_p \tag{4-43}$$

$$L = (2 \sim 3)L_p \tag{4-44}$$

式中：L_0—— 坝身长度；

L_p—— 丁坝的有效长度；

L—— 间距。

丁坝间距大一些，可节省建筑材料，但在丁坝区内可能发生横流，从而破坏沟岸。丁坝的理论最大间距 L_{max}，可按下式求得：

$$L_{max} = \cot\beta \frac{B - b}{2} \tag{4-45}$$

式中：β——水流绕过丁坝头部的扩散角，据实验 $\beta = 6°6'$；

B，b——沟道及丁坝的宽度。

b. 丁坝的布置形式：丁坝多设在沟道下游部分，必要时也可在上游设置，一岸有崩塌危险，对岸较坚固时，可在崩塌地段起点附近，修一道非淹没的下挑丁坝，将山洪引向对岸的坚固岸石，以保护崩塌段沟岸。

对崩塌延续很长范围的地段，为促使泥沙淤积，多做成上挑丁坝组，以加速淤沙保护崩塌段的坡脚，最好在崩塌段的下游的末端再加置一道护底工程，以防止沟底侵蚀使丁坝基础遭破坏；在崩塌段的上游起点附近，则修筑非淹没丁坝。丁坝的高度，在靠山一面宜高，缓缓向下游倾斜到丁坝头部。

丁坝用于沟道下游乱流区最多，在弯道部分的外侧，为防止横向侵蚀并改变沟道中的流水路线，使丁坝内淤积，以上挑丁坝较为常见。

c. 丁坝轴线与水流方向的关系：丁坝轴线与水流方向的夹角大小不同，对水流结构的影响也不同，主要表现在两个方面：就绕流情况而言，以下挑丁坝为最好，水流较顺，坝头河床由绕流所引起的冲刷较弱；上挑丁坝坝头流态混乱，坝头河床由绕流所引起的冲刷较强。就漫流情况而言，则以上挑丁坝为最好，水流在漫越上挑丁坝之后，形成沿坝身方面指向河岸的平轴环流，将泥沙带向河岸，在近岸部位发生淤积；而下挑丁坝水流漫越后形成的平轴环流，可沿坝身方向指向河心分速，将泥沙带到河心，使丁坝根部的河岸发生冲刷。

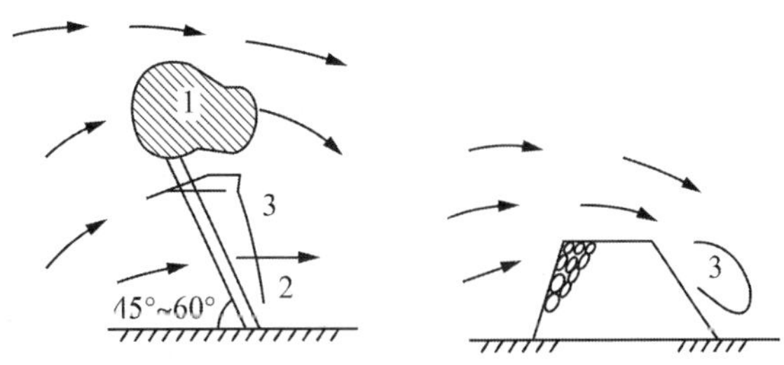

图 4-11 淹没上挑丁坝绕流及冲淤图

1. 冲刷区 2. 淤积区 3. 螺旋区

图4-11为淹没上挑丁坝绕流及冲淤图。

综合上述，非淹没丁坝均应设计成下挑形式，坝轴线与水流的夹角以70°~75°为宜；而淹没丁坝则与此相反，一般都设计成上挑丁坝，坝轴线与水流的夹角为90°~105°。

在山区，为了逼使水流远离沟岸的崩塌地带，促使泥沙在沟岸附近沉积，以及固定流水沟道等，一般常采用非淹没下挑丁坝。

B. 丁坝的高度和长度：丁坝坝顶高程视整治的目的而定。据我国经验，凡经过漫流的丁坝，一般淤积情况都较好；凡未经漫流的，淤沙较小，为达到发生漫流的目的，坝顶高程可按历年平均水位设计，但不得超过原沟岸的高程。在山洪沟道中，以修筑不漫流丁坝为宜，坝顶高程一般高出设计水位1m左右。

丁坝坝身长度和坝顶高程有一定的联系，淹没丁坝，可采用较长的坝身，而非淹没丁坝，坝身都是短的，这是因为坝顶高程线较高的长丁坝，不但工程量大，而且阻水严重，影响坝身的稳定性，又产生不利水流使对岸崩塌。

对坝身较长的淹没丁坝可将丁坝设计成两个以上的纵坡，一般坝头部分较缓，坝身中部次之，近岸(占全坝长的1/10~1/6)部分较陡。

C. 丁坝坝头冲刷坑深度的估算：沟道中修建了丁坝以后改变了丁坝周围的水流状态，使坝头附近产生了向下的复杂环流造成了坝头的冲刷。

当水流冲击丁坝时，丁坝上游壅水形成高压区，在坝头附近由于水流较大，形成低压区。位于高压区的水体，除很少一部分折向河岸形成回流外，大部分流向低压区，并折向河底，形成环绕坝头的螺旋流，在坝头附近形成了冲刷坑。据实验观测，在冲刷坑形成之后，从冲刷坑上面流过的主流，并不进入坑中，冲刷坑底部的漩涡流，完全由沿上游坡面折向河底的水流所形成，冲刷坑呈椭圆漏斗状，最深点靠近坝头附近，坑的边坡与泥沙在水中的自然坡度相同。

影响丁坝坝头冲刷深度的主要因素有：

- 丁坝坝头附近的流速及水流与坝轴线的交角。流速大，折向沟底的水流速度也大；交角越接近90°，冲击坝身的水流越强，壅水越高，折向沟底的水流冲刷力也越强。
- 坝身的长度。坝身越长，束窄沟床的能力越强，坝头的流速也越大，冲刷坑越深。
- 沟床的土质组成和来沙情况。黏性土越多，抗冲能力越强，冲刷坑就越浅，上游来沙越多，遭冲刷的可能性也越小。
- 坝头的边坡。坝坡越陡，环流向下的切应力越大，冲刷坑也越深。

D. 丁坝的防护：在中细沙组成的河床上或在水深流急处修建丁坝，应以沉排护底，沉排伸出长度如前所述。

在河床组成较好的情况下，可用抛石护脚，它的宽度应不小于由漫流和绕流而引起的坝头和坝身附近河床的掏刷范围，在黄河流域，一般向上游延护12~20m，向下游延护15~25m。坝头水流紊乱，应特别加固，可采用加大头部护底工程面积或加大边坡系数两种方式进行，如坝基土质较好，可不必全用沉排护底，只在坝头沟底设置即可。

E. 丁坝的施工：丁坝的施工与谷坊等相类似，现介绍丁坝施工中须注意的几个问题。

• 施工顺序是先选择流势较缓和的地点施工，然后再推向流势较急的地点，以保证工程安全。

• 在施工中应注意观测研究，在修筑部分丁坝以后，则应研究分析已修丁坝对上、下游及对岸影响，如有影响则应修改设计。

• 应考虑按照现有沟道的冲淤变化，不能简单地将丁坝基础按照现有沟底一律向下挖一定深度。

• 在丁坝开挖坑内回填大石，以抵抗冲刷。

② 顺坝的结构　顺坝是一种纵向整治建筑物，如图 4-12 所示，由坝头、坝身和坝根三部分组成，坝身一般较长，与水流方向接近平行或略有微小交角，直接布置在整治线上，具有导引水流、调整河岸等作用。

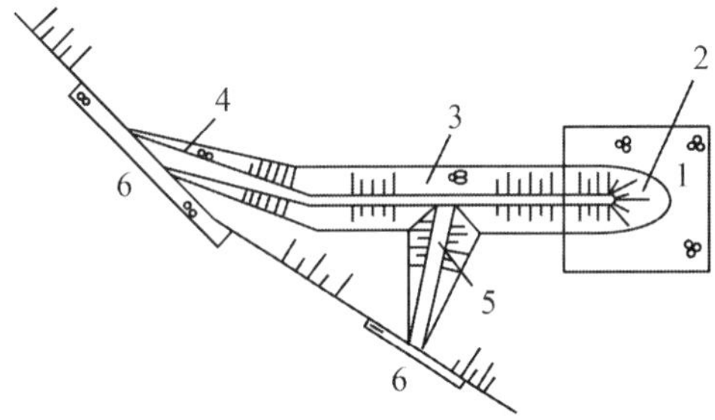

图 4-12　顺　坝

1. 沉排　2. 坝头　3. 坝身　4. 坝根
5. 格坝　6. 河岸防护

顺坝有淹没与非淹没两种，淹没顺坝用于整治枯水河槽，顺坝高程由整治水位而定，自坝根到坝头，沿水流方向略有倾斜，其坡度大于水面比降，淹没时自坝头至坝根逐渐漫水，非淹没顺坝在河道整治中采用较少。

土顺坝一般都用当地现有土料修筑。坝顶宽度可取 2 ~ 4.8m，一般为 3m 左右。外坡因有水流紧贴流过，边坡系数不应小于 2，并设抛石加以保护；内坡可取1 ~ 1.5。

石顺坝在河道断面较窄，流速比较大的山区河道，如当地有石料，可采用干砌石或浆砌石顺坝。

坝顶宽度可取 1.5 ~ 3.0m，坝的边坡系数，外坡可取 1.5 ~ 2，内坡可取 1 ~ 1.5。外坡亦应设抛石加以保护。对土、石顺坝，坝基如为细沙河床，都应设沉排，沉排伸出坝基的宽度，外坡不小于 6m，内坡不小于 3m。顺坝因阻水作用较小，坝头冲刷坑较小，无需特别加固，但边坡系数应加大，一般不小于 3。

(2) 治滩造田工程

治滩造田就是通过工程措施，将河床缩窄、改道、裁弯取直，在治好的河滩上，用引洪放淤的办法，淤垫出能耕种的土地，以防止河道冲刷，变滩地为良田。治滩造田主要有以下几种类型。

• 束河造田：在宽阔的河滩上，修建顺河堤等治河工程束窄河床，将腾出来的河滩改造成耕地，如图 4-13 所示。

• 改河造田：在条件适宜的地方开挖新河道，将原河改道，在老河床上造田，如

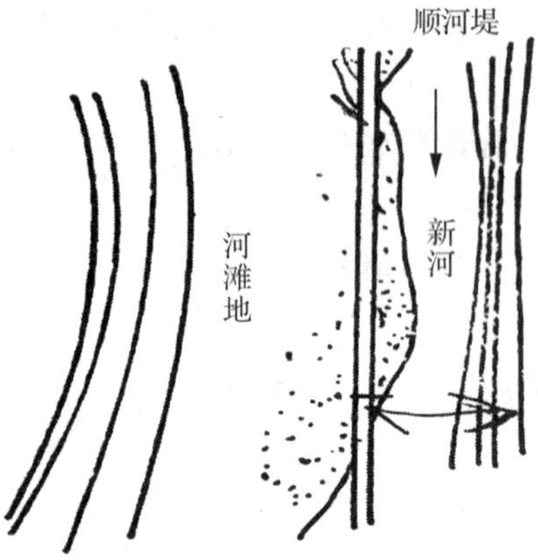

图4-13 束河造田示意图

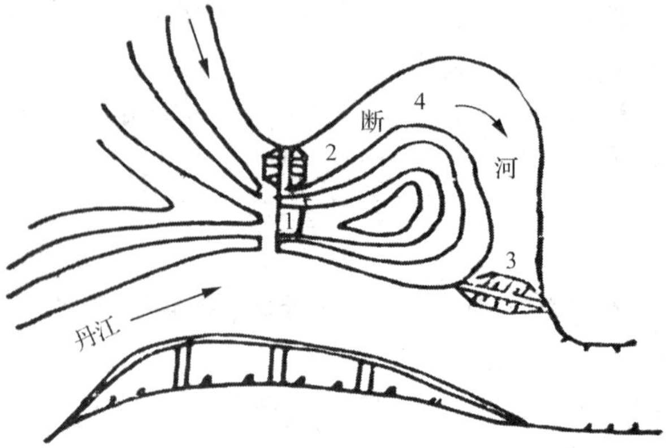

图4-14 改河造田示意图

1. 改河隧洞 2. 老河进口拦河坝 3. 老河出口拦河坝 4. 灌溉引水渠

图4-14所示。

• 裁弯造田：过分弯曲的河道往往形成河环，在河环狭颈处开挖新河道，将河道裁弯取直，在老河弯内造田，如图4-15所示。

• 堵叉造田：在河道分叉处，选留一叉，堵塞某条支叉，并将其改造为农田，如图4-16所示。

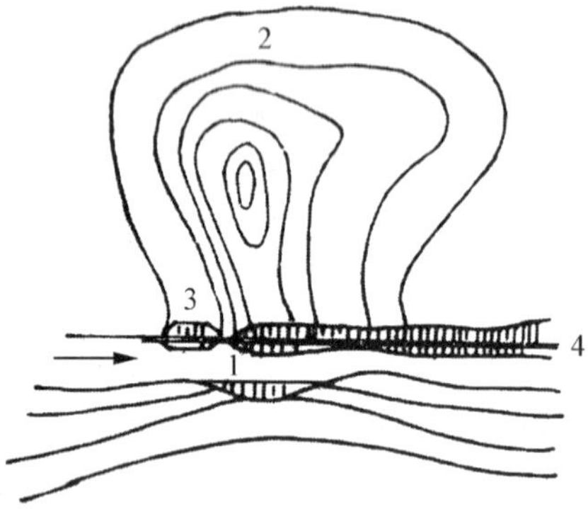

图4-15 裁弯造田示意图

1. 新河 2. 老河湾 3. 老河湾进口拦河坝 4. 顺河堤

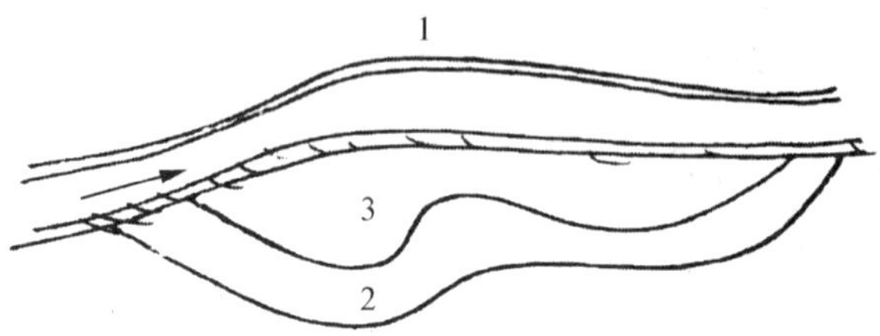

图4-16 堵叉造田示意图

1. 顺河堤 2. 老叉道 3. 江心洲

(3)河流生态修复及整治

在遵循自然的前提下，河流生态修复及整治应采用一切工程和生物手段，控制待修复生态系统的演替方向及过程，重建受损河流的生态系统。恢复其可再生循环能力，从而实现生态系统的稳定和良性循环。

河流生态修复及整治的主要技术包括防洪排涝(护岸)、水质改善和生态景观建设3个方面。

① 生态护岸技术 生态护岸是结合治水工程与生态环境保护而兴起的一种新型护岸技术，对水陆生态系统的物流、能流、生物流发挥着廊道、过滤器和天然屏障的功能。在治理水土污染、控制水土流失、加固堤岸、增加动植物种类、调节微气候和美化环境方面都有着巨大作用。

生态护岸依据其使用的主要护岸材料分为植被护岸、木材护岸和石材护岸3种类型。

- 植被护岸：是生态护岸中比较重要的一种形式，岸坡植被有柳树、水生植物、草坪、天然材料织物、三维棕榈纤维等。水生植物的复合护岸是利用水生植物的根、茎、叶对水流的消能和对岸坡的保护形成保护性的岸边带，促进泥沙沉淀，减少水流挟沙量，并能直接吸收水体中的有机物和营养物质，防止水体有机污染和富营养化。单独水生植物护岸承受水流侵蚀能力弱，只适用流速较小的缓流水体，一般采用水生植物与其他护岸材料配合使用的复合型护岸结构。草皮护坡是直接在土坡上种植草，或是以草为主体，兼用土工织物加固。单纯的草皮护坡适用于坡度较小的岸坡，在坡面防护上一般采用草皮植物的复合型护坡。网垫植被复合型护坡一般用聚乙烯或聚丙烯等高分子材料制成的网垫，其综合了水工网和植物护坡的优点，大大提高了边坡的安全性和稳定性。

- 木材护岸：常用的木材有圆木。用处理过的圆木相互交错形成箱形结构——木框挡土墙，在其中充填碎石和土壤，并扦插活枝条，构成重力式挡土结构。主要应用于陡峭岸的防护，可减缓水流冲刷，促进泥沙淤积，快速形成植被覆盖层，营造自然型景观，为野生动物提供栖息地环境。枝条发育后的根系具有土体加筋功能，木框挡土墙的圆木可向水中补充有机物碎屑，其间隙为野生动物提供遮蔽所。

- 石材护岸：抛石措施在国内外河道整治工程中应用十分广泛。在传统技术的基础上结合植被等措施，抛石能达到兼顾加强和改善河岸栖息地的目的。石材护岸技术施工简单，块石适应性强，已抛块石对河道岸坡和河床的后期变形可作自我调整。块石有很高的水力糙率，可减小波浪的水流作用，保护河岸土体抵御冲刷侵蚀。

② 水质改善技术　河流生态修复的另一项重要内容是水质改善。河湖水体修复技术按照原理可分为物理类、化学类和生物—生态类。生物—生态方法与物理、化学方法相比，具有经济性好，能源消耗少，管理费用低，负面作用小，可持续发挥治污作用等优势，应用较为普遍。这类技术实质上是通过利用自然生态系统的自净能力来净化水体，主要有人工湿地技术、人工浮岛技术、生物膜技术等。

- 人工湿地技术：人工湿地一般由人工基质和生长在其上的水生植物(如芦苇、香蒲等)组成，形成基质—植物—微生物生态系统，利用湿地中填料、水生植物和微生物之间的相互作用，通过一系列物理、化学及生物过程实现对污水的净化。人工湿地技术从20世纪80年代起，在河流污染治理中逐渐受到重视，在我国已有对江河水体修复的工程实例。

- 人工浮岛技术：人工浮岛技术是利用生态工学原理，在受污染河道，用木头、泡沫等轻质材料搭建浮岛，以浮岛作为载体，在水面上种植高等水生植物，通过植物根部的吸收、吸附作用和物种竞争相克机制，削减富集水体中的氮、磷及有机质，从而净化水质，并可创造适宜多种生物生息繁衍的栖息地环境。该技术主要适用于富营养化及有机污染的河流，工程量小，维护简单，处理效果好，避免重复污染，可实现资源持续利用。

- 生物膜技术：生物膜法是根据天然河床上附着的生物膜的净化及过滤作用，人工填充填料或载体，供细菌絮凝生长，形成生物膜，利用滤料和载体比表面积大，附着微生物种类多、数量大的特点，从而使河流的自净能力成倍增长。生物膜法具有较高的处理效率，有机负荷较高，接触停留时间短，占地面积小，投资少，对受有机物及氨氮轻度污染水体有明显的效果，适合于城市中小河流的直接净化。河流水质的改善除上述方法外，还可通过调水、合并净化槽技术、稳定塘净化技术、生物接触氧化技术、河内植物栽培技术等实现，根据待修复河流的具体情况，将各种技术结合，可提高恢复效率，达到事半功倍的效果。

③ 河流生态景观建设　河流生态景观建设是指在河流治理工程中除了完善防洪、排涝、航运和供水等传统水利功能以外，还力图使河流更接近自然状态，完善河流生态系统的结构和功能，展现自然河流的美学价值，发掘河流的人文历史精神，创造良好的人居环境。生态景观建设主要分为水边景观建设和跨河建筑物景观建设，以景观生态学为理论指导，需遵循与传统水利目标相融合，尊重历史，道法自然，景观连续等原则。在进行景观建设时要注意以下两点：

- 防洪与亲水的协调：亲水是人与生俱来的天性，景观建设要满足人们在视觉、听觉、触觉上对美的需求，感受水的魅力。因此，水边的建筑物不宜高出人们的视线，妨碍人们欣赏水景，且构建的亲水设施能拉近人水的距离，使人能在岸边漫步休闲、接触水体。
- 提高景观空间异质性：在河流平面形态方面，需恢复其蜿蜒性特征，形成水曲之美；在河流横断面上，要恢复河流断面的多样性，构成多样性地貌特征；在水陆交错带恢复乡土种植被等，使河流在纵、横、深三维方向都具有丰富的景观异质性，形成浅滩与深潭交错，急流与缓流相间，植被错落有致，水流消长自如的景观空间格局。

4.3　山洪灾害主要监测内容、方法

4.3.1　监测内容

山洪灾害防治监测系统包括气象监测、水文监测、泥石流和滑坡监测、土壤监测。

(1) 气象监测

气象监测站具体监测大气温度、相对湿度、露点、风速、风向、气压、太阳总辐射、降水量、地温(包括地表温度、浅层地温、深层地温)、土壤湿度、土壤水势、土壤热通量、蒸发、二氧化碳、日照时数、太阳直接辐射、紫外辐射、地球辐射、净全辐射、环境气体共20项数据指标。

(2) 水文监测

水文监测站收集雨量、水位、水温、流量、流向、流速等水文资料。

(3) 泥石流与滑坡监测

泥石流和滑坡监测站(点)设于山洪泥石流和滑坡灾害严重的流域，负责由山洪引

起的泥石流、滑坡数据采集、分析和整理，定期上报监测成果，以点带面开展群测群防工作。

泥石流监测项目有：水源观测、土源观测、泥石流体观测、冲淤观测。

水源观测要充分利用雨量观测资料，及时掌握降雨情况，根据当地泥石流发生的临界雨量，在降雨总量或雨强达到一定指标时发出预警信号。泥石流体监测要求对泥位、流速、容重、冲击力、级配等进行监测与分析，冲淤监测主要监测泥石流扇形地的消长情况，并对泥石流灾情进行监测。

滑坡监测项目有：滑坡变形监测、地下水监测、地表水监测、其他形变迹象的观察。

(4) 土壤监测

土壤监测可以分为全国区域土壤背景、农田土壤环境、建设项目土壤环境评价、土壤污染事故等类型的监测。目前，中国关于土壤环境监测的标准有 HJ/T 166—2004《土壤环境监测技术规范》，属于中华人民共和国环境保护行业标准。

4.3.2 监测方法

4.3.2.1 气象监测

使用自动气象站监测，山洪灾害防治区按间距约 20km 布设，自动采集压、温、湿、风向、风速、降雨量等数据。气象监测中雨量监测为重点监测对象。

(1) 雨量监测布设原则

①流域控制原则　以流域预警单元为单位布设自动雨量监测站点，自动雨量监测站点应尽量安装在流域中心、暴雨中心等有代表性的地段。要注意避开雷区。

②分区控制原则　依据山洪灾害易发程度，原则上山洪灾害重点防治区按间距 5km($25km^2$/站)、一般防治区按间距 10km($100km^2$/站)的标准布设或加密雨量站网。雨量站包含自动雨量站(专业站点)和简易雨量站(群测群防站点)。在高发降雨区、人口密度较大的山洪灾害频发区适当加密站点。

③地形控制原则　山区降雨受地形的抬升作用，布设自动雨量站时充分考虑地形因素的作用。地形区划图属于坡度大于 25°的区域且同时属于山洪灾害发生的危险区域，应考虑布设雨量站。

④简易雨量站原则　以自然村为单位进行布设，按照受山洪灾害威胁严重的行政村及部分自然村每村一处进行布设。人口密度较大且受山洪威胁较大的自然村可适当增加。

⑤易于实施及维护原则　站网布设时充分考虑通信、交通等运行管理维护条件。

⑥充分利用现有资源原则　已有的水文、气象等部门雨量监测信息应纳入市级监测站网。

(2) 雨量站网布设

根据划分的监测预警管理单元，考虑流域控制，同时结合已划分的山洪灾害防御区划成果，依据雨量站布设原则，规划近期雨量站网数量，并对远期雨情监测提出要求。

(3)设备设施

①自动雨量站设备设施 自动雨量站采用一体化雨量站方式，为安装雨量计和达到防雷目的，考虑安装基座和测站防雷的建设。自动雨量站应包含雨量计、遥测终端机、通信终端等设备。

②简易雨量站设备设施 简易雨量站设备包括翻斗式雨量计和雨量报警器。雨量报警器采用最新嵌入式技术，与翻斗式雨量计连接使用可以实现降雨测量和时段雨量查询，以及通过声、光进行报警，时段长度和分级报警的标准可根据本地预案现场设定。

4.3.2.2 水文监测

(1)布设原则

①面积超过100km^{2}的山洪灾害严重的流域，且河流沿岸为县、乡政府所在地或人口密集区、重要工矿企业和基础设施的，布设水文站。

②流域面积100km^{2}以下的山洪灾害严重的小流域，河流沿岸有人口较为集中的居民区或有较重要工矿企业、较重要的基础设施，布设水文站。其他小流域，根据实际情况因地制宜布设水文站。

③对于下游有居民集中居住的水库、山塘，没有水位监测设施的，适当增设水位监测设施。对重要的小型水库，可布设水文站。

④水文站测验河段一般位于主河道，宜顺直、稳定、水流集中，且无分流、岔流、斜流、回流、死水现象。顺直河段长度应大于洪水时主河槽宽度的3倍。宜避开有较大支流汇入或湖泊、水库等大水体产生变动回水的影响。水位测井应设置在岸边顺直、水位代表性好，不易淤积，主流不易改道的位置，并应避开回水和受水工建筑物影响的地方。

⑤水位站布设地点应考虑预警时效、影响区域、控制范围等因素综合确定，尽量在山洪沟河道出口、水库、山塘坝前和人口居住区、工矿企业、学校等防护目标上游。

⑥站网布设时应考虑通信、交通等运行管理维护条件。

⑦已有的水文监测站监测信息应进入市级监测站网。

(2)站网布设

以实时掌握流域水文信息、满足山洪灾害预测预报的需求为原则，以现有国家基本站网为基础，布设水文监测系统站网。对部分全年常流水的溪河布设必要的水文站和水位站。

(3)信息采集

水文信息监测项目包括降雨量、水位、流量等。根据监测站的具体情况和所监测的参数类型，因地制宜地采用相应的监测仪器和监测手段，实现水文信息自动采集自动传输，为山洪灾害防治提供实时数据，详见表4-6。

表 4-6 水文监测项目和内容表

监测项目	采集方法	监测(采集)仪器
雨量	自动采集	自记雨量传感器
水位(包括地下水水位)	自动采集	自记水位传感器
流量	人工巡测	按测站特性施测

(4)设备设施

水文站根据各自不同类型，在构建相应测验断面的基础上，配备水位计、流量计、遥测终端、GPRS通信终端、太阳能供电系统及基座、接地避雷系统等设备；水位站根据各站点周边地形条件，选用不同类型的水位计。县级专业部门和县防汛指挥部配置必需的接收处理设备、软件和计算机局域网。

4.3.2.3 土壤监测

(1)布点采样

①布点方法

• 简单随机：将监测单元分成网格，每个网格编上号码，决定采样点样品数后，随机抽取规定的样品数的样品，其样本号码对应的网格号即为采样点。随机数的获得可以利用掷骰子、抽签、查随机数表的方法。

• 分块随机：根据收集的资料，如果监测区域内的土壤有明显的几种类型，则可将区域分成几块，每块内污染物较均匀，块间的差异较明显。将每块作为一个监测单元，在每个监测单元内再随机布点。在正确分块的前提下，分块布点的代表性比简单随机布点好，如果分块不正确，分块布点的效果可能会适得其反。

• 系统随机：将监测区域分成面积相等的几部分(网格划分)，每网格内布设一采样点，这种布点称为系统随机布点。如果区域内土壤污染物含量变化较大，系统随机布点比简单随机布点所采样品的代表性要好。

②布点数量　土壤监测的布点数量要满足样本容量的基本要求，即上述由均方差和绝对偏差、变异系数和相对偏差计算样品数是样品数的下限数值，实际工作中土壤布点数量还要根据调查目的、调查精度和调查区域环境状况等因素确定。

一般要求每个监测单元最少设 3 个点。

区域土壤环境调查按调查的精度不同可从 2.5km、5km、10km、20km、40km 中选择网距网格布点，区域内的网格结点数即为土壤采样点数量。

(2)土壤监测项目与频次

监测项目分常规项目、特定项目和选测项目，监测频次与其相应。

①常规项目　原则上为 GB 15618—2009《土壤环境质量标准》中所要求控制的污染物。

②特定项目　GB 15618—2009《土壤环境质量标准》中未要求控制的污染物，但根据当地环境污染状况，确认在土壤中积累较多、对环境危害较大、影响范围广、毒性较强的污染物，或者污染事故对土壤环境造成严重不良影响的物质，具体项目由各地

自行确定。

③选测项目 一般包括新纳入的在土壤中积累较少的污染物、由于环境污染导致土壤性状发生改变的土壤性状指标以及生态环境指标等，由各地自行选择测定。

④土壤监测项目与监测频次 常规项目可按当地实际适当降低监测频次，但不可低于5年一次，选测项目可按当地实际适当提高监测频次。

4.3.2.4 视频及图像监测

当现有的视频监测站不能较好地反映山洪灾害危险点及重要水利设施的情况，使监测人员对监测点降雨径流及周边设施情况不能有直观的判断，或已有的视频监测在夜间无照明情况下，监测效果较差，不能起到预先判断的作用。故应新增视频、图像监测站点，补充完善现有站点，实现对中小水库、旅游景点等重点部位的监控，为有效预警、及时防御山洪灾害提供技术支持。

如视频监测存在夜间监测困难等问题，视频和图像监测设备应引用红外照明等新技术，采用红外激光照明光源，配合超低照度摄像机或微光摄像系统，开展全天候24h监控。白天为彩色图像(或黑白图像)，夜间为黑白图像。

4.3.2.5 河道遥感巡查监测

传统的水雨情监测、气象监测等监测方法，监测结果科学、可靠，但监测方式多局限于点位监测，缺乏空间宏观表达，且需要大量人力、物力管理资源。基于遥感技术大范围、高动态、多尺度、准确监测的优势，利用高分辨率遥感影像开展河道遥感巡查监测，能够有效地提升山洪灾害防御与监测预警系统的宏观监测能力，进一步完善山洪灾害监测体系，提高防汛减灾决策能力。

(1)遥感监测站网

卫星遥感站网由气象卫星、陆地资源卫星、环境减灾卫星、雷达卫星、高分辨率卫星数据接收站组成。在应用国内外已有的卫星遥感资源的基础上，加大对国产自主高分卫星的使用力度，发挥其自主控制、高频监测、分辨率高的优势，由此建立河道遥感监测网，同时建立遥感信息传输网络，以达到信息快速共享。

(2) 遥感巡查监测内容

以主要河流及山丘区、山洪灾害威胁区内山洪沟道为监测对象。采集空间分辨率优于2.5m的高分遥感影像数据，每年度分别开展汛前排查和汛期动态监测。对河道水情信息、水文特征信息、水事违法信息、横纵建筑物信息及灾害应急开展遥感动态监测，并辅助于地面移动巡查。为了满足山洪灾害防治要求，在汛期应该根据监测对象具体情况确定动态监测频次。

①河道水情信息遥感监测 开展地表水资源遥感动态监测，掌握地表水资源空间布局、水面面积、河流断流等现状和动态变化信息；帮助防汛部门宏观掌握水情信息与变化趋势，为山洪灾害预防提供数据支撑。

②河道水文特征遥感监测 对河道本身发生的侵占、改道、拦截、束窄等威胁河流正常流动的水文特征变化现象进行遥感动态监测。为实施针对山洪灾害的河道治

理、协调及规划工作提供辅助资料。

③河道水事违法信息遥感监测　在河道管理范围内对建设妨碍行洪的建筑物、沙石坑、垃圾堆等影响河势稳定、危害河岸堤防安全、妨碍河道行洪的水事违法活动开展遥感动态监测，为相关部门开展水事监察执法提供有效的技术支持，确保河道行洪畅通。

④河道横纵建筑物遥感监测　对河道管理范围内的各类横纵建筑物开展遥感监测，掌握跨河桥梁、水闸、水坝等横纵建筑物的空间分布和变化情况信息。协助相关部门优化水工建筑物规划配置工作，在山洪灾害发生时，可为抢险救灾提供决策支持，减少灾害带来损失。

⑤灾害应急遥感监测　在山洪灾害发生后，及时采集灾害发生区域灾前及灾后一周之内的高分辨率遥感影像，开展山洪灾害遥感应急调查。调查内容包括洪水淹没范围、受灾情况等，帮助防汛部门及时掌握山洪灾害发生情况，辅助领导决策及灾情评估工作。

⑥地面移动巡查　在地面移动巡查终端支持下，利用遥感影像调查底图实现带图作业的方式进行实地调查，便于调查人员获取正确的空间位置信息并快速完成调查信息的填写和上报。

(3) 重点监测范围

以水系主河道、大型水库上游河道、山洪灾害重点防治区的山洪沟道为重点监测对象开展河道遥感巡查监测。监测范围包括河道本身及其管理范围，管理范围的划定参照《中华人民共和国河道管理条例》的相关规定，河道管理范围数据依照全国水利普查结果。

(4)模块构建

在各区县山洪灾害预警系统中，开展遥感巡查监测数据库和应用服务模块建设内容。河道遥感巡查监测模块是组成山洪灾害监测预警平台的功能模块，是对已有的设施设备进行更新、维护和补充，形成具有遥感数据采集处理、河道遥感动态监测、地面移动巡查、灾情分析等功能的山洪灾害遥感巡查监测业务应用功能。

主要建设内容包括：扩充监测预警平台的遥感图像数据库以实现海量遥感数据的存储；建立集数据接收、影像处理、信息提取于一体的遥感信息生产工具模块；实现任务接收、处理、上报，网络数据上传的地面移动巡查模块；遥感巡查监测空间数据集中管理、分析、发布模块。

(5)设备资源配置

根据河道遥感巡查监测模块建设需求，采集遥感重点监测范围内连续的高分辨率遥感影像数据，实现河道遥感巡查重点监测范围内的全覆盖动态监测。需购置通信网络设备，支撑遥感信息、移动巡查等数据的接收、传输及发布；购置服务器、数据库管理系统、GIS 平台软件，用于支撑河道遥感巡查监测各项软件系统运行；扩充计算存储设备，建立遥感图像数据库以满足海量高分辨率遥感影像存储的需要；为各区县配置 PDA 设备，实现巡查人员以带图作业的方式开展实地调查。

4.4 山洪的预警预报

在暴雨强盛、地形陡峻、植被稀疏的山区，极易发生暴涨暴落的灾害性山洪，抓住影响山洪发生的主要因子，作出精确的预测或预报，对减轻山洪灾害具有重要的意义。

4.4.1 山洪的预测

山洪的预测主要是对某一区域或某条山沟发生山洪的可能性、活跃性和危险性作出趋势判断，并用可能度、活跃度和危险度来表示，度的高低一般分为高、中、低三级，或极高、较高、中、较低、极低五级，每级的指标值均用 0.0 ~ 1.0 之间的小数来表示，见表 4-7 所列，此表适用于滑坡、泥石流等其他山地灾害。

表 4-7 山洪可能度、活跃度和危险度分级指标

分级名称	三级			五级				
	高度	中度	低度	极高度	较高度	中度	较低度	极低度
指标值	>0.7	0.7 ~ 0.3	<0.3	>0.85	0.85 ~ 0.6	0.6 ~ 0.4	0.4 ~ 0.15	<0.15

4.4.1.1 可能性预测

可能性预测仅判断某一区域或某条山沟发生山洪的可能性大小，并用可能度(K_P)来表示，确定 K_P 的步骤如下。

①确定影响因素及其因子 影响山洪发生的首要因素是气象，其最主要的因子在以降水和以融水为主的地区分别是雨强(一般以 1d 或 1h 以准)和气温(用日白天平均温度来表示)；其次是地形因素(A)，主要因子是山坡平均坡度和相对高差；第三是生态环境因素，主要因子是森林覆盖率。

②确定影响权重。

③统一数值量纲。

④计算 K_P。

⑤确定区域的可能度分区和编制可能度分区图。

4.4.1.2 活跃性预测

活跃性预测除判断某一区域或山沟发生山洪的可能性外，尚需判断其发生是否频繁，可用活跃度(K_A)来表示。其可在确定可能度的基础上，增加影响发生频繁与否的因素算子，并计算出频繁率(M_A)，然后与可能度一起求得活跃度(K_A)。具体步骤如下：

①确定影响频繁率的因子和求得其指标值。影响山洪发生频繁率的因子有气象因素中的暴雨频率和地形因素中的支沟密度。

②确定频繁率(M_A)。

③确定活跃度(K_A)。K_A由K_P和M_A加权获得，两者的影响程度大致相同，均取0.5。

④进行活跃度分区和编制活跃度分区图。

4.4.1.3 危险性预测

危险性预测是判断某一区域或山沟造成山洪危险的可能程度，也是一种定性的趋势性预测，可用危险度(K_R)来表示。确定危险度具体步骤如下：

①确定影响受害率(M_R)的因素、因子及其相应的指标值，影响受害率的因素是社会经济因素，主要因子有单位面积上的平均居民数、固定资产总值、年生产总值和间接损失总值。

②确定受害率(M_R)。

③确定危险度(K_R)。危险度(K_R)取决活跃度和受害率(M_R)，对山洪的影响大致相同则权重系数均为0.5。

④进行危险度分区和编制危险度分区。

4.4.2 山洪的预报

山洪预报主要是建立在气象(尤其是雨量)预报的基础上，其预报的精度主要也取决于气象预报的精度，与气象预报一样，山洪预报也分长、中、短等三期预报。

4.4.2.1 长期预报

长期预报的时间提前量为3个月至数百年，与气象预报基本一致，因为长期气象预报只能推断某个时期雨量丰沛、暴雨多，相应的山洪长期预报也只能推断某个时期山洪较大、较多。通常长尺度时间的雨量预报主要是根据各种方法(历时文献记载、树木年轮、访问老人等)获得的资料，进行统计分析，或采用太阳黑子22年双周期和11年的周期变化来推断今后几年、几十年或几百年间，哪一年、哪几年或哪十几年为多雨期，即为多雨期。较短尺度时间的雨量预报主要是根据多年雨量观测资料和大气环流变化情况，来确定今后3个月至一年或几年内，哪几个旬、哪一个月或哪一年雨量丰沛，降水量大，即会发生山洪。总的来讲长期预报所预报山洪发生的时间幅度比较大，精度相对比较低。

4.4.2.2 中期预报

中期预报时间的提前量为3个月至3d以上。通常根据天气的月预报、旬预报和3d以上的日预报，来推断哪个旬、哪几天或哪一天降水量大，会出现暴雨，即会发生山洪。其预报的时间幅度相对较短，正确性相对较高。

4.4.2.3 短期预报

短期预报时间的提前量为6h至3d，预报的时段为几小时或1d之内。短期山洪预报是建立在短期暴雨预报和区域或流域基本条件的基础上。暴雨预报主要是采用：天气图预报、卫星云图暴雨监视预报和雷达暴雨监视预报，对雨的强度、位置、移动行径和时间作出判断；区域条件主要指区域的地形、植被、土壤等条件；对流域除上述条件外，还有流域的形状等。

根据这些条件结合多年暴雨与发生山洪间的关系分析，建立山洪发生的暴雨强度极限值或预报模式。这样只要获得暴雨强度预报值，就有可能对山洪发生作出正确预报。但目前的雨量预报，大多只能确定是特大暴雨、暴雨，还是大雨、中雨或小雨，很难预报到雨强，因此山洪短期预报，也只能以此为依据，作出推测性预报。

4.4.3 山洪临报

临报是已经出现了暴雨并获得雨强资料后所作出的临阵预报。

要实现临报首先要根据已有的暴雨和山洪发生的相关资料建立某一区域或某一山沟的山洪预报模式，或发生山洪的雨强(一般采用10min或1h的雨量)极限值；然后须在预报的区域或流域的中上游安置遥测雨量计或雨量计加具有通信设施(至少是电话或报话机)的监测人员，这样可以把区域或流域的降雨强度及时传至分析机构，其可根据预报模式或极限值正确地作出临报，但时间提前量一般只有10余分钟到几十分钟。

4.4.4 山洪预警

4.4.4.1 山洪预警系统网络结构

山洪灾害预警系统为山洪灾害威胁区的城镇、乡村、居民点、学校、工矿企业等提供山洪灾害预防信息保障。山洪灾害预警系统网络包含一个市级指挥中枢，市级、区(县)二级监测预警平台，市、区(县)、乡(镇)三级监测预警系统，市、区(县)、村三级抢险队伍，如图4-17所示。

预警系统网络中包括两大体系，一个是基于各级平台的预警体系；另一个是群测

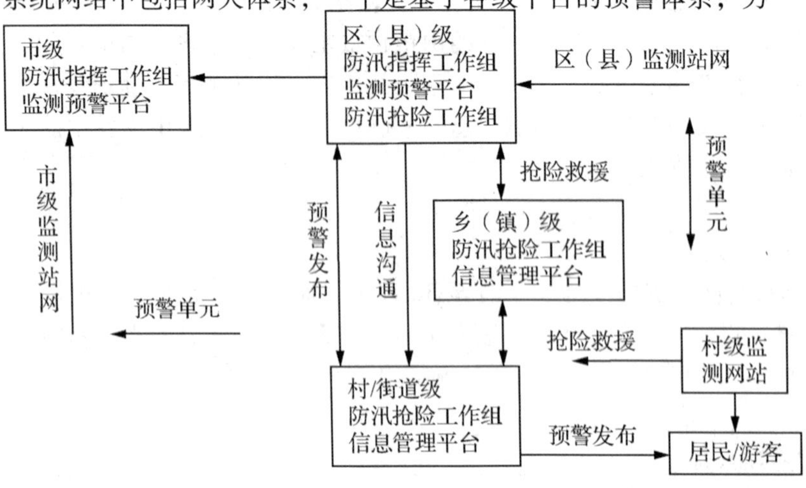

图4-17 预警系统网络结构图

群防预警体系。两大体系的预警流程及侧重点有所不同。

4.4.4.2 预警系统内容

预警系统建设是在监测信息采集及预报分析的基础上，根据预警信息危急程度及山洪灾害可能危害的范围不同，通过适宜的程序和方式，将预警信息及时传送给可能受到山洪灾害威胁区域的防汛指挥部门及主要人员。

预警系统规划的主要内容包括以下几方面：

(1)确定山洪灾害预警对象及预警内容

为有效地进行避灾减灾，应通过山洪灾害警报传输通信网及时、准确地将山洪灾害预警信息和防灾避灾调度指令传送到受山洪威胁的城镇、乡村、居民点、学校、工矿企业等地方。规划实施方案应根据不同的临界指标明确灾害威胁的具体地点，绘制警报发布区域图。山洪灾害预警内容主要包括降雨是否达到临界雨量值、可能出现的暴雨、水雨情监测及预报信息；山洪警报、抢险救灾及居民迁移安置调度指令等。

(2)山洪灾害监测预警平台与信息发布系统建设

集成各监测、预报系统的资源与优势，建立适用于山洪灾害预报、预警专用的工作平台，为各级政府、部门和社会公众提供山洪灾害预警服务产品。山洪灾害预报预警信息的发布系统，应能满足发布信息的及时性、准确性，并能够在最短的时间内将信息发送到相应的指挥机构。

(3)山洪灾害预警信息发布

山洪灾害预警信息发布机构根据监测网络布设，分为市级、区(县)级、村与街道三级。预警信息依托通信系统网络发布，市级、区(县)级发布预警采用无线广播、传真、电话、短信群发、电台等方式，村与街道预警机构采用短信群发、手摇报警器、铜锣、高频口哨等方式进行。

(4)山洪灾害抢险救援与信息反馈

在发出山洪灾害预警后，各级抢险救援指挥人员应根据不同级别预警第一时间作出决策，组织抢险救援队伍开展有效救援，并在灾害发生后，及时地将灾区的现场情况、灾情及防灾避灾的手段、措施和效果向上级政府部门及社会进行反馈汇报。

4.4.4.3 预警系统流程

预警信息可通过监测预警平台制作、发布。基于平台的预警体系以目前的市级、区(县)两级山洪灾害预警平台为基础，各方面山洪灾害防治相关信息汇集于平台，市防汛部门及区(县)防汛部门均可根据所掌握的山洪灾害信息和预测情况，及时发布预报。区(县)防汛部门通过预警平台向乡镇、村与街道有关部门和个人发布预警信息；各乡镇、村与街道有关单位，根据防御预案组织实施。基于平台的预警流程如图 4-18 所示。

区(县)、乡(镇)、村与街道建立群测群防的结构体系，开展预警工作。群测群防预警信息的获取主要来自乡(镇)和村的简易监测点。由监测人员根据山洪灾害防御宣传培训掌握的经验、技术和监测设施自动发出的警报，发布预警信息。各乡(镇)、

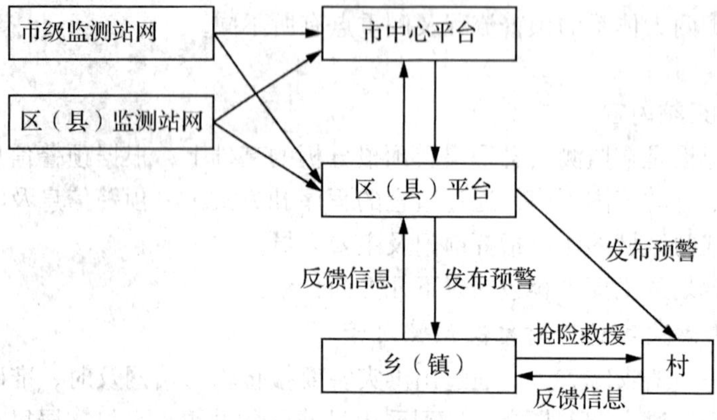

图4-18 基于平台的预警流程示意图

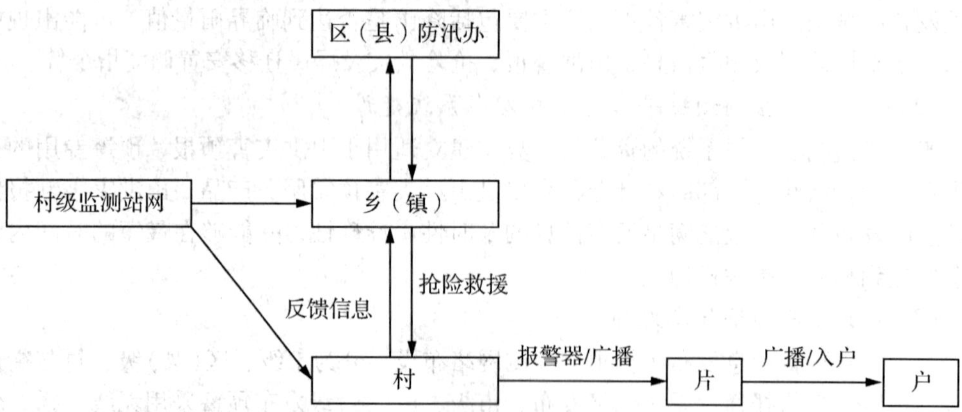

图4-19 群测群防预警流程示意图

村除接收上级部门下发的预警信息，还接收群测群防监测点的预警信息。群测群防预警流程示意如图4-19所示。

4.4.4.4 防御预案编制

各区(县)、乡(镇)及行政村根据山洪灾害防御特点、防御现状条件，需分别编制山洪灾害防御预案。主要内容包括以下几方面：

①区(县)、乡(镇)、村的自然和经济社会基本情况。

②山洪灾害类型、分布、历史灾害 对山洪灾害防治区内的气象水文、地形地质、经济社会、历年山洪灾害、现有防御体系、灾害隐患点等情况进行全面的调查摸底。在实际调查的基础上，对区域山洪灾害的成因、特点及发展趋势进行科学的论证。

③安全区、危险区划分及转移路线 危险区山洪灾害发生频率较高，将直接造成区内房屋、设施的严重破坏以及人员伤亡，应严格管理，严禁在此区域搞开发建设。安全区不易受山洪及其诱发灾害威胁，可安全居住和从事生产活动的区域。安全区是危险区人员避灾场所。一旦暴发山洪，危险区内人员接到撤离预警信息，应按指定的转移路线有序撤离。

④防御组织体系及职责分工　明确防御山洪灾害的组织机构，在有山洪灾害防御任务的乡(镇)，成立山洪灾害防治办公室，并落实人员组成、职责，制定强化行政指挥手段和责任人责任意识的措施。以区(县)为单位成立区(县)政府群测群防领导小组或防灾救灾指挥部，负责领导、决策、协调、指挥区(县)的群测群防工作。由区(县)政府和主管领导担任组长或指挥长，有关部门如计划、农业、经济、水电(利)、公安、城建、文通、物资及财政等有关部门负责人为领导小组成员。乡(镇)政府成立相应的组织机构，并在每个村确定一名村干部为联络员，负责与本地监测预警点一起组织、指导本辖区的群测群防工作，收集、整理、传递山洪灾害信息。

由于山洪灾害突发性强，从降雨到发生灾害之间的时间短，因此乡(镇)在防灾中处于非常重要的地位。乡(镇)应作好如下具体工作：

• 宣传防灾救灾知识及山洪灾害防治政策法规，加强防灾管理。要加强广大基层干部群众防灾避灾知识的教育、培训和演练，提高自防自救的意识和能力。

• 收集各地雨情、水情、灾情等资料数据，定期进行险工险段等隐患点的监测，掌握险情动态，制定信息及监测报告制度。

• 上报下达有关信息和指令，认真执行上级命令。紧急情况下可制定并采取应急处理措施。

• 重视建立和完善山洪灾害防御的组织体系，充分发挥基层组织在防灾减灾中的作用；落实干部包片、包村的防灾岗位责任制，层层签订责任状；设立撤离路线标志和安全区标志，落实山洪灾害防御避灾躲灾各项工作。

⑤预警方式　基于布设的监测站点实时监测数据，选择适宜的、有效的预警方式，确保预警信息能传播到危险区内每个预警对象。

⑥抢险救灾队伍，宣传培训演练安排等　每年度规划范围内的区(县)、山洪灾害涉及的乡(镇)、村均需编制山洪灾害防御预案。

4.4.4.5　抢险及转移安置

(1)抢险队伍

各区(县)成立防汛抢险队伍，由各区县防汛应急指挥部门统一调度，主要负责本行政区域内的防汛抢险。

(2)转移安置

各区(县)制定相应的转移路线和安置地点，按照“四级包干”的原则，由区(县)、乡(镇)、村干部层层负责。当得到预警转移信息时，各区(县)的责任人必须立即执行各自的防御预案，将受灾群众按照预案确定的转移路线和安置地点进行转移安置。

4.4.4.6　群测群防体系建设

群测群防预警信息的获取主要来自乡(镇)和村级监测点。由监测人员根据山洪灾害防御宣传培训掌握的经验、技术和监测设施监测信息，发布预警信息。

(1)体系构成

群测群防体系包括区(县)级以下责任制组织体系、山洪灾害宣传、人员培训和预案演练等。

(2)区(县)级以下责任制组织体系

群测群防是实现从站点预警到全方位避灾的有效途径。为保证群测群防工作顺利开展，应建立相应的组织保障体系。

① 做到汛前检查、汛中抽查、汛后考核　各级防汛机构充分重视山洪灾害防治工作，做到汛前检查，落实各项防治设施配备到位，监测预警系统及平台正常运行，预案编制完整并被相关人员熟知，相关责任人在岗；汛中，上级部门随时对下级防汛机构进行抽查，确保山洪灾害工作顺利进行；汛后，要将山洪灾害防治效果作为一项考核指标，对其工作成果进行考核。

② 落实防汛工作行政首长负责制　汛前，召开由镇领导、行政村党政一把手、重点部位负责人、相关部门负责人等参加的防汛动员大会，传达、落实县指挥部动员大会精神，部署具体防汛工作。镇对村、村对重点户签订责任书。

③ 全面落实“四包、七落实”岗位责任制

• 四包：即区(县)领导包镇、镇领导包村、村干部包户、党员包群众。

区(县)领导包镇：汛前，明确一名区(县)领导负责所联系乡(镇)的防汛工作；当出现险情时，包镇领导赶赴现场指挥。

镇领导包村：汛前，每个村落实一名镇领导和一名干部具体负责该村的防汛工作。

村干部包户、党员包群众：每个险村至少落实一名村干部负责防汛避险工作；老、幼、病、残、呆傻、孤寡等特殊群体，每人每户都落实一名党员具体负责转移工作。

• 七落实：即落实避险信号、转移路线、避险地点、避雨棚、抢险队伍、提前转移人员、报警人员。

在汛前，每个村、每一户由谁负责，转移到哪儿，怎么走，什么信号、由谁发布都一一明确，落实到人。遇有情况，确保群众安全有序转移。镇、村均应设有永久、半永久、临时性避雨棚和移动帐篷；镇、村防汛指挥部与民俗户签订接洽协议，要求在遇有大到暴雨天气或连续降雨时，接待避险群众。重点行政村基本落实避险预警设备。

④ 进一步完善“区(县)、乡(镇)、村、户”四级防汛责任制　在完善防汛责任追究制、公示制的基础上，建立镇、村级防汛安全奖惩机制。镇、村级领导防汛工作业绩作为年度考核重要内容；村级设立的雨量观测人员，汛期安排一定的资金补助，制定切实可行的激励机制，形成制度；进一步规范、完善值班制度、巡查制度、信息报告制度、查岗制度；与宣传部门建立汛情、灾情、工作动态实时播报制度。村设定一名信息员，具体负责本辖区雨水情观测及防汛信息的及时报告。

(3)宣传、人员培训和预案演练

针对山洪灾害易发区面积大的特点，汛前举办防汛知识培训班，重点对雨量观测员、电台执机员、山洪灾害易发区村行政负责人及小水库、塘坝的直接管理和技术人员等进行防汛抢险基本知识和山洪灾害预防、避险知识及雨量观测设备的正确使用与雨量记录、报告等的培训，并下发报汛知识手册和水库安全检查与管理、防汛与抢险、山洪灾害预防基本知识等业务知识材料。

乡(镇)级管理部门每年应在山洪灾害重点防治区范围内组织由镇长、主管镇长、山洪灾害重点防治区行政村的书记、主任、水务站站长、群众参加的防汛避险实战演习，使责任人明确责任、分工、熟悉避险转移方案，提高紧急状况下的群防自防能力。

制作山洪灾害宣传手册及避险知识画报，在人员居住集中处设宣传栏，制作电视多媒体防御山洪灾害宣传片，添置设备等。加强镇、村级的避险演练，做到避险路线、地点明确，分工到人，责任落实。

旅游城市山洪灾害防御工作的重点还包括旅游区和游客的管理，需采取一些行之有效的措施，加强旅游区管理，防御可能的灾害，如发放旅游宣传册进行危险性提示，在重要景点位置树警示牌，向游客发送短信等。

4.4.5 山洪灾害通信系统

4.4.5.1 系统结构

山洪灾害防治通信系统分为主干通信网、二级通信网如图4-20所示。各级防汛指挥部门山洪灾害的信息传输方式较多，其中主干通信网通过电话、电台、短信群发、传真等方式，实现市级、区县级、乡镇级的山洪灾害预警通信信息及时反馈；二级通信网内，不同级别监测站通过GSM/GPRS通信、电话、短信等方式，保障监测数据及时有效传输，乡镇级到村、户通过电话、无线广播、报警器等实现信息迅速下达和及时发布。

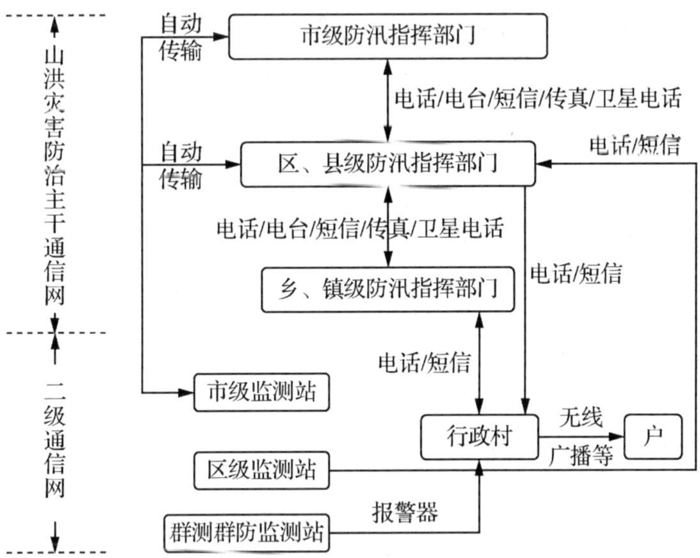

图4-20 通信系统网络结构图

对主干网紧急条件的应急通信(卫星电话)进行补充完善，同时针对二级通信网中，不同级别山洪灾害监测站点至镇级防汛指挥中心及区县、市级防汛指挥部门的信息传输进行规划，明确监测站与各级专业部门之间、各级专业部门与各级防汛指挥部之间信息传输和反馈项目、通信方式。要求通信系统覆盖面广、实时性强、畅通率高、系统稳定可靠，充分利用现有的资源，进行必要的优化和完善。

4.4.5.2 监测站(点)信息传输与反馈通信

根据监测站所处的自然地理条件、信息采集方式，结合卫星(VSAT 卫星、气象卫星、海事卫星 C、神州天鸿卫星)、超短波、程控电话或 GSM 等通信手段，因地制宜地确定通信方式、组网方式、供电及避雷、土建工程、设备设施配置等。满足监测数据实时信息传输及反馈调控要求。同时，应明确信息传输关系网络。

(1)市级监测站(点)信息传输与反馈通信

市级监测站(点)信息传输与反馈通信是由市级雨量站和水文站信息传输与反馈组成的。市级监测站(点)利用 GSM/GPRS 通信和卫星通信两种方式采集雨情、水情等信息。其中，GSM/GPRS 通信为常用方式，个别重点站配备卫星通信，在遇紧急情况 GSM/GPRS 通信方式不能传输信息情况下，通信方式自动转成卫星通信模式，保障实现与市级、区、县级防汛指挥部门之间信息的有效传输与反馈。

(2)区级监测站(点)信息传输与反馈

区级监测站(点)信息传输与反馈通信方式常采用超短波、电话或 GSM 等通信手段完成。确保监测站点监测数据及时传输。

4.4.5.3 山洪警报传输和信息反馈通信

山洪警报传输主干通信网通过电话、电台、短信群发、传真等方式，实现市级、区县级、乡镇级的山洪灾害预警通信信息及时反馈；二级通信网内，乡镇级到村、户通过电话、无线广播、报警器等实现信息上传下达。

思考题

1. 山洪侵蚀特征及其影响因素是什么?
2. 山洪侵蚀防治措施主要有哪几类?
3. 山洪预警系统包括哪些要素?
4. 简述国外的山洪治理、预警成果。
5. 排导沟的平面布置形式有哪几种?
6. 简述谷坊、淤地坝、拦沙坝的作用。
7. 简述谷坊、淤地坝、拦沙坝的布设原则。

参考文献

董哲仁. 2004. 河流生态恢复的目标[J]. 中国水利，10(6)：33－45.

李金海，余新晓，谢宝元，等. 2007. 北京山洪泥石流[M]. 北京：中国林业出版社.

李智友. 2009. 山洪灾害的成因与特点及应对防御措施浅析[J]. 中国西部科技(6)：56－58.

刘传正. 2011. 甘肃舟曲 2010 年 8 月 8 日特大山洪泥石流灾害的基本特征及成因[J]. 地质通报(1)：

141 – 150 .
邱瑞田 . 2012. 我国山洪灾害防治非工程措施建设实践[J]. 中国防汛抗旱(1)：31 – 33.
王礼先，于志民 . 2001. 山洪泥石流灾害预报[M]. 北京：中国林业出版社 .
王韶伟，徐劲草 . 2009. 河流生态修复浅议[J]. 北京师范大学学报(10)：626 – 63.
王文川，和吉，邱林 . 2011. 我国山洪灾害防治技术研究综述[J]. 中国水利(13)：35 – 37.
王文君，黄道明 . 2012. 国内外河流生态修复研究进展[J]. 水生态学杂志(7)：142 – 146.
王秀茹 . 2009. 水土保持工程学[M]. 北京：中国林业出版社 .
吴斌 . 2008. 北京山区泥石流灾害现状及防治对策[J]. 中国水土保持科学(8)：1 – 6.

第5章 泥石流

泥石流是山区沟谷中由暴雨、冰雪融水等水源激发、含大量泥沙、石块的特殊洪流。因泥石流在不同的地质背景环境条件下发生成因和类型的差异，对其具有不同的叫法和定义。如火山爆发引起的泥石流称为 lahar(泥流)，日本、中国台湾称为土石流，欧洲一些国家称为 torrent(山洪)。前苏联泥石流学者 C. M. 弗莱施曼定义泥石流是固体物质含量高、泥位剧增的暂时性山地洪流；日本砂防学会以及著名学者高桥堡认为泥石流是由泥沙、石块等固体物质与水的混合物在重力作用下发生的连续体；英国地质工程学会认为泥石流是介于滑坡、水流之间，含重力作用下的松散物质、水和空气三相构成的块体运动；美国 Johnson 认为泥石流是一种混有少量水和空气的粒状固体，在缓坡上流动的过程。美国地质调查局(USGS)将泥石流视为高速滑坡最常见的表现形式。我国学者对泥石流的定义尚未统一，大多数认为是一种饱含泥沙、石块、巨砾，活动性质介于高含沙水流和滑坡之间的固液两相流体。从以上可以看出，尽管世界各国的学者从泥石流形成、运动以及与其他自然现象加以区分，但总体上分别从地质过程以及气象水文学角度来对其下定义，且泥石流本身就是在这两种现象作用下演变而来的。

5.1 我国泥石流的分布和规律

泥石流是山区特有的一种突发性自然灾害现象并广泛分布于世界各地。除南极洲大陆外，五大洲均有不同程度的泥石流灾害。其中，环太平洋山系和阿尔卑斯—喜马拉雅山两大山系构造运动活跃，地震强烈，是泥石流多发区。如阿尔卑斯山系、高加索山脉、喜马拉雅山系、环太平洋山系数量多且分布集中；位于多山多雨的弧形岛群，如日本列岛、菲律宾、印度尼西亚、澳大利亚和新西兰等国家泥石流集中分布且很活跃。

我国山地面积辽阔，山地、丘陵占国土面积的43%，又处于季风气候区，降水集中，晚近地壳运动剧烈，地震频繁，地形陡峭，山体切割破碎，具备了泥石流形成基本条件。泥石流分布范围极大，泥石流灾害严重的集中地区具有显著的规律性。分布格局明显受到山区地形、断裂构造、地震活动、岩石性质、季风气候以及人类活动等因素控制。

5.1.1 地形地貌宏观格局

宏观上，我国大部分泥石流灾害分布于3个地形阶梯中的两个过渡带，主要包括西部青藏高原向两侧次一级的高原或盆地过渡带，以及次一级的高原、盆地向东部低山区丘陵区过渡带。泥石流呈片、集中分布于青藏高原东南缘山区，包括陇东、陕南、龙门山、云贵高原和甘肃地区。其中青藏高原及其边缘山区是我国冰川泥石流主要集中区；黄土高原及其毗邻地区是典型暴雨泥流多发区；云贵高原及其边缘地区是我国暴雨泥石流主要分布区。

5.1.2 地质构造控制

地质构造控制了区域地貌格局、山脉走向及水系空间分布。泥石流集中成带分布区大多为新构造运动和现代地壳运动活跃的地区。这些地区断裂交错、褶皱和次级构造发育、错综复杂，脆弱岩层受多方向、多期的构造应力作用，支离破碎，松散物质供给源源不断。特别是规模较大、活动强烈的深大断裂的强烈挤压、压碾作用导致岩体破碎，节理裂隙发育。深大断裂差异性升降幅度越大，翘起抬升区顶端断裂越强烈，地形坡度越陡，泥石流分布越密集，活动强，灾害也重。如处于四川盆地和滇中拗陷过渡带的横断山区，仅岷江上游发育的泥石流沟就有545条，鲜水河谷地发育310余条，安宁河断陷谷地两侧有176条。小江流域内"座座山头走蛟龙，条条沟口吹喇叭"景观正是反映了泥石流群受该小江深大断裂带控制。2008年"5·12"汶川8.0级地震激发了许多新生泥石流沟，多沿主断裂、断层上盘和沿河系分布，这些沿中央主断裂带上的泥石流区域内气候、岩性及其地震动等具有近似特征(表5-1)。

表5-1 汶川地震中央断裂带群发性泥石流区气候、岩性及其地震动参数

群发性泥石流区	气候特征	岩性	PGA	地震动反应谱	场地地震烈度
映秀	渔子溪 亚热带湿润季风气候 岷江段 大陆性季风气候	花岗石，震旦纪火山碎屑岩，石炭系灰岩，三叠系砂岩，第四纪松散沉积物	0.2	0.35	XI
北川	亚热带湿润季风气候	寒武纪砂岩，砂页岩，泥质灰岩；志留系板岩，千枚岩，石灰石；泥盆纪和石炭纪第四纪松散沉积岩	0.2	0.4	XI
都江堰	亚热带湿润季风气候	花岗岩，砂岩，泥岩，炭质页岩；凝灰岩，安山岩，安山岩，玄武岩；薄的覆盖层；元古宙花岗岩；三叠系砂岩	0.2	0.4	X
清平	中亚热带季风湿润气候	震旦系、寒武系页岩；砂岩和粉砂岩；泥盆系石灰岩和白云岩；石炭系灰岩和页岩；二叠系灰岩和三叠系砂岩和页岩；第四纪松散沉积物	0.2	0.35	X

5.1.3 地层、岩性控制

不同性质和变质程度的岩石对泥石流的规模、频率和性质有着非常密切的联系(表5-2)。我国易发育和形成泥石流的岩层主要有以下几种:

(1)新生地层界

固结较差的黏土岩类和松散堆积层，以西南地区成都黏土、昔格达黏土，西北黄土、含盐地层为代表。

(2)中生界陆相地层界

固结程度差、抗剪强度低，泥化、软化和干湿膨胀作用明显，崩解迅速，常形成较厚的碎屑层。此类地层因常含膏盐，固结力会随水的长期浸没作用降低以及失去。

(3)煤系地层

煤系地层为砂泥质岩系，黏土岩类强度低，遇水易软化，由其构成的斜坡易失稳发生滑坡、泥石流，多呈点和带状分布和发育。

(4)含凝灰岩夹层的玄武岩

此类岩层多夹数层凝灰岩或凝灰碎屑岩，对斜坡稳定性构成极大影响。

(5)变质岩类

此类岩层古老，受强烈的构造活动以及风化作用，岩石节理、裂隙发育，有较厚的风化带。以伊利石、绿泥石和蒙脱石为主的黏土矿物易发生分解而泥化，构成泥石流体中的细颗粒部分物质。

(6)碳酸盐岩层

该类岩层具有可溶性。以这部分岩性为主的岩层只有机械风化或寒冻风化所形成的岩块碎屑或经淋溶残积红土才成为泥石流固体物质补给源。

(7)强风化花岗岩

花岗岩在炎热多雨的气候条件下，易形成深厚的风化壳，厚度约数十米至百米，强风化带厚5~30m，呈砂土状，强度低，利于泥石流形成和发育。高寒冷地区的寒冻风化作用使岩体产生机械破碎，形成碎屑状的风化壳也利于泥石流的发育。

表5-2 我国泥石流主要发生区的岩性、断层、地震活动及其气候特征

地区	岩 性	断层及地震活动	气候
大盈江	混合花岗岩，片麻岩，变粒岩，混合岩，云母片岩，千枚岩，板岩；钙质、碳质粉砂岩，千枚岩夹大理岩；白云质灰岩；砂砾岩、泥质砂岩、粉质泥岩、碳质页岩等	断层：大盈江弧形断裂，断层面倾向北西，为顺扭的压扭断裂；断裂南盘弧顶东侧应力集中，次级纵向和横向断裂发育，岩层多破碎，糜棱岩发育 地震：强烈、频繁的地震主要集中于北部腾冲地区，震级不大(最大6.5级)。1521年以来5级地震以上71次	亚热带，为印度洋季风气候区，干湿分明，流域年降水86%集中在5~10月，6~8月集中年降水量的60%；流域年降水量随海拔增加而递增

（续）

地区	岩 性	断层及地震活动	气候
小江流域	砂岩，粉砂岩，泥岩，泥岩夹灰岩，灰岩，白云岩，页岩，石英砂岩，泥岩，灰岩，细砂岩，砂岩粉，板岩，千枚岩	断层：地处构造带叠加过渡部位，小江深大断裂由 1 ~ 7 条断层组成，破碎带最大可达 20km。为一条压扭性断裂，断裂两侧岩石强烈基岩，挤压破碎带宽，钙质胶结，断面呈 55°左右向东倾斜 地震：该区是我国著名断裂带之一，地震活动强度大，频率高，震源浅，破坏性极大，最近一次地震为 1966 年 6.5 级地震	处于东南季风和西南季风交汇区附近。气候为亚热带季风气候；气候垂直地带性明显，可划分为亚热带半干旱、暖温带半湿润、高温带湿润高山气候，年降水量为 600 ~ 1200mm，年蒸发量为 1700 ~ 3752mm
白龙江流域	砾岩、砂砾岩，砂岩，泥灰岩，灰质页岩、页岩，板岩、石英砂岩，条带状灰岩，千枚岩、泥质板岩、灰岩、细砂岩、粉砂岩，砂岩，板岩，薄层粉砂岩	断层：影响最为强烈的是迭部—白龙江断裂，西段和中断为左旋性质，东段呈弧形，北侧为挤压性质隆起，表现为左旋兼压扭性质 地震：浅源地震居多，历史上发生 6 级以上的地震 36 次，区域地震动峰值速度在 0.20 ~ 0.3 之间	分布于东南季风和西南季风交汇区附近，下游为亚热带气候，中游为温带季风气候，上游属于高寒气候；主要特征是非水平地带性，多年平均降水为 514.5mm；年降水量为 400 ~ 1110mm 之间，4 ~ 9 月降水占全年 80% 以上
北京山区	该区岩石种类齐全，有侵入岩，喷出岩，各类变质岩，碳酸盐岩，沉积碎屑岩，火山碎屑岩都有出露。泥石流分布区主要有：砾岩、砂砾岩夹泥岩、细砂岩、钙质胶结红土，砂岩、粉砂岩、泥岩、白云质灰岩、白云岩、页岩、石英片岩、大理岩等	断层：该区断裂较多，影响泥石流形成几条主要断裂，如：长哨营—古北口，南口—平古，紫荆关—大海坨，丰台—怀柔—白马关，黑峪关—居庸关—良乡西，怀柔—采育，怀柔—沙场—墙子路，沿河城—南口—琉璃庙断裂带等 地震：据资料，从 1057 年到 1976 年间，北京及邻近地区震级≥6 的地震次数有 27 次，平均约 34 年 1 次	处于暖温带半干旱、半湿润季风气候区，四季分明区内年平均降水量为 400 ~ 800mm，最大 24h 降水量达 500mm，最大 1h 降水量 150mm

5.1.4 气候条件控制

气候的地带性导致了泥石流的分布具有地带性。

我国降水分布大致上自东南向西北减少，局地性暴雨多出现在西部山区。尤其是久旱后遭遇暴雨容易形成泥石流。在局部山区，受地形因素影响，降水量在山地多于河谷，迎风坡多于背风坡，而气温则河谷高于山地，因而形成著名的干热河谷区。谷地中有丰富的碎屑物质，又具有充足的水流，因此有利于泥石流发育。我国西南山区特别是干旱河谷夏季暴雨集中，泥石流沿干旱河谷呈带状分布，形成金沙江、岷江、雅砻江、大渡河等串珠状泥石流分布带。西北地区干旱少雨，但局部地区暴雨较多，泥石流发育。青藏高原气候寒冷，冰川发育，山区寒冻风化作用强烈，因而在高山峡谷区道路沿线冰川泥石流分布广泛，危害极为严重。我国沿海，如浙江、福建、广东等地的山区，因夏季暴雨集中，常出现台风暴雨泥石流。

5.1.5 非地带性规律

所谓非地带性规律是指泥石流与人类不合理的经济活动密切相关。长期以来，随着我国经济发展和人口增长，人们在山区的经济活动日益增多，如因修路、筑路、采矿、伐木、开荒等社会经济活动，造成山区地表植被、土壤抗蚀层、风化壳剥落、破坏，矿渣废土乱丢弃，斜坡稳定性遭到破坏，沟谷堵塞，排水不畅，地下水位上升等，促成老泥石流沟复活或产生新泥石流。人为造成的泥石流呈多点分布的特征。

5.2 泥石流的分类、特征及形成机理

5.2.1 泥石流的分类和成因

目前，国内外泥石流分类方法很多，如按照形成条件的三大基本要素，暴发规模与频率，危害程度，固相物质组成，力源条件，流体性质和流态，发育阶段，形成环境与人类活动，发展历史，运动和岩土体类型等。根据泥石流综合成因，按照泥石流形成条件、机理、动力作用和诱发因素，活动现状和发展趋势，自身组成和力学性质，以及潜在规模和危害程度等进行分类。

5.2.1.1 按形成条件分类

泥石流形成的三大主要条件即物源、水源和沟床比降。物源条件即丰富的松散固体物质，是泥石流形成的基础，水源主要为暴雨、冰川融水和溃决洪水。

(1)水体供给条件

①暴雨型　此类泥石流是地球上广泛分布的一类，特别是中国西部山区，香港、台湾，每年因暴雨和台风带来的强降雨引发的泥石流给当地造成严重危害。

②冰雪融水型　源于高寒山区因积雪消融、冰崩导致冰湖溃决，以及雪崩产生泥石流。主要分布在我国西藏高原的东南部冰川积雪地带。

③溃决型　因水库、堰塞湖，高山冰湖、滑坡、崩塌形成的临时性湖泊溃决而引起的泥石流，如图5-1所示。

(2)物源供给条件

①泥石流　我国广大山区，尤其是西部山区常见的类型。这类泥石流物质组成级配宽，从最小的黏土到最大的漂石。一般还细分为稀性和黏性泥石流。稀性泥石流容重一般小于1.5t/m^3，黏粒含量小于3%，颗粒组成直方图多为单峰，流型为连续流，有明显紊流。黏性泥石流容重从1.5～2.3t/m^3，黏性颗粒占固体物质3%以上，颗粒级配直方图多为双峰型，流型为阵性，无明显紊流特征。

②泥流　主要发生在第三、四系地层广泛分布的地带，尤其是我国西北的黄土高原。由于缺乏粗颗粒，一般都是泥流和高含沙水流。泥流以黏性土为主，含少量砂粒、石块，黏度大，呈稠泥状。

③水石流　主要发育在风化不严重的火山岩、灰岩、花岗岩等基岩地区。这类泥

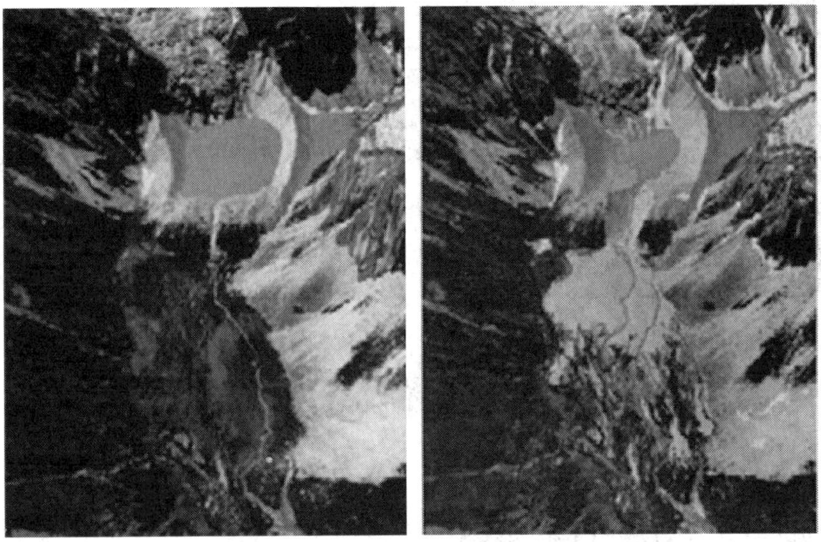

图 5-1 典型冰湖溃决型泥石流

石流在我国华山一带分布最为典型。由水和大小不等的砂粒、石块组成。

(3)按集水区地貌特征

①典型泥石流沟 具备明显的清水区、形成区、流通区和堆积区，形成区和流通区往往发育多条支沟，分布有大量滑坡、崩塌等不良地质体，如图 5-2 所示。

②沟谷型泥石流 流域多为长条形，形成区不明显，流通区沟岸、斜坡是物源主要供给区。

③坡面型泥石流 是发育在高位斜坡上各种崩塌土体经崩落、滑动、液化、加速等过程转化形成，无明显的清水区，流动过程中往往产生切沟和冲沟，如图 5-3 所示。

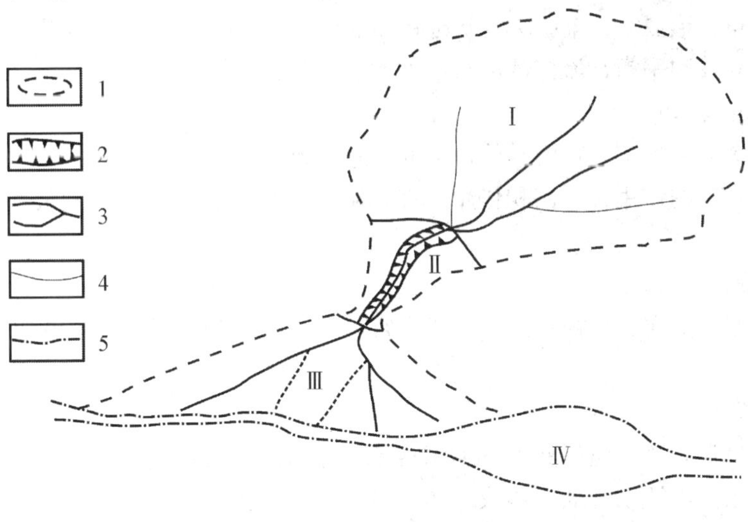

图 5-2 典型泥石流沟流域特征和分区

Ⅰ. 形成区 Ⅱ. 流通区 Ⅲ. 堆积区 Ⅳ. 堰塞湖

1. 流域边界 2. 分区边界 3. 常流水沟道 4. 无常流水沟道 5. 峡谷区

（a） （b）

图5-3 典型+沟谷+坡面泥石流

（a）岷江上游河段典型的坡面泥石流 （b）小江流域典型的坡面泥石流和沟谷型泥石流

5.2.1.2 按泥石流活动现状和发展趋势

泥石流在一个发育周期中，其发生、发展和消亡大体可分为幼年、壮年和老年期。但发生的频率、规模，与流域坡面、沟谷形态演变，侵蚀过程以及物源供给密切相关，所以流域形态的演化特征也是反应泥石流发育程度、活跃程度和发展趋势的重要依据和指标。

（1）*发展期*

集水区山坡以凸为形态，形成区分散，侵蚀作用不太明显。不良地质过程日趋严重，多发于新生V型沟。流通区较短，堆积扇坡降大，扇面增高、扩大，暴发频率、规模逐渐增大，激发条件逐渐降低。

（2）*强盛期*

坡型从凸转凹，沟岸坡极不稳定，滑坡、崩塌、面蚀、沟蚀非常发育，沟道堆积、堵塞严重，形成区逐渐扩大，流通区发育完全，泥石流活动极其活跃，泥石流激发条件低，暴发频率高，流体浓度大，冲淤、拉槽作用强烈。

（3）*衰退期*

物源逐渐趋于稳定，物源补给速度和数量逐渐减少，纵坡变缓，物质以沟槽侵蚀和搬运为主，冲刷作用大于淤积作用，堆积扇趋于平缓，泥石流激发条件增高，暴发频率降低。

（4）*停歇期*

沟、坡基本稳定，植被良好，沟槽中常流清水。堆积区稳定，扇面上有水流深切的槽谷。

（5）*潜伏期*

未发生过泥石流，但是具备发生泥石流条件的沟谷或自然因素不具备泥石流发生的条件，由于人类活动增加土体或水体供给有可能产生泥石流的集水区，暂时表现出未发生泥石流的迹象，但存在发生的风险。

5.2.1.3 按泥石流形成的动力条件

(1)土力类

由于陡坡上准泥石流体含水量增加或因震动等，使自重产生的剪切力增大，抗剪强度减小，当剪切应力大于抗剪强度时，准泥石流体就会触变起动形成泥石流。该类泥石流含沙量高，通常是由崩塌、滑坡的饱和土体演化形成。根据其受力以及运动形式或者土体的来源性质还可以分为滑坡型和崩塌型泥石流。

(2)水力类

多发育在山区的沟谷和有常流水的溪流中，水土受坡面以及沟槽强烈侵蚀形成，容重小于土力类泥石流。泥石流体的组成和源地土不同，水土易离析，流体含水量大于土体饱和含水量。按水流侵蚀表现形式还可以细分为坡面侵蚀型和河床侵蚀型。

5.2.1.4 按泥石流体性质分类

按泥石流体性质进行分类，常用指标是泥石流体容重，但是因其物质组成不同，同一流体容重下的代表粒径(如中值粒径 d_{50}，d_{cp})也不同，这些分类中需要附加一些泥石流体的流变特征值。按照泥石流体容重和土水比值对其进行分类，如图 5-4 所示。

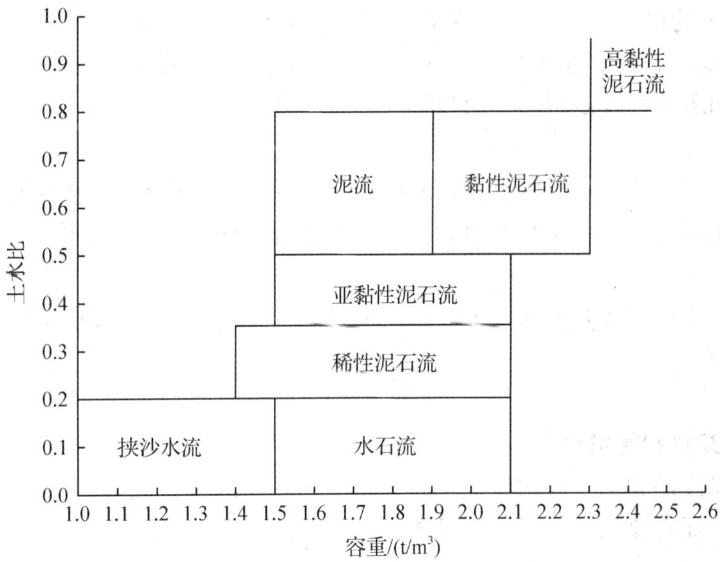

图 5-4 按容重和土水比进行泥石流分类

(1)稀性泥石流

稀性泥石流又称为过渡性泥石流，水为搬运介质，石块以滚动或跃移方式前进，具有强烈的下切作用。其堆积物在堆积区呈扇状散流，停积后似“石海”。容重为 1.4～1.7t/m³，土水比为 0.2～0.5。泥石流中的浆体为小于 0.005mm 的黏粒组成，沙粒几乎转变为悬移质，砾石成为推移质，因浓度和黏性不是很强，接近水流特性，其屈服应力 τ_b 为 2.0～7.0Pa，黏度 η 为 0.1～0.15Pa · s。

(2)亚黏性泥石流

容重为1.7~1.95t/m³，土水比为0.35~0.6。具备一定的结构力和黏滞力，搬运能力增加。其屈服应力 τ_b 为7.0~20Pa，黏度 η 为0.15~0.5Pa·s。

(3)黏性泥石流

容重为1.95~2.3t/m³，土水比为0.6~0.75。水不是搬运介质，而是组成物质。黏性泥石流稠度大，石块呈悬浮状态，暴发突然，持续时间短，破坏力大。这类泥石流体中石块密集，浆体很黏稠，充填在固体颗粒之间。本应增加黏性强度，但是浆体在石块之间形成泥膜，起到了润滑作用，反而减小了运动阻力。黏性泥石流运动速度极快，一般为4~8m/s。浆体流变值 τ_b 达100Pa，黏度 η 达3.0Pa·s。

(4)高黏性泥石流

自然界中很少发生这类泥石流，其容重超过2.3t/m³，土水比大于0.7，泥石流中浆体更加具有结构力和黏滞力，运动过程中石块之间浆体变形所产生的阻力很大，导致泥石流运动速度非常缓慢，速度一般在1m/s左右，运动过程中大于2mm的颗粒非常密集，发生相对位移非常困难，常常保持一定的结构，呈蠕动或者层动运动。

(5)水石流

水石流一般发生在岩性破碎、质地坚硬的流域，物质组成以粗颗粒为主，特别是大于2mm以上的块石、砾石占总体90%以上，有极少沙和粉沙，黏性颗粒极少，容重至少在1.5t/m³以上，土水比小于0.2。其运动时，石块在水流中呈推移、跳跃、碰撞，其发生和运动具有强烈的冲刷和石块剧烈碰撞。

(6)泥流

泥流是水石流的另一个极端，因固体物质来源中缺乏粗颗粒而细颗粒中黏土颗粒含量很高。泥流主要发生在我国西北黄土高原地区，是黄河泥沙的提供方式之一。

(7)高含沙水流

一般发生在泥石流开始和结束阶段，容重1.5t/m³以下，土水比小于0.2，流动过程与水流相似。

5.2.1.5 按规模和暴发频率

泥石流暴发的频率、间歇期变化颇大，不同频率的泥石流与物源性质、储量、植被紧密相关。泥石流规模是工程技术人员在进行防治工程设计和泥石流危险性评价的重要指标，具体分类见表5-3、表5-4所列。

表5-3 按泥石流规模分级

级别	分级指标	
	泥石流一次堆积总量/(×10⁴ m³)	洪峰流量/(m³/s)
特大型	>100	>200
大型	10~100	100~200
中型	1~10	50~100
小型	<1	<50

表 5-4 按泥石流暴发频率分级

级别	暴发频率
高频	多次/1 年，1 次/几年
中频	1 次/十几年、几十年
低频	1 次/上百年、几百年

5.2.1.6 按泥石流运动流态

(1)紊流型

紊流流态的泥石流体可分为浆体和固体颗粒两部分。水和细颗粒组成浆体作为搬运介质。容重一般为1.5～1.8t/m³，石块随浆体推移跳跃前进，流体波浪翻滚，流面破碎，紊动强烈。泥石流紊动与普通挟沙水流紊动基本相似，存在有脉动、涡动和环流。

(2)层流型

容重可达到2.3t/m³。流体中除漂石之外，石块与浆体同速。龙头有紊动，龙深和龙尾光滑平顺，层间有摩擦，流线受到干扰，石块略有转动。流速一般大于4m/s。

(3)蠕流型

容重高达2.3t/m³以上，接近泥石流的极限浓度值。流体中粗颗粒紧密镶嵌排列，颗粒间浆液黏滞力很大，流体结构力不受破坏。速度慢，一般小于1m/s。

(4)扰动流

扰动流是黏性泥石流的常见流态，处于紊流和层流之间。这种流体静止时能悬浮或承载很大的石块，强烈扰动时可将更大的石块托起或卷入流体。

(5)滑动流

滑动流主要特点是流体运动时，具备一个内部无相对位移、结构基本不变的滑动体核。体核与底床之间流动层内往往呈扰动流，石块旋转翻滚，搅动十分强烈。有时也呈蠕动流，即速度缓慢，流线大致平行，无明显的层间交换。滑动体核与流动层之间往往是逐渐过渡，相互转化的。

以上5种泥石流流态之间并无明显的界线，往往随底床的变化而相互转化。

5.2.1.7 按泥石流运动流型

(1)连续流

从形成、运动到结束都是连续的过程，中间无断流。仅有一个高峰，可以有一定的波状起伏或者不规则的阶梯。这种起伏与洪水相比非常明显，连续流多见于稀性泥石流。

①黏性泥石流连续流流态　黏性泥石流连续流容重一般在21.0～22.5kN/m³时，持续时间长。流动过程一般是初期有一个高峰波，此后是一些起伏不大的小波，但总的趋势逐渐变小。流速比同等条件下的黏性阵流大，常超过8m/s。对沟床、沟岸有较强冲刷侵蚀作用。

②稀性泥石流流态　东川蒋家沟泥石流观测结果表明：过渡性和稀性泥石流过程本质上是黏性泥石流快结束时的一种次生过程。当形成区停止物源补给后，由于进入

泥石流沟槽中的固体物质减少，故流量和流速也随之减小。流体中的粗颗粒物质开始有分选地落淤，容重渐变为13kN/m³。这一过程结束后为河床正常流水粗化河床的过程。而对于黏粒含量较少，本质就属于稀性泥石流的运动，紊动较强，固相颗粒呈推移或跳跃运动，泥石流体中固液分相流速差异较大。

(2)阵性流

阵性泥石流是泥石流运动过程中的一大特点。两阵流之间有断流，泥深、流速、流量过程线均为锯齿状，两阵性泥石流之间的流量为零。一般阵性流头部、中部以及尾部称为龙头、龙身、龙尾，如图5-5所示。阵性流根据速度大小可分为3种情况：

图5-5 前后两阵泥石流

(高速和低速龙头紊动对比)

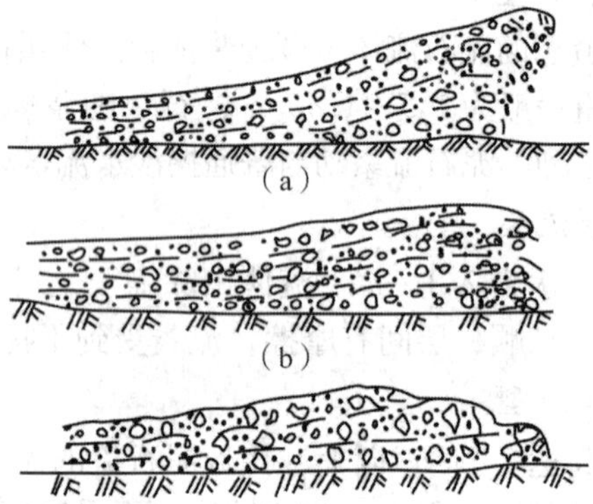

(a)

(b)

(c)

图5-6 3种不同形态的泥石流龙头

(a)高速型 (b)低速型 (c)过渡型

①高速阵流形态 阵流迎面高陡，几乎垂直于河床面。头部速度最大，而后向尾部逐渐减弱。泥石流的流态从龙头的强烈紊动快速过渡到龙身弱紊动和龙尾光滑平顺层流。龙头因强烈紊动存在虚拟高度，如图5-6(a)所示。

②低速阵流形态 龙头低矮，迎面较陡。流速较小，泥石流紊动较弱。由于没有飞溅的泥石流体脱离整体运动，不存在虚拟高度。从龙头至龙尾光滑平顺，属于典型的层流，如图5-6(b)所示。

③过渡型阵流形态 由于多种因素共同作用，龙头速度波动较大，但流速和泥深从龙头向龙尾逐渐变小的趋势仍然存在，如图5-6(c)所示。一般来说，龙头越高，阵流越长。沟槽流的宽深比为10~20，而床面流的宽深比为30~50。

高速和低速泥石流龙头紊动如图5-7所示。

(a) (b)

图5-7 阵流形态

(a)高速泥石流龙头强烈紊动 (b)低速泥石龙头弱紊动

5.2.2 泥石流活动特征及其灾害

5.2.2.1 活动特征

(1) 突发性和灾变性

泥石流暴发突然，历时短暂。一场泥石流从暴发到结束分钟或几十分钟。泥石流突发性常常给山地环境带来灾变，包括强烈侵蚀、淤积，的搬运能力和严重的堵塞，以及由于泥石流强烈的侵蚀能力导致流域生态环境条件等。

(2) 波动性和周期性

我国山区泥石流活动时强时弱，具有波浪式的变化特点，具有明显动期和平静期。活动周期性主要取决于激发雨量和松散固体物质补给速度。

(3) 群发性和同发性

当泥石流沟具备大量的松散物源体，且遭遇一定频率暴雨后，区域中多数流会在峰值降雨时段同时暴发泥石流。例如，汶川地震灾区后北川、清平、都江堰、映秀在 20 年一遇暴雨下的群发性泥石流灾害点具有近似的成因特征。

(4) 常发性

这种类型的泥石流一般是由于高频率的泥石流沟引发，如云南东川蒋家沟泥石流，每年发生泥石流几次到几十次。

(5) 夜发性

我国泥石流时间多发生在夏秋季节的傍晚或者夜间，具有非常明显的夜发性，如 2008～2013 年国内发生的几次泥石流，见表 5-5 所列。

表 5-5 2008～2013 年国内部分泥石流事件暴发时段

泥石流事件	时 间	泥石流暴发时段
舟曲	2010 年 8 月 7 日	00:00～01:00
北川	2008 年 9 月 24 日	05:00～06:00
清平	2010 年 8 月 13 日	23:00～00:00
都江堰	2010 年 8 月 8 日	20:00～21:00
矮子沟	2012 年 6 月 28 日	05:00～06:00
汶川	2013 年 7 月 10 日	02:00～03:00
映秀	2010 年 8 月 14 日	03:00～04:00

(6) 转发性

转发性一般指因滑坡转化形成的泥石流。这类泥石流暴发突然，来势迅猛，速度快，搬运能力和破坏性强，运动范围所波及之处建筑物严重受损甚至全部摧毁。如云南个旧的老熊洞滑坡型泥石流冲毁一个工厂，造成 100 余人死亡；四川境内南江滑坡转化成泥石流也使百余人丧生；四川省美姑县发生特大滑坡泥石流灾害，使 4 个村庄 1527 人死亡，151 死亡。

5.2.2.2 泥石流危害

我国山区泥石模大、危害严重、数量多、危及面广、活动频繁、重复成灾且类型多危害差泥石流的危害方式多种多样，主要有冲刷、冲击、磨蚀、淤埋等。

(1)冲刷

泥石流作用，在沟道的上游段以下切侵蚀作用为主，中游段以冲刷、旁蚀为主，下游堆积过程中时有局部冲刷造成危害。

①泥流上游冲刷下切作用　泥石流沟上游坡度大，沟道狭窄。随着沟床刷深，两岸坡加大，临空面增高，滑坡、崩塌体进入沟道，成为堵塞体或为沟床堆积物。然后石流冲刷堆积体，再次刷深沟床。周而复始，山坡不断后退，破坏坡耕地和村。

②泥石流中游的冲刷旁蚀作用　泥石流对中游沟道的冲刷作用包括下切、局部冲刷和旁蚀。泥石流中游沟段纵坡较缓，多属流通段，冲淤交替。黏性泥石流旁蚀不明显，一般出现于主流改造过程中。稀性泥石流旁蚀作用明显，主流可来回摆动。泥石流的旁蚀作用，可毁坏两岸耕地，废弃引水口，严重影响农业生产。

③泥石流下游的局部冲刷　泥石流下游沟道一般以堆积作用为主，但在某些因素出现后，可引起强烈的局部冲刷，直接影响到工程安全。如云南东川蒋家沟下游，在1984年8~9月期间，连续几次规模较大的黏性泥石流刷深沟床约4m，使导流堤砌石护坡基础外露、掏空。

(2)冲击

泥石流的冲击作用包括动压力、大石块的撞击力以及泥石流冲击所引起的冲高、爬高和弯道超高等。

①动压力和撞击力　泥石流浆体动压力和石块撞击力共同组成了泥石流冲击力。这两部分作用互相叠加后破坏作用加大。泥石流体中巨砾的撞击力具有更大的破坏性，它具有集中力和冲击荷载的特点，不仅数值大，而且往往集中于被撞构件的某一点，其破坏作用常远大于浆体的动压力。泥石流中大块石的冲击力是造成许多工程损毁的主要原因，如图5-8所示。

图5-8　泥石流强大的冲击力使拦挡坝、房屋顶被毁

②冲高、爬高与弯道超高　这些现象是由泥石流自身直进性决定的，由运动路径上障碍物位置（即与主流交角）的差异、流体的动能转变为位能导致。

（3）堆积

泥石流的堆积作用主要出现于下游沟道，尤其在堆积扇。但在某些条件下，中、上游沟道亦可发生局部（或临时性）堆积作用。此外，泥石流的强烈堆积和堆积扇区的迅速扩大，在它与主河交汇处往往造成主河被推挤向另一侧，如图 5-9 所示。

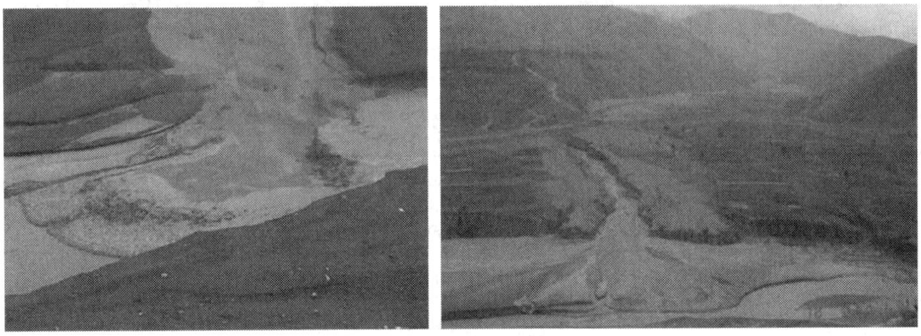

图 5-9　蒋家沟入汇小江口巨大的堆积扇使小江河道被挤向对岸

（图片来自中国科学院东川泥石流观测研究站）

①泥石流中、上游沟段的局部堆积　泥石流中、上游局部堆积既可增加后续泥石流的峰值流量，又可淤高河床，促进沟床改造。这两者均可增加泥石流成灾率和损失量。

②泥石流下游沟道或堆积扇沟道的堆积　泥石流进入下游沟段，由于沟床比降减小，沟道展宽，或沟道束流作用消除，便发生堆积。成昆铁路有 7 个车站先后 9 次遭泥石流淤埋（兼有局部冲刷）。许多泥石流堆积区，除人烟稀少偏僻山区外，均为良田和居民所在地。如凉山黑沙河、东川大桥河泥石流堆积扇，100 余年前均为居民点密集的耕作区；小江 100 年前河床宽仅数米至数十米，两侧农田连片，现在大部分耕地已被泥石流堆积物所覆盖。

③堵塞主河　当主沟泥石流流量几倍于主河的流量时，大量泥石流堆积，便可堵断主河，形成堤坝，上游出现临时性湖泊。一方面临时湖泊淹没原有的耕地、居民点、交通线路设施等；另一方面堤坝溃决形成强大的溃坝流量，对下游沿岸耕地、居民点、桥梁的安全造成严重危害。

（4）灾害链

与泥石流相关的灾害链形式较多，大体归纳起来有以下两点：①泥石流堵河造成上游壅水淹没和下游溃决洪水灾害；②堰塞体、拦挡坝级联溃决导致泥石流沿沟道运动路径上侵蚀、携带的固体物质增多，加上泥石流沟床比降大，导致洪峰流量激增，沟床下切侵蚀加剧，沟道两侧岸坡失稳，使更多的物源体参与到泥石流形成过程中。另外还有冰川跃动—冰湖溃决—泥石流—洪水，崩塌、滑坡—泥石流—堰塞湖—溃决洪水等。

泥石流除上述几种主要危害方式外，还有磨蚀、振动、气浪等次要危害形式。

5.2.3 泥石流形成机理

泥石流形成与起动是泥石流研究的核心问题，也是泥石流灾害防治的理论基础。泥石流形成理论主要涉及三方面问题：一是成因分析；二是起动机理与起动条件；三是汇流机理。其中，起动问题和汇流问题是难点，目前多数研究都集中于成因分析上。现将国内外关于泥石流起动比较典型、有代表性的研究汇总见表5-6所列。

表5-6 国内外泥石流起动机理研究现状

类别	起动模式或机理方程*	理论依据及特点	应用性	作者/出处
水力类	$\frac{\tan\theta}{\tan\varphi}=\frac{(\rho_T-\rho_S)(H_T-H_{TC})}{\rho H_0+\rho_T H_T}$	两相流；能量平衡；考虑了细粒浆体作用；河床质起动	稀性泥石流	斯捷潘诺夫，1986
	$\frac{\tan\theta}{\tan\varphi}=\frac{C_*(\rho_S-\rho)}{C_*(\rho_S-\rho)+\rho\left(H\frac{h_0}{a_1}\right)}$	离散力；极限平衡条件；清水作用；河床质起动	稀性泥石流	Takahashi，1978，1980，1981
	$\frac{rqJ}{k_c}$	两相流；能量平衡；考虑了细粒浆体作用；河床质起动	稀性泥石流 亚黏性泥石流	王兆印和张新玉，1989
土力类	$\frac{\tan\theta}{\tan\varphi}$	土坡极限平衡；φ 随含水量减小	黏性泥石流	康志成，1988
	$\frac{F_d}{F_{rs}}$	颗粒流态化	黏性泥石流，滑坡	Ashida 和 Egashira，1985，1986；Egashira 和 Ashida，1985
	$\frac{\tau_1}{\tau}$	土体极限平衡；考虑底部饱水及 φ、c 随含水量而变化	黏性泥石流，滑坡	维诺格拉多，1969

*：驱动力 $F_d=\rho_b gH\sin\theta$；颗粒摩擦力 $F_{rs}=\{(1-\lambda_m)(\rho_s-\rho_{fm})gH\cos\theta\}u_k$；抗滑力 $\tau_1=H[h(\rho_s-\rho_\varepsilon)(1-\varepsilon)\tan\varphi_{SW}+\gamma_W(1-h)\tan\varphi_W]\cos^2\theta+C_{SW}h+C_W(1-h)$；下滑力 $\tau=H\{h[\rho_S(1-\varepsilon)+\rho\varepsilon]+(1-h)\gamma_W\}\sin\theta\cos\theta$；$\theta$——底床坡度，°；$\varphi$——松散堆积体内摩擦角，°；$\rho$，$\rho_s$，$\rho_T$——分别为水、松散颗粒和悬浮体的密度，kg/m³；H_0，H_T，H_{TC}——分别为上部液相层厚度、悬浮体分解时形成固相层的厚度和可动固体层厚度，m；C_*——堆积层砂砾体积浓度，N/m³；h_0——表层流水深，m；a_1——不稳定层厚度，m；γ——液相浓度，kN/m³；q——液相单宽流量，m³/s；J——起动段坡降，无量纲数；k_c——激发泥石流起动的最小能量，J；g——重力加速度，m/s²；H——流动层厚度，m，维氏模式中代表松散堆积体的堆积厚度；ρ_b，ρ_{fm}——运动或将动体体积密度和动态流体密度，kg/m³；λ_m——动态孔隙度；u_k——颗粒之间的动摩擦系数，无量纲数；ε——松散堆积体孔隙度，%；h——松散堆积体内沿隔水层表面流动的水体厚度，m；γ_w——为含水量函数的松散堆积体容重，kN/m³；φ_{sw}，φ_w——分别为松散堆积体饱和含水量和作为含水量函数的内摩擦角，°；C_{sw}，C_w——分别为松散堆积体饱和含水量和作为含水量函数的凝聚力，Pa。

5.2.3.1 泥石流形成条件

(1)物源条件

松散物源体是泥石流形成的物质基础。内力地质条件，如构造、新构造运动、地震及其火山活动等；外力地质作用如风化、重力地质作用、流水侵蚀和搬运等，共同影响着松散碎屑物质的数量多少和类型特征。地质构造对泥石流发育和形成产生直接影响。断裂带范围内岩石破碎、断层和裂隙发育，多生成角砾岩、糜棱岩、压碎岩类。构造断裂通过地段地貌升降运动剧烈，相对高差大，有利于泥石流形成。岩石质地越坚硬，结构越密实，耐风化作用能力越强；质地越软的岩石，抗风化作用能力差，易形成深厚的风化壳。沉积岩中的半成岩以及松散堆积层储量、发育程度与泥石流活动密切相关。

(2)水源条件

受我国降雨的空间分布，大体上自东南向西北递减。其中半湿润、半干旱的气候条件对泥石流形成最为有利，如川滇之间的西南季风控制区，干湿季节分明，冬春干旱期长，夏季降雨集中，多出现局地暴雨天气。广大的湿润气候区，如江南低山，贵州、四川盆地周边地区一代的低山、中山，虽然年平均降雨量大于1200mm，气温日较差较小，降雨充沛，多暴雨。东南沿海低山地区地表植被条件较好，因台风暴雨使物源体被径流频繁携带，积累速度相对缓慢，因此泥石流分布稀疏，频率低。

(3)地形条件

地形条件主要为泥石流形成提供势能条件，主要体现在流域纵比降、相对高度、流域形状以及沟谷形态等方面。

流域形态主要对雨水和降雨径流过程有明显的影响。一般说来，泥石流汇流的流域形状是漏斗形、桃叶形、栎叶形、柳叶形和长条形。

泥石流沟的沟谷发育程度与普通沟谷发育程度大体相同，从横剖面上看有“V”和“U”槽型谷之分，表征了沟谷的先后发育过程。纵剖面上沟谷的形成和发展，是流水的下蚀作用及其溯源侵蚀的综合作用，如图5-10所示。与普通沟谷明显不同的是，泥石流沟谷流域面积较小，流域内侵蚀搬运堆积的松散碎屑物数量很大，溯源侵蚀速度快。泥石流沟沟床纵坡大小表征了泥石流的能量以及活动强度。流域面积越大，上中游有支沟泥石流汇入，沟床平均纵坡比较小，一般5%~30%，沟床纵坡曲线上段陡，下段缓，呈上凹型，下游沟床开阔，可容纳大量的泥石流堆积。坡面型泥石流或冲沟泥石流流程短，沟床形态单一，无支沟汇入，沟床平均纵坡较大，一般不小于30%，沟床纵坡呈直线型。沟床纵坡变缓，泥石流活动逐渐减弱，一般小于5%，过渡为清水沟。

图5-10 云南东川蒋家沟典型溯源侵蚀区

5.2.3.2 泥石流起动机理

自然界中主要有两大类泥石流形成模式：一种是随着水流运动的加强，河床中的泥沙自起动到发展成泥石流；另一种是由位于高位斜坡上松散土石体随着含水量增加开始起动，土石体在高速下滑过程中受到强烈扰动和液化而形成的泥石流。这两种泥石流具有不同的泥石流形成机理，国内外也具有不同程度的研究。

(1)水力类泥石流

日本泥石流学者高桥堡提出基于河床质起动的泥沙运动理论：沟道中松散沉积物厚度为 D，降雨过程中在倾角为 θ 的溪沟内形成水深为 h_0 的径流对松散沉积物的剪应力或水流对固体颗粒的拖曳力以及抗剪切力，按照它们之间大小关系，讨论沟道松散物质的起动条件。水力类泥石流起动剪应力分布特征如图5-11所示。

剪应力：$$\tau = g \times \sin\theta[C_*(\rho_m - \rho)a + \rho(a + h_0)] \tag{5-1}$$

抗剪切力：$$\tau_L = g \times \cos\theta[C_*(\rho_m - \rho)a + \rho_m d/\cos\theta]\tan\varphi \tag{5-2}$$

式中：τ——剪切力；

θ——沟道纵坡；

C_*——堆积层土石体的体积浓度；

ρ_m——土石体密度；

ρ——水密度；

a——土石体发生流动层厚度；

h_0——径流水深；

τ_L——抗剪力；

φ——土石体的内摩擦角。

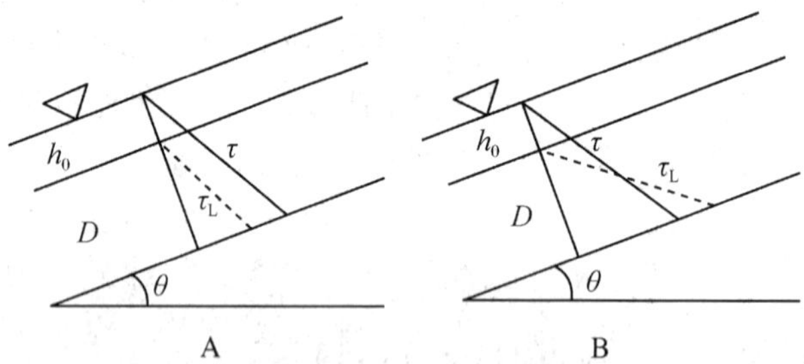

图5-11 水力类泥石流起动剪应力分布特征

(2)土力类泥石流

土力类泥石流起动研究多基于土坡极限平衡理论。这方面的研究适用于斜面上松散堆积体由于含水量增加，强度降低，在重力作用下失稳下移形成黏性泥流的情况。

①土体液化机理 土力类泥石流，尤其是滑坡转化为泥石流，一般认为是由于不排水荷载造成。当沟床中碎屑体内部产生不排水荷载时，造成沟床物质的液化破坏和颗粒物质碎屑化。美国 Iverson 教授认为滑坡转化为泥石流形成过程有3个重要条件：坡面碎屑体内部的广泛库伦破坏，高孔隙流体压力造成土体部分或全部液化以及滑坡滑动时动能转化为内部颗粒的振动能。

②非饱和土力学理论 依据非饱和土强度理论，可将降雨型泥石流的形成划分为两个阶段：

第一个阶段：非饱和固体松散物质由于含水量持续增加，基质吸力引起的抗剪强度丧失阶段。在此阶段，没有足够的水量不会发生泥石流，但有可能发生固体松散物质构成的斜坡位移变形，以及斜坡稳定性降低，产生滑坡。当土体处于非饱和阶段时，由基质吸力引起的抗剪强度随含水量变化呈负幂函数关系。

溯源侵蚀区松散固体物质在泥石流形成之前处于非饱和状态，其抗剪强度可以表示为：

$$\tau = c' + (\sigma_f - u_a)tan\varphi' + (u_a - u_w)\tan\varphi^b \tag{5-3}$$

Fredlund(1978)非饱和强度公式：

$$\tau = \frac{(u_a - u_w)_r}{\left[\frac{(u_a - u_w)_r}{(u_a - u_w)_b}\right]^{\frac{\theta-\theta_r}{\theta_s-\theta_r}}}\tan\varphi^b \tag{5-4}$$

沈珠江公式：

$$\tau_{us} = \frac{(u_a - u_w)_r}{\left[\frac{(u_a - u_w)_r}{(u_a - u_w)_b}\right]^{\frac{\theta-\theta_r}{\theta_s-\theta_r}} + d\,(u_a - u_w)_r}\tan\varphi' \tag{5-5}$$

第二个阶段：饱和固体物质因含水量持续增加，孔隙水压力增大，有效应力减小，发生泥石流。

$$\tau = c + (\sigma - u_w)\tan\varphi \tag{5-6}$$

式中：u_a——破坏时在破坏面上的孔隙气压力；

u_w——破坏时在破坏面上的孔隙水压力；

$(u_a - u_w)_r$——残余含水量所对应的基质吸力；

$(u_a - u_w)_b$——土的进气值；

φ'——与净法向应力有关的内摩擦角；

c——饱和固体松散物质的黏聚力；

σ——破坏面上的正应力；

φ——饱和固体松散物质的内摩擦角；

φ^b——抗剪强度随基质吸力而增加的速率。

③泥石流尖点突变模型 崔鹏强调了水分饱和度、细颗粒含量、坡度三者在转化过程中的重要作用，通过泥石流起动试验给出了泥石流起动的定义。概括泥石流起动的过程包括两个阶段：侵蚀搬运形成准泥石流体和准泥石流体起动转变为泥石流。将泥石流起动条件定义为：

$$D\theta + A_1S_r^2 + A_1S_r + \frac{B}{C - B_1} + F = 0 \tag{5-7}$$

式中：θ——底床坡度；

S_r——土体的饱和度；

C——颗粒级配；

F ——由边界条件所确定的参数。

并建立泥石流起动模型：

$$\theta - 8.0062S_r - 2.4859S_r^2 - \frac{3.4896}{C - 0.0996} + 7.0195 = 0 \tag{5-8}$$

在此基础上，推导了泥石流起动条件曲面 S_c 。泥石流起动模型就是一种尖点突变模型，起动具有突变、渐变和中间状态3条路径，分别对应加速起动、缓慢起动和常速起动。

5.2.3.3 泥石流产、汇流机理

泥石流的产、汇流表征着泥石流发生与形成的全过程，决定着泥石流的规模。泥石流的汇流过程，是指流域内的各种泥石流体汇集于沟道下游沟口断面的过程。

(1)泥石流产流机理

泥石流的产流过程是土体和水体在一定的条件下彼此结合成混合流体的过程，按其结合的方式和机理不同产流可分为3类，即土体液化产流、水体冲刷产流，以及二者混合产流。

①土体液化产流　土体液化产流是指形成区松散的原始土体在水体的浸润或饱和下，出现液化，产生向下流动。一般当斜坡或沟道中的松散土层被水饱和，甚至有表面流，出现剪切力大于抗剪强度时，液化的土体就向下流动，即发生产流。如果土体未被水饱和，土体含水量小于液限，仅因局部土层或相对软弱层的剪切力大于抗剪强度，土体沿着该层向下滑动，则属于土坡滑动的范畴，不能作为泥石流的产流。液化产流形式可分下列几类：

- 特大暴雨作用下陡坡浅层土体液化产流：根据发生地点可分为裸露的松散堆积层和有植被覆盖但中下层为松散碎屑物或风化层两类。其产流机理有两种模式：a. 松散土体饱和，内摩擦角、黏聚力下降，孔隙水压力上升导致抗剪强度骤减使上部松散土层沿坡呈片状或块状向下溜滑产流；b. 由于土层松散，雨水很快下渗，但草被和灌木的滞水增加了下渗量，土层很快充水饱和，在根系交织层以下的碎屑层发生液化，向下移动，局部坡段的孔隙水压力增加，突破相对比较薄弱的根系交织层，使整块碎屑体随之下坠产生泥石流。
- 滑坡等堆积物前缘松散土体液化产流：在暴雨或长期降水后的大雨作用下，上层松散土体充水饱和后呈片状或块状缓慢沿坡向下蠕动进入沟床；或在地下水作用下，滑坡剪出口、临空面露头附近的松散土体被充水饱和，当剪切力大于抗剪强度时，就向下蠕动或缓慢溜滑。这种方式多形成塑性泥石流，流速慢，容重高。
- 滑坡运动过程中产流：由残积层、风化物以及风化严重的板岩、千枚岩等破碎岩层组成的高位滑坡在经暴雨和绵雨后，滑坡体物质含水量接近饱和或局部饱和。滑坡在快速前进的过程中遭受猛烈碰撞和扰动，孔隙减小，细粒土体含水量相对增加，使原来接近饱和的土体，达到饱和，液化产生泥石流。
- 地震液化产流：由于地震的强烈振动，产生振动加速度 a，从而增大了土体的剪切应力 τ：

$$\tau = \gamma_h H\sin\theta + \frac{a}{g}\gamma_h H \tag{5-9}$$

式中：γ_h——堆积物的容重(t/m^3)；

H——堆积物厚度(m)；

θ——堆积体坡度(°)。

地震的强烈振动同时造成颗粒相对位移，使网格结构遭到破坏，内聚力减小，孔隙水压力突然增加，抗剪强度陡然减小，造成剪切力大于抗剪强度，土体发生流动。一般以沙和粉沙为主的泥沙流易在振动的作用下，液化产流。

②水体冲刷产流　水流冲刷松散土体，含沙量不断增加，流体具有结构性时就演变为泥石流。

• 水体坡面冲刷：包括片流、纹沟和细淘的水流冲刷。覆盖有松散土体的斜坡，暴雨形成超渗径流出现强烈片蚀，流体容重增加，产生泥石流。这种坡面土体冲刷产生泥流在我国黄土地区比较典型。

• 松散堆积土体冲刷产流：在坡面上小型崩塌、滑坡、泻溜形成的隆起堆积体，以及修路、挖矿、进行工程建设等人为活动堆积在山坡上的路渣、矿渣及其他废渣，这些堆积物遭坡面片流或水流的冲刷，会产生大量坡面泥石流。

• 沟道堆积体冲刷产流：这种产流方式多是因特大洪水破坏沟床的粗化层，导致沟床沉积物发生强烈揭底型冲刷所造成，多为低频率泥石流。

③混合产流　混合产流是指由土体液化和水体冲刷共同作用产生的泥石流，主要包括松散土体堆积坝溃决产流和坡面松散土体在表面流作用下产流。

• 溃决产流：由滑坡或泥石流堆积物形成的堰塞坝，随着坝后水位升高，松散土体堆积物充水饱和，土体强度下降，坝体逐渐溃决，积水很快稀释土体，容重难以达到 $1.3t/m^3$。但溃决洪水强烈冲刷沟床，破坏粗化层，形成大幅度揭底冲刷，使土粒含量很快增加，产生泥石流。

• 坡面松散土体在表面流作用下产流：暴雨作用下，坡体表面产生的超渗表面流冲刷表层已饱和土体，在表面流下泄过程中形成泥石流。

(2)泥石流汇流机理

泥石流汇流过程是指在各种水体的作用下，泥石流体从流域各部位汇集到沟口断面的过程。其一般也可以分坡面汇流和沟道汇流。根据泥石流的产流类型、汇集状况和沟口断面流量过程线的形态，把泥石流的汇流过程为三类。

①土体液化类汇流过程　指主要由土体液化产生的泥石流汇集到沟口断面的过程，包括塑性和黏性泥石流汇流过程。

塑性型泥石流汇流是滑坡体或崩滑体前缘松散土体充水液化后，向下蠕动，直接进入沟床。进入沟床后，仍呈蠕动流向下流动，流速一般小于 0.2m/s，在运动过程中，形态变化不大，一直到通过沟口断面。该汇流过程较简单。

黏性型泥石流汇流过程在各类泥石流汇流过程中最为复杂，鉴于泥石流结构强度和产流量多寡不同，汇流过程和流量过程线亦有明显不同，大致可分为阵性流、连续流和阵性连续流 3 种形式：

● 阵性流状汇流：黏性泥石流主要是通过崩坡积物充水液化产流提供的。从某一产流点观察，不是连续不断地进入沟床，而往往是表层或上层的崩坡积物在暴雨作用下首先充水饱和液化，向下流动，然后下层物质再次充水饱和下泄，这样呈间歇性进入沟床。

● 连续流状汇流：若产流区进入沟道的泥石流体源源不断，使沟道泥石流的泥位始终保持大于极限厚度，则黏性泥石流就呈连续流。

● 阵性连续流状汇流：在黏性连续流过程中，若有支沟的阵性泥石流汇入，或有规模较大的坡面泥石流进入，则在连续流中出现阵性流，这种连续流中的阵性流多为非周期性阵流。

②水体冲刷类泥石流汇流过程　水体冲刷类泥石流从产流，坡面汇流、沟道汇流，一直至流体通过沟口断面，水体始终起主导作用。坡面产流和沟道产流都是由水流冲刷各类松散土体造成的，并多为稀性泥石流。由于水体的来源不同，水体冲刷类泥石流的汇流过程也有所不同，故按水体的来源把这类泥石流汇流过程分成下列几类。

● 雨水冲刷型泥石流汇流过程：这类泥石流汇流过程与暴雨洪流的汇流过程基本一致。因泥石流沟大多沟道短，面积小，其汇流计算方法多采用等流时线法。

● 融水冲刷型泥石流汇流过程：部分冰川泥石流是由冰雪融水或冰雪融水参与下冲刷松散土体所形成的，通常冰川或积雪均分布于流域上游高山地区，融水发生在气温较高的5～10月，尤其是7～8月。气温高、云量少、阳坡、湿度小、冰面污化严重，冰雪消融快，产流多。

● 溃决水冲刷型泥石流汇流：不少大型或特大型泥石流是由溃决水冲刷土体形成的。溃决水包括冰湖溃决，冰崩坝、雪崩坝或冰雪崩坝溃决，滑坡或泥石流堵塞坝溃决，以及水库溃决等。

③混合类泥石流汇流过程　指流域内土体液化类泥石流和水体冲刷类泥石流共同作用，混合进行的汇流过程。根据各类型泥石流汇流过程的组合情况，最常见的混合型类泥石流汇流有如下几类。

● 不同汇流类型支流造成的汇流过程：如果一条泥石流由两条或几条主要支流汇成，而主要支流的汇流类型又不同，则到沟口断面处就成了混合类泥石流汇流。根据各类主、支沟的流域面积、汇流类型的交汇口的位置，对这种混合类泥石流的汇流过程有如下两种处理办法。

叠加法：如果两条主支沟，流域面积相差不大，并在离沟口断面不远处交汇，则可以先分别按照所属的汇流类型(即土体液化类和水体冲刷类)，求得交汇口以上各自的泥石流量过程线。

主沟替代法：如果流域泥石流由不同汇流类型的主沟和几条支沟共同汇合而成，但主沟流域面积比支沟大得多，全流域的泥石流体大部分来自主沟，则可以用主沟汇流过程替代全流域的汇流过程，但在计算或确定沟口断面的流量时，应以适当的系数进行修正。

● 不同汇流类型交错出现的汇流过程：指同一条泥石流沟内，土体液化类汇流与水体冲刷类汇流交替出现，或在不同沟段或沟坡先后出现，使两类汇流过程同时或先后混合。这样往往使全流域的汇流过程显得十分复杂。

• 不同沟段先后出现不同的汇流过程：这种混合汇流过程是指泥石流形成区上一段为土体液化类，而下一段又变成水体冲刷类。因此在暴雨激发下源头一带易发生土体充水液化类产流，并以黏性泥石流下泄，但在下泄过程中随着两侧水体或稀性坡面泥石流的加入，成为稀性泥石流，甚至挟沙洪水，并产生对沟床和沟岸的冲刷作用，成为水体冲刷类泥石流。这样对沟口断面来讲，其汇流过程包括了上段土体液化类和中下段水体冲刷类两种汇流过程。

• 同一区段或沟段先后出现不同的汇流过程：同一区段或沟段在一次暴雨过程中开始没有出现较多的滑坡活动，无论坡面或沟道都以水体冲刷形式产流，但到某一时候开始出现较多的滑坡活动，出现大量土体液化产流。这样在沟口断面开始以稀性泥石流为主，以后又转化成黏性泥石流。

5.3 泥石流防治技术

5.3.1 泥石流防治原则

我国泥石流危害严重，泥石流治理在城镇、铁道、公路、矿山以及农田等方面取得明显进展，积累了丰富的经验，但同时也存在着一些急待解决的问题。目前，泥石流防治已经逐步从单项治理趋向综合治理，从单纯防御趋向体系化，从水利工程标准设计转向结合泥石流特性进行设计，工程结构趋向实用化、轻便化和多样化，泥石流防治的工程设计标准一起趋向规范化和标准化。

5.3.1.1 坚持以防为主，防治结合，除害兴利

在制定泥石流防治规划时，首先应遵循以防为主，防治结合的原则。只有这样才能够从长远的角度把泥石流治好。泥石流防治坚持除害兴利的原则，就是要把治理后的荒山坡与滩地及其他资源(如水资源、生物资源等)进一步开发利用起来，使泥石流治理不仅为了除害，而且要给当地带来良好的经济效益。

5.3.1.2 因地制宜、综合治理

要消除或抑制泥石流的发生与危害，需对影响泥石流发生的各主要因素进行直接或间接地控制，人为地促使它们向有利于阻止向泥石流形成及发展的方向转变。实践证明：对于大中型泥石流防治，若只采取单项工程治理(如单一的排导或拦挡等)，则很难达到彻底治理的目的。相反，采取综合治理的泥石流沟，不仅小流域内环境得到很快改变，泥石流发生和规模将会很快被减弱，直到完全被消除。泥石流的综合治理是指在泥石流的治理过程中，按照泥石流的形成条件和防治目的，对流域内的相应部位设置一定数量效益显著的防护工程外，尚需同时实施森林生态工程及加强行政管理等，使整个流域得到全方位治理，从而达到泥石流不再形成或减少发生的概率与规模。

5.3.1.3 全面规划、重点突出

对流域上、中、下游进行全面规划，在不同的地段采取相应切实可行的防治措施，使其最后达到消除泥石流的产生与危害。一般在流域上游，应全面营造水源涵养林。在地形条件许可情况下，还可修建水库、饮水渠系统，以达到削减泥石流动力条件。流域中游宜营造水土保持林，在沟道适当部位修建拦沙坝、谷坊、护坡、挡土墙以及坡面排水工程等，达到固定沟床、稳定岸坡、削减泥石流固体物质的补给。流域下游则修建排导工程及一定规模的停淤场和营造有效的防护林带，使泥石流安全、顺畅地排入或停积于下游的非威胁区。

5.3.1.4 坚持投资省、效益高、技术可行方案

泥石流防治目的主要是防灾、治灾，通过采取相应的防治工程使泥石流的发生、发展逐步得到控制，危害得到减轻或消除，进而使当地各类资源得到更好地利用。在防治中应结合当地实际严格制定出投资省、防治效益高的泥石流防治工程方案。泥石流灾害防治工程大部分部设置在交通运输条件不便、工程地质条件较差的地段，防治工程不仅要抗御洪水，而且更要适应各种类型泥石流的动静力学特征。在各种因素作用下，都应具有足够的安全性。

5.3.1.5 遵循泥石流自身特点和规律

泥石流的形成过程与流体动静力学性质及运动规律等均有其自身的特点和规律。在泥石流防治工程中，凡是能结合且应用泥石流特点和规律设计的防治工程，不仅能较好地达到设计所预期的防治目的，而且会大大提高工程的经济技术合理性。若泥石流防治工程违背泥石流自身的特点和规律，不仅会使工程效益降低，而且会因泥石流的活动使防治工程遭毁坏，从而造成巨大的危害和损失。

5.3.2 泥石流防治措施体系

泥石流防治体系，就是根据区域或单沟泥石流的形成条件，流体性质，活动规律，危害程度及其相应地质地貌条件等，按照当地社会经济发展客观需要和可能，全面展开对区域或单沟泥石流统一整治规划，在相关地段采取一系列切实可行、相互关联、不同功能的工程措施，预警预报措施和相应的行政管理措施等，从而使泥石流发生发展条件逐步得到控制，相应的危险性减轻或消除，区域内生态环境条件逐渐得到恢复和改善，并逐步建立起新的良性生态平衡。泥石流防治工程规划示意和措施体系分别如图 5-12 和图 5-13 所示。根据不同的防护目的和要求，一般可以分为以下 3 种。

5.3.2.1 防治泥石流发生体系

形成区采取有效的治坡、治沟、治点等工程措施及实施严格的行政管理和法令措施，对本区进行全面的综合治理，使该区生态环境得到改善和恢复，水土流失得到高效地控制，沟坡土体达到稳定，达到防止泥石流继续发生的目的。

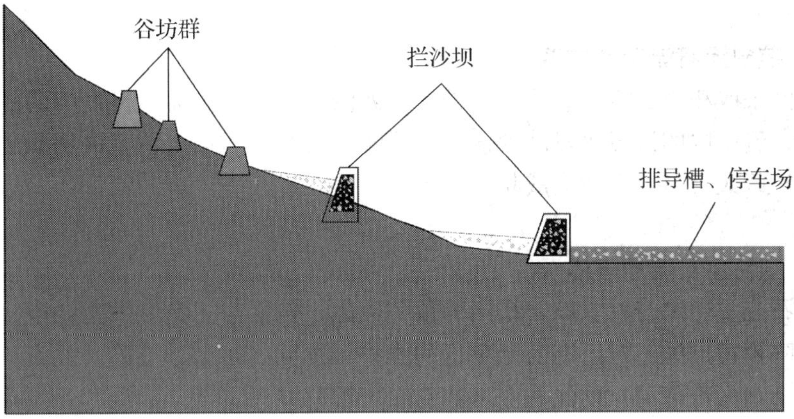

图 5-12 泥石流防治工程规划示意图

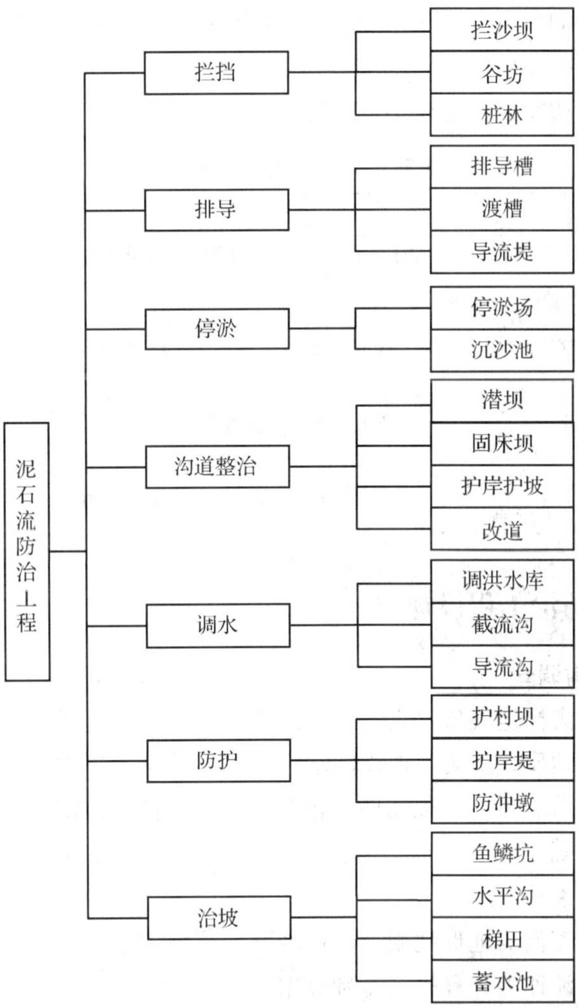

图 5-13 泥石流防治工程措施体系

5.3.2.2 控制泥石流运动体系

流通区采取相应的拦挡、调节、排导和停淤工程等，使泥石流发生后的规模能被逐渐削减，流体内的沙石含量减少，并能顺畅而安全地排向下游，或堆积到预定的区域，对保护区人身财产不造成威胁和危害。

5.3.2.3 预防泥石流危害体系

在泥石流发生之前，采取一系列的预防措施，包括对泥石流发生的中、长期预测预报及临阵预报措施，对已有防治工程的维护和加固、疏散、抢险、救灾准备措施且实施组织计划与管理等，使泥石流不致引起严重危害。

一般来说，对于规模巨大、活动频繁、危害严重的泥石流，应对全流域进行综合治理，上述3种体系可以同时采用。对于规模不大、暴发频率较低、危害不很重的泥石流，可根据防护的实际需要和投入资金的合理性，采取部分单一的防治体系及措施，也能达到预期的效果。

泥石流沟防治功能分区见表5-7所列。

表5-7 泥石流沟防治功能分区

纵剖面分段	洪泛段	堆积区	流通段	形成区	水源区
灾害特性	属泥石流、泥沙灾害，危害社会生产、生活的主要危险区			严重水土流失，环境灾害	轻微至中度水土流失
功能分区	洪流排导区		沟道防护区	固床稳坡区	山洪调节区
防治思路	排洪、排水	排导为主、适当停淤	顺畅过流，简易防护	以稳拦蓄为主，兼顾沟岸防护	抚育与管理并重，治坡为主
防治措施	排洪沟	排导槽、停淤场	护坡、护岸、防护堤	拦沙坝、谷坊、潜槛	生态工程、农田水保小型工程

5.3.3 泥石流防治工程设计

5.3.3.1 泥石流沟调查

调查前全面收集当地气象水文、地形地貌、地层岩性资料，地质构造和新构造运动及其特征，水文地质，历史上地震活动，泥石流发生的历史记录和研究结果，已有勘查区的资料和泥石流防治工程文件，相关重要人类社会经济和工程活动，以此作为详细调查的工作基础。

(1)自然地理条件

主要围绕泥石流沟的地形地貌、区域降雨、流域中土壤、植被类型展开调查，为泥石流洪峰流量、流速等计算提供基础数据。

①位置与交通 泥石流沟所处县市部位、距离，泥石流活动导致交通枢纽中断情况。

②地形地貌　泥石流沟通常位于交通条件差，位置偏远的山区，实地调查极为困难，从地形图上难以获得比较准确的地形特征。针对泥石流沟勘测工作难点和盲区，需要结合遥感技术以及 GIS、ENVI、Erdas 工具，对沟道内不良地质体分布、植被类型和覆盖度以及土地利用类型进行调查。并圈定流域面积、流域形状、主沟长度等地形要素。

③气象水文资料

• 气象：主要收集或观测各种降水、气温资料。降水资料包括多年平均降水、降水年际变率、年内降水分、降雨变异系数、最大降雨强度，尤其是与暴发泥石流密切相关的暴雨日数及频率、各种时段(24h、60min、10min)的最大阵雨量。

• 水文：收集或推算各种流量、径流特性、主河以及下游高一级大河水文特性等数据。

④植被与土壤类型　流域植被类型与覆盖度，分析在当地气候条件下，植被类型特征、植被破坏情况，土地利用类型和抗风化能力、侵蚀程度等。

⑤社会经济与人类活动调查　泥石流所在县市城镇区划，产业结构，自然、旅游、矿产资源。

(2)区域地质环境条件

①地层岩性　查阅区域地质图或现场调查流域内地层、岩性分布情况，尤其是容易形成松散固体物源的第四系地层、软岩分布。

②地质构造与地震　调查、测量断层、裂隙、岩层。查阅地质构造略图、地震构造及历史地震分布图。查阅历史上地震发生状况，发震断层名称，基本地震烈度，地震影响范围，与发震断层、震中距离，最近一次地震时间、震级、震源深度。按最新《中国地震动参数区划图》(GB 118306—2001)确定当地抗震设防烈度、地震动峰值加速度值、地震动反应谱特征周期。

③水文地质　调查地下水的类型，尤其是第四系潜水及其出露的泉、井，岩溶负地形及其消水能力，水理性质、水力特征及赋存条件，流量、矿化度。

④水腐蚀性评价　在勘查区场地内取地下水样，按《岩土工程勘察规范》(GB 50021—2001)规定作水的简要分析和腐蚀性评价，根据水质分析报告评价水质对混凝土、钢筋混凝土和钢结构的腐蚀性强弱。

⑤不良地质体　查明流域内崩塌、滑坡等不良地质体的位置、储量和补给形式。

⑥松散堆积物调查　沟床内不同沟段堆积物形态，物质组成及厚度、分布范围、最大粒径和平均粒径，估算其可能搬运的距离和数量；沟坡上松散堆积物成因、特征，物质组成，散布范围，评估其可能参与泥石流活动的数量；查明物质组成成分，黏粒含量，并评估泥石体的性质。

⑦人类工程活动对地质环境影响　人类工程活动，如工矿企业、房屋建设，公路、桥梁以及水利建设情况强弱对区域地质环境改变、影响及其对泥石流活动影响。调查已有泥石流防治工程的类型、位置、结构形式与尺寸、基础设置情况、建筑材料、工程效果及经受泥石流检验状况等；调查已有防治措施使用情况，泥石流沟天然

植被覆盖结构层次和组合状态以及其演化过程，据以分析生态环境防治泥石流的可行性与作用。

5.3.3.2 泥石流防治标准

泥石流防治工程设计时，需要根据潜在泥石流的威胁对象进行泥石流工程设计等级划分，按照工程设计等级进行设计。泥石流防治标准灾害等级分为 4 等 16 级，见表 5-8 和表 5-9 所列，工程设计保证率见表 5-10 所列。工程设计保证率即保证防治工程的设计能力能控制相应频率的泥石流规模不致造成灾害。在选用防治标准时应同时考虑泥石流规模、危害程度、受灾对象 3 个方面，并考虑可能的变化。

表 5-8 泥石流防治工程设计等级标准

	省会级城市	地、市级城市	县级城市	乡、镇及重要居民点
受灾对象	铁道、国道、航道主干线及大型桥梁隧道	铁道、国道、航道及中型桥梁、隧道	铁道、省道及小型桥梁、隧道	乡、镇间的道路、桥梁
	大型的能源、水利、通讯、邮电、矿山、国防工程等专项设施	中型的能源、水利、通讯、邮电、矿山、国防工程等专项设施	小型的能源、水利、通讯、邮电、矿山、国防工程等专项设施	乡、镇级的能源、水利、通讯、邮电、矿山等专项设施
	甲级建筑物	乙级建筑物	丙级建筑物	丙级以下建筑物
泥石流防治工程设计等级	甲级	乙级	丙级	丁级
受灾威胁人数	>1000	1000~500	500~100	<100
直接经济损失（10^4元）	>1000	1000~500	500~100	<100
期望经济损失（10^4元/年）	>1000	1000~500	500~100	<100
工程防治设计对应降雨频率	100 年一遇	50 年一遇	20 年一遇	10 年一遇

注：表中的甲、乙、丙级建筑物是指《建筑地基基础设计规范》(GB 50007—2002)标准中甲、乙、丙级建筑物。

表 5-9 不同泥石流灾害等级的工程防治标准

灾害分级	受灾对象	活动规模			
		小	中	大	特大
		灾害程度			
		轻灾（轻微灾害）	一般灾（一般危害）	重灾（严重危害）	特重灾（特大灾害）
Ⅰ	大城市、国家重点企业和单位	1	2	3	4
Ⅱ	中小城市，省重要企业，国家交通干线	1	2	3	4
Ⅲ	小城镇，小厂矿，地区交通干线	1	2	3	4
Ⅳ	农田，村庄，县区内交通线路	1	2	3	4

注：小型泥石流规模 $<1\times10^4 m^3$，中等规模 $(1\sim10)\times10^4 m^3$，大型泥石流规模 $(10\sim80)\times10^4 m^3$，特大泥石流 $>80\times10^4 m^3$。

表 5-10 泥石流防治工程设计保证率 %

危害等级	危害分级			
	1	2	3	4
Ⅰ	10 ~ 5	5 ~ 2	2 ~ 1	1 ~ 0.33
Ⅱ	20 ~ 10	10 ~ 5	5 ~ 2	2 ~ 1
Ⅲ	50 ~ 20	20 ~ 10	10 ~ 5	5 ~ 2
Ⅳ	50	50 ~ 20	20 ~ 10	10 ~ 5

5.3.3.3 泥石流防治工程措施类型

(1)综合治理模式

综合治理模式适用于泥石流活动频繁、形成条件复杂、居民点多、耕地分布广，又有重要建筑物(铁路、工厂、矿山等)的地区。应采用等多种措施，全面地进行综合治理。

(2)控制水源的治水工程

采取引水、蓄水、截水等工程措施，用以减小地表径流，引排洪水，调节水量，削减洪峰控制形成泥石流的水动力，制止或减轻泥石流灾害。

①蓄水工程　在上游选择适宜的地点建造水库、水塘或其他形式的蓄水池以调节洪水，削弱泥石流形成的水动力条件。

②引排水工程　排水工程的功能与蓄水工程类同，其差别在于后者能调蓄洪水，前者对水源的控制仅限于工程本身的泄洪能力。

③防御工程　我国西藏高寒山区灾害性泥石流大多因冰湖漫溢终碛堤而导致堤坝溃决形成。为避免此类危害极大的事件发生，可事先采用适当的措施，如在终碛堤内挖隧洞，或挖明渠，或在终碛堤上建虹吸工程等办法，事先降低冰湖水位。

(3)控制土源的治水工程

主要以谷坊、拦沙坝、挡土墙等拦挡、固床和固沟工程为主，辅以排导工程，引、蓄水工程和植树造林，以控制或抑制松散固体物质的活动性和数量。

①拦沙坝、谷坊工程　拦沙坝、谷坊工程已广泛应用于各地区的泥石流治理，是治理泥石流的主要工程，主要目的为拦蓄泥沙，利用回淤泥沙埋压滑坡的滑动面，提高泥石流主沟的侵蚀基准面。

②挡土墙　挡土墙是靠墙后被动土压力制止滑坡，坍塌等下滑。通过改变泥石流流向、河势从而防止水流、泥石流顶冲不稳定坡段的坡脚来实现防治目的。

③护坡　泥石流沟中，某些相对稳定的山坡，由于长期受到水流、泥石流的冲蚀而日趋不稳，逐渐演变为新的泥石流源地。稳定这种新源地，需建护坡工程。

④变坡　泥石流形成区山坡上修水平台阶，以削减坡面径流冲蚀强度。这种变坡工程不仅有利于山坡的稳定，还有利于山坡资源的开发利用。

⑤潜坝　一些特发性泥石流往往是在偶遇暴雨情况下，特大洪水掏刷沟床沉积物形成。这类泥石流的防治采用潜坝工程的预防效果较好。潜坝建于沟床中，坝基嵌入

基岩，坝顶与沟床齐平。潜坝要系列化、梯级化才能起到固定沟床，抑制泥石流发生的作用。

(4)排导方案

主要以排导沟、导流堤、急流槽、渡槽等排导工程为主，控制泥石流对流通区或堆积区农田和各种建筑物的危害。适用于中上游修建工程难度大或效果不明显，而下游受害对象较集中的流域。

①导流堤与顺水坝　导流堤与顺水坝工程的目的均为控制泥石流流向。导流堤始于泥石流堆积扇扇顶或山口直至沟口，大多为连续性建筑物。一般为单面护砌沙石土堤，也有一些为纯土堤或纯石堤，个别采用混凝土堤。

顺水坝建于沟内，多为不连续建筑物。顺水坝一般为浆砌块石或混凝土构筑。顺水坝除控制主流线方向外，还保护山坡坡脚免遭洪水、泥石流冲刷。

②排导槽　排导槽是常见的防护工程，其断面形式主要为 5 种，如图 5-14 所示。排导槽工程位于山外开阔地带，交通方便，施工容易、简单，投资小，对防范泥石流有立竿见影的效果，被大多数部门、单位首先考虑和采用。

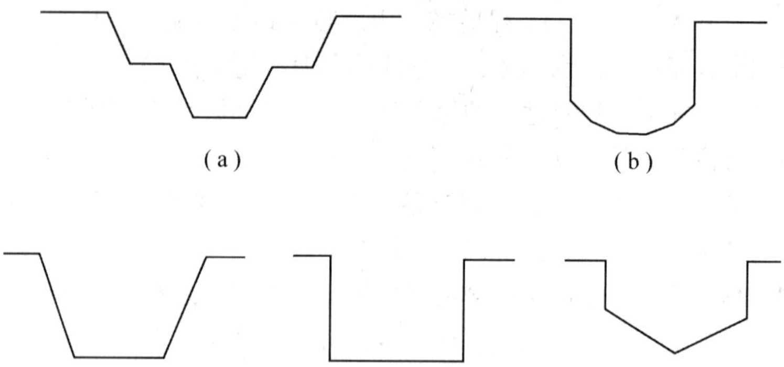

(a)　(b)　(c)　(d)　(e)

图 5-14　排导槽不同断面设计形式

(a)梯形复式断面　(b)弧形底部复式断面　(c)梯形断面　(d)矩形断面　(e)三角形底部复式断面

③渡槽、急流槽　渡槽、急流槽含义大体上相同。一般称线路上方纵坡相对较缓的为渡槽，而将线路下方纵坡较大的称为急流槽。在山区交通线路上，渡槽、急流槽为广泛采用的排泄泥石流工程措施。急流槽设计剖纵坡要大。如泥石流体中多大石块，则应在沟内建格栅坝，避免大石块堵塞和砸烂渡槽。渡槽本身要有足够的过流断面，尤其是槽壁要高，以防泥石流外溢。渡槽临大河一侧的基础要加深，并需对河岸加强防护，以免大河冲刷基础而垮塌。

④明洞　交通线路通过泥石流严重堆积区时，若地形件条许可，则可采用明洞工程。从广义上讲，明洞也是渡槽的一种，只是明洞的工程量远比一般渡槽的工程量大，它的线性长度远远超出它的跨度。

⑤改沟工程　因某种需要而将泥石流的出口改向相邻的沟道或另辟一出口的工程称为改沟工程。改沟工程需慎重采用，且设计标准要高，否则产生不良后果。

(5)停淤工程

①停淤场工程　停淤场是利用天然有利地形条件，采用一些简易的工程措施，如导流堤、截流坝、挡泥坝、改沟等，人为地将泥石流引向开阔平缓地带，使泥石流停积在这一开阔带，从而达到保护农田和各种建筑物的目的。

②拦泥库　拦泥库是一种存放泥石流的工程。通过适当的导流工程，将泥石流导向低洼地带，以减轻泥石流对下游的危害，该低洼地带便是拦泥库。拦泥库的作用是暂时的，作用有限。

(6)生态工程为主的治理模式

采用恢复植被和植树造林等生态措施，以恢复生态系统功能，调节地表径流，减小水土流失，逐渐控制泥石流的发生或削减泥石流规模。生态工程防治泥石流适用于坡度较为平缓，崩塌、滑坡相对较少，以片蚀为主，局部沟蚀提供泥石流土源的水力类泥石流以及一般坡面泥石流。

5.3.3.4 泥石流防治工程系统参数

(1)容重

①实测法　实测法是指在泥石流暴发现场通过取样实测泥石流容重。在需要测试的沟段，选取有代表性的堆积物搅拌成暴发时的泥石流流体状态，分别测出泥石流样品总质量和总体积，按下式测出泥石流的流体容重：

$$\gamma_c = \frac{P_1 - P_2}{V} \tag{5-10}$$

式中：γ_c——石流容重($g \cdot cm^{-3}$)；

P_1——样品桶与泥石流总重(g)；

P_2——空样品桶重(g)；

V——样品桶内泥石流体体积(cm^3)。

②现场调查法　在泥石流沟流路或堆积区取堆积物样品多个，现场请多名泥石流目击者，按目击者描述泥石流体特征和运动状况，按表5-11确定泥石流容重：

$$\gamma_c = \frac{(\gamma_s \cdot f + 1)}{f + 1} \tag{5-11}$$

式中：γ_s——固体物质比重；

f——固体物质体积与水体积之比。

表5-11　泥石流容重宏观判别

流体特征	稀浆状	稠浆状	稀粥状	稠粥状
$\gamma_c/(t \cdot m^{-3})$	1.20~1.40	1.40~1.60	1.60~1.80	1.80~2.30

③查表法　按照《泥石流灾害防治工程勘察规范》(DZ/TZ 0200—2006)附录H填写泥石流调查表并按照附录G进行易发度评分，查表确定泥石流容重。

影响泥石流容重的因素较多，我国泥石流学者通过对不同地区泥石流容重研究分别建立了不用形式的容重计算方法，见表5-12所列。

表 5-12 国内既有泥石流容重计算公式

序号	方法	计算公式	数据建立
1	基于黏粒含量	$\gamma_c = -1.32\times10^3x^7 - 5.13\times10^2x^6 + 8.19\times10^2x^5 - 55x^4 + 34.6x^3 - 67x^2 + 12.5x + 1.55$	我国西部44条泥石流沟和蒋家沟1998、2000和2001年的146个样品
2	基于颗粒组成	$\gamma_c = (0.175 + 0.743P_x)(\gamma_s - 1) + 1$	云南小江流域 >2mm 的角砾含量(杜榕桓等, 1987)
3	基于浆体特征	$\gamma_c = 1 + \dfrac{\gamma_s - 1}{1 + \dfrac{X'(\gamma_s - \gamma_f)}{\gamma_f - 1}}$	陈宁生, 2010
4	中值粒径法	$\gamma_c = 1.887d_{50}^{0.0779}$ $d_j = 6.39\left(\dfrac{\gamma_c - 1}{500}\right)^{5.59}$	云南蒋家沟, 适用于黏性泥石流, 以堆积物的平均粒径为指标确定容重, 但缺少误差分析和推广案例(吴积善等, 1990)
5	角砾含量	$\gamma_c = 1.48 + 0.01x$	云南盈江浑水沟泥石流观测试验站
6	残留层厚度	$\gamma_c = 3.37(\Delta h\cdot i_c)^{0.149}$	甘肃武都地区
7	基于塌方区地貌特征	$\gamma_c = \dfrac{1}{1 - 0.0334AI_C^{\,0.39}}$	成昆铁路线泥石流沟

(2)流速

①稀性泥石流流速 稀性泥石流流速计算采用一般水流均匀恒定运动的谢才—曼宁公式, 考虑泥石流运动阻力与水流运动阻力有一定的差别, 进行适当修正而建。还有一类从泥沙动力平衡出发, 根据泥石流所搬运的最大石块粒径计算泥石流流速。目前主要采用以下几种:

- 铁道部第二勘测设计院推荐公式:

$$V_c = \frac{1}{\sqrt{\gamma_H\varphi + 1}}\frac{1}{n}R_c^{\frac{2}{3}}I_c^{\frac{1}{4}} \tag{5-12}$$

$$\varphi = \frac{\gamma_c - \gamma_w}{\gamma_s - \gamma_c} \tag{5-13}$$

式中: $\frac{1}{n}$——清水河床糙率, 见表5-13所列;

R_c——计算断面水力半径(m);

I_c——水力坡降, 可用沟床坡降代替;

γ_H——泥石流中固体物质比重(t/m³);

γ_c——泥石流体容重(t/m³);

γ_w——清水容重(t/m³)。

该公式在成昆线的勘测设计中, 得到普遍应用, 经过通车十余年来的考验, 未发现有很大误差, 该公式在1979年成昆铁路技术总结中予以推荐使用。

表 5-13 稀性泥石流沟床糙率系数(巴克诺夫斯基糙率系数)

类型	沟槽特征	n_c		坡度
		极限值	平均值	
1	沟槽糙率很大,槽中堆积不易滚动的棱状大石块,并被树木严重阻塞,无水生植物,沟底呈阶梯式降落	3.9~4.9	4.5	0.375~0.174
2	沟槽糙率很大,槽中堆积有大小不等的石块,并有树木阻塞,槽内两侧有草木植被,沟内坑洼不平,但无急剧凸起,沟底呈阶梯式降落	4.5~7.9	5.5	0.199~0.067
3	较弱的泥石流沟槽,但有大的阻力,沟槽由滚动的砾石和卵石组成,常因有稠密的灌木丛而被严重阻塞,沟床因大石块凸起而凹凸不平	5.4~7.0	6.6	0.187~0.116
4	在山区中下游的光滑岩石泥石流槽,有时具有大小不断的阶梯跌水的沟床,在开阔河段有树枝、砂石停积阻塞,无水生植物	7.7~10.0	8.8	0.22~0.112
5	流域在山区或近山区的河槽,河槽经过砾石、卵石河床,由中小粒径与能完全滚动的物质组成,河槽阻塞轻微,河岸有草木及木本植物,河床降落较均匀	9.8~17.5	12.9	0.090~0.022

- 铁三院经验公式:

$$V_c = \frac{15.5}{\sqrt{\gamma_H \varphi + 1}} H_c^{\frac{2}{3}} I_c^{\frac{1}{2}} \tag{5-14}$$

- 铁一院(西北地区)经验公式:

$$V_c = \frac{15.3}{\sqrt{\gamma_H \varphi + 1}} H_c^{\frac{2}{3}} I_c^{\frac{3}{8}} \tag{5-15}$$

式中:H_c——泥深(m)。

该公式是西北地区的经验公式,应用于西北地区的稀性泥石流流速计算比较合适。

- 北京市政设计院推荐的北京地区经验公式:

$$V_c = \frac{m_w}{\sqrt{\gamma_H \varphi + 1}} R_c^{\frac{2}{3}} I_c^{\frac{1}{10}} \tag{5-16}$$

式中:m_w——河床外阻力系数,见表5-14所列。

表 5-14 河床外阻力系数(刘德昭)

分类	河床特征	m_w 值	
		$I_c > 0.015$	$I_c \leq 0.015$
1	河段顺直、平整,断面为矩形或抛物线形的漂石、砂卵石或黄土质河床,平均粒径0.01~0.08m	7.5	40
2	河段比较顺直,由漂石、碎石组成的单式河床,河床质较均匀,大石块直径0.4~0.8m,平均粒径0.2~0.4m,或河段弯曲,不太平整的第1类河床	6.0	32

（续）

分类	河床特征	m_w 值	
		$I_c>0.015$	$I_c\leq0.015$
3	河段比较顺直，由漂石、碎石组成的单式河床，河床质较均匀，大石块直径0.1~0.4m，平均粒径0.1~0.4m，或较为弯曲，不太平整的第2类河床	4.8	25
4	河段比较顺直，河槽不平整，由巨石、漂石组成的单式河床，河床大石块直径1.2~2.0m，平均粒径0.2~0.6m，或较为弯曲不平整的第3类河床	3.8	20
5	河段严重顺直，断面不平整，有树木、植被、巨石严重阻塞河床	2.4	12.5

②黏性泥石流流速

● 东川泥石流改进公式：

$$V_c = kH_c^{\frac{2}{3}}I_c^{\frac{1}{5}} \tag{5-17}$$

式中：k——黏性泥石流流速系数，见表5-15所列。

表5-15 黏性泥石流流速参数 k 值

H_c/m	<2.5	3	4	5
k	10	9	7	5

● 甘肃武都地区黏性泥石流流速计算公式：

$$V_c = M_cH_c^{\frac{2}{3}}I_c^{\frac{1}{2}} \tag{5-18}$$

式中：M_c——泥石流沟沟床糙率系数表，见表5-16所列。

表5-16 泥石流沟沟床糙率系数 M_c

类别	沟床特征	H_c/m			
		0.5	1.0	2.0	4.0
1	黄土地区泥石流沟或大型黏性泥石流沟，沟床平坦开阔，流体中大石块很少，纵坡为2%~6%，阻力特征为低阻型		29	22	16
2	中小型黏性泥石流沟，沟谷一般平顺，流体中含大石块较少，沟床纵坡为3%~8%，阻力特征属于中阻型或高阻型	26	21	16	14
3	中小型黏性泥石流沟，沟谷狭窄弯曲，有跌坎；或沟道虽顺直，但含大石块较多的大型稀性泥石流沟，沟床纵坡为4%~12%，阻力特征属于高阻型	20	15	11	8
4	中小型稀性泥石流沟，碎石质沟床，多石块，不平整，沟床纵坡为10%~18%	12	9	6.5	
5	河床弯曲，沟内多顽石，跌坎，床面极不平顺的稀性泥石流，沟床纵坡为12%~25%		5.5	3.5	

● 综合西藏古乡沟、东川蒋家沟、武都火烧沟的通用公式：

$$V_c = \frac{1}{n_c}H_c^{\frac{2}{3}}I_c^{\frac{1}{2}} \tag{5-19}$$

表 5-17 黏性泥石流沟床糙率 n_c

<table>
<tr><th rowspan="2">序号</th><th rowspan="2">泥石流特征</th><th rowspan="2">沟床状况及阻力特征</th><th colspan="2">糙率值</th></tr>
<tr><th>n_c</th><th>$1/n_c$</th></tr>
<tr><td>1</td><td>流体呈整体运动；石块粒径大小悬殊，一般为 30 ~ 50cm，2 ~ 5m 粒径的石块约占 20%；龙头由大石块组成，在弯道或河床展宽处易停积，后续流可超越而过，龙头流速小于龙身流速，堆积呈垄岗状</td><td>沟床极粗糙，沟内有巨石和携带的树木堆积，多弯道和大跌水，沟内不能通行，人迹罕至，沟床流通段纵坡为 10% ~ 15%，阻力特征属高阻型</td><td>平均值 0.27
H_c <2m 时 0.445</td><td>3.57
2.57</td></tr>
<tr><td>2</td><td>流体呈整体运动；石块较大，一般石块粒径 20 ~ 30cm，含少量粒径 2 ~ 3m 的大石块，流体搅拌较为均匀，龙头紊动强烈，有黑色烟雾及火花，龙头和龙身流速基本一致，停积后呈垄岗状堆积</td><td>沟床比较粗糙、凹凸不平，石块较多，有弯道、跌水；沟床流通段纵坡为 7% ~ 10%，阻力特征属高阻型</td><td>H_c < 1.5m 时，0.033 ~ 0.05，平均值 0.04
H_c ≥ 1.5m 时，0.033 ~ 0.050，平均值 0.067</td><td>20 ~ 30，平均值 25
10 ~ 20，平均值 15</td></tr>
<tr><td>3</td><td rowspan="2">流体搅拌十分均匀，石块粒径一般在 10cm 左右，挟有个别 2 ~ 3m 的大块石，龙头和龙身物质组成差别不大；在运动过程中龙头紊流十分强烈，浪花飞溅，向四周扩散，呈叶片状</td><td>较稳定，河床质较均匀，粒径 10cm 左右；受洪水冲刷沟底不平且粗糙，流水沟两侧较平顺，但干而粗糙；沟床流通段纵坡为 5.5% ~ 7.0%，阻力特征属中阻型或高阻型</td><td>0.1m < H_c ≤ 0.5m 时，平均值 0.043
0.5m < H_c ≤ 2.0m 时，平均值 0.077
2.0m < H_c ≤ 4.0m 时，平均值 0.100</td><td>23
13
10</td></tr>
<tr><td>4</td><td>泥石流铺床后原河床黏附一层泥浆体，使干而粗糙河床变得光滑平顺，利于泥石流运动，阻力特征属低阻型</td><td>0.1m < H_c ≤ 0.5m 时，平均值 0.022
0.5m < H_c ≤ 2.0m 时，平均值 0.033
2.0m < H_c ≤ 4.0m 时，平均值 0.050</td><td>46
26
20</td></tr>
</table>

式中：n_c ——为黏性泥石流的河床糙率，见表 5-17 所列。

③ 泥石流中块石运动速度计算 泥石流损害建筑最主要的方式就是大石块的撞击，因而在断面处石块的移动速度是泥石流工程防治的重要参数。在缺乏大量实验数据和实测数据情况下，为便于用堆积后的泥石流冲出物最大粒径大体推求石块运动速度，C. M 弗莱施曼推荐以下经验公式：

$$V_s = \alpha \sqrt{d_{max}} \tag{5-20}$$

式中：V_s ——泥石流中大石块的移动速度(m/s)；

d_{max} ——泥石流堆积物中大石块粒径(m)；

α ——全面考虑的摩擦系数(泥石流容重、石块比重、石块形状系数、沟床比降等因素)，$3.5 \leqslant \alpha \leqslant 4.5$，$\alpha$ 平均值 =4.0。

(3) 流量

泥石流流量是泥石流防治工程和研究的 个重要参数。泥石流暴发突然，每次活动短暂，且沟谷条件差异很大，泥石流产、汇流过程复杂，目前流行的泥石流运动模型理论性较强，参数获取困难，只能借助于经验模型求解流量，多采用形态调查法和配方法相结合来确定泥石流流量。

①形态调查法 形态调查法是基于泥石流过流断面和流速的一种流速计算方法。选择沟道顺直，无阻塞、汇流、回流，断面上下无冲淤变化，泥痕清晰的断面 1～2 个，确定泥位。根据两侧断面处的泥石流泥面比降、泥位高度或水力半径，泥石流过流断面面积等参数，采用相应的泥石流流速计算公式求出断面平均流速，估算泥石流流量。

形态调查法计算公式为：

$$Q_c = W_c V_c \tag{5-21}$$

式中：Q_c ——泥石流断面峰值流量（m^3/s）；

W_c ——泥石流过流断面面积（m^2）；

V_c ——泥石流断面平均流速（m/s），计算方法见泥石流流速计算。

②配方法（雨洪法） 配方法是假定洪水和泥石流在同频率基础上，以不同频率的清水流量计算作为前提，以特征洪峰流量进行配方，按比例加入泥石流所携带的固体物质体积计算泥石流流量。泥石流流量配方法分式见表 5-18 所列。配方法是目前泥石流流量计算的基本方法，采用配方法进行泥石流流量计算，对于稀性泥石流来说，与实际差别不大，但对于黏性泥石流尤其是塑性泥石流而言，计算值远小于实测值。国内外许多学者都在配方法基础上，乘上一个系数表示某种原因引起黏性泥石流流量增加的增值。

其计算公式为：

$$Q_c = (1 + \varphi_c) Q_B D_u \tag{5-22}$$

式中：Q_c ——频率为 P 的泥石流洪峰流量（m^3/s）；

Q_B ——频率为 P 的清水洪峰流量（m^3/s）；

φ_c ——泥石流泥沙修正系数。

而

$$\varphi_c = \frac{\gamma_c - \gamma_w}{\gamma_s - \gamma_c} \tag{5-23}$$

式中：γ_c ——泥石流容重（t/m^3）；

γ_w ——清水容重（t/m^3）；

γ_s ——固体物质实体容重（kN/m^3）；

D_u ——泥石流洪峰流量增加系数。

$$D_u = 0.87 t^{0.24} \text{或} D_u = 58/Q_c^{\ 0.24} \tag{5-24}$$

由于 t 和 Q_c 一般不容易获取，可通过泥石流堵塞系数表（表 5-19）来确定。

表 5-18 泥石流流量配方法公式

编号	考虑因素	公式	适用范围
1	只考虑土体含量	$Q_c = (1 + \varphi_c) Q_w$ $\varphi_c = (\gamma_c - \gamma_w)/(\gamma_s - \gamma_c)$	稀性
2	同时考虑泥石流土体含量和土体中的天然含水量	$Q_c = (1 + \varphi'_c) Q_w$ $\varphi'_c = (\gamma_c - 1)/[(\gamma_s(1 + P_w) - \gamma_c(1 + \gamma_s P_w)$	稀性
3	同时考虑土体含量，土体天然含水量和堵塞	$Q_c = (1 + \varphi_c) Q_w D_u$ $Q_c = (1 + \varphi'_c) Q_w D_u$	黏性

表 5-19 泥石流阵流堵塞系数值表

堵塞程度	容重/(g·cm^{-3})	黏度/(Pa·s)	堵塞系数	河道特征
严重	1.8~2.3	1.2~2.5	>2.5	河槽弯曲、河段宽窄不均，卡口、陡坎众多；大部分支沟交汇角度很大，形成区集中；物质组成黏度大，稠度高，沟槽堵塞严重，阵流间隔时间长
中等	1.5~1.8	0.5~1.2	1.5~2.5	沟槽顺直，河段宽窄较为均匀，陡坎、卡口不多；主支沟交汇多小于60°，形成区不大集中；河床堵塞情况一般，流体多呈稠浆状或稀粥状
轻微	1.3~1.5	0.3~0.5	<1.5	沟道顺直、均匀，主支沟交汇角小，基本无卡口、陡坎，形成区分散；物质组成黏稠度小，阵流的间隔时间短而小

③清水流量计算　清水流量计算方法随地区差异不同，西南地区常根据《四川省水文手册》、《四川省中小流域暴雨洪水计算手册》小流域洪水推理公式计算清水流量。

$$Q_B = 0.278\psi \frac{s}{\tau^n}F \tag{5-25}$$

式中：Q_B——设计洪峰流量(m^3/s)；

ψ——洪峰径流系数，$\psi = f(\mu,\tau^n)$，$\tau^n = f(m,s,J,L)$；

s——暴雨雨力，即最大1h暴雨量(mm/h)；

τ——流域汇流时间(h)；

F——流域面积(km^2)。

其中：μ为入渗强度(mm/h)，m为汇流参数，J为主沟平均纵比降；L为主沟道长度(km)。

(4)泥石流总量和最大输沙量

根据泥石流历时T和最大流量Q_c，按泥石流暴涨暴落的特点，将其过程线概化成“三角形”状，如图5-15所示，通过断面一次泥石流的总量由下式计算：

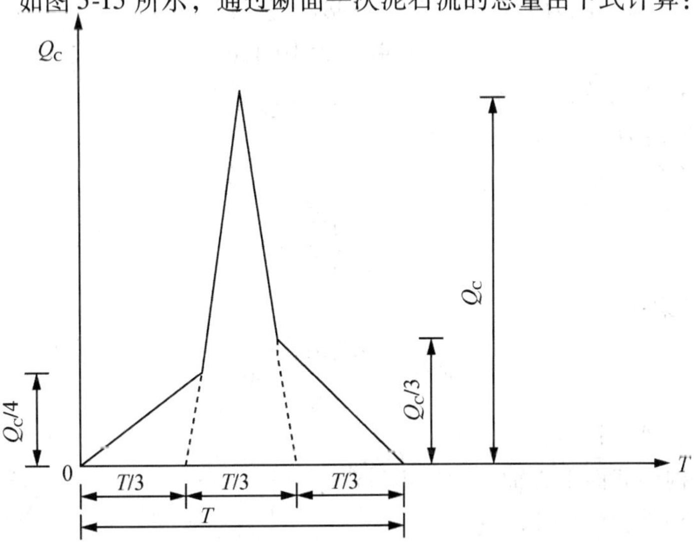

图 5-15 概化泥石流流量过程线

$$W_c = \frac{19TQ_c}{72} \tag{5-26}$$

式中：T——泥石流历时(s)；

Q_c——泥石流峰值流量(m^3/s)。

一次冲出固体物质的总量 W_s 由下式计算：

$$W_s = \frac{\gamma_c - \gamma_w}{\gamma_H - \gamma_w} W_c \tag{5-27}$$

式中：γ_H——泥石流中固体颗粒容重(t/m^3)；

γ_c——泥石流容重(t/m^3)；

γ_w——水容重(t/m^3)；

W_c——一次泥石流总量。

(5)冲击力

泥石流冲击力包括整体冲击力和单块最大冲击力。

①整体冲击力计算公式

- 铁二院公式(铁二院、东川两线)：

$$F = \lambda \frac{\gamma_c V_c^2}{g} \sin\alpha \tag{5-28}$$

式中：F——泥石流整体冲压力(Pa)；

g——重力加速度($9.8m/s^2$)；

α——受力面与泥石流冲压力方向所夹的角度(°)；

λ——受力体形状系数，方形为1.47，矩形为1.33，圆形、尖端、圆端形为1.0。

- 日本公式(迟谷浩，1981，公式一)：

$$F = \gamma_c H_c V_c^2 \tag{5-29}$$

- 沙砾泥石流冲压力公式(迟谷浩，1981，公式二)：

$$F = 4.72 \times 10^5 V_c^2 d \tag{5-30}$$

式中：d——石块粒径。

② 块石冲击力

- 对悬臂梁：

$$F = \sqrt{\frac{3EJV^2}{gL^3}} \sin\alpha \tag{5-31}$$

- 对简支梁：

$$F = \sqrt{\frac{48EJV^2W}{gL^3}} \sin\alpha \tag{5-32}$$

式中：E——构件弹性模量(Pa)；

J——构件截面中心轴的惯性矩(m^4)；

L——构件长度(m)；

V——石块运动速度(m/s)；

W ——石块重量(t)。

● 对桥墩:

$$F = \gamma V_c \sin\alpha \sqrt{\frac{W}{C_1 + C_2}} \tag{5-33}$$

式中: γ ——动能折减系数, 对圆端正面撞击时取 0.3;

α ——受力面与泥石流撞击面撞击角(°);

C_1 , C_2 ——巨石与建筑物的弹性变形系数, 若采用船筏与桥墩台的撞击系数, $C_1 + C_2 = 0.005$;

W ——块(漂)石重量(t)。

冲击力计算均考虑最危险情况, 即有关参数选取为冲击力最大的数值, 并只考虑正面撞击。

● 弹性波速度法:

$$F = \gamma_H A V_c C \tag{5-34}$$

式中: A ——撞击接触面积;

C ——石块弹性波动传递系数。

● 冲起爬高: 泥石流充起爬高公式根据能量守恒, 将泥石流体动能瞬间转化为势能, 根据动能转化为位能的观点:

$$\Delta H = \frac{V_c^2}{2g} \tag{5-35}$$

由于泥石流在爬高过程中受到沟床阻力的影响, 其爬高为:

$$\Delta H = a\frac{V_c^2}{2g} \tag{5-36}$$

式中, a 为泥石流冲起迎面坡度的函数, 根据云南东川蒋家沟的实测数据 a 取值 1.6, 迎面坡度为 90°时, 取 1.0。

● 弯道超高: 泥石流流速快, 运动惯性大, 因此在弯道凹岸处有比水流更加显著的弯道超高现象。

a. 根据泥石流过弯泥面横比降动力平衡条件, 推导出计算弯道超高公式:

$$\Delta h = 2.3\frac{V_c^2}{g}\lg\frac{R_2}{R_1} \tag{5-37}$$

式中: Δh ——弯道超高(m);

R_2 ——弯道凹岸半径(m);

R_1 ——弯道凸岸半径(m);

V_c ——泥石流流速(m/s)。

b. 日本高桥堡公式:

$$\Delta h = \frac{2V_c^2 B}{gR} \tag{5-38}$$

式中: B ——泥石流表面宽度(m);

R ——河流主流中心曲率半径(m);

V_c——泥石流流速(m/s)。

5.4 泥石流灾害主要监测内容、方法

泥石流监测分为形成条件(固体物质来源、气象水文条件等)监测、运动特征(流动要素、动力学特征参数和输移冲淤等)监测、流体特征(物质组成及其物理化学性质等)观测。

5.4.1 形成条件监测

5.4.1.1 水源监测

在我国，最常见和暴发频率最高的是暴雨泥石流，即泥石流的形成所需水量是暴雨提供和激发，所以降雨量、雨强以及降雨过程的监测以及降雨与径流关系是泥石流形成条件观测中最重要的因子。

(1)雨量

降雨监测是泥石流监测预报的基础，包括对区域降雨天气过程和流域内降雨过程监测。

区域内降雨天气过程的监测为泥石流预报提供较大尺度区域降雨参数，主要由气象部门利用卫星云图和气象雷达实施。通过对短期、中期和长期气象预报，进而开展泥石流监测预报。如短期预报时根据每小时雨量图、雨势情报，对泥石流发生的危险前兆，由监测仪等作出判断。

流域内降雨过程监测是根据流域大小，在流域内设立1~3个控制性自计式雨量观测站，定期巡视观测。对降雨量监测数据进行分析处理，供泥石流预报使用。根据实时监测的流域雨量，与该地区泥石流发生的临界雨量值加以比较，判断是否发生泥石流。

(2)径流量

径流量观测是指未发生泥石流情况下，由于降雨产生的清水径流量观测。降雨后在不同的下垫面及环境因素作用下，其产流和汇流的条件和强度不同。径流量大小综合反应流域的产汇流能力。清水径流观测主要包括坡面径流和沟槽径流。沟槽径流量观测可采用传统的水文断面观测法。除雨后沟槽中洪水径流量外，还应测量沟槽的基本径流量，在泥石流发生后基本径流量值虽在泥石流量中占极小部分，但基本径流量却反映了流域的地下水流动状况和流域的蓄水能力。应该注意的是，沟槽径流量的测量应该在主沟和支沟同时进行，以研究流域的汇流速度和汇流特性。

(3)物源体内部力学特征参数

泥石流发生是前期有效降雨和短历时雨强共同作用的结果。受我国地质构造、地层岩性、区域地形地貌以及土壤质地影响，大部分以土力类泥石流为主。降雨过程中，泥石流形成源区准泥石流体内部力学特征参数变化直接关系到泥石流体的强度特征，从而也就影响了泥石流起动。因此从形成区物源体稳定性角度，通过对影响泥石

流体强度和稳定性的内部力学重要特征参数，如含水量、孔隙水压力、基质吸力等，进行监测有助于深入认识泥石流形成机理。

5.4.1.2 土源监测

土源监测主要针对以滑坡、崩塌方式以及因非自然因素，如矿山弃渣、工程建设等产生的固体物质进行位移、坍塌进行观察和测量。参与泥石流活动的物源体中，坡积物和沟床质除部分是由于风化以及坡面侵蚀、水流搬运产生外，绝大多数是由滑坡和崩塌作用产生。单纯由坡积物和风化物引发的固体物质累积速度较慢，泥石流暴发频率相对来说也较低。因此，土源监测主要针对雨季滑坡位移量进行监测，用以分析滑坡的活动规律、滑动速度以及初步分析固体物质参与泥石流的动储量。

5.4.2 泥石流运动特征监测

(1)流速

由于泥石流体的特殊物质组成和完全不同于水流的运动状态，其流动速度的测量就不能沿用水文测量中水流的流速监测方法，需根据泥石流自身运动特点，采取切实有效的测试方法。目前，对泥石流表面流速的观测，通常采用浮标法、龙头跟踪和非接触测量法。

(2)泥位

泥石流泥位是指泥石流通过测量断面时流体的实际厚度，是计算泥石流流量以及分析泥石流运动和力学特征的重要参数。泥位测量由于受到泥石流流体物质组成且强烈冲淤特性的影响，进行动态测量非常困难。利用超声波泥位计可以对泥位实现实时监测。超声波是利用探头发射声波在均匀介质中以一定的速度传播，当遇到不同介质的界面时由界面反射，由发射间距和接收的时间得到发射探头到界面的距离。由于超声波泥位计是通过测量过流断面泥位来实现报警的，因此探头需安装在稳定的河段内，若超声探头在冲淤变化较大的断面处，那么这种检测会因为断面冲淤变化而引起较大误差，甚至可能误报和错报。

(3)地声及次声

泥石流运动过程中摩擦、撞击沟床和岸壁而产生振动，在岩土体中传播，称为泥石流地声。泥石流地声与其他振动波一样，有其自身的特征值，如频率和波形振幅，且与其他环境噪声(如降雨、刮风、雷电等)有很大差异。地声强度(振幅)与泥石流流量成正比关系。使用地声传感器，观测泥石流运动过程中在岩土体中传播的振动波，采集的信号超过预设的阈值时进行报警。根据地声原理制成的警报器需要不同岩性条件下的各种不同性质和大小泥石流的地声频谱值，因此每条沟的泥石流差异情况很大，其普适性需要验证。

泥石流次声信号为一个确定性信号，其波形为简谐波，具有确定的卓越频率，比其他环境噪声频率成分高出 20dB 以上，其声压值与泥石流类型和规模有关。已有蒋家沟测试表明，其幅值约 0.5^{-4}Pa，卓越频率为 5～10Hz，约 6Hz。由成都山地所研制的泥石流地声警报器，自1994年以来经历国内外20次原型泥石流应用，无一漏报、错报。由于该警报器是基于声波研发，也可以用于崩塌、滚石预警。

(4) 冲击力

泥石流冲击力是泥石流防治工程设计中非常重要的参数，尤其是泥石流体中大石块的撞击力是许多防治工程损毁的主要原因。国内主要有蒋家沟的泥石流冲击力长系列观测资料。

5.5 泥石流预测预报

5.5.1 泥石流预测

泥石流预测是在已判定泥石流沟的基础上对泥石流暴发可能性、活跃程度和危险性的预先确定，是预先判断某一区域、山沟或坡面会不会发生灾害现象的一种宏观推测。按推测的内容和目的又可以分为可能性、活跃性和危险性3个亚类。预测一般没有确定的时间概念，仅仅是对泥石流发生与否趋势的推测。

5.5.1.1 预测依据

由于泥石流预测收集资料、判断、服务时段长，预测空间范围大，与泥石流发展的历史、现状关系密切，因此影响预测的因素比较多。这就需要对预测区域进行深入细致地调查，并根据调查结果，把已判明的泥石流沟谷的自然条件、人类活动和泥石流活动状况等记录在案，作为泥石流预测的基础。预测的主要依据如下：

(1) 固体物质的累积和聚集程度

固体物质的累积和聚集程度是泥石流预测的基本依据之一。松散碎屑物质的积累和聚集与地质、地形、气候、流域面积、人类活动等条件有密切关系。沟谷内断裂发育，岩层破碎，地形越陡峻，其重力侵蚀作用易发生，固体物质的聚集速度就越快，数量也大，其能量转化条件也就越好。气候条件影响岩石的风化作用，雨量丰富、温差大的地区，物理风化越严重，松散碎屑物质也就越多。泥石流形成区面积与流域总面积的比例，决定了单位面积上松散土体数量。一般来说，流域面积越小，泥石流形成区面积占流域总面积的比例越大，流域每单位面积能积累的松散碎屑物质越大。

(2) 激发水量

水的参与是泥石流形成的一个必要条件。没有足够的水源，松散碎屑物质就不会转化为泥石流，泥石流也就不能形成。水源最主要的类型是降雨、冰雪融水、湖水等。

(3) 流域发展程度

沟谷的发育程度可分为不同的阶段，即发展期、活跃期、衰退期和间歇期。相对于沟谷发展的不同阶段，泥石流活动也有其不同的特点，由此可对泥石流进行预测。

处于发展期的沟谷，其源地重力侵蚀不断增强，范围不断扩大，活动性加剧，故松散固体物质来源增加，泥石流活动频繁。且规模逐渐加大危害加剧。

处于衰退期的沟谷，泥石流活动性递减，频率降低，规模减小，危害减弱。

处于间歇期的沟谷，其泥石流活动频率更小，数百年暴发一次，但突发性更为显著。

(4)泥石流暴发频率

泥石流暴发频率受多种因素影响，如云南蒋家沟泥石流每年暴发多次，而其他地区的泥石流暴发频率可能一年一次，数年一次或数十年一次。一般说来，泥石流的暴发都具有周期性。松散物质积累速度的快慢能决定泥石流活动的周期性。因此，依据泥石流历史上暴发的频率，可预测下一次泥石流暴发的时间。

5.5.1.2 预测方法

(1)危险范围预测

泥石流危险区包括泥石流形成区、流通区和堆积区，其中堆积区是危害成灾的主要部位，可通过历史泥石流的回访和调查确定危险区，也可由以下经验公式预测泥石流危险堆积区的最大危险范围 S：

$$S = 0.6667LB - 0.0833B^2(1 - \cos R)\sin R \tag{5-39}$$

式中：L——泥石流最大堆积长度(km)，$L = 0.8016 + 0.0015A + 0.000033W$；

B——泥石流最大堆积宽度(km)，$B = 0.5452 + 0.0034D + 0.000031W$；

R——泥石流堆积幅角(°)，$R = 47.8296 - 1.3085D + 8.8876H$；

A——流域面积(km^2)；

W——松散固体物质储量($10^4\ m^3$)；

D——主沟长度(km)；

H——流域最大高差(m)。

最新单沟泥石流危险度评价模型：

$$H = 0.29M + 0.29F + 0.14S_1 + 0.09S_2 + 0.06S_3 + 0.11S_6 + 0.03S_9 \tag{5-40}$$

式中：M——泥石流规模；

F——发生频率；

S_1——流域面积；

S_2——主沟长度；

S_3——流域相对高差；

S_6——流域切割密度；

S_9——不稳定沟床比。

其中，危险度和各危险因子 M、F、S_1、S_2、S_3、S_6、S_9 的替代数值均介于0~1。

最新区域泥石流危险度评价模型：

$$H = 0.33Y_i + 0.14X_{i1} + 0.1X_{i3} + 0.02X_{i6} + 0.17X_{i8} + 0.12X_{i9} + 0.07X_{i11} + 0.05X_{i16} \tag{5-41}$$

式(5-41)中，Y 为主要因子，代表泥石流沟分布密度(条/$10^4\ km^2$)，标准化处理按下式进行：

$$Y_i = \frac{y_i - y_{最小}}{y_{最大} - y_{最小}} \tag{5-42}$$

式中：Y_i——第 i 个评价单元泥石流沟分布密度极差变换后的数值；

y_i——第 i 个评价单元泥石流沟分布密度的数值；

$y_{最小}$——全部评价单元中泥石流沟分布密度的最小值；

$y_{最大}$——全部评价单元中泥石流沟分布密度的最大值；

i——评价单元编号。

式(5-41)中，X 为次要因子，分别为：

X_1——岩石风化程度系数(取倒数)；

X_3——断裂带密度；

X_6——大于等于25°坡地面积百分比；

X_8——洪灾发生频率；

X_9——月降雨量变差系数；

X_{11}——年平均大于等于25mm大雨日数；

X_{16}——大于等于25°坡耕地面积百分比。

次要因子标准化处理按下式分别进行：

$$X_{ij} = \frac{X_{ij} - X_{最小j}}{X_{最大j} - X_{最小j}} \tag{5-43}$$

式中：X_{ij}——第 i 个评价单元第 j 个次要因子极差变换后的数值；

X_{ij}——第 i 个评价单元第 j 个次要因子的数值；

$X_{最小j}$——全部评价单元中第 j 个次要因子的最小值；

$X_{最大j}$——全部评价单元中第 j 个次要因子的最大值；

i——评价单元编号；

j——次要因子编号，$j=1$，3，6，8，9，11，16。

(2)频率预测

针对区域性泥石流危害范围、危害频率、危害程度及其变化，通常采用频率预测法。此方法基于对泥石流沟的实际调查，确定其发展阶段和可能暴发的周期，然后按危害程度预测每年泥石流可能暴发的次数。其步骤为：

①对区域内泥石流沟进行调查，确定泥石流沟的数量。

②按发展阶段和危害程度分类，统计不同发展阶段和危害程度的泥石流沟数量。

③确定灾害性泥石流活动周期。

④预测不同危害程度，不同发展阶段下泥石流每年可能暴发的次数。

⑤预测区域内泥石流每年可能暴发的次数。

(3)激发雨量预测

在暴雨泥石流区域，用临界雨量指标进行预测，确定研究区内泥石流发生的平均降雨量并分析归纳为某一量级的雨量和强度。以此确定出该区域的泥石流暴发雨量。确定区域临界雨量指标的方法有：

①统计分析法　研究区雨量和泥石流灾害资料丰富的地区，可直接根据雨量与泥

石流资料进行统计分析，得到激发泥石流的主、次因子，如前期雨量，10min、30min、1h、24h 雨量或者经过年雨量或月雨量无量纲化后的预警指标。这种方法适用于高频率泥石流灾害雨量阈值分析。国内外许多学者通过泥石流暴发时刻与雨量过程研究发现泥石流暴发多集中在 10min、30min 或 1h 峰值雨量时刻，且不同的降雨强度对应不同的泥石流规模。因此提出了基于 10min 雨强、小时雨量和日雨量组合模式，有效降雨量和有效降雨强度，单位时间降雨强度，降雨强度和有效累积雨量线性和乘积驱动指标预警模式，以及根据相应的预警模式制定不同的预警等级。

②频率分析法　降雨资料丰富，但灾害资料缺乏地区，往往假定泥石流灾害和暴雨同频率，通过暴雨发生频率来计算相应雨量阈值。或者两条泥石流沟地质背景相当，可根据一条泥石流沟暴发的降雨统计特征值来估算泥石流雨量阈值。

③暴雨等值线分析法　利用暴雨的多年观测资料分析的暴雨等值线成果，求出泥石流分布区内的暴雨等值线均值，作为该区域临界雨量初选值，再用典型泥石流案例调查的暴雨均值进行检验调整，通过推算得到的雨量与实际泥石流暴发雨量之间的比例系数，进而推算相邻泥石流形成背景条件相当的泥石流沟临界雨量。

④水力类泥石流起动机理法　根据泥石流起动机理计算雨量阈值，是基于水石流产生机理结合水文学方法的反算。对于水力类泥石流起动的临界雨量阈值，需要计算形成区沟道中泥石流体起动的临界水深所需要流量，得到山洪泥石流的平均雨量阈值。

剪切力大于抗剪切力时，发生水石流，其临界水深为：

$$h_0 = \left[\frac{C_*(\sigma-\rho)\tan\varphi_0}{\rho\tan\theta} - \frac{C_*(\sigma-\rho)}{\rho} - 1\right] \times d_m \tag{5-44}$$

式中：h_0——沟道水流临界水深；

C_*——沟道内土石体的体积浓度；

σ——土石体密度；

θ——沟道纵坡；

ρ——水密度；

φ_0——内摩擦角；

d_m——砂砾平均粒径。

⑤蓄满产流法　由于暴雨泥石流暴发时间大多与雨季同步，因此其汇流方式可认为符合“蓄满产流”。通过水量平衡方法，以一次降雨量参数替换小时雨量参数 I_{60} 得到：

$$I_{60} + P_a = R + I_m \tag{5-45}$$

式中：I_{60}——小时雨量；

P_a——降雨开始时的土体含水量；

R——总径流深；

I_m——降雨结束时流域达到的最大蓄水量。

基于水文学方法得到总径流深即可得到水石流的平均雨量阈值。

⑥结合水文和无限边坡稳定的水力模型　国内外大量的野外调查研究表明，初期

泥石流起动时规模并不大，在运动过程中通过侵蚀、裹携松散物质，规模才逐渐增大。初期小规模的泥石流起动大多是由于降雨激发溯源侵蚀区陡坡上浅表层滑坡体形成的，可以通过结合坡面水文模型和浅表层滑坡的无限边坡模型进行稳定性分析，得到浅表层滑坡起动转化为泥石流的临界雨量条件。

5.5.2 泥石流预报

预报是泥石流暴发前的通报，是预先通报某一区域、山沟或坡面发生灾害的时间或时间段，具有定量的概念。根据时间提前量，分为长期、中期和短期预报。由于山洪、泥石流发生的时间主要取决于降水、冰雪融水，因此各类预报时间的提前量基本上与气象预报的时间提前量一致。泥石流预报层次及其预报信息如图 5-16 所示。

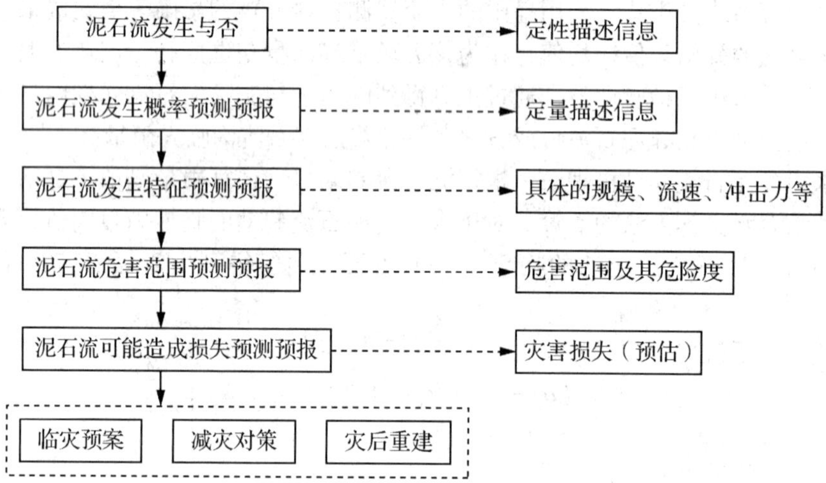

图 5-16 泥石流预报层次及其预报信息

泥石流预报是利用泥石流形成的某些因子，如雨量、含水量进行预测，预测的范围可大可小：大到一个区域，小到一条沟；从时间尺度来看有长期、中期、短期和临报。泥石流发生预测是通过对泥石流形成 3 个基本条件及其不同组合，预测可能发生的时间、规模、性质及范围。从宏观上看，在形成泥石流的地理条件充分具备的条件下，降雨大而集中，雨强大，流域内松散碎屑物质丰富且很不稳定，泥石流发生的频率就高，规模就大，反之则频率低、规模小。

泥石流预报就世界范围来看，所有的国家几乎都是采用雨量因子对泥石流发生及规模进行预测。泥石流预报的范围多数国家还局限在单沟，只有少数几个国家，如日本利用密集的雨量点、采用雷达跟踪进行区域泥石流发生的试报阶段。现阶段泥石流的预报大多还处在短期和临报阶段。

（1）泥石流预测预报的类型

泥石流预测预报涉及多方面的内容，根据研究的侧重点和预测预报的依据，可分为区域预报和单沟预报，机理预报，统计预报，长期预报、中期预报、短期预报和警报等。表 5-20 是从理论上的预报分类，对于这些类型的预报，在实践中可以单独进行，也可以依据对泥石流的认识和资料掌握的程度以及预报的着重点，开展兼顾多种类型预报特点的综合预报。如采用基于机理或统计的方法进行单沟泥石流短临预报。目前，按时间和按范围的泥石流预测预报较为普遍，国内外研究最多的是单沟短期预警报和大区域中长期预测。

表 5-20 降雨泥石流预报的时段分类

预报分类	预报类型	预报形式	预报对象	预报主要信息依据
背景预测（长期预报）	超长期 10a	远期趋势预测	省、地、市、州	气候长期变化、地震活动规律、太阳活动规律
	长期 1～12a	长期趋势预测	省、地、市、州	气候与环境变化趋势、地震活动长期趋势
	中长期 3～12 月	当年趋势预测	省、地、市、州	气候年报、环境演变过程趋势、地震活动中期趋势
预案预报（中期预报）	长中期 1～3 月	近期险情预报	地、市、州、县	气候与气象季、月预报，降雨规律，地震活动中期趋势
	中期 10～30d	中期险情预报	地、市、州、县	气候和天气过程月、旬预报，地震活动短期预报
	短中期 3～10d	短期险情预报	地、市、州、县	气候和天气过程旬、周预报、天气自然周期，地震活动短期预报
判断预测（短期预报）	中短期 1～3d	近期防灾预报	县、乡、村、镇	天气过程持续时间预报、地震临震前预报
	短期 1～24h	短期防灾预报	县、乡、村、镇	每日定时天气预报和重要天气信息，重要预报预警，地震临震预报
	超短期 6～12h	临近防灾预报	县、乡、村、镇	每小时天气图和卫星云图，气象警报，水文情报，地震发震警报
确定预报（临警报）	短临报 3～6h	短期灾情预测	机关、群众、村民	雨量实图、灾情、雨势监测情报
	临报 1～3h	临近灾情预测	机关、群众、村民	雨量监测网络、雨量临界条件、危险性前兆识别
	警报 0～1h	紧急灾情预测	机关、群众、村民	警戒警报仪器监测信息、灾情判定信息

(2)*泥石流预测预报的层次*

根据泥石流预测预报结果的内容和结果信息的详细程度，预测预报有不同的层次。初浅的预报仅能提供泥石流发生可能性的定性描述，进一步的预报可以细化到泥石流发生的概率，最详细的预报可以提供泥石流发生的基本特征(如流速、流量、规模、破坏力)和可能造成的灾害损失等信息，可直接用于泥石流临灾预案的制定。预报结果的内容越丰富，所需要的信息越多，难度也越大。目前，国内外主要从以下 4 个方面进行泥石流预报：

①以泥石流形成背景为主的预报　主要在区域和单沟两个层面上开展研究。区域尺度上的研究主要体现在泥石流危险性区划研究中，根据泥石流形成背景条件(地质、地貌、植被等)和已知的泥石流沟分布和活动状况，进行泥石流危险度区划。沟谷尺度上的研究主要有泥石流沟的判识、泥石流发生可能性(敏感性)分析和危险范围的确定。

②以泥石流运动学、物理学特征为主的监测预报　主要通过仪器设备接收泥石流

的物理特性，对泥石流发生和运动进行监测，依据这些信息进行泥石流预报和警报。铁道部和中科院曾研制过一系列泥石流监测报警及传感器，如超声波泥位警报器、地声警报器和次声警报器等，在泥石流监测警报中发挥了重要作用。

③以降水条件为主线的泥石流预测预报　降水是目前导致泥石流暴发的最直接的触发因素。降雨泥石流预测预报的研究，主要是通过对雨量资料的统计分析，确定泥石流发生雨量阈值。

④以泥石流起动机理为主的预测预报　泥石流起动机理是泥石流预测预报的理论基础，也是学科的难点和前沿课题。泥石流的发生与松散固体物质的物理力学性质有密切的关系，这需要从土体的物理力学性质入手分析泥石流起动条件。

5.5.3　泥石流临报

临报是灾害即将发生前的紧急通报，即所谓的临阵预报。山洪、泥石流的临报是根据已降雨量、雨强，按指定的预报模式或阈值作出判断，其可靠性比一般预报高很多，但提前时间短，仅0.5～6h。

在我国，由暴雨引发的泥石流灾害，在数量上和造成的损失分别占这类灾害总数的90%和95%以上。因此，多数地区多根据流域特征布设雨量站，监测流域的降雨量，并通过GPS等通信系统适时获得数据，利用已建立的模型进行泥石流预报。

如蒋家沟泥石流预报模型(图5-17)：

临界线：$R_{i10} \geqslant 5.5 - 0.019(P_{a0} + R_t) \geqslant 0.5\text{mm}$　　(5-46)

暴发线：$R_{i10} \geqslant 6.9 - 0.123(P_{a0} + R_t) \geqslant 1.0\text{mm}$　　(5-47)

式中：R_{i10}——10min降雨量(mm)；

R_t——泥石流发生时刻前的当日降雨量(mm)；

P_{a0}——泥石流发生前20d内的有效降雨量。

$$P_{a0} = \sum_{i=1}^{20} R_i (K)^i \tag{5-48}$$

式中：K——递减系数，取为0.8，$i = 1, 2, \cdots, 20$；

R_i——泥石流发生前i天降雨量。

该式预报提前时间为17～200min，报准率为86%，错报3%，漏报11%。最短可提前17min，最长达200min，一般提前30～60min。

成昆线模型(图5-18)：

$$R = K\left(\frac{H_{24}}{H_{24}(D)} + \frac{H_1}{H_1(D)} + \frac{H_{1/6}}{H_{1/6}(D)}\right) \tag{5-49}$$

式中：R——降雨综合指标；

K——前期降雨修正系数，$K \geqslant 1$，在甘洛试验区$K = 1$；

H_{24}，H_1，$H_{1/6}$——分别为24h，1h和10min最大降雨量(mm)；

$H_{24}(D)$，$H_1(D)$，$H_{1/6}(D)$——分别为24h、1h和10min单因子临界雨量阈值，随沟谷和地区而不同，在甘洛试验区，分别为60min，20mm和10mm。

当$R < 2.8$时，不会发生泥石流；$R \geqslant 3.6$时，发生泥石流的几率约占85%；$R =$

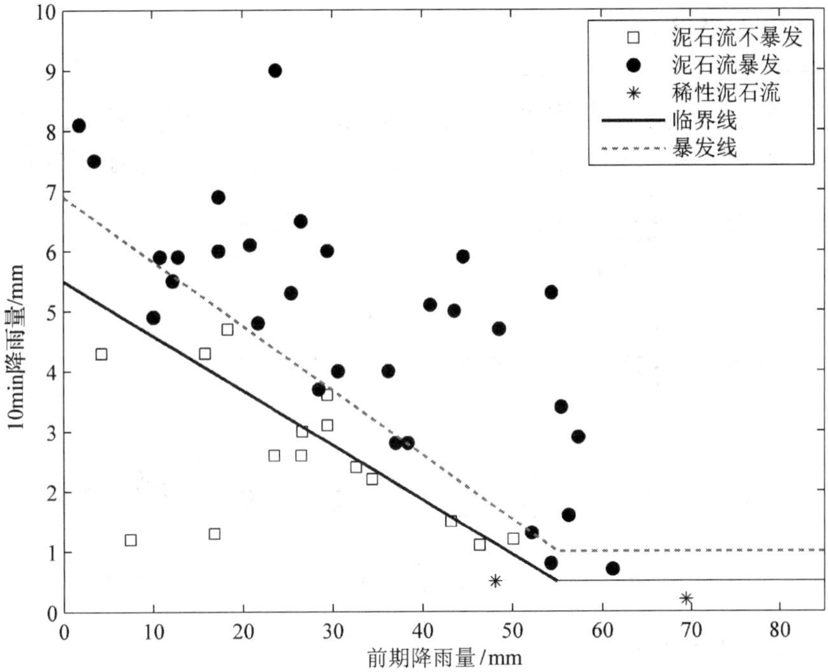

图 5-17　蒋家沟预报

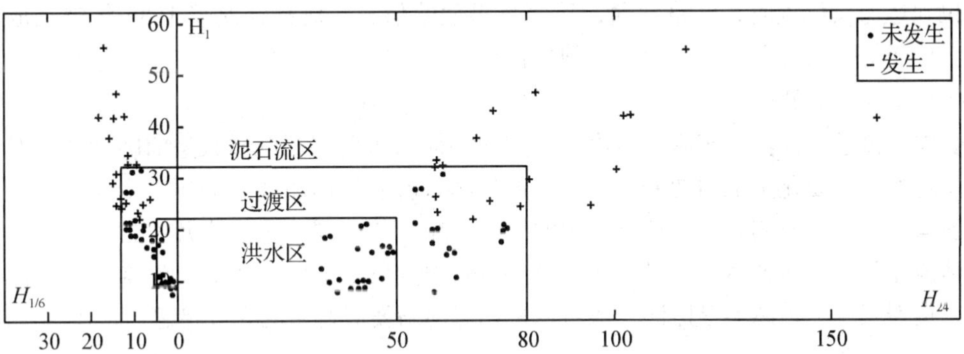

图 5-18　成昆线泥石流预报

2.8～3.6时，有可能发生泥石流。

5.5.4　泥石流警报

警报是灾害刚发生或正在发生时做出的紧急警告。所谓“刚发生”是指山洪、泥石流刚在山沟的上游或中游形成区形成，警告下游可能造成危害的地区立即采取紧急措施。

5.5.4.1 接触式警报

(1) 断线法

当泥石流的流量达到一定规模或者泥位达到阈值就可把检测线冲断，剪断挂有重物的接线。这时探头(传感器)便将此信息发出通知保护点，其示意如图 5-19 所示。

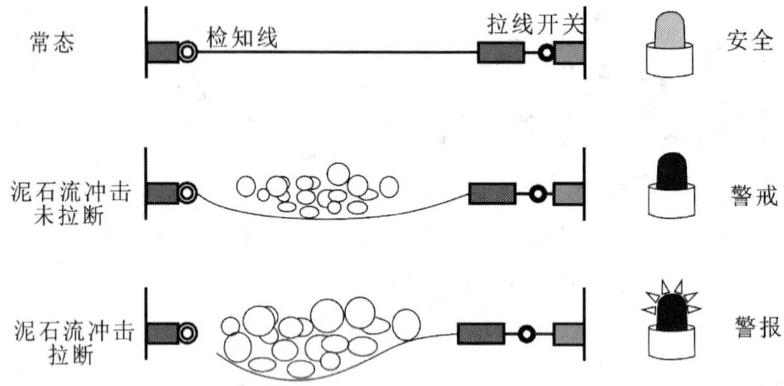

图 5-19 断线法预报泥石流

(2) 泥石流体导通法

泥石流体的电阻值一般为 10 ~ 30kΩ，因此它与大地一样具有一定的导电性能，导通法正是利用这一导电性能来报警。无泥石流或泥位未到达探头时电路断开，一旦泥位到达探头位置时，电路导通，从而发出危险信息。成都铁路局 1985 年曾在成昆线马厂沟等 8 条泥石流沟安装了这种报警器，但只报准了一次。

(3) 压力报警法

泥石流进入主沟沟床后，多表现出阵性特征，而且泥石流形状呈前陡后缓，对沟床基地的压力变化呈准周期变化，可以通过泥石流主沟沟床底部的压力变化来监测泥石流运动。主要监测方法包括最常用的压阻式压力传感器或阻应变片压力传感器、半导体应变片压力传感器、压阻式压力传感器、电感式压力传感器、电容式压力传感器、谐振式压力传感器等监测，还可以采用目前新发展起来的光纤传感器来监测。

(4) 冲击力

测量泥石流冲击力不仅可以确定泥石流是否发生，而且根据冲击力的大小还可以判断泥石流的规模并进行灾害规模分级，从而发出不同级别的预警信号。

5.5.4.2 非接触式报警

利用传感器不直接接触泥石流，将感应的泥石流发生和规模传递给保护对象。非接触法被广泛使用的有两种原理制成的仪器，即地声原理和超声波原理。

(1) 地声原理法

地声原理法又称为地震法或振动法，通过对泥石流地声特征值与洪水信号进行实测和分析，选用地声频率、强度和持续时间要素作为研制警报器的依据。地声警报器需要不同岩性条件下的各种不同性质和大小泥石流的地声频谱值，因此每条沟的泥石流沟差异很大，普适性不强。

(2)超声波泥位计

超声波测泥位是通过回声测距的原理实现的，利用探头发射声波在均匀介质中以一定速度传播，当遇到不同介质的界面时，即遇到障碍物由界面反射，可以得到发射探头到界面的距离，测得传感器断面的泥石流流深推断泥石流的规模，可根据事先计算的不同频率洪水位设定警报阈值，从而实现自动分级预警，如图5-20所示。

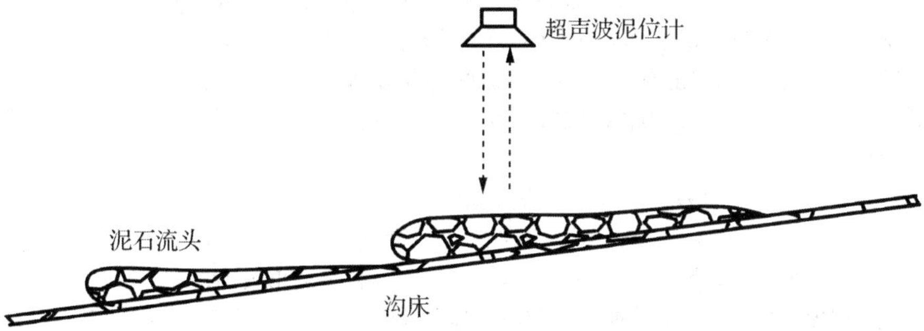

图5-20 超声波泥位计预警

(3)次声

声波的低频部分即$1\times10^{-4}\sim20$Hz称之为地声，这个范围内对人耳的听觉神经不产生效应，或效应极小，因而人耳听不到这种频率的声音。泥石流的次声信号是一个确定性的信号，具有典型的正弦波波形和确定的卓越频率，振幅值随着能量的变化而变化。在传播过程中以约344m/s的声速在空气中传播，且在相当长的距离内不衰减或者很少衰减。因此，可以通过收集泥石流次声波的资料研制泥石流次声警报系统。

(4)红外遮光

红外遮光原理和断线法原理相同，是通过泥石流碰触遮断红外光线使探测器触发信号，再传至仪器的数据采集器，但和钢索检知器不同之处为红外线光遮断器属于非接触式，一端发射另一端接收，其平时状态为通路状态，一旦当泥石流遮断光线后即造成短路而触发警报。

思考题

1. 简述我国地貌整体格局与泥石流空间分布规律之间的联系。
2. 论述我国主要几个典型泥石流活跃区的地质地貌、气候条件。
3. 国内外泥石流起动模式及其起动机理有哪些?
4. 泥石流防治工程设计中，流速的计算主要有哪几种方法?
5. 泥石流冲击力包括哪些部分?
6. 简要论述级联溃决造成泥石流洪峰流量、规模放大的原因。
7. 简述国内外暴雨泥石流预警原理、方法、预警指标含义。
8. 简述我国泥石流的主要成因模式及其预警、预报中存在的问题。

参考文献

陈宁生，等. 2011. 泥石流勘查技术[M]. 北京：科学出版社.

陈光曦，王继康. 1983. 泥石流防治[M]. 北京：中国铁道出版社.

崔鹏. 1991. 泥石流起动条件及机理的实验研究[J]. 科学通报，36(21)：1650-1652.

崔鹏，何思明，姚令侃，等. 2011. 汶川地震山地灾害形成机理与风险控制[M]. 北京：科学出版社.

费祥俊，舒安平. 2004. 泥石流运动机理与灾害防治[M]. 北京：清华大学出版社.

康志成，李焯芬，马蔼乃，等. 2004. 中国泥石流研究[M]. 北京：科学出版社.

李德基. 1997. 泥石流减灾理论与实践[M]. 北京：科学出版社.

谭万沛，王成华. 1994. 暴雨泥石流滑坡的区域预测与预报——以攀西地区为例[M]. 成都：四川科学技术出版社.

吴积善，康志成，田连权. 1990. 云南东川蒋家沟泥石流观测研究[M]. 北京：科学出版社.

吴积善. 1993. 泥石流及其综合治理[M]. 北京：北京出版社.

王礼先，于志民. 2001. 山洪及泥石流预报[M]. 北京：中国林业出版社.

中国科学院兰州冰川冻土研究所. 1982. 甘肃省交通科学研究所. 甘肃泥石流[M]. 北京：人民交通出版社.

中国科学院成都山地灾害与环境研究所. 1989. 泥石流研究与防治[M]. 成都：四川科学技术出版社.

中国科学院—水利部成都山地灾害与环境研究所. 2000. 中国泥石流[M]. 北京：中国商务出版社.

第6章

山地灾害风险评估

山地灾害风险评估在山地灾害预防与规划、山地灾害工程建设以及山地灾害损失评估等方面发挥重要作用。风险评估包括风险识别、风险分析和风险评价的全过程。其中，风险识别是要识别可能发生的潜在灾害，风险分析是研究灾害对承灾体所造成的影响程度，衡量这种影响差异的过程就是风险评估。在风险评估过程中，首先对研究区是否存在风险进行定性分析，如是否存在滑坡、泥石流等山地灾害的危险，危险区是否存在承灾体等；经过山地灾害分析阶段后，再根据灾害危险度和承灾体的易损度分析结果，采用相应的技术方法对可能灾害风险的区域、风险的规模、发生风险的可能性以及风险的分布范围进行定量或半定量的评价。山地灾害风险指的是山地灾害活动及其对人类生命财产破坏的可能性。山地灾害风险评估，是指在山地灾害风险分析和评价的基础上，为政府管理者和灾区人民做出山地灾害的危害、可能造成的财产损失和人员伤亡的全面预测，说明可能成灾的类型、分布范围、灾害损失的程度等。山地灾害风险评估工作有助于系统认识区域发生山地灾害可能性和承灾体抵御山地灾害能力，科学评估灾害对区域造成经济损失和防灾工程防灾能力。总之，山地灾害风险评估是我国山区自然灾害防治过程中一项重要的基础性工作，在山地灾害工程规划与效益评估、山地灾害损失评估等方面发挥着重要作用，也是衡量国家或区域防灾减灾能力的重要衡量标志。

近年来，在国家支持下，有关部门先后进行了崩塌、滑坡、泥石流、山洪等山地灾害的专门勘查工作，并对危害严重，特别是对直接危及大中城市和县级以上城镇的灾害体组织实施防治工程。在实施灾害勘查、防治项目的同时，有关部门和专家也开始注重山地灾害评估方面的工作。在进行地震、山洪、泥石流等专业灾害评估研究和实践的同时，我国在山地灾害风险评估理论和方法方面进行了深入的探讨和总结，山地灾害风险评估体系初步形成，并在世界灾害评估领域具有鲜明特色，处于领先地位。本章重点论述山地灾害风险评估的基本理论体系，提出山地灾害危险性评估、易损性评估、破坏损失评估以及防治工程效益的方法，为我国山地灾害风险评估提供一定的参考。

6.1 山地灾害风险评估体系

6.1.1 山地灾害过程和灾情构成

6.1.1.1 山地灾害过程

山地灾害一般分为灾前孕育、灾害活动、灾后恢复3个阶段。崩塌、滑坡、山洪、泥石流等不同灾害，其3个阶段的表现特征存在明显差别。崩塌的发生过程表现为岩块(或土体)顺坡猛烈地翻滚、跳跃，并相互撞击，最后堆积于坡脚，形成倒石堆；滑坡的形成经历了4个阶段：蠕动变形阶段、整体失稳缓慢滑动阶段、剧烈滑动阶段、渐趋稳定阶段；山洪是指由于山丘区小流域由降雨引起的突发性、暴涨暴落的地表径流；泥石流是山区沟谷中，由暴雨、积雪融水等水源激发的，含有大量的泥沙、石块的特殊洪流。以上4种为突发性山地灾害，而水土流失为渐进性山地灾害，或称为缓发性山地灾害，它的发生发展通常与地表径流密切相关，较突发性山地灾害缓慢很多。对于突发性的山地灾害，由于灾害前兆现象一般不明显，灾害活动通常强烈且短暂，所以预测、预报和预防比较困难，常使人猝不及防，造成严重的破坏损失。1961年3月6日，湖南省资水柘溪水库发生库岸滑坡，滑坡体约$165\times10^4m^3$，以25m/s的速度滑入深50m左右的山区水库，造成了巨大损失，死亡40余人。2010年8月7～8日，甘肃省舟曲暴发特大泥石流，造成1270人遇难，474人失踪，舟曲5000m长、500m宽区域被夷为平地。这类灾害的评估主要是灾前的风险评估和灾后损失评估，从防灾减灾工作角度，为了争取主动，防患于未然，灾前风险评估尤为重要，是山地自然灾害防灾减灾工作和研究的重点。

对于缓发性山地灾害，灾前孕育阶段和灾害活动阶段往往是渐变的，与灾后恢复工作也难以界定。如水土流失，包括土地表层侵蚀和水土损失，是指在水力、重力、风力等外营力作用下，水土资源和土地生产力的破坏和损失。黄河每年向下游的输沙量达16×10^8t，如果堆成宽、高各1m的土堆，可以绕地球27圈多。这些泥沙80%来自黄河中游的黄土高原。黄河中游的黄土高原存在大面积的水土流失，面积达$45\times10^4km^2$，占黄土高原总面积的70.9%，是我国乃至全世界水土流失最严重的地区。这类灾害是渐进性或积累性的，灾害的发生往往有一个量变累积过程，环境恶化到一定程度而形成灾害，环境恶化和灾害是灾害形成的不同阶段，不进行有效的治理，灾情会越来越重。因此，灾害评估工作主要是灾害过程中的风险评估，其目的是为实施减灾工程提供决策依据。

6.1.1.2 山地灾害的灾情构成

山地灾害是由致灾体和承灾体两部分构成。山地灾害致灾体是造成山地灾害的主要物质基础和动力载体，包括落石、滑坡体、泥石流、洪流水体等。承灾体又称为受灾体，是指直接受到灾害影响和损害的人类社会主体，主要包括人类本身和社会发展的各个方面，如工业、农业、能源、建筑业、交通、通信、教育、文化、娱乐、各种减灾工程设施及生产、生活服务设施，以及人们所积累起来的各类财富等。承灾体受灾害的程度，除与致灾因子的强度有关外，很大程度上取决于承灾体自身的脆弱性。划分承灾体类型、认识承灾体特征是进行地质灾害风险评价以及实现地质灾害灾情调查统计标准化、信息化的重要基础。山地灾害灾情是指山地灾害活动造成的破坏损失情况。山地灾害灾情既可以是一次山地灾害事件的情况，也可以是一个地区在一定时间内多种山地灾害活动与破坏损失的总体情况。山地灾害具有明显的并发性特征，崩塌、滑坡、山洪、泥石流等山地灾害常在暴雨的诱发下呈现群发现象。例如，山洪灾害常与泥石流灾害同步或者先后发生，而在评估山地灾害时是山洪灾害与泥石流灾害一起产生的损失的整体情况。

山地灾害灾情主要包括山地灾害活动程度和破坏损失程度两方面。山地灾害活动程度包括灾害种类、活动规模(强度)、活动频次或活动速率等；山地灾害破坏损失程度包括人口伤亡数量、各种工程设施及其他财产破坏程度与损毁数量、对人民生活和各项产业的危害程度、对资源和环境的破坏程度、折合的直接经济损失与间接损失等。1967 年 6 月 8 日 9 时，四川省雅江县孜河区雨日村西南约 1km 的雅砻江右岸唐古栋，约 $7000\times10^4\mathrm{m}^3$ 土石在 5min 内崩塌入雅砻江中，从滑坡后壁到坡脚高差 1030m，最大水平长度 1900m，最大宽度 1300m，形成一长约 200m，高 175 ~ 355m 的堆石坝。导致坝内蓄水达 $6.8\times10^8\mathrm{m}^3$，回水长达 53km，坝下游一度断流，200 ~ 300km 范围内，均出现了全年最低水位。9d 后，库水翻坝而出，造成非常规性洪水，在坝下游 10km 处水位上涨达 48m，流量达 $62100\mathrm{m}^3/\mathrm{s}$。对下游沿江两岸土地造成强烈侵蚀，初步估计因山崩及溃坝后洪水的侵蚀，进入红河的泥沙量达 $1\times10^8\mathrm{m}^3$ 以上。据西昌、米易等 8 个县不完全统计，共毁田地 $233\mathrm{hm}^2$、房屋 435 间、冲走牲畜 131 头、粮食 79t，毁坏公路 51km、桥梁 8 座、涵洞 47 座，洼里、沪宁等 3 个水文站的全部设施被冲走，有人员伤亡，直接经济损失超过1000万元。2012 年 7 月 21 日至 22 日 8 时左右，中国大部分地区遭遇暴雨，其中北京及其周边地区遭遇 61 年来最强暴雨及洪涝灾害。此次降雨过程导致北京受灾面积 $1.6\times10^4\mathrm{km}^2$，成灾面积 $1.4\times10^4\mathrm{km}^2$，因灾死亡人数 79 人，受灾人口 160.2 万人，道路、桥梁、水利工程多处受损，房屋倒塌 10660间，几百辆汽车损失严重，经济损失 116.4 亿元。

6.1.2 山地灾害灾情基本要素

山地灾情基本要素包括成灾背景、致灾体活动、承灾体特征、破损损失、防灾工程等方面，是分析灾情、评估灾害损失考虑的主要因素。

①成灾背景要素　反映山地灾害形成的自然条件和社会经济条件，它与山地自然灾害发生过程的灾前孕灾过程关系密切，同时它们直接影响了灾害发生的强度和造成损失的严重程度。

②致灾体活动要素　反映山地灾害活动程度也称为灾变要素，主要包括：灾害种类、灾害活动规模、强度、频次、密度、成灾范围、灾变等级等。

③承灾体特征要素　主要包括承灾体类型、范围、数量、价值、密度、对不同灾害的承受能力和灾后的可恢复性等。

④破坏损失要素 主要包括山地灾害的破坏效应和损失构成，承灾体种类、损毁数量、损毁程度、价值、灾度等级等。

⑤防治工程要素 主要包括山地灾害防治工程措施、工程量、资金投入、防治效果与预期减灾效益等对不同灾害的承灾能力和灾后的可持续发展。

案例1：2010年8月7日晚上，甘肃省舟曲县城北面三眼峪和罗家峪突降暴雨，持续40多分钟，暴雨引发北山两条沟系特大山洪泥石流。泥石流出山口后，沿沟床冲进月圆村、北关村、北街村、东街村、南门村、椿场村、罗家村、瓦厂村，所到之处淤埋耕地、摧毁房屋与建筑，三眼峪口被夷为平地。三眼峪泥石流出山口后，形成长约2km、宽170～270m(最宽350m，城区80m)、平均200m左右的堆积区，淤积厚度2～7m，平均约4m；罗家峪泥石流出山后，形成长约2.5km，平均宽度约70m的堆积区，平均堆积厚度2m。泥石流冲进白龙江，形成堰塞湖，水位上升10m左右，淹没大半个县城，造成重大财产损失和人员伤亡。据统计，泥石流灾害共造成4496户、20227人受灾，水毁农田约95hm^2，水毁房屋307户、5508间，其中农村民房235户，城镇职工及居民住房72户；进水房屋4189户、20945间，其中农村民房1503户，城镇民房2686户；机关单位办公楼损毁21栋，损坏车辆18辆。截至28日，舟曲特大山洪泥石流灾害造成1463人遇难，失踪302人，是新中国成立以来我国最严重的泥石流灾害事件。

6.1.3 山地灾害风险评估的主要任务

山地灾害风险包括3个方面的内容，即灾害过程的危险性、承灾体的易损性和可能的灾害损失。因此，风险是危险性和易损性的结合。作为灾害风险管理的核心技术，风险评价是行之有效的规避山地灾害的非工程减灾措施。灾害风险评估是与灾害成因研究、灾害破坏、灾害损失、防灾工程等分析相结合，对山地灾害进行调查、统计、分析、评价的过程，其评估范围包括灾害的全部过程和各个方面的情况。根据山地灾害灾情构成和灾情评估过程，将灾害风险评估分为危险性评估、易损性评估、破坏损失评估、防灾工程效益评估4个方面。

危险性评估是对孕灾的自然条件和灾变程度的分析评估。在充分认识山地灾害发育规律的基础上，分析山地灾害发育的本底条件，提出危险性判别指标，分析这些指标对山地灾害发生的贡献率，对山地灾害的危险性进行定量或半定量的等级划分，评估灾害发展趋势、活动强度(规模)、频度、密度、危害范围等。山地灾害的承灾机制不仅与灾害活动的规模强度以及灾害发生的时间等有关，还与人口密度、建筑类型等社会经济因素相关。例如，同样的灾害发生在人烟稀少的山区和人口密集的城市，所造成的损失存在明显差异；同样震级的地震发生在多为木结构房屋地区和钢筋水泥建筑城区，其结果明显不同。易损性评估的对象是孕灾的社会经济条件和承灾体，通过划分承灾体类型，统计承灾体的分布特征、损毁数量和程度，选择合理的指标综合统计分析，定量评估灾害易损性程度，核算承灾体损毁价值，以便把灾害的损失减到最小。

在山地灾害评估时，为了以最少的投入获取最大的经济和社会效益，不仅要分析山地灾害发生的强度、规模、时间和频率等自然属性，确定成灾条件和危险程度，还要进行山地灾害破损评估。破损评估是在分析危险区内的人口、建筑构造、资产价值分布等社会经济特征基础上，综合分析评估山地灾害对人民生命财产所造成的损失程度及其空间分布格局，其基本任务是核算人口伤亡和经济损失程度，评定灾度等级和风险等级。山地灾害防治工程评估的基本任务是分析防治山地灾害的科学性、可行性和合理性，评估防治工程的经济效益、社会效益和环境效益，为山地自然灾害工程建设提供科学依据。

灾害风险评估 4 个方面的评估工作，危险性评估和易损性评估是灾害风险评估的基础，破坏损失评估是灾害风险评估的核心，防治工程效益评估是灾害风险评估的应用。

6.1.4 山地灾害风险评估类型

根据山地灾害的过程，可以将山地灾害风险评估分为灾前风险评估、灾期跟踪评估和灾后总结评估。它们的评估目标虽然基本相同，但评估的特点和方法不完全一致。

灾前风险评估，是对一个地区或一个潜在的山地灾害事件的危险程度和可能造成的破坏损失程度及防治工程效益进行预测性评价，其带有一定的风险性。灾前风险评估过程是在分析山地灾害历史活动程度和形成条件的基础上，通过危险性评价，确定山地灾害事件的发生概率和成灾范围；通过易损性评价，核算危害区内各种承灾体的数量和可能损毁程度；通过破坏损失评价，核算灾害的期望损失，划分风险等级；通过防治工程效益评价，分析灾害的可防治性和可能效益，提出防治灾害的最优方案。灾前风险评估的目的除了为减灾决策和防治工程建设提供依据外，还可以对地区经济发展规划、城市建设规划以及土地资源合理开发利用等提供参考依据。由于山地灾害崩塌、滑坡、泥石流等突发性，是具有很大不确定性的灾害事件，所以一般采用风险分析方法核算灾害的期望损失，据此评价灾害的风险水平。

灾中跟踪评估和灾后总结评估，都是在灾害发生或以后，对已经出现的灾情进行调查、统计、分析，其主要目的是为及时、有效地进行救灾、抗灾提供依据。灾中跟踪评估是对那些规模巨大、破坏严重、成灾活动有一定时间过程的山地灾害进行适时评估。灾中跟踪评估的基本要求是在灾害发生后的一定时限内，迅速对灾情作出首次评估后，随着灾害的发展，每隔一段时间，及时就最新灾情作出适时评估，直至最后灾害过程结束。灾后总结评估是指在灾害过程结束以后，对灾害情况进行的全面评估。灾中跟踪评估和灾后总结评估的基本方法是调查、统计。对于灾害规模较小，成灾范围有限的山地灾害，一般通过全面调查，获得灾情要素；对于成灾范围较大、承灾体数量很多的山地灾害，可以采用抽样调查统计方法实现灾情评估。

根据山地灾害风险评估范围或面积，山地灾害风险评估还可以分为点评估、面评估、区域评估。点评估的对象是一个灾害体或相对独立的灾害群；面评估针对的是具有相对统一特征的区域；区域评估是跨流域、地区的大面积山地灾害评估。崩塌、小型滑坡等山地灾害常表现为点评估，而泥石流、大型滑坡等山地灾害常表现为面型灾害。区域性暴雨、地震等诱发下，跨流域出现多种山地灾害，这时灾害风险评估为区域评估。

6.1.5 山地灾害风险评估模型和方法

联合国国际减灾战略组织(UNISDR)给出了自然灾害风险评估模型，用不同规模自然灾害发生的可能性(频次)来表征自然灾害的危险性，用发生自然灾害时承灾体可能损失的量占其物理暴露量比率的期望值(易损率)表征承灾体的脆弱性，承灾体物理暴露量是承灾体分布范围。

$$R_{ij} = P_j \times V_{ij} \times E_i \tag{6-1}$$

式中：R_{ij} ——第 i 类承灾体对 j 等级滑坡灾害的风险损失量；

P_j ——j 等级滑坡灾害发生的概率或频次；

V_{ij} ——i 类承灾体对 j 等级灾害脆弱性(易损率)；

E_i ——i 类承灾体受山地灾害威胁的物理暴露量。

滑坡、泥石流等山地灾害的不确定性决定了其评估方法采用非确定性分析方法。随着概率论、数理统计及信息理论、模糊数学理论用于山地灾害预测，目前已形成多种评估模型，其结果可相互检验，使评估结果更具有合理性和科学性。目前常用的非确定性方法主要有以下几种：

(1)信息模型评估法

该类模型的理论基础是信息论，认为山地灾害的产生和预测过程中所获得的信息的数量和质量有关，是用信息量来衡量的，信息量越大，表明产生山地灾害的可能性越大。该类模型适合于中小比例尺区域预测。

山地灾害现象(y)受多种因素(x_i)的影响，各种因素所起作用的大小、性质是不相同的。在各种不同的地质环境中，对于山地灾害而言，总会存在一种“最佳因素组合”。因此，对于区域山地灾害预测要综合研究“最佳因素组合”，而不是停留在某个单因素上。其计算式为：

$$I(y,x_1,x_2,\cdots,x_n) = \lg\frac{P(y,x_1,x_2,\cdots,x_n)}{P(y)} \tag{6-2}$$

式中：$I(y,x_1,x_2,\cdots,x_n)$ ——因素组合 $x_1,x_2,\cdots,x_n$ 对山地灾害所提供的信息量；

$P(y,x_1,x_2,\cdots,x_n)$ ——因素 $x_1,x_2,\cdots,x_n$ 组合条件下山地灾害发生的概率；

$P(y)$ ——山地灾害发生的概率。

$P(y,x_1,x_2,\cdots,x_n)$ 和 $P(y)$ 可用统计概率来表示，各种因素组合对预测山地灾害提供的信息量可正可负。当 $P(y,x_1,x_2,\cdots,x_n) > P(y)$ 时，$I(y,x_1,x_2,\cdots,x_n) > 0$，表示因素组合 $x_1,x_2,\cdots,x_n$ 有利于预测山地灾害的发生；反之，$I(y,x_1,x_2,\cdots,x_n) < 0$，表明这些组合不利于山地灾害的发生。

(2)参数合成法

该方法也可称为专家评分法，实际上是经验估计法与意义推求法的综合，是由选定的专家根据所要分析和解决的问题性质，依据经验知识，对所提出的问题进行综合判断或定出权重指标。

主要优点是：①可以同时考虑大量的参数；②可以应用于任意比例尺的区域灾害体稳定性评估；③大大降低隐含规则的使用，定量化程度提高。

主要缺点是：①主观性较强，权值的确定仍含有不同程度的主观性；②隐含的评判规则使结果分析和更新困难；③需要详细的野外调查；④应用于大区域评估时，操作复杂，工作量大。

其步骤通常如下：

第一步，根据所要研究问题的类型和性质，选择在该领域最有代表性的专家组成员。

第二步，对要解决的问题进行综合归纳，列出相应表格，并对每个评价因素的权值范围给出具体的要求，并阐明权重的概念和顺序以及记权的具体方法。一般采用评分法表示，因子的重要性越大，评分值越高。

第三步，把上述表格和所要解决的问题的综合材料分发或寄给每个参与评价的专家，按以下第四步至第九步反复核对、填写，直至没有成员进行变动为止。

第四步，要求每位专家成员对每列的每种权值填上记号，得到每种因子的权值分数。

第五步，要求所有专家成员对做了记号的列逐项比较，看看所评的分数是否能代表他们的意见，如果发现有不妥之处，应重新画记号评分，直至满意为止。

第六步，要求每个专家成员把每个评价因素的重要性的评分值相加，得出总数。

第七步，每个专家成员用第六步求得的总数去除分数，即得到每个评价因素的权重。

第八步，把每个专家成员的表格集中起来，初步分析每个成员评分值的差异程度，如出现评分差异很大的情况，研究差异来源，并反馈到相应的专家成员手中进行进一步的分析和修正。

第九步，根据最终的所有汇总表格，列出每组的平均数，求得各种评价因素的平均权重，即“组平均权重”。

第十步，若有专家还想修改评分，就需回到第四步重复整个评分过程。若没有异议，则到此为止，得到最终的评价因素的权值指标。

(3)层次分析法

层次分析法(AHP)是将决策问题按总目标、各层子目标、评价准则直至具体的备投方案的顺序分解为不同的层次结构，然后用求解判断矩阵特征向量的办法，求得每一层次的各元素对上一层次某元素的优先权重，最后用再加权和的方法递阶归并各备择方案对总目标的最终权重，此最终权重最大者即为最优方案。层次分析法的特点是在对复杂的决策问题的本质、影响因素及其内在关系等进行深入分析的基础上，利用较少的定量信息使决策的思维过程数学化，从而为多目标、多准则或无结构特性的复杂决策问题提供简便的决策方法。尤其适合于对决策结果难以直接准确计量的场合。根据山地灾害风险系统组成，大致可通过4个层次的统计分析完成评估工作：以各种要素为主体的基础层统计分析；以危险性、易损性、减灾能力为目的的过渡层分析；以期望损失为目标的准则层分析；以风险度或风险等级为最终目标的目标层分析。

(4)灰色模糊聚类法

对复杂系统进行分析评价时，人们既希望能对各待分析系统按某种性质排序，又希望能对分析系统按某种性质进行聚类。在聚类分析中，人们往往采用模糊聚类方法，但模糊聚类法不能很好地对各待分析系统按某种性质进行排序和对不同重要性指标进行加权处理。邓聚龙教授提出的灰色系统理论中的关联度分析方法是一种衡量因素间关联程度大小的量化方法图。它具有所需样本少、不要求待分析序列有某种特殊分布、计算简单等特点，而且能很方便地对待分析系统各指标进行加权处理。

在山地灾害预测中，可利用灰色关联分析，评估灾害体稳定性各影响因素的影响程度。同样可以通过灰色聚类中的灰类白化权函数聚类，在考虑多种因素影响的基础上，对各研究单元的危险性状态进行判定，完成危险性分区。灰色模糊聚类综合评估的基本步骤是：确定聚类白化数和白化函数，标定聚类权，求聚类系数，构造类向量，求解聚类灰数。

(5)数理多元统计模型法

该方法是通过对现有的山地灾害及其类似不稳定现象与地理环境条件和作用因素之间的统计规律研究，建立相关的预测模型，从而预测区域山地灾害的危险性。一般有回归分析、判别分析、聚类分析等方法。判别分析是已知有多少类和样本来自哪一类，需要判别新抽取的样本是来自哪一类；聚类分析则既不知有几类，也不知样本中每一个来自哪一类。聚类分析用于山洪、泥石流等灾害性问题，其效果比其他统计方法好，但由于其不像其他方法那样有确切的数学模型，所以在理论上还很薄弱。回归分析的目的在于了解两个或多个变量间是否相关、相关方向与强度，并建立数学模型探讨数据之间是否有一种特定关系。由于山地灾害影响因素有些可以量化，有些难以量化，宜采用定性的方法进行表达，采用二态变量的多元统计方法，基于最小二乘原理，建立回归预测方程：

$$\hat{P}_i = a_1 x_{1i} + a_2 x_{2i} + \cdots + a_m x_{mi} \tag{6-3}$$

式中：$\hat{P}_i$ ——第 i 号单元产生灾害的回归预测值；

a_j ——回归系数，$j = 1,2,\cdots,m$；

x_{ji} ——第 i 号单元变量的取值，$j=1, 2, \cdots, m$。

6.2 山地灾害危险性评估

6.2.1 山地灾害危险性评估指标体系

山地灾害的危险性和灾害区易损性是决定山地灾害破坏损失的两方面基础条件。其中山地灾害危险性主要是山地灾害自然特征的体现，它的核心要素是山地灾害的活动程度。通常山地灾害的活动程度越高，危险性越大，可能造成的灾害损失越严重。从定量化评价的要求看，山地灾害的危险性需要通过具体的指标予以反映。例如，山洪、泥石流灾害与当地降水量关系密切，尤其是次暴雨降雨量和降雨强度关系尤为密切。山地灾害危险性分为历史灾害危险性和潜在灾害危险性。历史灾害危险性是指已经发生的山地灾害的活动程度，潜在灾害危险性是指具有灾害形成条件，但尚未发生的山地灾害的可能的活动程度。二者的危险性标志不同，历史灾害危险性通常表现为历史灾害发生频次和强度以及灾害遗迹分布的情况，而潜在灾害危险性标志常表现为当地地质、地貌、植被等孕灾情况。例如，地势陡峻、植被稀疏、河道松散物质丰富流域，在遭受暴雨时具有发生泥石流的潜在可能性。

山地灾害的危险性属于其自身的属性，主要受形成山地灾害的地质、地貌等环境和降雨激发因素的影响。山地灾害的发生与所处的地形地貌、地层岩性、地质构造等内在条件密切相关，同时降雨、地震、人类工程活动等外部因素也起着重要作用，并受到水文、植被、土壤等地理环境的影响。因此，研究震后次生山地灾害的危险性，就必须综合考虑上述多种因素的作用。按区域因素的相同或相似“归类”“相异”分级的原则，进行次生山地灾害危险性评价。所选定的控制山地灾害危险程度的因素包括地质、地貌、气候、水文、植被、灾害状况和人类活动等方面的多个因素，并按照各因素的具体情况确定其划分标准和对应的归一化指数。AHP 决策分析方法是一种定性与定量相结合的决策分析方法。它通过将决策思维过程模型化、数量化，将复杂问题分解为若干层次和若干程度的权重，为最佳方案的选择提供依据。

6.2.1.1 历史山地灾害危险性评估指标

历史山地灾害危险性的标志是山地灾害的强度或规模、频次、分布密度等。这些要素决定了山地灾害的发生次数、危害范围、破坏强度，从而进一步影响山地灾害的破坏损失程度。历史山地灾害危险性要素一般可通过实际调查统计获得。

在各种危险性指标中，危害强度所指的是灾害活动所具有的破坏能力。灾害危害强度是灾害活动程度的集中反映。危害强度是一种综合性的特征指标，它不能像其他指标那样，用不同量纲的数字反映指标的高低，只能用等级进行相对量度。对于已经出现的山地灾害，灾害对于各种承灾体所造成的破坏损失情况、破坏损失数量、破坏损失程度，是对灾害危害强度最直接的显示。根据对不同类型山地灾害破坏效应的实际调查分析，可将山地灾害危害强度分为强烈(严重)破坏(A 级)、中等破坏(B 级)、轻度破坏(C 级)、轻微破坏(D 级)4 个等级。

6.2.1.2 山地灾害潜在危险性指标

山地灾害潜在危险性指未来时期将在什么地方可能发生什么类型的山地灾害，其灾害活动的强度、规模以及危害的范围、危害强度有多大。山地灾害潜在危险性受多种条件控制，具有很大的不确定性。山地灾害的发生与所处的地形地貌、地层岩性、地质构造等内在条件密切相关，同时降雨、地震、人类工程活动等外部因素也起着重要作用，并受到水文、植被、土壤等地理环境的影响。因此，研究山地灾害的危险性，就必须综合考虑上述多种因素的作用。按区域因素的相同或相似“归类”、“相异”分级的原则，进行山地灾害危险性评价。将评价山地灾害潜在危险性指标分为背景指标、分析指标、目标指标和点评估指标、面评估指标、区域评估指标，见表 6-1 所列。

表 6-1 山地灾害潜在危险分析总体指标简表

评估类型	点评估	面评估	区域评估
目标指标	灾害危害范围、危险性分区、灾害活动概率或速率、灾害规模	危险性分区、潜在灾害数量与密度、危害范围、活动概率	潜在危险性指数、危险性区划、不同危险区灾害危害面积比率
分析指标	历史灾害规模、频次、周期； 地质条件——地质构造与新构造运动、岩性及岩体结构、地下水活动； 地形条件——高程、高差、坡度、坡降、坡形、沟谷形态； 气候条件——气温、降水、暴雨程度； 植被条件——覆盖率； 人类活动——资源开发、工程建设、防治工程	历史灾害数量、密度、频次； 地质条件——地质构造与新构造运动、岩性及岩体结构、水文地质特征； 地貌条件——地貌类型、高程、高差、沟谷特征； 气候植被条件——降水分布、森林覆盖率； 人类活动——资源开发、工程建设、防治力度	历史灾害分布密度；区域地质构造单元及水文地质单元；地貌类型；气候类型；社会经济类型
背景指标	区域构造单元、地貌类型、气候类型、社会经济类型		

6.2.2 山地灾害危险性评估方法

山地灾害危险性评估是通过相关的现代技术方法，建立评价指标体系，选择合理的评价模型，对影响灾害发生的各环境因素进行量化处理，评价分析其可能对灾害发育带来的影响，用来判断灾害的危险程度，为防灾减灾管理提供决策依据。在选取山地灾害危险性评价指标时，应对危险区内大量历史山地灾害资料进行分析，分区评估山地灾害发生的危险性。一般从灾害发育的内部因子和外部因子两方面进行指标选取，选取原则有主次原则和层次原则。主次原则是将具有重要作用或直接关系的要素指标纳入潜在危险性分析，次要的、间接性要素指标则舍去；层次原则是将山地灾害潜在危险性层次指标依次分为背景指标、分析指标和目标指标。

6.2.2.1 山地灾害发生概率确定方法

崩塌、滑坡、山洪、泥石流等突发性山地灾害，属于随机性事件，在不同条件下，它们发生的概率和成灾程度不同。山地灾害形成的条件越充分，发生灾害的可能性越大，出现的概率越高，造成的破坏损失也越严重。山地灾害具有重复性、周期性特点，即一个地区或一个灾害体的活动常常并非经过一次活动永远停歇，而是随着外界条件的变化而反复活动。因此，可以采用灾害活动的重现期，用灾害频率代替活动概率，并分为高频、中频、低频、微频4个等级，见表6-2所列。

表 6-2 突发性山地灾害频率等级

频率等级	发生频次	发生概率(频率)
高频灾害	每年一次或多次	1
中频灾害	1~5年一次	1~0.2
低频灾害	5~50年一次	0.2~0.02
微频灾害	50年以上一次	<0.02

(1)滑坡活动概率分析

在各种山地灾害中，滑坡动力机制研究最为深入。它应用岩土力学的理论与方法，通过力学平衡计算，得出稳定系数(K)，用来指示斜坡失稳的可能性。不同类型斜坡稳定系数的计算方法不完全一致。

当滑移面为平面或可简化为平面时，稳定系数按下式计算：

$$K = \frac{\tan\varphi}{\tan\alpha} \tag{6-4}$$

式中：K——斜坡稳定系数；

φ——土的内摩擦角(°)；

α——斜坡坡角(°)。

当滑移面为弧形或可以简化为弧形时，先采用条分法将滑体划分成若干个等宽的条体。然后根据各条体的自重、黏聚力、内摩擦角等参数按下式计算斜坡的稳定系数。

$$K = \frac{\sum_{i=1}^{n} W_i \cos\alpha_i \tan\varphi + CL}{\sum_{i=1}^{n} W_i \sin\alpha_i} \tag{6-5}$$

式中：W_i——单元条体自重(kPa)；

CL——黏聚力(kPa)；

其他符号同前。

(2)泥石流活动概率分析

泥石流灾害动力机制十分复杂，很难通过动力分析确定灾害发生的概率，只能根据灾害发生条件的充分程度，判断灾害活动的可能性，概略地确定发生概率。泥石流活动概率分两步确定：第一步根据泥石流形成的基础条件——地貌条件、山地条件中主要要素的临界值，分析评估沟道是否是泥石流沟。表 6-3 是根据大量调查统计结果给出的判定标志；第二步是在此基础上，根据泥石流激发条件，评定泥石流活动的可能性，并根据这些激发条件出现的概率，确定泥石流的发生概率。

表 6-3 泥石流沟判断表

因素	项目	河沟类型			
		泥石流沟			非泥石流沟
		界限值	界限值	界限值	界限值
地貌因素	流域面积/km^2	0.2～0.5	2～5	5～100 和<0.2	>100
	相对高差/m	>500	500～300	300～100	<100
	山坡坡度/°	>32(0.625) 坡面冲沟发育	32～25 (0.625～0.466)	25～15 (0.466～0.268)	<15 (0.268)
	植被覆盖率及类型	<10%，秃山	10%～30%，草地	30%～50%，幼林	>60%，壮林

（续）

<table>
<tr><th rowspan="3">因素</th><th rowspan="3" colspan="3">项目</th><th colspan="4">河沟类型</th></tr>
<tr><th colspan="3">泥石流沟</th><th>非泥石流沟</th></tr>
<tr><th>界限值</th><th>界限值</th><th>界限值</th><th>界限值</th></tr>
<tr><td rowspan="5">地貌因素</td><td rowspan="5">河沟扇形地貌</td><td rowspan="3">扇形发育情况</td><td>完整性</td><td>①扇形完整，有舌状堆积
②被大河切割，扇形不完整</td><td>①扇形完整，舌状堆积明显
②大河切割，前缘不突出</td><td>扇形不完整，无舌状堆积</td><td>无沟口扇形地，仅有一般河道的边滩、心滩</td></tr>
<tr><td>扇面坡度</td><td>>6°</td><td>6°～3°</td><td><3°</td><td>0</td></tr>
<tr><td>发育程度</td><td>沟口扇形地发育，新老扇形地清晰可辨，扇形地规模大</td><td>沟口有扇形地，新老扇形地规模不大</td><td>沟口扇形地不发育，间或发生淤积</td><td>无</td></tr>
<tr><td rowspan="2">挤压大河程度</td><td>大河河裂</td><td>对岸如为非岩石岸壁，河型受扇形地控制发生弯曲或堵塞断流</td><td>河型无较大变化</td><td>河型无变化</td><td>河型无变化</td></tr>
<tr><td>大河主流</td><td>主流明显受扇形地挤压偏移</td><td>主流受阻偏移</td><td>主流大水不偏，低水偏</td><td>主流不偏</td></tr>
<tr><td rowspan="9">河沟因素</td><td rowspan="2">产沙区主沟横断面特征</td><td colspan="2">断面形态</td><td>V 谷或下切 U 型谷，谷中谷</td><td>拓宽 U 型谷</td><td>平坦型</td><td>平坦型</td></tr>
<tr><td colspan="2">泥沙堆积特征</td><td>沟岸多为不稳定土质、沟心有厚层冲积洪积物</td><td>沟岸不很稳定，沟心有冲积洪积物</td><td>沟岸平滑，沟心有冲积洪积物</td><td>沟岸稳定，沟心为洪积物</td></tr>
<tr><td rowspan="2">纵断面特征</td><td colspan="2">纵断面形态</td><td>沟内有乱石堆、跌水等，形成锯齿形剖面</td><td>沟内有少量乱石堆、跌水等，纵剖面局部成锯齿形</td><td>沟内无跌水，纵剖面陡缓相间，接近圆滑曲线</td><td>纵剖面圆滑</td></tr>
<tr><td colspan="2">主沟平衡纵坡</td><td>>12°
（21.3%）</td><td>12°～6°
（21.3%～10.5%）</td><td>6°～3°
（10.5%～5.2%）</td><td><3°
（5.2%）</td></tr>
<tr><td rowspan="2">沟内冲淤变形</td><td colspan="2">冲淤特点</td><td>沟岸、沟床均不稳定，纵横向均有明显冲淤变化</td><td>沟岸、沟床均不稳定，纵向冲淤变化较小，多横向扩展</td><td>冲淤变幅均较小</td><td>沟床略有冲淤变化</td></tr>
<tr><td colspan="2">冲淤变幅/m</td><td>>2</td><td>2～1</td><td>1～0.2</td><td><0.2</td></tr>
<tr><td rowspan="2">堵塞情况</td><td colspan="2">堵塞系数/% $\left(\frac{堵塞长}{沟长}\right)$</td><td>>10</td><td>10～2</td><td><2</td><td>0</td></tr>
<tr><td colspan="2">堵塞程度</td><td>严重</td><td>中等</td><td>轻微</td><td>无</td></tr>
<tr><td>泥沙补给段长度比</td><td colspan="2">$\frac{泥沙补给河段长度}{主河长度}$/%</td><td>>60</td><td>60～30</td><td>30～10</td><td><10</td></tr>
</table>

（续）

因素	项目		河沟类型			
			泥石流沟			非泥石流沟
			界限值	界限值	界限值	界限值
地质因素	岩石类型		黄土软岩，风化严重的花岗岩	软硬岩相间、风化较重的花岗岩	节理发育的硬岩	硬岩
	构造特征	抬升沉降	强抬升区	抬升区	相对稳定区	沉降区
		构造特征	构造复合部，大构造带。地震活跃带、六级以上地震区	构造带，地震带，四至六级地震区	构造边缘地带，地震影响带、四级以下地震区	无构造影响或很小
		断层、节理	断层破碎带，主干断裂带，风化节理严重发育	顺沟断裂，中小支断层，风化节理发育	过沟断裂、小断裂或无断裂，风化节理一般	无
	不良地质现象	崩塌、滑坡	崩塌、滑坡等重力侵蚀严重，多深层滑坡和大型崩塌	崩塌、滑坡发育，多浅层滑坡和中小型崩塌	有零星崩塌、滑坡	无或轻微
		沟槽侵蚀	沟槽中泥沙再搬运严重，沟内多冲积洪积物	沟槽侵蚀中等	沟槽侵蚀轻微	一般泥沙搬运
	覆盖层平均厚度/m		>10	10~5	5~1	<1
	松散物储量	一次可能来量/($10^4m^3/km^2$)	>0.5	0.5~0.2	0.2~0.1	<0.1
		单位面积量/($10^4m^3/km^2$)	>10	10~5	5~1	<1
		年平均侵蚀模数/($10^4m^3/km^2$)	>1.5	1.5~0.5	0.5~0.1	<0.1

注：据周必凡等(1991)修改、补充。

泥石流水量的主要来源是降雨形成的洪流。根据激发泥石流活动的水量临界值和不同地区的实际观测结果，可以得到导致泥石流活动的始发雨量和始发径流量，据此可以根据不同程度的降雨频率和沟谷径流频率，确定泥石流活动概率。泥石流始发雨量可采用日雨量为指标。中国不同地区泥石流始发雨量变幅很大，受当地降雨、地面物质、植被覆盖等自然条件影响，一般为10~300mm。例如：云南东川蒋家沟为20~30mm，云南盈江浑水沟为10~20mm，万甫富德东沟为30~50mm；四川凉山黑沙河流域为50~60mm；贵州一些山区为150mm；广西资源山区为200mm；重庆地区为200mm；西藏波密加马其美沟为10mm；甘肃一些地区为20mm；北京西山地区为100mm左右。始发降雨量在泥石流的预测、预警过程中具有重要的意义。

6.2.2.2 山地灾害危险范围的确定

山地灾害危险范围是决定山地灾害灾情和风险程度的基本要素。山地灾害危害范围的大小主要取决于山地灾害活动规模和活动方式。崩塌、滑坡、泥石流、山洪等山地灾害危害范围的确定方法不同，通常危害范围一般包括三部分：①灾害体发育范围，即崩塌体、滑坡体、泥石流形成区；②灾害体流动范围，即灾害体空间位移经过的区域；③灾害体活动范围，即崩塌体崩落区、滑坡体滑动区、泥石流堆积区。个别情况下，危害范围还包括因崩塌、滑坡、泥石流、山洪等活动造成溃堤、溃坝、堵江等引起的次生灾害的危害区。灾害体分布范围可以通过专门山地勘查直接圈定，而次生灾害发生情况复杂，只能因事而异地逐步界定。灾害体活动范围则可以根据灾害动力因素进行分析，得出普遍意义的确定方法。

(1)滑坡灾害危险范围

滑坡灾害危险范围确定是山区山地自然灾害风险评估的重要组成部分。决定滑坡灾害运动范围的最基本要素是滑坡体滑动的距离，滑坡体滑动距离与垫滑层摩擦系数、垫滑层高差、坡度及水平距离、滑坡体剪出初始速度等因素有关。其计算式为：

$$L_{max} = \frac{v_{max}^2 \cos^2\alpha}{2g(f\sin\theta)} + d \tag{6-6}$$

$$V_{max} = \sqrt{2g(H - fL) + v_0^2}$$

式中：L_{max}——滑坡体运移最大距离(m)；

v_{max}——滑坡体最大滑速(m/s)；

g——重力加速度(m/s^2)；

H——垫滑层高差(m)；

f——垫滑层动摩擦系数；

L——垫滑层水平距离(m)；

v_0——滑坡体剪出时初始速度(m/s)；

α——最大滑动方向与垫滑层夹角(°)；

θ——垫滑层坡度(°)；

d——滑动后重心到堆积物前缘距离(m)。

(2)泥石流灾害危险范围

泥石流活动区分为形成区、流通区、堆积区。形成区和流通区地形高差剧烈，山高坡陡，一般人烟稀少，耕地贫瘠。所以在这些地区虽然也造成一定破坏，但通常损失较低，而且这些地区的范围一般通过地面调查就可以比较容易地划定。泥石流主要危害区在泛滥堆积区，这里一般地势开阔，通常是山区人口聚集的城镇、企业以及交通设施所在地，所以泥石流活动常造成比较严重的损失。刘希林等通过对大量泥石流的调查统计，应用多元回归建立了核算泥石流堆积扇面积以及泥石流堆积扇长度、宽度、最大幅角的经验公式，可用来确定泥石流堆积活动的危害范围：

$$S = \frac{2}{3}LB - \frac{1}{12}B^2\cot\frac{1}{2}R \tag{6-7}$$

$$L = 0.7523 + 0.0060A + 0.1261H + 0.0607D - 0.0192G \tag{6-8}$$

$$B = 0.2331 - 0.0091A + 0.1960H + 0.0983D - 0.0048G \tag{6-9}$$

$$R = 47.8296 + 8.8876H - 1.3085D \tag{6-10}$$

式中：S——泥石流堆积扇面积(m^2)；

L——泥石流堆积扇最大长度(m)；

B——泥石流堆积扇最大宽度(m)；

R——泥石流堆积扇最大幅度(°)；

A——泥石流流域面积(m^2)；

H——泥石流沟相对高度(m)；

D——泥石流主沟长度(m)；

G——泥石流沟平均坡度(°)。

随着遥感技术的发展，遥感技术在山地灾害评估中被广泛应用。山区地形崎岖、交通不便，遥感成为快速、客观地获取山地灾害危害范围的重要手段。利用遥感技术进行次生山地灾害动态监测和灾情评估已进入实用阶段，能快速获取大区域、高精度、连续的震害信息，可为抗震救灾、应急管理和决策指挥提供服务咨询和科学依据。震后次生山地灾害危险性评价引入“危险性指数 P”，用以确定不同区域的次生山地灾害的危险程度的高低，即危险性的大小。危险性指数为：

$$P_i = \sum_{i=1}^{n} w_i X_i (i = 1,2,3,\cdots, n) \tag{6-11}$$

式中：P_i——各评价单元危险性指数；

w_i——控制山地灾害危险程度的各类因素作用权重；

X_i——控制山地灾害危险程度的各类因素的指数。

6.3　山地灾害易损性评价

6.3.1　易损性构成分析及评价内容

6.3.1.1　易损性构成分析

山地灾害是灾害体作用于承灾体，造成承灾体毁坏或功能损失的结果。山地灾害的成灾程度一方面取决于致灾体条件，另一方面取决于承灾体条件，尤其是承灾体的脆弱性。在灾害风险评估中，通过危险性分析评价致灾体条件，通过易损性分析评价承灾体条件。易损性是指承灾体遭受山地灾害破坏的概率与发生损毁的难易程度，是指灾害影响范围内承灾体的损失程度。承灾体主要包括该地区受山地灾害潜在影响的人员、建筑及工程项目、公共设施、经济活动、地下建筑物和环境配套设施，需估计其存在的可能性与潜在的发展变化性。在承灾体条件中，影响成灾结果的直接要素包括评价区承灾体的种类、数量，承灾体对各种山地灾害的承灾能力和可能损毁程度以及灾后的可恢复性。在同等灾害规模条件下，承灾体的数量越多，承灾体对灾害的抗御能力和可恢复性越差，灾害造成的破坏损失越严重。从山地灾害发生后可能的破坏效应分析可以看出，承灾体不仅包括有形、可见的物质和人口，还应包括无形的、不可见的社会和经济活动，概括起来即为：社会易损性、经济易损性和土地资源易损性。

(1)社会易损性

一般而言，山地灾害的社会易损性即指其对社会的影响，通常涉及 3 个方面：对人类生命的影响、对社会发展的影响和对政治稳定的影响。对人类生命的影响即指人口伤亡风险，基本上能做到定量评价和预测；而对于另外两个方面则属于定性预测，不易采取某种指标去定量衡量。目前对于人口易损性预测的研究多见于区域性山地灾害风险评估中，所采用的主要方法是通过人口分布图，获取人口密度信息，在此基础上叠加人口质量修正系数作为人口易损性值。其中，人口质量修正因素多考虑人口的年龄结构、文化程度以及经济背景等。

(2)经济易损性

经济易损性主要研究山地灾害影响区内由于山地灾害的发生而造成的经济类承灾体的破坏率和价值损失率，包括直接经济易损性和间接经济易损性，前者研究由于山地灾害造成的一次效应的经济损失，而后者则是研究灾害的二次效应或更高次效应的经济损失。由于资料的缺乏导致定量确定的困难，学者们对经济易损性的研究多为直接经济易损性部分，对间接经济易损性的分析则相对薄弱。但也有少数学者对间接经济损失展开理论性研究，如谢全敏(2004)采用投入产出法对单体滑坡灾害造成的间接经济损失进行了理论性探讨。

(3)土地资源易损性

土地资源易损性研究对象是山地灾害影响范围内的土地资源。依据土地资源的用途，可分为耕地资源和建筑用地资源两类。耕地资源的易损性主要研究灾害前后可耕作价值及耕地贫瘠程度的变化，建筑用地资源的易损性主要研究灾害前后建筑用地开发利用价值的变化。

6.3.1.2 易损性评价内容

在灾害风险评估中，易损性评价的基本目标是获取各方面易损性要素参数，为破坏损失评价提供基础。根据易损性构成，易损性评价主要包括：划分承灾体类型、调查统计各类承灾体数量及分布情况，核算承灾体价值，分析各种承灾体遭受不同种类、不同强度山地灾害时的破坏程度及其价值损失率。

在点评估和范围较小的面评估中，获取这些要素的基本方法是专门性调查。即通过全面调查，统计承灾体数量，按照资产评估方法核算承灾体价值，并根据承灾体分布情况绘制承灾体类型分布图和承灾体价值分布图。根据历史调查统计、实地观测和模拟试验等方法，确定承灾体破坏程度，建立不同类型承灾体与不同种类、不同强度山地灾害的相关关系，确定承灾体损失率。在区域评估和范围较大、社会经济条件比较复杂的面评估中，无法对承灾体进行全面调查，此时首先进行易损性区划。在此基础上，通过对不同等级易损区的典型抽样调查，确定易损性的直接要素，进而完成区域易损性评价。

6.3.2 山地灾害承灾体类型划分

山地承灾体除了人类之外，包括物质财富、产业活动、资源等多个方面。人是最宝贵的社会财富，难以用价值来衡量，一般需单独评价。物质财富是灾害的直接损毁对象，是灾害损失的主要方面，它是灾害易损性评价的主要对象。对产业活动的影响多是灾害的间接损失，一般不作为灾害损失评估重点；资源破坏对对山地灾害而言，主要是土地资源、森林资源等，可根据资源性资产评估的有关办法确定易损性，环境破坏目前尚难以量化评价。由于山地灾害承灾体种类繁多，所以在风险评估中，不可能逐一评价它们的易损性，只能将承灾体划分为若干类型，分类进行统计分析，进而获得各项易损性参数。划分山地灾害承灾体类型的依据和原则主要是根据山地灾害破坏效应，充分考虑不同承灾体的共性和个性特征，同类型承灾体的性能、功能、破坏方式以及价值属性和核算方法基本相同或相似。根据上述原则，将山地灾害承灾体大致划分为以下15类：

①人口　包括城镇人口、农村人口；常住人口、流动人口。除了人口密度和数量外，还应考虑人口组成；特别注意儿童、老人、残病等特殊的脆弱人口情况。

②房屋建筑　包括城镇居民住宅、农村住宅、宾馆、饭店、公寓、商厦、学校、医院、机关、部队营房、工业厂房、仓库等各种房屋建筑。

③公路　包括路面、路基、涵洞及防护工程。

④铁路　包括轨道、路基、涵洞、防护设备、通信设备等。

⑤航道　包括水道及航道人工设施。

⑥桥梁　包括铁路桥、公路桥以及立交桥、高架桥等。

⑦生命线工程　包括供水管线、排水管线、输变电线路、供气管线、供暖管线、通信线路等。

⑧水利工程　包括水库、大坝、堤防、渠道、机井等。

⑨生活与生产构筑物　包括水塔、烟囱、窑炉、贮油罐、化工容器、井架等。

⑩室内外设备及物品　包括飞机、机车、汽车、拖拉机、船舶、机械、仪器仪表、工具、商储物资、材料、办公与生活用品等。

⑪农作物　包括小麦、稻谷、玉米、棉花、大豆、花生、烟草、蔬菜以及果树等农业培植的作物。

⑫林木　包括天然的和人工播种的森林、树木。

⑬土地资源　根据不同用地类型及相应的开发利用价值，分为城市土地、农村宜耕土地、农村宜林宜牧土地、荒原荒漠土地。其中，城市土地进一步分为中心区土地、一般城区土地、近郊区土地、远郊区上地。

⑭煤矿、铁矿等矿产资源。

⑮其他　包括机场、发射场、钻井平台、海岸工程、古建筑、珍稀树木等。

6.3.3 山地灾害承灾体价值分析

山地灾害风险评估的核心目标是定量化评价山地灾害的破坏损失程度。在灾害风险评估过程中，不仅要反映各种承灾体遭受破坏的数量和程度，而且还要将各种承灾体的破坏效应转化成货币形式的经济损失。要完成这项工作，除了调查分析评价区承灾体类型和分布情况外，还必须在此基础上统计分析承灾体的价值及其分布情况，然后根据它们遭受灾害损失的程度核算价值损失。因此山地灾害承灾体价值分析是研究社会经济易损性的重要内容。山地灾害承灾体价值分析的中心工作就是调查统计承灾体的分布情况，核算承灾体的价值，并以单元价值额或价值密度为指标，反映评价区承灾体价值分布。

6.3.3.1 山地灾害承灾体价值核算方法

国内著名灾害经济学研究者郑功成认为，灾害是可以计量的经济损失。因此，要衡量风险的大小，就是衡量损失的多少。而损失包括经济损失和非经济损失两个方面的内容，经济损失可以定量表达，而非经济损失则可采取定性的表达方式。评估的原则有：①人口的伤亡是不可用货币衡量的损失，故风险的评价结论中人口损失以伤亡的数量表达。②不同类别的承灾体，其经济价值评估方法不同。除人口外，承灾体价值分为两大类：资产价值(即人类劳动创造的有形财富)和资源价值(即土地、地下水等人类生存与发展的物质基础价值)。

(1)资产价值评估

资产评估中的价格标准有重置成本、现行市价、收益现值和清算价格4种。山地灾害承灾体资产价值评估多采用重置成本法。

重置成本也称现行成本或重置价值，它是指在现时条件下，按功能重置资产，并使资产处于在用状态所耗费的成本。重置成本与历史成本一样，也是反映资产购建、运输、安装、调试等建造过程中全部费用的价格，所不同的是重置成本是按该项资产的原设计方案套用现行的费用标准和定额计算确定的购建价格。资产在全新的状态下，如果物价不变，其重置成本与历史成本是一致的。但是由于资产在企业中存在一个或长或短的时期，因此，在这个时期由于价格、损耗、技术等的变化，使资产的重置成本与历史成本发生差异。以重置成本作为资产的价格标准，克服了历史成本标准忽视技术进步、通货膨胀所造成的价值失真的情况，能较为客观公正地反映资产的真实价格。但重置成本标准并不十全十美，它忽视了资产的盈利能力，而且带有较大的主观性，也不适用大多数企业整体资产的评估。重置成本标准必须建立在资产续用的前提下才可使用，如果资产改变用途，或是无法经营而中断运转，在评估中就应改用其他价格标准。资产的续用形式有在用续用、转用续用和移用续用，不同续用形式会影响重置成本计价所考虑的具体因素。

(2)资源价值评估

山地灾害对自然资源具有多方面破坏作用，通过侵占、掩埋等方式，造成土地、水、生物、矿产等资源可利用性或功能的下降。采用自然资源价值核算的方式评估承灾体的价值。自然资源核算是指对一定时间和空间内的自然资源，在合理估价的基础上，从实物、价值和质量等方面，统计、核实和测算其总量和结构变化并反映其平衡状况的工作。山地灾害对自然资源的影响对象主要为土地资源。其主要表现形式为：确定有山地灾害发生可能性的地方，土地价值会下降；山地灾害发生后，土地资源可能被掩埋、破坏等，导致土地恢复需要一定的成本价值。被评估的土地资源价值可能包括两方面的内容：一是土地资源本身、固有、潜在的价值，可称为固有价值或潜在价值；二是人类为开发利用土地资源所投入的人力、财力、物力成本，是非自然、具有“成本”性质的价值，可称为成本价值。前者可根据地租理论进行估算，后者可根据生产价值理论进行估算。

土地资源的成本价值可以在考虑地租、社会投入、平均利润、资源稀缺程度(供求关系)、资金时间价值等因素的基础上，采用基本的理论公式进行计算。但是，其理论公式中的参数取值需要根据统计数据、实际经验或试验获取，在实际应用中不容易准确确定。因此，可以根据评价区现行土地使用费或土地出让价，直接确定土地资源价格。如果评价区内各类土地(如住宅用地、生产用地、营业用地等)已有政府部门制定的地价标准，可直接用于土地价格估算；否则可通过类比地价的方法，用同类区同类土地地价标准来估算，若果有所区别，可根据影响因素确定修正系数进行调整。修正调整土地价格的一般模型为：

$$Y = ky \tag{6-12}$$

$$k = \sum_{i=1}^{n} Q_i \frac{p_i}{b_i} \tag{6-13}$$

式中：Y——评价区单位面积土地价格；

k——修正系数；

y——已有定价标准的其他地区同类土地的单价；

i——影响土地价格的因素；

Q_i——影响土地价格因素的权重；

p_i——评价区影响土地价格的某种因素的评判分值；

b_i——已有定价标准地区决定同类土地价格的某种因素的评判分值。

6.3.3.2 承灾体密度与价值分布分析

承灾体数量密度与价值密度是指单位面积承灾体数量或承灾体价值，是表示承灾体密集程度的基本指标。通常用每平方千米或等面积的评估单元表示。在一般情况下，灾害危害范围内承灾体越多，价值越高，灾害的破坏损失越严重。因此，在灾害风险评估中，不仅要统计承灾体的数量和价值，而且要分析它们的分布情况，这项工作是易损性评价的基础内容。

承灾体数量采用分类方法进行调查统计，在点评估和范围较小的面评估中，首先根据评估的精度要求，将评价区划分成面积相等的评价单元，然后采用全面实际调查或专项调查与抽样调查相结合的方法，统计各类承灾体数量，并计算承灾体密度。在此基础上，采用比较适宜的核算方法计算统计单元承灾体价值或单位面积承灾体价值密度，并编制评价区承灾体价值分布图，直观地反映承灾体密度分布情况。例如，以城市系统为单元承灾体的价值分析的常用方法有以下两种。

(1)承灾体分类法

设承灾体可分为 x 类，每一类中，不同承灾体在同样破坏程度下，损失大小与承灾体体积成正比。通过历史山地灾害资料，可求出第 i 类承灾体对破坏程度 A_j 的损失系数 $C_{i\ A_j}$。设承灾体 A 属于第 i 类，体积为 V，则破坏程度为 A_j 时，损失 L 为：

$$L = C_{i\ A_j} V \tag{6-14}$$

(2)直接损失计算法

设承灾体 B 的结构价值为 $e^{(1)}$，装备价值为 $e^{(2)}$，放大系数为 λ，则总价值是

$$e = (1 + \lambda)(e^{(1)} + e^{(2)}) \tag{6-15}$$

上述表达简单，具体计算十分困难，计算结果不一定可靠，因此损失量化应该宁粗勿细，尽量保证在数量级上不出问题。

6.3.3.3 承灾体损毁等级划分及价值损失率确定

(1)承灾体损毁等级划分

承灾体遭受灾害危害后所出现的破坏表现差别很大，在风险评估中，为了规范和统计承灾体破坏程度，根据不同承灾体的典型破坏表现，以等级的方式标志承灾体的损毁程度。承灾体损毁等级是对各类承灾体破坏程度的归类分析量化，借此可进一步确定承灾体价值损失率和灾害经济损失。划分承灾体损毁等级的基本原则是：①符合山地灾害破坏特点；②符合多数承灾体特点，便于不同承灾体之间的对比；③等级多少适宜，级差合理，便于操作；④不同等级与相应价值损失率具有比较普遍合理的对应关系。

根据上述原则，将上节所列的15类承灾体的损毁程度均可以划为3级。例如：人口伤亡，Ⅰ级轻伤：因灾受伤，但经专门治疗后基本痊愈，并恢复生产能力的人；Ⅱ级重伤：因灾受伤，或致残，永久失去生产能力的人；Ⅲ级死亡：因灾害直接造成死亡的人。

(2)承灾体价值损失率及其与山地灾害危险强度的依存关系

承灾体价值损失率是指承灾体遭受灾害破坏损失的价值与受灾前承灾体价值的比率。在实际评估中，承灾体价值损失率是核算期望损失的重要数据，因此是易损性评价的重要内容。在把承灾体划分为15种的基础上，将它们的损毁程度均划分为轻度损坏、中等损坏、严重损坏3个等级。划分承灾体损毁等级是为了进一步确定承灾体损毁程度与价值损失率的关系，使对承灾体破坏程度的定性描述转化为定量的价值标志。建立山地灾害承灾体损毁程度与承灾体价值损失率的对应关系：完好与基本完好，价值损失率0；轻微损坏，价值损失率0～30%，平均15%；中等损坏，价值损失率30%～70%，平均50%；严重损坏，价值损失率70%～100%，平均85%。

不同承灾体在遭受同一自然灾害后，其受损情况可能有很大的差异，有的可以基本完好，仍具备原有功能和价值，有的是部分功能丧失，有的则可能完全毁坏。同一受灾体对于不同强度的山地灾害，破坏损失率不同。即使是同一强度的山地灾害，不同类型受灾体由于其抗灾能力不同，破坏损失率相应有差异。因此，必须针对不同受灾体类型，根据其对不同强度山地灾害的抵御能力，进行分类量化，确定各类承灾体的破坏损失率。例如，泥石流灾害造成损害类型通常包括：

①人员伤亡　突发的泥石流灾害，往往造成重大人员伤亡。受害方式一是快速的泥石流流动，人们来不及躲避而遭灾；二是房屋等建筑物垮塌而掩埋、砸伤或被泥石流淤埋。人员受灾程度的影响因素较多，在有预报或有预兆的情况下，人们可以快速躲避而避免伤亡。

②房屋等建筑物损毁　在泥石流流速大、冲击力强、堆积厚度大的强灾害区，房屋可遭受毁灭性破坏，而随灾害强度的减弱可局部受损。按受损程度可依次分为完全

毁坏、严重损坏、中等损坏和轻度损坏。房屋遭受损毁的程度是泥石流灾害易损性评价的主要内容。

③公路、铁路、城市道路等交通设施和城市生命线工程、农田水利工程的损毁 应视具体地区设施的具体特点而定，对其破坏主要是冲蚀和淤埋，根据各承灾体的损毁程度同样可依次分为完全损坏、严重损坏、中等损坏和轻度损坏。

④机械设备、物资和室内财产等损坏 往往与存入方式和地点密切相关，单独存放的物资、设备在遭受泥石流冲击、淤埋时会直接受到破坏；室内财产主要与相关建筑物受损程度直接相关。

⑤农作物的损毁 在泥石流堆积区，主要是遭受淤埋，其次是冲蚀。在泥石流堆积的中心地区，当泥石流堆积厚度达到一定高度时，农作物将完全损毁，并且土地一时难以恢复利用；在堆积区下游及边缘的漫流地带，农作物可遭受不同程度的损毁而不至于颗粒绝收，或能在较短时间内恢复生产。

⑥土地资源的损毁 长期遭受泥石流灾害威胁的地区，土地资源价值会明显低于同类其他地区，特别是在危险度大的地段其价值基本丧失而无法利用。

6.4 山地灾害破坏损失评价

6.4.1 山地灾害破坏损失构成

山地灾害损失包括直接经济损失、直接非经济损失、间接经济损失、间接非经济损失。非经济损失主要为人员伤亡情况。目前，山地灾害经济损失主要集中于直接经济损失评估。山地灾害破坏损失基本构成包括人口生命、经济、社会、资源与环境4个方面。其中，人口生命损失包括人口死亡或失踪、人口伤残、精神伤害和心理伤害。对经济产生影响，使人类创造的财产以及各种生产活动遭到破坏；对社会产生影响，妨碍社会进步，甚至影响社会安定；对资源与环境产生影响，破坏土地资源与环境，破坏水资源与水环境，破坏生态资源与环境等(表6-4)。

表6-4 山地灾害影响

影响类型	生命影响	经济影响	社会影响	资源与环境影响
主要内容	人口死亡和失踪； 人口伤残； 人的精神伤害和心理伤害	财产破坏损失(企业、事业、个人实物性财产损失)； 产业直接影响(减产停产损失)； 产业关联影响(投入积压与投资溢价损失等)	社会发展影响； 政治稳定影响	土地资源与土地环境影响； 水资源与水环境影响； 生物资源与生物环境影响； 综合生态环境影响

6.4.2 山地灾害破坏损失评价方法

6.4.2.1 山地灾害破坏损失评价内容

把定量化分析山地灾害经济损失程度的过程称为山地灾害的破坏损失评价。它是在山地灾害危险性评价和易损性评价基础上进行的，即在山地灾害活动概率、破坏范围、危害强度和承灾体损毁程度分析基础上，进一步研究山地灾害的经济损失构成，分析经济损失程度和分布情况。

表征山地灾害经济损失的基本指标是用货币形式反映的绝对损失和相对损失。绝对损失是指一次灾害事件或一个地区某时段内山地灾害活动所造成的经济损失。其量度单位除了元、万元、亿元外，为了便于不同地区之间的对比，还采用损失模数或损失强度(即单位面积的损失额)反映山地灾害的经济损失程度，其量度单位为元/m^2、万元/km^2、亿元/km^2等。相对损失是指一次灾害事件或一个地区某一时段内山地灾害所造成的经济损失与同地区同类财产价值的比值，或者是灾害造成的经济损失与同地区年度生产总值(或财政收入)的比值，其量度单位为小数或百分数。

6.4.2.2 山地灾害破坏损失评价方法

灾情评估是对灾害发生的可能性大小与灾害可能造成的后果进行的评估，是山地灾害研究的重要内容。当用不同的灾情指标对山地灾害进行评估时，评估的结果可能不同。目前，比较常用的灾害损失指标可归纳为死亡人数和经济损失。如张梁等(1998)对我国地质灾害灾度等级划分标准和最新的滑坡崩塌泥石流灾害详细调查规范中灾情分级标准。采用这两种方法进行评估时存在一个明显的问题，即当两项灾情指标不在同一个级次时灾情等级的判别和归属问题。当前常是按照从高原则确定灾度等级，事实上这并不是解决该问题的唯一途径或最佳途径，这个问题越来越引起学者和政府部门的注意，于庆东等曾采用灰色聚类方法提出了自然灾害灾情等级划分来尝试解决这个问题。山地灾害经济损失主要是由承灾体价值损失形成的灾害破坏损失的基础。由于不同承灾体遭受灾害破坏后的价值损失形式不同，所以价值损失核算的途径不同，可分为3种灾害破坏损失评价方法。

(1)成本价值或修复成本价值损失核算

以承灾体成本价值为基数，根据其灾损程度或者修复成本、防灾成本投入核算承灾体的价值损失。房屋、铁路、公路、桥梁、生命线工程、水利工程、构筑物、设备及室内财产等绝大多数承灾体均适宜采用该方法核算价值损失。核算的基本模型为：

$$\text{承灾体价值损失} = \text{承灾体成本价值} \times \text{承灾体价值损失率} \quad (6\text{-}16)$$

$$\text{承灾体价值损失} = \text{承灾体修复成本} \quad (6\text{-}17)$$

承灾体价值损失 = 实施有效防御措施情况下的承灾体成本价 - 无灾害防御情况下同一承灾体的成本价值 (6-18)

式(6-16)适用于已经建成的而没采取专门性防灾措施的工程和已经制造的设备的价值损失核算，式中的承灾体成本价值为受灾前的现实价值。

式(6-17)适用于那些灾损程度较低，且易于修复的承灾体的价值损失核算。

式(6-18)适用于两种情况：一是已经建成的并采取了专门防灾措施而且保障能达到防灾效果的工程设施、设备、物品等的价值损失核算；二是没有建设或制造的工程设施、设备、物品。运用该式核算出的承灾体价值损失实质上是为有效防灾而增加的建设生产成本或防灾的专门投入。

(2)收益损失核算

以承灾体的可能收益为基数，根据其灾损程度核算受灾体价值损失。该方法主要适用于农作物等价值损失核算。如农作物受灾后的直接表现是受到挫折或者死亡、毁灭。其最终后果是农作物减产或绝收。由于农作物生长严格受时令季节的影响，所以农作物受灾后不仅使农民已经投入的成本受到损失，而且更重要的是耽误农时，使农作物收益受到损失。因此在灾害评估中。以农作物收益损失代替灾害所造成的经济损失。一般核算模型为：

$$\text{农作物价值损失} = \text{无灾情况下农作物收益价值} \times \text{农作物减产比率} \tag{6-19}$$

(3)成本—收益价值损失核算

以承灾体的成本和收益价值为基数，根据其灾损程度核算承灾体价值损失。该方法主要适用于土地资源和地下水资源价值损失核算。如前所述，这两种承灾体都属于自然资源。目前在我国还没有形成产业市场，所以目前还没有完善的科学方法核算它们的价值和价值损失。在这种情况下，如同在易损性评价中核算土地资源和地下水资源价值一样，采取某些变通的方法核算其价值损失。灾害综合评价方法有很多，主要有层次分析法(AHP)、模糊综合评价法(FCE)、偏好顺序结构评估法(PROMETHEE)、选择转换本质法(ELECTRE)、逼近理想解排序法(TOPSIS)、数据包络分析法(DEA)以及人工智能(AI)等，但每种方法都有其局限性：AHP方法的数据来源主要是专家打分，难免存在主观因素的干扰；FCE方法中，隶属度函数的确定存在一定的随意性；PROMETHEE方法具有非完全补偿性；ELECTRE方法不能进行完全排序；TOPSIS方法所使用的欧式距离不能比较正、负理想解中垂线上点的优劣；DEA法对于权重的依赖比较强，某些情况下的评价结果不甚合理；AI方法运用过程复杂，计算量较大。

关于灾害的经济损失评估方法，总体上说，不外乎以下两种：一是直接统计方法，如直接逐次统计、直接统计计算；二是间接方法，如抽样统计外推法以及建立在灾害经济区划基础上的模数法等。第 种方法虽然准确，但必须有完整的统计资料，一般难以做到。

根据上述对泥石流灾害的承灾条件分析，对于一定强度的泥石流灾害可能造成的破坏损失，可利用泥石流灾害破坏损失率及其在整个堆积区内的分布值，结合不同类型承灾体在相应地段的价值分布，计算得出不同类型承灾体的破坏损失。对不同类型承灾体的破坏损失求和，即得到各类承灾体的综合破坏损失。计算公式为：

$$S_{\mathrm{m}} = \sum_{i=1}^{n} \sum_{j=1}^{m} p_{ij} \cdot M_{ij} \tag{6-20}$$

式中：S_{m}——泥石流灾害风险损失(万元)；

p_{ij}——第 i 个评价单元的第 j 类承灾体的破坏损失率；

M_{ij}——第 i 个评价单元的第 j 类承灾体的经济价值(万元)；

n——评价单元个数；

m——承灾体类型个数。

6.4.3 历史灾害破坏损失评价

历史灾害破坏损失评价是指对已经发生的山地灾害的经济损失进行统计分析。评价的基本方法是调查统计。对于成灾范围较小，承灾体数量较少的山地灾害事件，可以对所有承灾体进行实际调查，评估灾前价值，并根据其实际破坏情况，逐一确定损毁程度和价值损失率，然后按下式核算灾害经济损失：

$$S(l) = \sum_{i=1}^{n} J_i J_{si} \tag{6-21}$$

式中：$S(l)$——灾害事件经济损失；

J_i——某个承灾体灾前价值；

J_{si}——该承灾体因灾价值损失率。

6.4.4 山地灾害期望损失评价

灾害损失与时间变化的最简单情况是灾害破坏损失随时间以均匀速率持续增长。此时的预测模型为：

$$S(q) = \frac{\sum_{t=1}^{n} S(t)_0 (1 + \Delta S_t)^t}{t} \tag{6-22}$$

式中：$S(q)$——预测时段灾害期望损失；

$S(t)_0$——现状条件下预测起始年灾害经济损失；

ΔS_t——现状条件下年均灾害经济损失变化速率；

t——预测时段年限。

当然，并不是所有的灾害都具有等速发展规律，灾害与时间之间除了线性关系外。还可能有指数增长关系以及S增长关系、累计增长关系等多种形式，对此可分别采用不同的方法或模型进行预测评价，最终得到灾害的期望损失。预测评价的具体方法不同，但基本步骤一致：①首先对历史灾情进行调查统计，绘制灾害损失(或面积)与时间关系曲线；②判断相关类型、建立预测模型，必要时进行坐标变换，使模型简化；③确定有关参数，进行灾害预测；④根据灾害预测结果，计算灾害期望损失，评价期望损失构成。

6.5 山地灾害防治工程效益评价

6.5.1 山地灾害防治工程效益评价的基本目的与内容

山地灾害防治工程是针对一个山地灾害体或某一个较小范围内的某种山地灾害，如一个危岩、滑坡、泥石流等灾害所实施的以限制山地灾害活动和保护承灾体为目的的直接性防治措施。这些措施主要包括各种工程措施以及监测、预测、预报措施。

山地灾害防治工程效益评价的目的是实现山地灾害防治的最优化原则。山地灾害防治具有相对性特点。我国幅员辽阔，山地灾害分布广泛，因此，不可能对所有山地灾害易发区进行全面的预防和治理。因此，需要进行防治工程效益的评估，以此为基础规划我国或者区域山地灾害防治项目实施的先后顺序，确定优先治理区域或项目，以便取得防治资金的效益最大化。

山地灾害防治工程效益评价不仅为确定防治项目提供直接依据，而且对已经选定防治项目要取得充分的防治效果，同样有许多经济问题和技术问题需要进一步地分析、评定。首先，对于某一个地区山地灾害可能有多种防治方法，究竟哪种或哪些方法最符合实际，不但措施上最为得力，而且经济效益最佳，就需要进行技术分析和经济评价。因此，山地灾害防治工程评价不仅是选择防治项目的直接依据，而且也是项目防治方案优选的重要依据。

6.5.2 山地灾害防治工程的技术评价与经济评价

6.5.2.1 山地灾害防治工程的技术评价与经济评价

根据山地灾害防治工程评价内容，把它的评价内容相应地划分为两个方面：一是技术评价，分析评价防治工程能否按照设计目标有效地遏制灾害活动或者保护承灾体；防治工程本身的结构、强度等是否符合规范或实际要求。技术评价主要是从自然科学角度综合分析防治工程的可靠程度，评价它的功能或效果。二是经济评价，分析防治工程的经济效益，从经济学角度评价防治工程的合理性。技术评价和经济评价虽然都是防治工程评价的不可缺少的方面，但由于不同山地灾害技术评价的方法相差很大，而且在已有的勘察和研究工作中，对大部分山地灾害防治工程已经形成了比较成熟的理论和方法，所以在此主要进行防治工程的经济评价分析。

6.5.2.2 山地灾害防治工程经济评价核心指标及其特点

山地灾害防治工程经济评价的核心指标是防灾经济效益。效益是指某种经济活动所获得的成效与所付出的代价之比。山地灾害防治工程既不是生产性工程，也不是商品性工程，作为一种防灾工程，以防灾投入为前提，要求要有防灾效益，主要表现为灾害造成的损失的减少，它的价值和经济效益具有与一般工程不同的特点，具有间接性、潜在性、长远性等。

(1)间接性特点

在多种山地灾害防治工程中，只有少数措施能产生直接效益，如为了治理泥石流灾害实施生物工程，植树造林，一定时期后可得到一定收益。但这种收益只是一种附带性的“副产品”。其主要效益是体现在保护了人民生命财产，减少了灾害损失。所以灾害经济学属于守业经济学，防灾效益是通过“以负换正，减负为正、负负得正”的方式间接地反现出来。

(2)潜在性特点

一般产品在投入使用以后，就为消费者所使用，其价值就不断地发挥出来。但山地灾害，特别是突发性山地灾害，并不是每时每刻都在进行，所以一般山地灾害防治工程往往长时间地处于“待命”状态，只有灾害发生时，它才显出“英雄本色”，发挥其“养兵千日，用兵一时”的功能。

(3)长远性特点

山地灾害防治工程一般具有较长的使用期限，少则几年，多则几十年或上百年。除了在工程寿命期内产生效益外，有的山地灾害经过一段时间的防治可基本消除；有的虽然没能完全根治，但通过一定防治后，使山地灾害防治地区的环境得到改善，走上了良性循环发展道路，通过这一过程增强了防治地区自身的“免疫”功能，使山地灾害不断缓解，并最终消除，因此其效益更是长远无期的。

6.5.2.3 山地灾害防治工程经济效益核算方法

山地灾害防治工程经济效益主要考虑防灾效益 F、减损效益 S、扩展效益 K 和相对效益 C 四类指标。

(1)防灾效益 F

防灾效益是山地灾害防治工程的综合效益，包括减损效益 S 和扩展效益 K 两部分。其计算式为：

$$F = S + K \tag{6-23}$$

其中，减损效益是防治工程的基本出发点和防灾效益的主要构成，扩展效益则是防治工程获得的附加增值。

(2)减损效益 S

减损效益是减少山地灾害的绝对额，是原状态下的可能山地灾害损失(S_b)与实施防治工程后的山地灾害损失(S_a)和防灾投入(T)两者的差额。其计算式为：

$$S = S_b - S_a - T \tag{6-24}$$

其中，S_b 是未实施防治工程的条件下可能遭受的山地灾害损失，可根据历史山地灾害损失数据和实践经验估算；S_a 是实施防治工程后仍然发生山地灾害所导致的经济损失，可根据实际损失计算；T 包括防治工程最初投入和正常使用寿命期间的维修、管理费用等。若计算结果 S 为正数，表示减灾获取的是正效益，数额越大，效益越大；反之，若 S 为负数，则表示减灾获取的是负效益，即减灾不仅未减少山地灾害造成的损失，反而导致灾害损失的增加，从而可以视为防治工程的失败。

(3)扩展效益 K

扩展效益是指防灾工程所获取的财富增长收益，包括防灾投入后的新增社会财富以及资源与生产或经营费用的节约额。其计算式为：

$$K = J_a(\text{防灾投入后的收益额}) - J_b(\text{防灾投入前的收益额}) \tag{6-25}$$

若 K 为0，表明防灾无扩展效益，只有减损利益，而没有新增社会财富，也没有节约资源和生产费用；若 K 为正数，表明防灾出现了扩展效益，新增了社会财富和节省了能源和相关费用；若 K 为负数，表明减损效益的获取是以牺牲原有经济利益为代价的。

(4)相对效益 C

相对效益是不同防灾工程的效益比较，表明不同的防灾工程在同样的防灾投入，其防灾效果可能不同。常用于同类防灾工程之间的比较，包括不同防灾工程的投入与实现的效益的比较，用来检验和衡量不同防灾工程经济效益的差别，以确定适宜的防治工程。

案例2：滑坡灾害的防与不防案例。一是位于陕西省中部韩城市西北部的韩城电厂，它于1972年动工，1981年4台机组全部建成，总装机40万千瓦，年发电量27亿度，是中国西北地区主力发电厂之一，是陕西省第二大发电厂。该电厂自1982年开始出现建筑物变形现象，经分析研究后确认是滑坡所致，在找出原因的条件下该厂开始治理工作，共计卸荷约 $100\times10^4m^3$，完成抗滑桩73根，浇注混凝土，$46000m^3$，使用钢材近7000t，加上其他防灾措施工程，总计投资为4400万元；治理滑坡后，取得了显著的效益，继1985年战胜严重的滑坡灾害后，1989年又经受了百年不遇的特大洪水考验，连年确保了这座有2000名职工的西北主力电厂的正常运行，为陕西经济的发展作出了巨大的贡献，其创造的价值为防灾投入的10倍以上。二是湖北远安县境内的盐池河磷矿，它位于河谷狭窄、两岸多悬崖峭壁的地带，从1975年开矿到1980年，该矿盲目追求利润，忽略防灾工作，5年间采矿石高达58万t，创造了一定的经济效益，但同时也造成山体内采空区总面积达 $6.8\times10^4m^2$，加之没有采取相应的措施，终于导致了1980年6月3日严重的滑坡灾害。这次滑坡造成整个工业广场(包括办公楼、宿舍、食堂、幼儿园、医务所、机修动力车间、仓库等)以及邻近汽车场被碎石块掩埋，平均厚度达15～19cm，摧毁建筑物面积 $1.4\times10^4m^2$，整个矿区被夷为平地，造成的物质财富损失约510多万元。这次滑坡灾害死亡318人，除外出探亲人员外，其他职工、家属均在滑坡灾害中丧生。

思考题

1. 简述山地灾害风险评估的定义与主要类型。
2. 简述山地灾害危险性评价指标体系包括哪些方面？
3. 简述山地灾害破坏损失构成与评价方法。
4. 简述山地灾害防治工程效益评价的基本内容。

参考文献

崔鹏. 2014. 山地灾害研究进展与未来应关注的科学问题[J]. 地理科学进展，33(2)：145－152.

高庆华，张业成. 1997. 自然灾害灾情统计标准化研究[M]. 北京：海洋出版社.

韩用顺，崔鹏，朱颖彦，等. 2009. 汶川地震危害道路交通及其遥感监测评估以都汶公路为例[J]. 四川大学学报(工程科学版)，41(3)：273－283.

刘连中，刘洪江，朱怀方. 2010. 汶川地震次生山地灾害危险性评价及震后减灾对策经济学分析[J]. 水土保持研究，17(1)：210－213.

罗元华，段永候，谢章中，等. 1994. 中国山地灾害灾情评估[J]. 中国减灾，4(2)：18－22.

罗元华. 2000. 泥石流灾害的危害方式及破坏损失评价[J]. 中国减灾，10(2)：38－42.

石莉莉，乔建平，黄栋. 2009. "5·12"汶川特大地震成都市地质灾害易损性区划[J]. 四川大学学报(工程科学版)，41(增刊)：57－61.

苏鹏程，韦方强，徐爱淞，等. 2011. 四川省汶川地震灾区震后山地灾害综合风险评价[J]. 水土保持通报，31(1)：231－237.

孙清元，郑万模，倪化勇. 2007. 我国西南地区山地灾害灾情年际综合评估[J]. 沉积与特提斯地质，27(3)：105－107.

唐邦兴，柳素清，刘世建. 1996. 我国山地灾害及其防治[J]. 山地研究，14(2)：103－109.

田密，胡凯衡. 2012. 震后泥石流的阻力特性及冲出总量计算[J]. 水利学报，43(增刊2)：111－116.

汪华斌，吴树仁，汪稔. 1998. 长江三峡库区滑坡灾害危险性评价[J]. 长江流域资源与环境，7(2)：186－192.

王绍玉，刘佳. 2012. 城市洪水灾害易损性多属性动态评价[J]. 水科学进展，23(3)：334－340.

周斌，刘杰，何杰，等. 2013. 湘西某红砂岩顺层滑坡风险评估[J]. 中南大学学报(自然科学版)，44(1)：356－361.

庄建琦，崔鹏，葛永刚，等. 2009. "5·12"地震后都汶公路沿线泥石流沟危险性评价[J]. 四川大学学报(工程科学版)，41(3)：131－139.

胡凯衡，葛永刚，崔鹏，等. 2010. 对甘肃舟曲特大泥石流灾害的初步认识[J]. 山地学报，28(5)：628－634.

盖佳萌. 2013. 政府主导下的城市危机治理多元参与机制研究——基于"7·21"北京暴雨的思考[J]. 河北大学学报(哲学社会科学版)，38(3)：116－122.

金晓媚，刘金韬. 1998. 地质灾害灾情评估系统[J]. 水文地质工程地质(3)：30－32.

吴彩燕，王青. 2012. 山区灾害与环境风险研究[M]. 北京：科学出版社.

王礼先，朱金兆，余新晓，等. 2005. 水土保持学[M]. 北京：中国林业出版社.

刘光旭，席建超，戴尔阜，吴文祥. 2014. 中国滑坡灾害承灾体损失风险定量评估[J]. 自然灾害学报，23(2)：39－46.

张尧庭，方开泰. 1982. 多元统计分析引论[M]. 北京：科学出版社.

殷坤龙，张桂荣，陈丽霞，等. 2010. 滑坡灾害风险分析[M]. 北京：科学出版社.

董颖，张丽君，徐为，等. 2009. 地质灾害风险评估理论与实践[M]. 北京：地质出版社.

丁一汇，朱定真，石曙卫，等. 2013. 中国自然灾害要览[M]. 北京：北京大学出版社.

罗元华，张梁，张业成，等. 1998. 地质灾害风险评估方法[M]. 北京：地质出版社.

郑功成. 2010. 灾害经济学[M]. 北京：商务印书馆.

黄崇福. 2005. 自然灾害风险评价理论与实践[M]. 北京：科学出版社.

李京. 2012. 自然灾害灾情评估模型与方法体系[M]. 北京：科学出版社.

邹铭. 2010. 自然灾害风险管理与预警体系[M]. 北京：科学出版社.

第7章

山地灾害防治规划

山地灾害防治规划是长远的、分阶段或分步骤实施的山地灾害预防和治理计划。其目的是将山地灾害防治由被动、应急、分散变成主动、计划、全面的工作，以减少灾害的损失。山地灾害防治工作涉及面广，必须动员全社会的力量。为了避免工作重复、交叉和相互脱节，需要统一规划，分级、分部门实施。所以，编制山地灾害防治规划也是山地灾害防治管理的重要内容和手段，对加强山地灾害的防治和管理，减轻灾害损失，维护人民生命财产安全，保证灾区社会稳定，促进国民经济健康发展，促进经济可持续发展等都具有重要意义。山地灾害防治规划在规划体系中，属于灾害防治专项规划，一定要适应或符合一个地区国民经济和社会发展总体规划的要求，它是国民经济和社会发展总体规划的延伸和细化，同时要与相关的其他规划协调配合。要保障充分的科学性，既要适度超前，又要符合实际，切实可行。

7.1 规划的任务

7.1.1 规划原则

①坚持人与自然协调共处的原则　人类活动的负面效应已成为山地灾害的重要致灾因素之一，不仅给人类自身带来严重困难，而且使自然生态系统遭到严重破坏。通过加强管理，规范人类活动，制止对河流行洪场所的侵占，采取"退耕还林还草"、改变耕作方式等措施，改善生态环境，保护水土资源。

②坚持"以防为主，防治结合""以非工程措施为主，工程措施与非工程措施相结合"的原则　产业发展和城镇建设要根据各地山地灾害风险的程度，合理进行布局；通过宣传、教育，提高人们主动避灾意识；开展预防监测工作，对山地灾害进行预报，及时撤离险区防避。

③贯彻"全面规划、统筹兼顾、标本兼治、综合治理"的原则　根据各山地灾害区的特点，统筹考虑国民经济发展、保障人民生命财产安全等各方面的要求，做出全面的规划，要与改善生态环境相结合，做到标本兼治。

④坚持"突出重点、兼顾一般"的原则　山地灾害的防治工作，要实行统一规划，分级实施，确保重点，兼顾一般。采取因地制宜的防治措施，按轻重缓急要求，逐步完善防灾减灾体系。

⑤规划应遵循国家的有关法律、法规及批准的有关规划，充分利用已有资料和成果　规划拟定的目标、工程布局，要与社会经济发展规划、国土规划、城市规划、村

镇规划、土地利用规划、水资源开发利用规划、水土保持规划等相协调。

7.1.2 规划依据

①《中华人民共和国水法》《中华人民共和国防洪法》《中华人民共和国水土保持法》《中华人民共和国环境保护法》《中华人民共和国环境影响评价法》《中华人民共和国土地法》《中华人民共和国气象法》《中华人民共和国城市规划法》等国家法律法规。

②国民经济和社会发展五年计划纲要、水利发展五年计划和规划、其他相关行业五年计划和规划、各省(自治区、直辖市)国民经济五年计划和规划、《地质灾害防治管理办法》《地质灾害防治工作规划纲要》《气象事业发展纲要》《全国生态环境保护纲要》《全国生态环境建设规划纲要》等。

③《全国山洪灾害防治规划任务书》。

④有关规程规范和技术标准。

7.1.3 规划任务

编制山地灾害防治规划的主要任务是在广泛收集资料的基础上，结合对已发生的山地灾害的调查，分析研究山地灾害发生的特点、规律；根据山地灾害防治需要和实际能力，对山地灾害防治工作进行统筹安排，从总体上指导山地灾害防治工作的顺利进行。具体包括明确山地灾害防治的目标，各时期的工作重点，各地、各部门的职责，应该采取的主要措施和方法，一定时期内需重点发展的防灾技术手段等。通过对不同类型的山地灾害成因分析及典型区域规划，提出相应的非工程措施与工程措施相结合的综合防治对策。

其技术路线大致为：通过对已发生的山地灾害的调查和对气象水文与地形地质条件

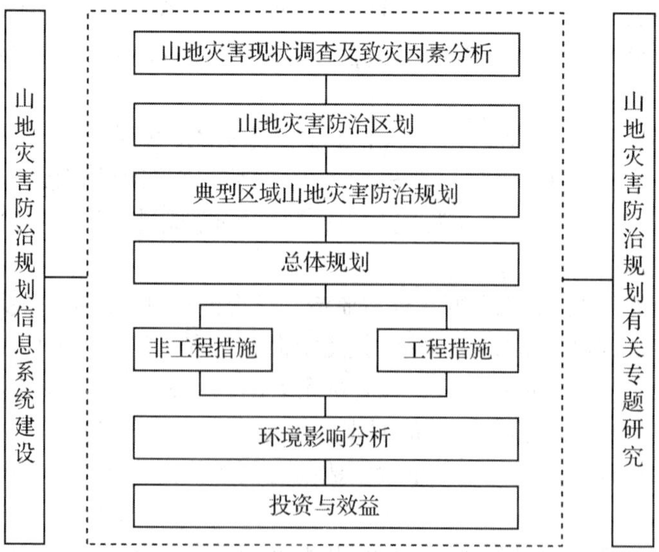

图7-1 山地灾害防治规划总体结构示意图

的分析，研究山地灾害发生的特点、规律；根据山地灾害的严重程度，划分重点防治区和一般防治区，编制典型区域山地灾害风险图；在开展典型区域山地灾害防治规划的基础上，编制山地灾害防治总体规划；进行环境影响分析、投资估算及效益评价工作，提出保障措施和近期实施意见等。山地灾害防治规划任务总体结构如图 7-1 所示。

7.1.4 规划要求

①做好与相关规划的有机衔接 要以 7.1.2 节中所列法律法规及相关国家计划及规划为基本依据。制定规划要与国民经济和社会发展总体部署以及气象发展建设、水利建设、国土整治、地质灾害防治、城镇建设、生态建设、环境保护等相关规划有机衔接。

②把握规划深度 山地灾害防治规划应体现相关专业规划的总体思路，要根据区域山地灾害特点和经济社会发展状况，按照统一的技术要求和步骤，做好规划工作。

③充分发挥各部门的积极性和专业优势 组织水利、国土、气象、建设、环保等部门，按照各部门的职能分工，明确各部门的工作任务和职责，密切配合，团结协作，充分利用专业规划成果，完成规划工作任务。

④求实创新地编制规划 规划编制要从实际出发，结合国情、灾情等实际情况，以解决重大山地灾害问题为出发点，按照科学和求实精神编制规划。同时，规划编制应具有较高的起点和前瞻性，要在思想、理论、方法、技术等方面有所创新。

⑤提高规划的开放程度 规划要坚持科学性、公正性和民主性，充分发挥专家的积极作用和规划人员的主观能动性，提高规划的开放程度，广泛听取社会各界的意见和建议。

⑥加强规划的基础工作 要保证基本资料的真实性与合理性。规划重要基础资料和规划中的难点问题，要深入做好调查研究和专项研究工作，应按山地灾害防治规划信息系统建设的要求，及时提交相关资料与成果。

⑦严格控制规划进度 要遵照山地灾害规划总体部署和安排开展规划工作，保证工作进度。对于以往规划基础相对薄弱的地区要加强领导、认真组织，做好人员培训工作，确保规划工作按进度顺利进行。

⑧确保规划的成果质量 特别要重视与规划有关的基础数据一致性的审查、复核与分析工作。

7.2 规划的目标

(1)总体目标

通过制定山地灾害防治规划，因地制宜，提出防治山地灾害的对策措施，坚持人与自然的和谐，减少致灾因素或减缓致灾因素向不利方向演变的趋势，建立和完善防灾减灾体系，提高防御山地灾害的能力，减少山地灾害导致的人员伤亡，促进和保障山丘区人口、资源、环境和经济的协调发展。

(2)近期规划目标

初步建成山地灾害重点防治区以监测、通信、预警及相关政策法规等非工程措施为主与工程措施相结合的防灾减灾体系。

(3)远期规划目标

建成山地灾害重点防治区非工程措施与工程措施相结合的综合防灾减灾体系。一般山地灾害防治区初步建立以非工程措施为主的防灾减灾体系，山地灾害防御能力与山丘区全面建设小康社会的发展要求相适应。

7.3 规划的内容

山地灾害防治规划总体来讲包括下列内容：山地灾害现状、防治目标、防治原则、易发区和危险区的划定、总体部署和主要任务、基本措施、预期效果等。具体到各种山地灾害类型，其侧重点有所不同。

7.3.1 山洪防治规划

7.3.1.1 基础工作

(1)基本资料调查、收集及整理

山洪灾害防治规划需搜集、整理的资料分为八大类：水文气象、地形地质、水土流失、经济社会、灾害损失、环境影响、防灾措施及其他部分(包括相关行业发展计划、相关行业规划等)。

(2)山洪灾害现状调查分析

通过对山洪灾害历史和现状的调查(包括气象、水文、地形、地质、自然环境、社会经济等)，研究山洪灾害成因，分析气象、水文、地形、地质、自然环境、社会经济与山洪灾害间的关系，掌握山洪灾害的特点及分布规律。

7.3.1.2 山洪灾害防治区划

(1)基本要求

山洪灾害致灾原因包括自然因素和社会因素两个方面。在降雨区划、地形地质区划和经济社会区划的基础上，划分山洪灾害重点防治区和一般防治区。根据典型山洪灾害防治区内各处山洪灾害的风险程度，绘制典型区山洪灾害风险图。

(2)区划原则

①相似性原则　依据山洪灾害分布和活动的区域特点，在同一个分区内，遵循地形地貌形态相似，地质环境相似，活动规律相似的原则。特别是激发山洪灾害的临界雨量指标大致接近的原则。

②主导因子原则　山洪灾害三个基本主导因子，即降水、地形地貌和固体物质提供条件，是大区域划分的主导因子。

③流域完整性原则　由于流域区界是江河水系发育与流向的制约界线，一般又是气候上降雨的明显分区界线。所以，流域区界是山溪洪水发生及泛滥的边界。因此，按流域划分是一条重要原则。

(3)临界雨量及降雨区划

①临界雨量　相对于其他条件，降水对山洪灾害的形成有着至关重要的影响，大多数地区已经发生的山洪灾害几乎全因降水而暴发，而且雨量绝大部分为暴雨。

在一个流域或区域内，降雨量达到或超过某一量级和强度时，该流域或区域发生山洪灾害。把这时的降雨量和降雨强度，称为该流域或区域的临界雨量。

由于以点雨量为对象，点面积小，资料少，研究难度大，因此一般以流域或区域为对象，这时雨量、雨强是指区域面平均雨量、雨强，流域或区域内可能有许多条小河流引发山溪洪水，这样定义的区域临界雨量，代表了区域内多数地方发生山洪灾害的降雨条件。

区域临界雨量指标的确定方法主要有以下几种：

• 雨量直接观测法：它是在山洪灾害发生流域或区域内设置雨量观测网，观测灾害发生的降雨情况。经过多年或大量的实测资料，综合分析确定。这种方法，对于确定灾害发生频率很高的流域或区域较有效。它的局限性在于投入的人力和资金多，获取资料信息的周期长。

• 暴雨等值线分析法：此法简便而经济。它是利用暴雨的多年观测资料分析的暴雨等值线成果，求出山洪灾害区域内的暴雨等值线均值成果，正是反映了暴雨的区域分布的平均水平。用它确定区域灾害发生的区域临界雨量分布，必然有区域规律性。根据规律性进行对比，确定资料缺少和不太合理地区的临界雨量。研究表明，在暴雨多的地区，山洪灾害发生的临界雨量亦大。将灾害分区图与年最大24h暴雨均值等值线图、年最大1h暴雨均值等值线图作对比发现，灾害分布密集的地区和地段，大多数与等值线的高值中心(或高值区)的分布有一致的趋势。同时该方法简单，指标明确。

• 灾害实例调查法：这是最常用的一种方法。它是通过大量的灾害实例调查和雨量资料收集，进行统计分析确定灾害区域临界雨量，采用此方法必须作全面的实例调查和雨量资料的收集。而对于雨量观测点稀疏的地区，因资料的代表性差，确定的临界雨量的可靠性和准确性就差。

• 灾害发生频率和暴雨频率分析法：它是将灾害发生频率与暴雨频率建立关系，通过分析间接确定灾害发生的临界雨量。使用该方法必须收集区域内所有灾害发生频率信息。

• 地质与地貌条件综合分析法：它是通过对山洪沟的地质因素(地质构造，岩性组合、岩体破碎程度，固体物质类型和储量等)的分析，赋以数量化取值范围，用多元回归分析确定。这种方法，在没有雨量观测的沟和地区，确定临界雨量很有意义。但主要地质因素资料的取得，必须作大量的现场调查。

降雨等值线法与雨量直接观测法相比，不需另设大量的观测站网。与地质法和频率法相比，不作繁杂的数字推导。与单纯的实例调查法相比，有信息资料可靠，易取得的优点。

通过以上方法获得区域临界雨量初值以后，须进行合理性分析和调整。利用等值线图，分别求出每个山洪灾害分区的雨量等值线均值，为该区内山洪发生的区域临界日雨量和临界小时雨量的初值。再由灾害实例调查资料，选出有代表性的典型灾例

5～10场，分别做出雨量等值线图，并计算山洪发生区以内的面平均日雨量和小时雨强的平均值，即作为该区域的区域临界雨量检验值。

区域临界雨量具有一定的分布规律：①临界雨量的分布往往存在东西或南北差异，如有的自东向西由大渐变小，有的自南向北由大渐变小，或者相反，存在一定的规律性。②暴雨量大的地区山洪灾害发生的区域临界雨量偏大。

临界雨强是一个很复杂的问题，一个流域或区域与另一相邻的流域或区域的临界雨强从理论上分析不一定是一致的。甚至就同一流域或区域不同场次的临界雨强也有可能不尽相同。因为影响临界雨强的因素十分复杂，流域或区域内的众多条件，如前期雨量、沟床比降、坡度、固体物质量、土体含水量、地下水等，任何一项因素的改变都可能导致临界雨强的改变，而且往往是多种因素同时改变。因此，临界雨强只能是一定条件下的相对值。具体表现为：①区域细分后，临界雨量不同，更小的分区或不同灾害区域的临界雨量指标会有所不同(地质地貌因素在分区中反映)。②区域临界雨量与灾害发生前期降雨量因素有关系。前期降雨量多，临界雨量指标将相应有所降低。③过程总雨量越大，临界雨强越小；反之，则临界雨强越大。④考虑人类活动对临界雨量的影响。

据近年研究表明，触发山洪灾害形成的临界雨强，不仅与概念上的暴雨有关，而且最敏感的雨强往往是更短历时的雨强，如1h、30min，甚至10min。对于一些区域(如西北地区)的短历时暴雨(指小时以内)往往是局地性的，中心区甚至是只有几平方公里，在观测站稀疏的情况下，触发山洪的确切雨量很难以直接观测到。因此，通常采用一些对有关因素的分析判断方法间接估算。

②降雨区划　降雨区划的目的是为山洪灾害防治提供基础资料，同时为山洪灾害重点防治区和一般防治区划分、山洪灾害风险图制作提供支撑。因此，这里所指的降雨区划是一种狭义的降雨区划，而且不是只考虑降雨这一个因素而进行区划。

根据《山洪灾害防治规划技术大纲》的要求，通过不同地区、不同类型山洪灾害临界雨量指标成果与不同历时(10min、30min、1h、3h、6h、24h)不同频率(2%、5%、10%、20%)暴雨等值线图、不同时段实测暴雨极值等值线图、最大暴雨系列统计参数(均值、偏态系数 C_v 和变差系数 C_s)等值线图的对比分析，绘制不同历时不同频率设计暴雨量等值线图，并确定降雨区划。同时应分析各山洪灾害防治区及周边地区山洪灾害发生前和发生过程中大气环流背景、地面及不同高度层的天气形势等，综合归纳，并绘制不同高度层触发山洪灾害的典型天气形势图。

统计不同地域引发山洪灾害强降雨发生的不同天气系统条件下中小尺度系统的全过程，分析其活动规律；并对导致山洪灾害的天气及暴雨类型进行归类。

山洪灾害降雨区划分为5种类型：

- 山洪灾害高发降雨区：临界雨量≤20%的面雨量设计值。
- 山洪灾害常发降雨区：10%的面雨量设计值≥临界雨量>20%的面雨量设计值。
- 山洪灾害易发降雨区：5%的面雨量设计值≥临界雨量>10%的面雨量设计值。
- 山洪灾害少发降雨区：2%的面雨量设计值≥临界雨量>5%的面雨量设计值。

- 山洪灾害罕发降雨区：临界雨量 >2% 的面雨量设计值。

(4)地形地质区划

地形、地势和地质等自然环境因素是导致山洪灾害的最基本条件(内因)。因此，广泛收集、整理和分析已有资料；开展山洪现状调查；研究山洪的成因、特点及分布规律；划分山洪高易发区、中易发区、低易发区，进而编制山洪灾害防治区地形地质区划图，是山洪灾害防治规划工作中一项重要的基础性工作。

①基础性工作　搜集基础图件和相关资料。包括各类地形图、地质图、构造图、航卫片等宏观地形、地质图件，以及相应的报告、说明书等基础资料。具体为：1∶200000 或 1∶500000 行政区划图，1∶250000 数字地形图，1∶200000或 1∶500000 数字地质图，1∶500000 数字地质灾害区划图，1∶200000 或 1∶500000 地貌图和第四纪地质图，山洪灾害重点防治区 1∶50000 或 1∶100000 地形图或数字地形图和地质图，山洪灾害重点防治区 1∶10000 或 1∶25000 数字地形图，山洪灾害重点防治区遥感影像资料(如 Landsat TM 影像、SPOT 或 IKONOS 卫星影像)，区域构造图、水文地质图、地震动参数图、相关的勘察资料或调查资料。

航卫片解译。通过对山洪灾害区航片或卫片的分析、判读，可以解析山洪灾害位置、规模等。这是一项专业性很强的工作，须由具备地质和遥感等专业知识的技术人员进行。

必要的野外调查。单纯依靠搜集已有地质资料和航卫片解译，是很难满足规划要求的。因此，要安排必要的实地调查，以补充或复核山洪灾害现状资料。通过野外调查，要查明灾害体的类型、分布、规模、破坏模式、稳定性和危害程度，及其与地形地貌、地层岩性、地质构造、水文地质等自然条件以及人类活动的关系。

②区划图的编制　编制地形坡度分区图。以 1∶250000 数字地形图为底图，编制地形坡度分区图。要求按以下 4 个坡度区间进行分区：Ⅰ <10°，Ⅱ =10°~25°，Ⅲ =25°~45°，Ⅳ >45°。成图比例尺为 1∶500000~1∶1000000，如图 7-2 所示。

编制地层岩性分布图。根据 1∶200000 或 1∶500000 数字地质图和第四纪地质图，

图 7-2　1∶250000 地形坡度分区图(局部)

编制地层岩性分布图(成图比例尺1∶500000～1∶1000000)。图中，将各类土体作为一个岩性单元；岩石则按坚固程度分为硬质岩石、软质岩石两类，同时按岩石的强度指标进一步细分为4个亚类，即4个岩性单元，见表7-1所列；并将硬质岩石与软质岩石相间的地层单独作为软硬相间岩性单元。

表7-1 岩石坚固性分类表

类别	亚类	强度/MPa	代表性岩石
硬质岩石	极硬岩石	>60	花岗岩、花岗片麻岩、闪长岩、辉绿岩、玄武岩、安山岩、片麻岩、石英岩、石英砂岩、硅质、钙质砾岩、硅质石灰岩等
	次硬岩石	30～60	大理岩、板岩、石灰岩、白云岩、钙质砂岩等
软质岩石	次软岩石	5～30	凝灰岩、千枚岩、泥灰岩、砂质泥岩、板岩、泥质(砂)砾岩等
	极软岩石	<5	页岩、泥岩、黏土岩、泥质砂岩、绿泥石片岩、云母片岩、各种半成岩等

注：极硬与次硬、次软与极软岩石的区分，必要时可参照实际测试的岩石强度指标来确定。

(5)经济社会区划

根据山洪灾害威胁区经济社会现状及发展预测资料，考虑威胁区城乡居民点分布、人口和财产情况、经济发展水平、工矿企业及重要基础设施分布情况等，以小流域为单元，进行经济社会区划。经济社会区划按基准年指标分为重要经济社会区和一般经济社会区。

重要经济社会区：受山洪威胁人口达400人以上或受山洪诱发的泥石流、滑坡威胁人口达200人以上；区域内财产总值超过4000万元，有一定规模的工矿企业；区域内有国家和省级重要基础设施(如过境铁路、公路等)。满足上述任何一个条件的小流域，为重要经济社会区。

一般经济社会区：除重要经济社会区以外的山洪灾害防治区为一般经济社会区。

根据降雨、地形、地质条件及保护对象的重要性，结合国民经济发展的总体规划和城镇布局，评估山洪灾害的风险，划分山洪灾害重点防治区和一般防治区，编制重点防治区山洪灾害风险图。

(6)重点防治区和一般防治区划分

山洪灾害重点防治区主要包括：

①同时满足以下3个条件的区域应划定为溪河洪水灾害重点防治区：在降雨区划中属于50年一遇，降雨达临界雨量或雨强覆盖的区域；在地形坡度区划图属于坡度大于25°的区域；属重要经济社会区。

②其他历史上山洪灾害频发或灾害损失严重的重要经济社会区。

山洪灾害一般防治区为山丘区除重点防治区以外有山洪灾害防治任务的地区。

山洪灾害重点防治区和一般防治区分区标准见表7-2所列。

表 7-2 山洪灾害重点防治区和一般防治区分区标准表

分区		分区标准		
山洪灾害重点防治区	溪河洪水灾害重点防治区	属于50年一遇降雨达临界雨量或雨强覆盖的区域	在地形坡度区划图属于坡度大于25°的区域	属重要经济社会区
	其他山洪灾害重点防治区	其他历史上山洪灾害频发或灾害损失严重的重要经济社会区		
山洪灾害一般防治区		山丘区除重点防治区以外有山洪灾害防治任务的地区		

根据山洪灾害发生的频率，进一步将山洪灾害重点防治区划分为山洪灾害一级、二级和三级重点防治区。山洪灾害一级重点防治区为10年一遇，降雨达临界雨量或雨强的重点防治区；山洪灾害二级重点防治区为10年一遇至20年一遇，降雨达临界雨量或雨强的重点防治区；山洪灾害三级重点防治区为20年一遇至50年一遇，降雨达临界雨量或雨强的重点防治区。

在上述工作的基础上，综合降雨区划、地形地质区划和经济社会区划，编制1∶500000或1∶1000000山洪灾害重点防治区和一般防治区区划图，在重点防治区中划分出山洪灾害一级、二级和三级重点防治区。

(7)山洪灾害风险图

山洪灾害风险图是指通过对山洪灾害防治区内可能发生的不同频率的山洪灾害进行预测，标示防治区内各处灾害的危险程度，为进行山洪灾害风险管理绘制的地图。根据该图并结合区内经济社会发展状况，可以做到：①合理制定防治区的土地利用规划、城乡规划，避免在风险大的区域出现人口与资产的过度集中；②合理制定防灾指挥方案，避免临危出乱；③合理确定需要避灾的目的地及路线；④合理评价各项防灾措施的经济效益；⑤合理确定不同风险区域的不同防护标准；⑥合理估算灾害损失。

洪灾损失不仅与淹没范围有关，而且与洪水演进路线、到达时间、淹没水深及流速大小等有关。洪水风险区划是评价洪水风险空间分布程度的方法，是风险管理的基本依据。区划所依据的指标不同会得出不同的区划结果。目前所采用的区划指标包括洪水发生频率、洪水水力特征(水深、淹没历时、流速、洪水到达时间等)、洪水期望损失等，以洪水期望损失指标进行区划是现阶段洪水风险区划的最高层次。

根据山洪特点，考虑实用性和风险图制作的可操作性，按照山洪灾害可能发生的程度和范围，划分危险区、警戒区和安全区。不同风险区因灾害风险程度不同，采取的防灾减灾对策也有差异。

危险区是指山洪灾害发生频率较高，将直接造成区内房屋、设施的严重破坏以及人员伤亡的区域。此区域应严格管理，严禁在此区域搞开发建设。

警戒区是指介于常遇山洪和稀遇山洪影响范围之间的区域。该区域山洪灾害发生频率相对较低，在此居住和修建房屋必须要有防护措施，以减轻灾害危险。若降雨将达临界雨量或雨强，区域内人们须能及时接收到预警信号，紧急有序地撤离，往预先划定好的安全地带转移，避免人员伤亡和财产损失。

安全区是指不受稀遇洪水影响，地质结构比较稳定，可安全居住和从事生产活动的区域。安全区也是危险区、警戒区内人员避灾场所。

危险区、警戒区和安全区的具体划分标准为：危险区为受10年一遇山洪及其诱发的泥石流、滑坡威胁的区域；警戒区为危险区以外，受百年一遇山洪及其诱发的泥石流、滑坡威胁的区域；安全区为不受百年一遇山洪及其诱发的泥石流、滑坡威胁的区域。

对难以通过频率计算山洪及其诱发的泥石流、滑坡威胁范围的无资料或资料短缺地区，可将常遇山洪及其诱发的泥石流、滑坡威胁范围划为危险区；将危险区以外、历史上曾经发生过的稀遇山洪及其诱发的泥石流、滑坡威胁范围以内的区域划为警戒区；将危险区和警戒区以外的其他地区划为安全区。

7.3.1.3 非工程措施规划

非工程措施主要有：监测、通信、预警、城乡居民点防灾、政策法规等。加强山洪灾害风险宣传教育，提高人们防灾、避灾意识；采取主动避让措施，减少山洪灾害造成的人员伤亡；加强测报预报研究，重点地区重点监测；根据山洪灾害风险图，调整山洪易发区土地利用结构，调整村镇布局；加强管理力度，控制水土流失；加强河道管理，禁止侵占河道行为；建立由各级政府部门负责的群测群防组织体系。

(1)监测、通信及预警系统规划

建立山丘区监测、通信及预警系统，是防治山洪灾害一项重要的非工程措施。系统的建立将为提前预见山洪灾害的发生，有效减少或避免山洪灾害导致的人员伤亡和财产损失，提供重要支撑。

基本要求：①系统规划应以减少或避免山洪灾害造成人员伤亡为首要任务。②系统规划应充分利用现有资源，满足山洪灾害预警业务需要。充分利用现有气象站网、水文站网、地质灾害站网、通信系统及信息网络以及现有的预警信息监视分析、加工处理、产品制作系统，在此基础上，开展监测、通信及预警系统规划，以满足山洪灾害预报预警的需要。③系统规划应体现监测、通信及预警系统一体化，做到高效、快速服务于社会。气象、水文、地质灾害信息监测可分专业分系统规划，但要实现山洪灾害防治信息共享。④系统布局要合理，在对山洪灾害防治区气象水文、地形地质条件、灾害发生特点及规律进行广泛深入调查分析基础上，合理布设监测、预警站网，确定通信方式及通信网结构，突出重点、兼顾一般，满足不同区域山洪灾害防治对系统的要求。

规划原则：①预防为主，监测为预报预警服务的原则。②充分利用现有资源，避免重复建设的原则。③分专业监测与管理的原则。④布局合理、突出重点、逐步推进的原则。⑤专业监测与群测群防相结合的原则。⑥微观监测手段与宏观监测手段相结合的原则。

①监测系统规划　山洪灾害防治监测系统结构如图7-3所示。

监测站点由各级专业主管部门负责运行管理。各级防汛指挥部与各专业监测系统之间、各专业监测系统之间，通过网络互联，实现信息共享。地面气象监测站收集地面气压、温度、湿度、风速、风向、降雨量等气象信息。各部门实时收集所辖监测站点的监测信息，制作山洪灾害预报并发布警报，同时向各级防汛指挥部提供预报警报

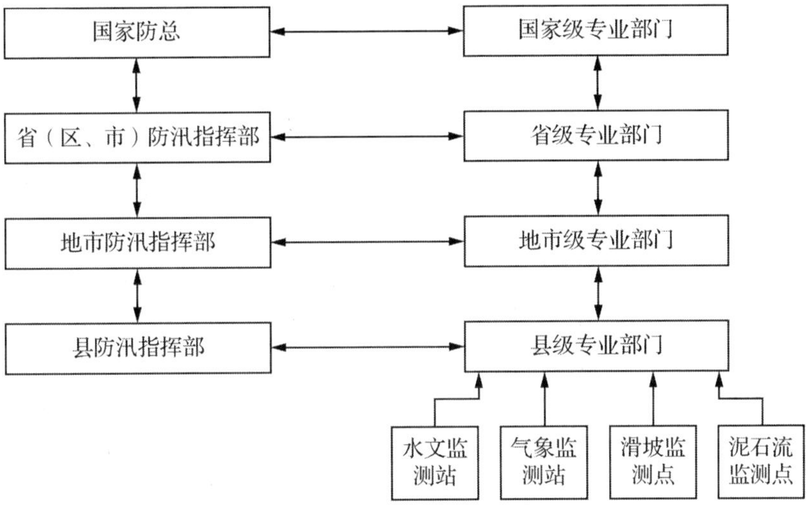

图 7-3 山洪灾害防治监测系统结构示意图

服务产品，为人员撤离、防灾避灾提供依据。

气象监测系统规划：强降雨是由中小尺度天气系统产生的，山洪灾害防治区要以满足对中小尺度天气系统监测分析的要求为原则，以现有气象站网为基础，布设气象监测系统站网。

雨量站网布设按照山洪灾害防治要求，综合考虑各部门的需要，统一规划，并实现雨量信息共享。原则上山洪灾害重点防治区按间距 5km、一般防治区按间距 10km 的标准布设或加密雨量站网。对于自动气象站，山洪灾害防治区按间距约 20km 布设，自动采集压、温、湿、风向、风速、降雨量。通过建立自动气象站、自动雨量站，弥补目前气象资料探测空间和时间分辨率的不足，提高气象资料的监测密度，起到提高山洪灾害预报精度和预报准确率的基础性作用。

建设多普勒天气雷达，利用定量测量降水技术，连续跟踪监测突发性强对流和连续性的大范围强降水，提高引发山洪灾害发生的强降雨和长时间降雨的短时天气预报能力和预报准确率；还可准确提供过程面累计降水量信息等。多普勒天气雷达探测的信息，经同化和参数化处理后作为中小尺度天气数值预报资料，可以提高中小尺度数值天气预报精度。应在现有雷达探测未能覆盖的山洪灾害重点防治区增建多普勒或 713 天气雷达站，采集降水回波位置、强度、移动方向和速度，估算降雨量和不同层次的经向风速、垂直速度等。

在气象台建立静止气象卫星探测信息地面接收站，获取可见光和红外光云图、云中水汽含量、云顶温度等遥感监测产品，为山洪灾害的监测预警提供丰富的决策信息。

建立雷电定位监测站网，各监测站间距 100km，采集雷电辐射的声、光、电磁场信息，确定雷电的空间位置和放电参数，监测雷暴的发生、发展、移动方向。由于雷电活动往往与导致山洪灾害发生的暴雨等强对流天气现象密切相关。雷电定位监测仪通过对雷电辐射的声、光、电磁场信息的测量，确定雷电放电的空间位置和放电参数，实时监测探测范围内雷暴的发生、发展、移动方向等，从而加强灾害性天气的监测和预报，提高山洪灾害强降雨预报准确率。雷电定位监测与天气雷达相配合，可以更好地发挥雷达的作用。

建立风廓线监测站网，各监测站间距150km，采集高空风速、风向廓线、垂直速度廓线、FFT谱宽W和湍流折射率结构常数的廓线。风廓线监测主要用于弥补常规探空站网探测的时空密度不够。它与多普勒天气雷达相配合，可以实时获取逐时(最快以3min间隔)更新的水平风速、风向廓线、垂直速度廓线、FFT谱宽W和湍流折射率结构常数的廓线，为提高山洪灾害预报模式的精度和预报准确率起着积极的作用。

建立地基GPS水汽遥感监测站网，各监测站间距100km。水汽在山洪灾害预报应用中具有极其重要的作用，通过地基GPS水汽遥感监测，可以获得很高时空分辨率、达到毫米精度的不同高度的水汽资料，以填补探空资料在时间空间分辨率上的不足，提供快速变化的信息。这种信息通过资料的四维同化，对改进中小尺度数值预报模式精度，提高山洪预报准确率起着积极的作用。

建立地球观测系统(EOS)探测信息地面接收站网，各接收站间距400km，采集强对流雷暴、云、辐射、气溶胶等遥感信息及其推算的相关遥感监测产品。作用在于将卫星数据实时处理成区域各通道图像、彩色合成图像和全球拼图等，可以开发研制诸如植被指数、晴空亮温、云分类图、水汽分布图、洪水监测、各类专题图像等多种卫星定量遥感产品。将其应用到山洪灾害预警中，一方面可以开展水汽含量的定量反演，对中短期天气进行预测预报，提高山洪灾害预报准确率；另一方面可以实时遥感监测山洪灾害发生发展情况以及地表生态环境状况，为各级政府指挥救灾提供技术保障。

最后绘制规划站网分布图和各监测分中心组网图。

水文监测系统规划：以实时掌握流域水文信息、满足山洪灾害预测预报的需求为原则，以现有国家基本站网为基础，布设水文监测系统站网。对部分全年常流水的溪河布设必要的水文站和水位站。

②通信系统规划　规划原则如下：

- 应根据山洪灾害防治信息传输实际需求，结合山洪灾害防治区气象条件、自然地理环境、现有通信资源、供电状况、居民居住地分布等具体情况，因地制宜地选择、确定通信方式，以保证通信系统的实用性和经济性；在通信网规划中，应选择专网/公网相结合，并充分利用现有的通信资源和设备，避免重复建设，节省投资。
- 传输通信方式、通信设备的选择必须保证气象、水文、泥石流、滑坡信息传输的可靠性，特别应该经受住暴风雨所造成的危害；保证警报传输的实时性，使受到山洪灾害威胁的居民能及时地获知警报，尽快撤离。
- 实用、可靠、先进。根据山洪灾害防治信息的特性和防灾避灾对通信的要求，合理选用通信手段，满足山洪灾害防治监测信息实时性和可靠性的要求。

山洪灾害防治通信系统结构如图7-4所示。山洪灾害防治通信系统分为主干通信系统、二级通信网。各专业部门应充分利用现有的资源，重点规划二级通信网，对主干通信系统进行必要的优化和完善。总体要求是：覆盖面广、实时性强、畅通率高、

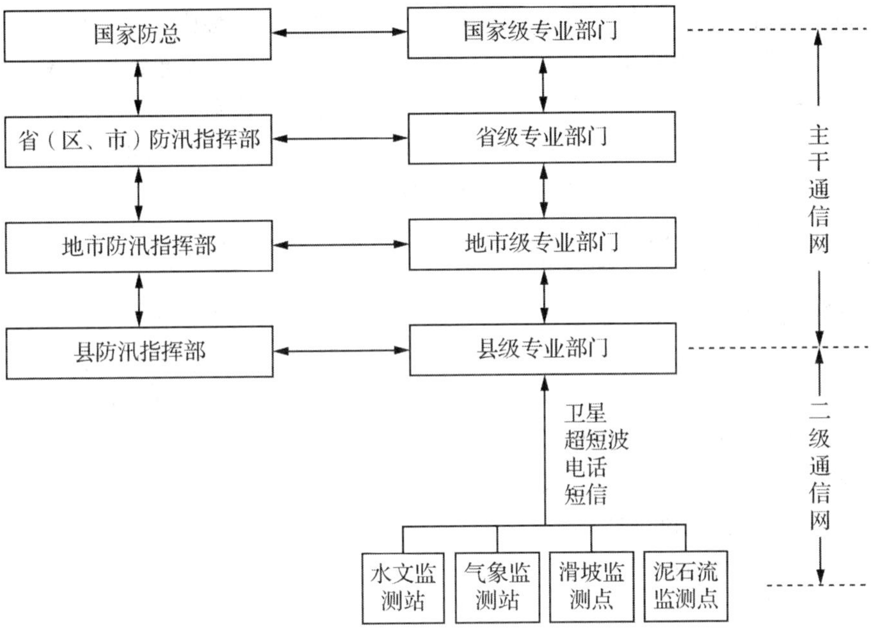

图 7-4 山洪灾害防治通信系统结构示意图

系统稳定可靠。

监测站点至县级专业部门通信：根据监测站所处的自然地理条件和当今通信技术的发展趋势，监测站点至县级专业部门的信息传输应因地制宜地采用卫星（VSAT 卫星、气象卫星、海事卫星 C、神州天鸿卫星）、超短波、程控电话或 GSM 等通信方式，实现数据实时信息传输。监测点至县级专业部门通信规划内容包括确定通信方式、组网方式、供电及避雷、土建工程、设备设施配置等。

山洪警报传输和信息反馈通信网：山洪警报传输系统，主要是向山洪灾害防治区内的城镇、乡村、居民点等及时、准确地通报气象、水文情报，防灾抗灾情报以及预报结果，发布山洪警报和迁安指令，尽可能减少山洪灾害发生地区人民生命财产的损失，及时收集反馈信息。山洪警报传输和信息反馈通信除充分利用有线/无线/广播/电视网络发布消息外，还应在山洪灾害重点防治区建立数字式调幅无线电指挥系统或其他专用警报系统，使区域内的居民利用普通收音机即可接收到预警信息，最大限度地减轻山洪灾害造成的损失。规划内容包括根据山洪警报传输对象及内容，确定警报传输及信息反馈通信组网方案、设备配置方案等。提出通信网络结构图，填写各种通信方式设备配置汇总表。

③预警系统规划　按照预报制作及发布行业不同，山洪灾害预报可分为山洪气象预报、山洪水文预报和山洪地质预报。山洪气象预报由各级气象预报职能机构制作发布，其制作基础是降水预报，同时考虑山洪地域性和地形地貌特征，其特点是预见期相对较长，覆盖面广，但目前存在精度上的不足；山洪水文预报由各级水文部门制作发布，其制作基础是实测雨情资料和流域水文地质条件，其特点是精度高，位置确定，但目前存在有效预见期短的问题；山洪地质预报由各级地质灾害监测机构制作发

布，其制作基础是地质资料和气象预报结果，这类预报针对性强，但目前存在时效性上的不足。三类预报相辅相成，尤其是应加强相互配合，协调发布预报警报。

当预报即将发生严重山洪灾害时，为动员可能受灾区群众迅速进行应变行动所发布的警报叫作山洪警报。通过发布警报，可使受灾区的居民及时撤离，并尽可能地将财产、设备和牲畜等转移至安全地区，从而减少受灾区的生命财产损失。

从目前对山洪研究的理论水平和技术条件来看，对山洪灾害发布预报警报是完全有可能的。建设预警系统必须遵循如下原则：

- 分区域分层次原则。国家级各部门建立专业性山洪灾害预警中心。在国家防办组织下，做到山洪灾害监测、预报信息共享，密切联系、加强会商，做好预报警报制作技术指导工作。在省(市、区)和有山洪灾害防治任务的地、县建立相应的山洪灾害预警机构。在重点山洪灾害发生地，设立预警点。
- 充分利用现有气象、水情及地质灾害监测预警网的原则。
- 先试点后推广的原则。
- 先重点后一般的原则。
- 代表性和典型性原则。
- 专业监测与群测群防相结合的原则。
- 微观监测手段与宏观监测手段相结合的原则。

气象预报系统规划：建立适合国家、省、地级山洪灾害预警业务需要的短时临近期(1~12h内，每隔3h时段)、短期(3d内，每隔12h时段)、中期(4~7d，每隔24h时段)预警业务系统和不同分辨率、不同时间步长的山洪灾害数值预报业务系统；建立山洪灾害实时天气监视分析和预报业务平台，平台以MICAPS工作站为依托获取各种信息资料，以数值预报产品为基础，综合分析运用多种方法、大气探测信息(如云图、雷达、遥感资料等)、山洪灾害预警业务研究的专用预警技术方法和常规短时天气分析、监视、预警手段，根据山洪灾害实时天气监测和预报警报业务流程，建立气象预报系统和警报发布系统，实时制作并发布山洪灾害气象预报、突发性强降雨和山洪灾害临近预警警报。

建立适合国家、省、地级山洪灾害预警业务需要的短时临近(1~12h内，每隔3h时段)预警业务系统。此系统在实时采集山洪灾害预警业务所需的探测以及其他的加工信息产品的基础上，使用山洪灾害预警业务研究的专用预警技术方法和常规短时天气分析、监视、预警手段，自动报警并制作、提供和发布突发性强降雨和山洪灾害临近预警警报。

建立适合国家、省、地级山洪灾害短、中期(3d内，每隔12h时段；4~7d，每隔24h时段)预警业务系统。此系统在及时采集山洪灾害预报业务所需的探测以及其他的信息加工产品的基础上，使用山洪灾害预报业务研究的专用预报技术方法和常规短、中期天气分析、监视、预报手段，制作、提供和发布强降雨过程和山洪灾害趋势预报。

建立山洪灾害数值预报业务系统。山洪灾害的发生多由局地强降水和持续时间较长的降水过程引起，建立高质量的中尺度数值预报模式是做好降水预报尤其是强降水预报的关键。目前，世界上运行的中尺度数值预报模式的分辨率多数已达到了中尺度，为满足山洪灾害预警的需求，应建立水平分辨率在1～3km、水平范围覆盖主要山洪灾害频发区的高分辨率非静力中尺度数值预报模式及业务系统，模式物理过程应包含描述较为精细的云模式、高分辨率的边界层模式以及精细地理信息的土壤及地表参数化模式，系统中还应包含较为先进的变分同化系统。同时针对不同的服务需求，未来的中尺度数值预报模式应采用多重嵌套模式，模式的外区与中期预报模式相嵌套，内区为自模式嵌套。通过建立山洪灾害数值预报业务系统，进一步提高模式的分辨率，将模式的水平和垂直分辨率提高1倍以上，同时对模式的物理过程进一步完善，提高在高分辨率条件下模式对真实大气的预报能力，从而提高对山洪灾害的预警水平。

建立山洪灾害实时天气监测和预报警报业务平台，平台以MICAPS工作站为依托获取各种信息资料，以数值预报产品为基础，综合分析运用多种方法和信息，根据山洪灾害实时天气监测和预报警报业务流程，实时制作并发布山洪灾害预报警报。建立适合各级山洪灾害预警业务工作需要的信息采集系统和山洪灾害实时分析、监视系统。

建立适合各级山洪灾害预警业务工作需要的山洪灾害气象警报制作系统，利用短、中期天气分析、监视和预报手段，制作、提供和发布山洪灾害气象警报。

(2)城乡居民点防灾规划和建设管理

在山洪灾害防治规划中编制城乡居民点规划是保护山洪灾害区城乡居民生命安全的迫切需要，是保持山洪灾害区城镇经济社会正常运转，保护城镇财产的迫切需要。规划有利于提高认识人类活动和自然灾害特点规律的能力，有利于规范人类活动，坚持人与自然的和谐。

①规划原则　以人为中心的原则；尊重自然规律，主动避灾的原则；防灾、避灾与促进发展相结合的原则。

②基本要求　搞好各城乡居民点之间的协调工作，着重从综合考虑。要遵循国家有关法规和标准：《中华人民共和国城市规划法》《村镇规划建设管理办法》《城市防洪工程设计规范》《村镇规划标准》《城市用地分类与规划建设用地标准》。要与遥感等新技术应用相结合。

③步骤、程序

- 调查城乡居民点与山洪灾害防治有关的自然、人文等资料，填写相关表格、绘制现状图。
- 进行山洪灾害防治区划。
- 确定规划区域内城乡居民点防灾的标准。
- 按区确定城乡居民点布局调整方案。
- 根据居民点所处区段，分别制定工程和非工程措施。
- 提出近期工作重点、预算和政策管理措施。

(3)政策法规建设规划

政策法规建设包括风险区控制政策法规建设和风险区管理政策法规建设。山洪灾害风险区是指山洪灾害防治区内可能发生山洪灾害的区域(亦即前述危险区和警戒区)。

风险区控制政策法规是指有效控制风险区人口、村镇、基础设施建设等方面的政策、法规。

风险区管理政策法规是指对风险区日常防灾管理，山洪灾害地区城乡规划建设的避灾政策与管理，维护风险区防灾减灾设施功能，规范人类活动，有效减轻风险区山洪灾害的政策、法规。

①基本要求　调查现有政策法规能否满足山洪灾害防治需要及政策法规实施过程中存在的问题。对已颁布的国家、省(自治区、直辖市)政策法规，提出各地配套、完善相应的法规、管理条例、实施细则等的要求。在已颁布的政策法规基础上，反映经济社会发展对山洪灾害防治新的更高的要求，提出制定新的政策法规的要求。提出政策法规建设总体规划意见。

②政策法规建设　制定符合实际、反映山洪灾害防治和经济社会发展要求的风险区控制政策法规建设的整体框架。制定符合实际、反映山洪灾害防治和经济社会发展要求的风险区管理政策法规建设的整体框架。

7.3.1.4　工程措施规划

工程措施主要涉及：山坡水土保持工程、山洪沟治理工程、水库工程等。

(1)山坡水土保持规划

在各省(自治区、直辖市)水土保持规划基础上，结合治理区山洪灾害防治需要，进一步补充、完善山坡水土保持规划方案。调查山坡水土流失形成的气象水文、地质构造、地形地貌条件和人类活动条件。调查水土流失类型、强度、面积、危害以及目前土地利用状况，分析水土流失防治中存在的问题。分析水土流失与山洪灾害形成的关系，研究山坡水土保持工程措施在山洪灾害防治中的作用。

(2)山洪沟治理规划

规划对象为威胁乡镇，或大型工矿企业，或重要基础设施，构成严重危害，对经济社会发展造成影响，规划需采取工程措施治理的山洪沟。

调查山洪发生的气象水文、地形地貌、地质构造和人类活动条件。调查山洪沟的分布、数量、危害和防治现状，研究不同类型山洪沟的成灾特点；以县(区)为单位分别统计山洪沟数量、规模；说明采取工程措施治理山洪沟的必要性；分析各类防治工程措施在山洪灾害防治中的作用；分类汇总工程量及投资。

山洪沟治理规划方案主要有：拦挡措施、排洪渠修筑与整治、防洪堤、沟道疏浚等。

(3)病险水库除险加固规划

①基本要求　病险水库除险加固规划对象为失事后对下游造成较大人员伤亡或财产损失的小(二)型以上(蓄水量大于$10\times10^4m^3$)水库。

在对现有水库的作用(特别是防洪作用)、规模、运行状况、管理方式以及存在的问题等进行全面调查分析的基础上，开展病险水库除险加固规划。

分析水库病险情，复核水库的防洪能力和泄流能力，研究采取相应的除险加固措施。对各类病险水库除险加固措施进行归类，估算、汇总工程量和投资。

②治理规划　根据水库失事后对下游造成人员伤亡或财产损失情况，说明水库除

险加固的必要性。查明水库建设、运行、管理存在的问题，分析水库病险情。进行水库防洪能力复核。通过对水库病险情的分析、研究，提出相应的除险加固措施。统计各类病险水库除险加固工程量及投资。

7.3.1.5 实施效果的分析与评价

(1)社会经济基本资料调查统计

为了全面了解和掌握规划防治区的社会经济发展状况，为确定防治区经济社会区划(即重要经济社会区和一般经济社会区)、制定防治措施提供重要依据，同时也为分析防治综合效益提供基础资料，必须重视社会经济基本资料的调查、搜集、整理、综合分析及成果的合理性检查。

主要内容包括：①按最新行政区划和统计资料，分别统计山洪灾害防治区和山洪灾害威胁区社会经济主要指标；②调查山洪灾害威胁区的工矿企业、各类主要工程设施基本情况；③预测山洪灾害防治区和山洪灾害威胁区经济社会发展状况。

(2)山洪灾害损失基本资料调查分析

山洪灾害损失基本资料调查分析不仅是确定山洪灾害防治区(即重点防治区和一般防治区)的重要依据，同时也是制定减灾措施、分析计算防治综合效益的基础资料。必须重视该项资料的调查、搜集、整理、分析及合理性检查。

调查与分析的内容有：①历年山洪灾害损失的调查统计，主要包括受灾面积、受灾农田、受灾人口、死亡人口及牲畜、受灾工矿企业、倒塌房屋、冲毁各类工程设施及重要运输线等。②调查山洪灾害频发且严重的典型地区已经发生的灾害损失资料。③典型区域山洪灾害直接损失的调查。选取各地区具有代表性的典型山洪灾害防治区域，调查山洪灾害所造成的直接损失。至少选取3～4个典型区域进行调查，以反映不同地区在遭遇山洪灾害时的损失程度和损失大小。典型区域主要依据经济发展水平(高、中、低)、灾害的等级等选择。直接损失包括：农作物损失、林业损失、畜牧业损失，基础设施损失(包括农田水利、公路桥涵、供电设施、通信线路、市政公用设施等)，城镇或农村居民财产损失(包括房屋、生产交通工具、家具、家用电器、衣被、畜禽、粮草柴等)，城乡企、事业财产及停产停业损失、骨干运输线(包括铁路、公路、输油输气管道、电力通信线路等)中断的营运损失及其他损失。④山洪灾害损失率的调查分析。山洪灾害损失率是指财产受灾的损失值与灾前财产原有价值之比。应根据上述典型地区山洪灾害直接损失的调查成果，分析计算各类财产的损失率及综合损失率。⑤山洪灾害单位综合损失指标调查分析。山洪灾害单位综合损失指标，农村以典型调查区总损失除以典型区全部受灾农田亩数求得，简称亩均综合损失指标；城镇以典型调查区总损失除以典型区全部受灾人口数求得，简称人均综合损失指标。由于影响洪灾综合损失指标的因素十分复杂，实际工作中要根据实地调查资料分析确定。⑥山洪灾害间接损失的调查分析。山洪灾害间接损失是指因灾造成的直接经济损失给受灾区内外所带来影响而间接造成的损失。一般可采用经验系数法计算，即按洪灾间接损失系数乘以直接损失求得。在缺乏深入研究和调查资料不足的情况下，洪灾的间接损失可按其直接损失的20%～30%估算。

(3)防治综合效益分析与评价

基本要求：①综合分析与评价山洪灾害防治规划实施后可达到的经济、社会、环境的预期效果。②对山洪灾害防治规划整体及各类防治规划措施的投资规模和实施效果进行分析。③进行综合评价，识别对山洪灾害防治规划实施效果影响较大的主要因素，并提出相应的对策措施。

分析与评价方法主要有：调查分析与理论研究相结合，定量分析与定性分析相结合，典型分析与面上分析相结合，组织多部门、多学科联合攻关。

评价内容分4个层次：第一层次为山洪灾害防治规划实施的社会、经济和环境等综合效益分析。第二层次为典型区域山洪灾害防治规划实施效果分析。第三层次为山洪灾害防治规划实施效果的综合分析与评价。第四层次为识别对规划实施效果影响较大的主要因素，并提出相应的对策措施。

第一层次评价内容：分析山洪灾害防治区在国民经济和社会发展中的地位，以及山洪灾害对防治区社会、经济、环境等产生的严重危害。根据山洪灾害防治规划近期及远景实施项目，以典型调查资料和定性分析为主，从国民经济宏观角度出发，全面分析与评价防治规划实施后所产生的社会、经济和环境等综合效益。

第二层次评价内容：①选取山洪灾害防治典型区域，进行防治效益的分析计算。防治效益可按防治规划项目实施后可减免的灾害经济损失计算，并以多年平均效益表示。对于水利防洪项目，可采用系列法和频率法计算多年平均防洪效益。防治效益包括直接效益和间接效益。直接效益按有、无防治项目情况下减免的直接经济损失计算；间接效益按其占直接效益的一定比例计算。②估算典型山洪灾害防治区的防治投资、年运行费等。③进行国民经济评价，评价典型区域防治规划项目实施的经济合理性。由于山洪灾害防治项目是属于社会公益性较强的项目，可同时采用国家统一规定的社会折现率12%和7%的评价标准来评价项目的经济合理性。

第三层次评价内容：对山洪灾害防治规划项目的投资费用进行估算；分析计算防治规划项目整体及各类防治规划项目措施实施后所产生的经济效益；进行国民经济评价，评价山洪灾害防治规划项目整体的及各类防治规划项目措施实施的经济合理性。

第四层次评价内容：综合分析山洪灾害防治规划实施后，对社会、经济、环境等方面所产生的作用及影响；识别对规划实施效果影响较大的主要因素(如投资、实施进度、保障措施、运行管理等)，并提出相应的对策与措施。

7.3.1.6 环境影响评价

(1)基本概念

环境影响是人类活动给环境造成任何有益或有害的变化。但是人们更关心的是负面的影响，即有害的变化。

环境影响评价是全面评估人类活动或决策给环境造成的显著变化。并提出减免或减轻不利影响的对策措施。

山洪灾害防治规划环境影响评价是对规划方案实施后可能造成的环境影响进行分析、预测和评估，提出预防或者减轻不良环境影响的对策和措施。

(2) 环境影响分析程序

环境影响分析程序如图 7-5 所示。

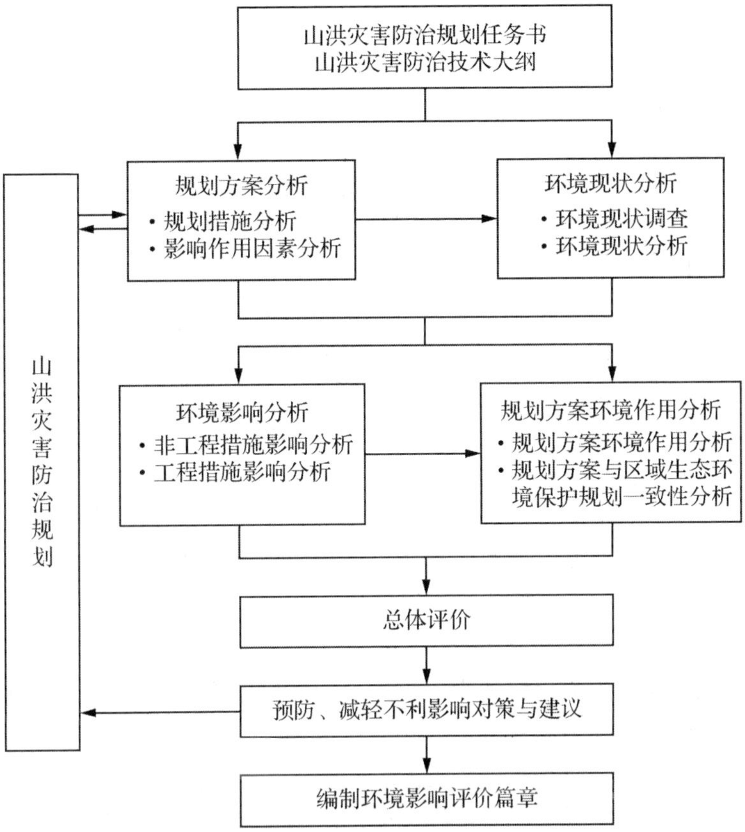

图 7-5 环境影响分析程序

环境影响评价工作大体分为 3 个阶段：第一个阶段为准备阶段，主要工作为研究有关文件，进行初步环境现状调查和影响分析；第二个阶段为正式工作阶段，其主要工作为进行详细的影响分析和环境现状调查；第三个阶段为环境影响报告编制阶段，其主要工作为汇总、分析第二阶段所得的各种资料、数据，给出结论，完成环境影响报告的编制。

(3) 生态环境现状调查与分析

调查要求：①环境现状调查，应根据规划方案和影响地区的环境特点，确定调查工作的范围和内容。②环境现状调查，应收集现有资料，进行现场调查和测试。③对重点环境要素应进行全面、详细的调查，对水环境、环境空气、声环境质量现状应有定量的数据并进行分析和评价。

调查方法为：①收集资料。收集现有的各种有关数据、分析报告及图件。②现场调查。现有资料不能满足评价要求，应到实地对环境要素进行调查和测试。③遥感遥测。大范围的环境现状调查可采用遥感、遥测等方法。

环境现状调查范围应为山洪灾害防治规划方案影响涉及区域；各环境要素及因子

的调查范围应根据评价要求、影响程度确定。

资料收集与调查内容主要有：①规划地理位置、地形特征、地貌类型等。②水环境的调查应包括规划所在河段水功能区划、水质、水温，主要供水水源地，主要污染源，废水排放量及污染物类别，施用农药、化肥的种类及数量。③大气环境调查应包括危害环境空气质量的主要污染物及其来源，环境空气质量现状。④声环境调查应包括规划影响区噪声源种类、噪声级及敏感目标。⑤土壤与水土流失调查应包括规划影响区土壤类型、分布及环境质量现状；水土流失现状、成因及类型等。⑥陆生生物与生态的现状调查应包括规划影响区植物区系、植被类型及分布；野生动物区系、种类及分布；珍稀动植物种类、保护级别及分布；工程影响的自然保护区的类型、级别及范围。⑦水生生物与生态现状调查应包括规划影响水域浮游动植物、底栖生物、水生高等植物、鱼类区系组成、种类、产卵场；珍稀水生生物；工程影响的自然保护区类型、级别及范围。⑧社会经济现状调查应包括人口，民族，国内生产总值，土地利用现状，工、农、林、牧、副、渔业情况，人均收入等。⑨人群健康调查应包括医疗卫生条件，自然疫源性疾病、虫媒传染病、介水传染病、地方病等。⑩景观与文物调查应包括风景名胜区、自然保护区、疗养区、温泉等，具有纪念意义和历史价值的建筑物、遗址、古墓葬、古建筑、石窟、石刻等文物的保护级别、位置及保护现状。具体调查内容根据当地实际情况确定。

(4)规划方案环境影响因素分析

环境影响识别应全面列出可能受工程影响的环境要素及环境因子，识别工程对各环境要素及因子的影响性质和程度。影响性质可分为有利影响与不利影响、直接影响与间接影响、暂时影响与累积影响、可逆影响与不可逆影响等。影响程度可分为影响大、影响中等、影响小、无影响等。根据受影响的性质、程度、时段和范围，可筛选重点评价环境要素及因子、一般评价环境要素及因子。

(5)环境影响分析

在对规划影响地区生态环境现状分析和环境影响因素分析的基础上，分析确定区域环境对规划方案的制约因素，从战略环境评价的思路出发，以实现生态环境可持续发展为指导思想，按照工程措施与非工程措施并重，分析各规划方案对环境的影响。

对影响因素(影响主体，即规划方案)的分析要求全面性；对影响受体(生态环境)的分析要求有针对性；对影响效应分析要求科学性。

影响因素分析：人类活动对生态环境影响可分为物理作用、化学作用和生物性作用。物理性作用是指因土地用途改变、清除植被、收获生物资源、分割生境、改变河流水系等。化学性作用是指环境污染的生态效应。生物性作用是指人为引入外来物种或严重破坏生态平衡导致的生态影响。山洪灾害防治规划的环境影响评价重点考虑物理性作用。

影响对象分析：影响对象分析的主要内容包括主要受影响的生态系统和生态因子；主要受影响途径与方式，即直接影响或间接影响。影响对象的敏感性是影响对象分析中的重要内容。这类敏感性高的保护对象有需要特别保护对象(如水源地、风景名胜区、珍稀濒危动植物及其生境等)，法定保护目标(如自然保护区、森林公园等)，具有较高保护价值的目标(如特产地等)，特别脆弱的生态系统。

影响效应分析：生态系统受到某种作用力后，所发生的变化(即效应)依作用的方式、强度、范围大小、时间长短等会有很大差异。在做影响效应分析时应做如下判别：影响性质(即影响是正影响还是负影响，导致的变化是可逆还是不可逆)，影响程度(受影响的范围、强度、持续时间)，影响特点(有些生态系统受到影响后，其变化是渐进的、累积性的等)。根据山洪灾害防治规划方案特点，环境影响分析分非工程措施环境影响分析和工程措施环境影响分析。

山洪灾害防治规划非工程措施主要包括：监测、通信、预报及预警系统规划、防灾预案及救灾措施规划、政策法规建设规划，结合防治区域非工程措施实施的具体内容，分析各单项措施对环境的影响，根据区域生态环境可持续发展的需要，提出进一步优化规划方案的建议。

山洪灾害防治规划工程措施主要包括：山洪沟治理规划、水库规划和山坡水土保持规划，各规划方案又包括众多具体工程项目，结合防治区域工程措施实施的具体内容，分析各单项工程对环境影响，在单项环境影响分析的基础上，综合分析工程措施实施后对区域生态环境的影响，从保护和改善区域生态环境的需要出发，对规划方案如工程项目、布局、规模等的优化提出建议。

(6)环境效益分析

分析山洪灾害防治对植被的保护效果、对湿地资源保护效果、对区域生物多样性保护效果以及对区域整体环境质量的改善作用。

(7)公众参与

基本要求：①规划方案应征询和反映受影响地区的公众和有关社会阶层对规划的意愿；②公众参与可采用直接征询、委托有关部门征询以及其他形式；③公众参与应有广泛性和代表性，在少数民族聚居地区，应有少数民族代表参与。公众参与方式包括新闻媒体、国际互联网、书面问卷调查、座谈会等。一般采用书面问卷调查的形式。

(8)总体评价

在各单项环境影响分析研究的基础上，重点考虑规划方案实施对区域生态环境和社会环境的叠加影响、敏感环境问题、敏感环境区域等因素。从较大的空间范围和较长的时间尺度，阐述山洪灾害防治规划方案实施后区域生态系统的总体变化趋势和生态环境功能的变化程度，提出所需采取的生态保护对策和优化规划方案的建议，并提出需进一步研究的问题。

7.3.1.7 保障措施

为保障规划的组织实施，需加强防洪减灾工作的组织领导，制定技术、经济、法律、政策、管理等方面的保障措施，群策群力，达到防灾减灾、保障人民生命财产、经济发展和生态环境改善的目的。

7.3.1.8 近期实施意见

根据山洪灾害的严重性和防治的迫切性，按照确保人民生命安全的原则，分期防治、远近结合，提出以非工程措施为主的近期防治实施意见。

7.3.2 滑坡防治规划

7.3.2.1 基本要求

①规划对象为威胁乡镇，或大型工矿企业，或重要基础设施，构成严重危害，对经济社会发展造成影响，规划需采取工程措施治理(治灾效益比达1∶20)的滑坡。

②查明滑坡分布、成因、规模、类型、稳定性、危害等。

③对需要进行工程治理的滑坡，分析其破坏模式，论证治理工程的必要性和可行性。

④以县(区)为单位，以小流域为单元，按规模和稳定性，分类统计需采取工程措施治理的滑坡数量和投资、效益等。

⑤选择代表性典型滑坡初步拟定工程治理方案，估算工程投资。

7.3.2.2 防治规划

(1)基础资料的收集

需要收集的基础资料主要有：地质灾害分布图；地貌图和地质图；地震动参数图、区域构造图、水文地质图；水文资料、历年来的降雨量资料；以往的灾害调查资料，尤其是滑坡资料；国民经济和社会发展规划资料。

(2)滑坡灾害调查与分析

主要内容包括：①已发生的滑坡：滑坡的规模及其影响范围，受灾人口和伤亡人数，冲毁的农田及林草地，毁坏的工矿企业、毁坏房屋、各类工程设施及重要运输线等。②潜在的滑坡：规模大小、影响范围、受威胁的人口和财产、潜在的经济损失。③滑坡体在本地区的分布状况；滑坡类型、破坏模式与地层岩性、断裂构造、水文地质等地质条件的关系，本地区各类滑坡的分布规律；对本区滑坡体形成特点与危害程度进行评估；统计不同类型滑坡体的数量、体积。

(3)滑坡易发程度分区

利用1∶500000～1∶1000000滑坡分布图，根据滑坡易发程度，参考相关部门成果及进行实地调查，以小流域为单元，划分滑坡高易发区、滑坡中易发区和滑坡低易发区。分区标准见表7-3所列。

表7-3 滑坡易发程度分区标准表

分区	判别标准	
	线密度/(处/km)	规模/($\times10^4 m^3$/km)
高易发区	>10	>100
中易发区	2～10	10～100
低易发区	<2	<10

注：①表中滑坡均以大于10000m^3计。

②判别时，由高易发区至低易发区，只要满足其中一个条件即可。

①滑坡高易发区　具备发生滑坡的地形地质条件，可能成灾点多（每 1km 河段沿岸达 10 个以上体积大于 $1\times10^4m^3$ 的滑坡），或灾害体规模大（每 1km 河段沿岸滑坡体体积大于 $100\times10^4m^3$）的区域。

②滑坡中易发区　具备发生滑坡的地形地质条件，可能成灾点较多（每 1km 河段沿岸达 2～10 个体积大于 $1\times10^4m^3$ 的滑坡），或灾害体规模大［每 1km 河段沿岸滑坡体体积为 $(10\sim100)\times10^4m^3$］的区域。

③滑坡低易发区　滑坡的成灾点少（每 1km 河段沿岸体积大于 $1\times10^4m^3$ 的滑坡个数小于 2），或灾害体规模小（每 1km 河段沿岸滑坡体体积小于 $10\times10^4m^3$）的区域。

在上述工作的基础上，编制 1∶500000～1∶1000000 滑坡易发程度区划图。该图应综合反映滑坡易发程度区划与地形地貌、地层岩性及地质构造的相互关系。

(4) 防治现状

说明目前对滑坡是否采取了防治措施，采取了何种措施及其防治效果等。对需要进行工程治理的滑坡，论证治理工程的必要性和可行性。

(5) 非工程措施规划

滑坡灾害的非工程防治措施很多，如政策法规措施、生物措施，但是，最主要是监测、预报预警。

①滑坡监测网　建立原则：预防为主，监测为预报预警服务的原则；充分利用现有资源，避免重复建设的原则；布局合理、突出重点、逐步推进的原则；专业监测与群测群防相结合的原则；微观监测手段与宏观监测手段相结合的原则。

滑坡变形监测：国内外针对滑坡变形监测应用各种各样的测量手段和仪器，但总的方法分为简易测量法、大地测量法、埋设仪表法、陆地摄影测量法和全球定位系统（GPS）等类型。根据规划区滑坡体的特性和变形破坏机制以及所处不同的变形阶段等，合理运用不同的监测方法或手段，达到最佳的监测效果。

降雨量监测：为搜集降水资料，了解降水在地区和时间上的分布规律，掌握降水与滑坡的相互关系，应利用雨量计进行降水观测。

地下水监测：滑坡的活动和变形往往改变了坡体内地下水的原有通道，使地下水状态和静水压力发生变化，如水位的高低变化、泉水量增多或减少等。水位可采用传感器自动监测；泉水流量观测可布设三角堰进行监测。

其他形变迹象的观察：主要是通过地表巡视，观察滑坡体中的各种变形征兆，其中裂缝变形和位移加快是判断滑坡是否处于临滑状态的直接表象。同时还应获取岩石爆裂、小崩塌、滚石、动物异常、泉水变浑等现象。通过上述表象，可以全面掌握滑坡动态，并结合裂缝、位移观测数据进行综合分析，以增加临滑预报的可靠性。

②滑坡灾害防治通信系统　本系统应充分利用现有的资源，进行必要的优化和完善。

(6) 工程措施规划

①搬迁工程措施　可能发生的潜在滑坡，对人民生命财产安全构成威胁，但工程治理难度大或投资很大，且效益比远小于搬迁避让的，应实施搬迁工程措施。

②治理工程措施　对人民生命财产安全构成重大威胁、工程治理可行且其效益大

于搬迁避让的滑坡，应实施工程措施。

基本要求：①规划对象为威胁城镇、大型工矿企业、重要基础设施需采取工程措施治理(治灾效益比达1∶20)的滑坡。②已查明滑坡的分布、成因、规模、类型、稳定性、危害等，未查明的，应布置滑坡灾害勘察工作。③按规模和稳定性，分类统计需采取工程措施治理的滑坡数量，估算工程投资。

对滑坡体的治理可采用的工程措施有：排水、削坡、减重反压、设置抗滑挡墙、抗滑桩、锚固和预应力锚固、抗滑键等。具体的措施应根据滑坡的地质结构、工程环境、防治现状及要求等条件因地制宜地进行选择。

排水：对于因地表渗水或自然沟水补给而引起的滑坡体滑动，宜采取地面铺砌防渗、地表排水及沟床铺砌等措施；对于因滑动带土质不良而引起的滑动，可以采用疏干工程来减少水的作用；对于由地下水作用引起的滑坡，在事先弄清地下水补给来源、方式、方向、位置和数量的基础上，主要采用截水盲沟、盲洞、仰斜钻孔等工程加以排除。

削坡：一是岩体受节理、裂隙切割，较为破碎，可能产生崩塌坠石、边坡局部失稳现象，可采取剥除“危岩”削缓边坡顶部。二是对土质滑坡体，削缓边坡，减小滑动体厚度，以减小滑动力，注意对坡脚下部可能阻滑部分不可削减。边坡高度较大时，可分级留出平台，提高边坡稳定性。

减重反压：主要适用于推移式滑坡体。特别是滑动面上陡下缓或接近圆弧形时，或滑坡体前缘厚度特别大时，减重效果尤为显著，减重就是挖除滑坡体上部的岩(土)体，减少上部岩石体重量造成的下滑力。反压则是在滑坡体前部抗滑地段采取加载措施以增大抗滑力。在减重反压后的边坡，应及时整平，做好防排水措施和坡面绿化，以免裂隙裸露，雨水乘隙渗入边坡内部。

抗滑挡墙：挡墙是目前使用较为广泛的抗滑建筑物，借助于挡墙本身的重量，支挡滑体的剩余下滑力，有抗滑片石垛、抗滑片石竹笼、浆砌石抗滑挡墙、混凝土或钢筋混凝土抗滑挡墙、空心抗滑挡墙(明洞)及沉井式抗滑挡墙等。

抗滑桩：抗滑桩系穿过滑坡体深入于滑床的桩柱，用以支挡滑体的滑动。作为阻滑支撑工程，具有破坏山体少、施工安全、方便、工期短、省工省料的优点，已在国内外广泛采用。

锚固和预应力锚固：在有裂隙的坚硬岩石边坡，为了增强滑面的正压力，以提高沿滑面的抗滑力，或为固定松动危岩，可采用锚固或预应力锚固措施。一般方法是打钻孔，内插锚杆或锚索。

抗滑键：在软弱土层滑坡地段，可沿滑动面走向设置抗滑键。通常多采用沿软弱结构面开挖平洞，切入滑动面上下岩体，然后回填混凝土或钢筋混凝土。

(7)滑坡防治规划方案

根据滑坡的地形地质条件、防治状况、危害程度等，综合考虑技术、经济因素，对需采取工程措施治理的滑坡，因地制宜地制定滑坡治理方案。

(8)工程量及投资

在典型区域滑坡灾害防治规划(详见7.4.3节)的基础上，类比典型区域滑坡灾害防治工程措施规划和投资估算的成果，估算各类滑坡治理工程的工程量及投资，评价治理工程的社会效益及经济效益，分析治理工程的负面效应。

编制需采取工程治理措施的滑坡分布图(比例尺为1∶500000)，采用不同图例或数字标明滑坡规模、危害及估算的工程治理投资等。

7.3.3 泥石流防治规划

编制泥石流防治规划，要以地质地貌环境(即大环境)为依据，同时考虑经济开发与国土整治规划：农业生态结构、人口增长计划、水土保持和土地利用现状等，进行综合分析和协调。总的规划部署应当是以防为主，防与治结合，但要因地制宜，因害设防，区别对待。对已成灾害的区段，要以治为主，治与防结合；对有潜在威胁而尚未酿成灾害的区段，要以防为主，防与治结合；在人口和经济设施较集中的地区，防与治并重，并要高度重视综合防治体系的建立，以求达到最佳的防灾效益，确保经济建设和居民安全。拟订泥石流防治规划大致包括如下内容：

(1)全面收集规划所需的本底资料

对规划区的基本资料要进行全面调查和收集，包括自然情况(地质、地貌、气象、水文、植被、土壤和地震、山崩、滑坡、崩塌等自然灾害)和社会经济情况(人口及分布状况，土地面积及分布、分类，森林资源及利用现状，矿产资源及开发利用现状，铁路、公路及各类水利工程的分布、现状，人类对自然环境影响的调查、访问和分析等)，客观地、历史地、全面分析这些条件与泥石流形成、演化的关系，在重视历史的、自然的泥石流形成发展史的同时，要特别重视对近二三百年来人类活动的分析，从中找出规律性的东西，恰如其分地估价人类活动在泥石流形成发展中的作用(含加剧作用和抑制作用)，制订符合实际、科学可靠的防治规划，这不仅对进行山区防灾有指导意义，而且对山区的综合开发利用，也有重要的参考价值。

(2)切实掌握泥石流兴衰行止的第一手资料

泥石流现象是山地环境发展演变到一定阶段的特有产物，是受自然环境严格控制的。人类经济活动扩向山区后，又在泥石流的活动进程中打下深刻的烙印。因此，泥石流的形成发展、兴衰行止，既有其区域性规律，也有其局地性特点。因此，必须对规划区进行周密细致地实地考察、调查访问、重点观察，切实掌握第一手资料，辅以必要的内业分析和试验，提出明确的科学结论。对规划区泥石流的发生发展历史，控制泥石流活动的制约因素，泥石流的时空分布特点、群发性、夜发性及其波及范围可能对成灾区造成的经济后果和社会后果，规划区泥石流防治的现状、效益、经验、教训及存在问题，对规划区泥石流发展趋势的分析和实现规划的效益预测等，都需有详尽的论述和分析。总之，防治规划要言之有理、论之有据、防之有法、治之有例，成为人们征服泥石流灾害的有力武器。

(3)进行泥石流易发程度分区

利用1∶500000～1∶1000000泥石流分布图，根据泥石流易发程度，参考相关部门成果及进行实地调查，以小流域为单元，划分泥石流高易发区、泥石流中易发区和泥石流低易发区，分区标准见表7-4所列。

表7-4 泥石流易发程度分区标准表

分区	判别标准	
	线密度/(条/10km)	规模/($\times 10^4 m^3$/10km)
高易发区	>5	>10
中易发区	2~5	3~10
低易发区	<2	<3

注：①表中泥石流为固体物体积大于5000m^3。

②判别时，由高易发区至低易发区，只要满足其中一个条件即可。

①泥石流高易发区 具备发生泥石流的地形地质条件，可能成灾点多(平均泥石流沟达5条/10km以上)，或灾害体规模大(每10km所包含的泥石流固体物体积大于$10\times10^4m^3$)的区域。

②泥石流中易发区 具备发生泥石流的地形地质条件，可能成灾点较多(平均泥石流沟达2~5条/10km)，或灾害体规模大[每10km所包含的泥石流固体物体积为$(3\sim10)\times10^4m^3$]的区域。

③泥石流低易发区 泥石流的成灾点少(平均泥石流沟小于2条/10km)，或灾害体规模小(每10km所包含的泥石流固体物体积小于$3\times10^4m^3$)的区域。

在上述工作的基础上，编制1∶500000~1∶1000000泥石流易发程度区划图。该图应综合反映泥石流易发程度区划与地形地貌、地层岩性及地质构造的相互关系。

(4)编制不同层次的泥石流防治规划

由于泥石流沟所处的位置及其危害范围和危害对象的不同，在防治对策上亦要有所区别，应分别不同层次，拟订不同的防治规划。诸如：人口密集、工农业和科学文教设施集中的城市工矿区，铁路、公路干线和大型水利枢纽区，以及农田村寨区等，要因地制宜地进行防治规划，不能千篇一律、不分主次地等同处之。

(5)拟订具体的泥石流防治方案

经过实地考察之后，根据不同层次的泥石流防治规划的要求，拟订具体的泥石流防治方案。泥石流防治方案主要有以下几个方面：①城市工矿区泥石流防治方案；②铁路、公路和大型水利枢纽所在地区的泥石流防治方案；③农田村寨较集中地区的泥石流防治方案；④河道整治中有关泥石流防治方案的确定等。泥石流的防治措施，主要包括工程防治措施和生物水土保持措施。前者包括泥石流沟道中的拦挡工程、泥石流下游的排导工程，以及在泥石流沟中下游沟合适部位修建泥石流停淤分流工程等；后者包括封山育林和植树造林、植灌种草、平整山坡和坡地梯田化，以及与上述相结合的修建谷坊群和稳沟护坡的固床工程等。

7.4 典型区域防治规划

在山地灾害重点防治区内，选择山地灾害典型区域进行研究，提出各类山地灾害具体的综合防治对策。

7.4.1 基本要求

①以小流域为单元，开展滑坡、山洪及泥石流典型区山地灾害防治规划。在规划中应重点考虑城镇居民点和重要财产集中地区。

②选择山地灾害损失较严重，在气象水文、地形地质条件、重要生态功能及灾害类型等方面有代表性的小流域，作为山地灾害典型区域进行规划。

③对选定的山地灾害典型区域，应进行必要的现场调查，充分搜集相关规划资料，了解典型区域目前山地灾害防治状况和防灾形势。对规划确实需要兴建的工程进行必要的勘测。

④研究典型区域山地灾害的成因、特点及分布规律，编制山地灾害风险图，因地制宜地提出“以防为主、防治结合”的典型区域山地灾害防治规划方案。

⑤估算各典型区域山地灾害防治工程量及投资，评价规划实施效果。

7.4.2 典型区域山洪防治规划

7.4.2.1 典型区域的选取

①典型区域在山洪灾害重点防治区范围内选取。

②根据导致山洪的气象水文、地形地质条件、重要生态功能的差异，选取具有代表性的典型区域；通过典型区域山洪防治规划，对其他类似的区域山洪防治具有重要的示范作用。

7.4.2.2 防治规划

(1)现状调查

调查、收集、整理区域气象水文、地形地质、生态环境、经济社会等规划相关资料，分析区域山洪特点、危害及时空分布规律，研究已采取的非工程措施和工程措施在防治山洪灾害中的作用，总结防治经验，分析存在的问题。

(2)山洪灾害风险区划

按照前述山洪灾害风险图“三区”划分规定，根据灾害可能发生的程度和范围，划分危险区、警戒区和安全区。

(3)经济社会发展对洪灾防治的要求

分析现状山洪防治形势，根据近期、远期经济社会发展规划，提出经济社会发展对山洪防治的要求。

(4)总体规划

根据区域山洪的特点、防治现状和防灾形势，因地制宜地制定非工程措施与工程措施相结合的综合防治规划方案。

①非工程措施

• 健全和完善有关法律法规，特别是山洪灾害重点防治区内退耕还林和移民搬迁生态环境保护等方面的政策；法律、法规得到严格执行。

• 根据山洪特点，编制山洪灾害防治预案，建立山洪灾害预防领导、指挥及组织机构，进行山洪灾害普查，明确山洪灾害范围与影响程度，确定避灾预警程序和临时转移人口的路线和地点。

• 加强山洪灾害风险宣传教育，通过报纸、广播、电台、电视等多种媒体进行宣传，增强群众防灾、避灾意识。

• 建设监测、通信、预警系统。

• 根据山洪灾害风险图，调整山洪灾害易发区土地利用结构。

• 加强河道管理力度，控制水土流失，严格禁止侵占行洪河道行为，疏通洪水宣泄渠道。

• 建立由各级政府部门负责的群测群防组织体系，编制组织结构图。

②工程措施　山洪防治工程措施主要有：疏浚河道、开辟泄洪道、上游建库拦蓄、修建堤防及拦挡措施等。要因地制宜选择工程措施，根据选定工程措施，确定工程规模、设计标准等。

(5)环境影响分析

在分析典型区域生态环境现状的基础上，结合典型区域山洪防治规划的具体措施，分析其对环境的影响，并提出相应的对策与建议。

(6)投资与效益

估算投资，评价规划防治措施实施后的社会效益、经济效益、生态效益。

(7)近期实施计划

根据山洪灾害的严重性和治理的迫切性，按照确保人民生命安全的原则，提出近期治理实施计划。

(8)主要附表、附图

填写典型山洪防治措施规划表和典型山洪防治投资估算表。

绘制典型区域山洪灾害风险图、典型区域山洪灾害防治措施规划图，比例尺均为1:10000。

7.4.3 典型区域滑坡防治规划

7.4.3.1 典型区域的选取

根据特有的地质环境以及滑坡的分布特点，按滑坡易滑地层的组成，划分典型滑坡类型，见表7-5所列。在此基础上，兼顾考虑滑坡成因、规模、稳定性、危害等因素，合理选取典型区域，力求具有广泛的代表性和示范性。

表 7-5 中国典型滑坡类型及主要分布表

类型	易滑地层	主要分布区域
黏性土滑坡	成都黏土	成都平原
	下蜀黏土	长江中、下游
	红色黏土	中南地区、福建、浙江、山西南部、陕西北部、河南
	黑色黏土	东北地区
	新、老黄土滑坡	黄河中游、北方地区
半成岩类滑坡	共和组	青海
	昔格达组	四川西部
	杂色黏土岩	山西
成岩地层滑坡	泥岩、砂页岩	西南地区、山西
	煤系地层	西南地区等地
	砂板岩	湖南、湖北、西藏、云南、四川等地
	千枚岩	四川西北、甘肃南等地
	富含泥质(或风化后富含泥质)的岩浆岩	福建等地

7.4.3.2 防治规划

(1)现状调查

查明典型区域的滑坡数量、类型、危害、成因及稳定性、时空分布规律。收集、整理滑坡防治现状资料，分析已采取的防治措施的作用，总结防治经验，分析存在的问题。

(2)滑坡灾害风险区划

仿照前述山洪灾害风险图“三区”划分规定，根据灾害可能发生的程度和范围，划分危险区、警戒区和安全区。

(3)滑坡成因及其危害

分析地质环境、主要滑坡类别、滑动破坏模式及规模；收集历史灾害及损失资料，研究今后对当地社会的危害等。

(4)防治对策

滑坡的防治，应遵循“以防为主、防治结合”的原则。根据滑坡灾害的特点，其防治方法划分为搬迁避让、监测预警、工程治理 3 种类型。

搬迁避让：对人民生命财产安全构成威胁，但工程治理难度或投资很大，即其效益小于搬迁避让，而且搬迁避让可行的滑坡。

监测预警：对人民生命财产安全有威胁但威胁相对较小的滑坡。

工程治理：对人民生命财产安全构成重大威胁、工程治理可行且其效益大于搬迁避让的滑坡。

防治措施包括非工程措施与工程措施，其中非工程措施主要有搬迁、避让、监测预警、生态保护、退耕还草还林、改水田为旱地、不乱挖乱填等。工程措施主要有截排地表水地下水、改变滑坡几何形态(卸荷减载反压)、支挡加固(挡墙、抗滑桩、格构锚固、护坡防冲、导流等)、改变滑体滑带物理力学性质(如注浆等)。

根据上述防治对策，对典型区域内的滑坡选择适宜的防治措施。

(5)环境影响分析

在对典型区域生态环境现状调查与分析的基础上，结合滑坡防治规划中的各项具体措施，分析其对区域环境的影响。从区域生态环境可持续发展的需要出发，对规划方案的优化提出建议。

(6)投资与效益分析

估算投资，评价规划防治措施实施后的社会效益、经济效益、生态效益。

(7)主要附表、附图

填写典型区域滑坡灾害防治规划工程量及投资表。

主要附图包括：典型区域滑坡灾害风险图、典型区域滑坡灾害防治措施规划图，比例尺均为1∶10000。对需采取工程措施治理的滑坡，应绘制滑坡平面地质图、地质纵剖面图。

7.4.4 典型区域泥石流防治规划

7.4.4.1 典型区域的选取

根据泥石流的规模、性质(黏性、稀性)，选择有代表性的典型区域；通过典型区域泥石流防治规划，对其他类似的区域泥石流防治具有重要的示范作用。泥石流作用强度分级见表7-6所列。

表7-6 泥石流作用强度分级表

级别	规模	形成区特征	泥石流性质	可能出现最大流量/(m^3/s)	年平均单位面积物质冲出量/($\times 10^4 m^3/km^2$)	破坏作用
Ⅰ	大型(严重)	大型滑坡、坍塌堵塞沟道，坡陡、沟道比降大	黏性，重度 r_c >18kN/m^3	>200	>5	以冲击和淤埋为主，破坏强烈，可淤埋整个村镇或部分区域，治理困难
Ⅱ	中型(中等)	沟坡上中小型滑坡坍塌较多，局部淤塞，沟底堆积物厚	稀性或黏性，重度 r_c =16~18kN/m^3	200~50	5~1	有冲有淤，以淤为主，破坏作用大，可冲毁淤埋部分平房及桥涵，治理比较容易
Ⅲ	小型(轻微)	沟岸有零星滑坍，有部分沟床质	稀性或黏性，重度 r_c =14~16kN/m^3	<50	<1	以冲刷和淹没为主，破坏作用较小，治理容易

7.4.4.2 防治规划

(1)现状调查

调查泥石流形成的自然因素、人类活动因素，分析区域泥石流灾害特点和规律。收集、整理泥石流防治现状资料，分析已采取的非工程措施和工程措施在防治泥石流灾害中的作用，总结防治经验，分析存在的问题。

(2)泥石流灾害风险区划

仿照前述山洪灾害风险图“三区”划分规定，根据灾害可能发生的程度和范围，划分危险区、警戒区和安全区。

(3)泥石流的形成与危害

分析泥石流的形成、历史发展过程，对当地经济社会的危害方式、历次灾害损失等。

(4)经济社会发展对泥石流防治的要求

分析目前泥石流灾害防治形势，根据经济社会发展规划，提出经济社会发展对泥石流防治的要求。

(5)总体规划

根据区域泥石流的特点、防治现状和防灾形势，因地制宜地制定非工程措施与工程措施相结合的综合防治规划方案。

①非工程措施规划 主要包括政策措施、监测预警措施、生态保护、农业耕作措施等，因地制宜做出非工程措施规划。

政策措施有法律法规、乡规民约、知识普及、防灾减灾组织等；监测措施有设点监测、制定防灾避难方案、群测群防等；生物措施有水土保持林(水源涵养林、防护林、护堤林、护滩林等)、水土保持草；农业措施有退耕还林、等高耕作、滑坡体上水田变旱地、开发利用泥石流堆积扇等。

②工程措施规划 主要包括排导工程、拦挡工程、沟道治理工程和坡面治理工程等，因地制宜做出工程措施规划。

排导工程有排导槽、渡槽、急流槽、停淤场、导流堤、束流堤等；拦挡工程主要有拦沙坝和格栅坝等；沟道治理工程有谷坊、护坡、护底、排洪渠道等；坡面治理工程有梯田建设、削坡、挡土墙、坡面排水系统等。

(6)环境影响分析

在对典型区域生态环境现状调查与分析的基础上，分析典型区域泥石流防治各类措施的实施对区域环境的影响，结合区域生态环境保护的要求，对规划方案优化提出建议。

(7)投资与效益

估算投资，评价规划防治措施实施后的社会效益、经济效益、生态效益。

(8)主要附表、附图

填写典型泥石流灾害防治措施规划表和典型泥石流灾害防治投资估算表。

绘制典型泥石流沟灾害风险图、典型泥石流沟灾害防治措施规划图，比例尺均为1∶10000。

思考题

1. 请简述山地灾害防治规划的原则、依据、任务及要求。
2. 山地灾害防治规划的目标分为哪几类？具体内容分别是什么？
3. 请分别阐述山洪、滑坡及泥石流防治规划包括的内容。
4. 什么是典型区域防治规划？对于不同类型山地灾害，典型区域防治规划分别包括哪些内容？

参考文献

杜榕桓，康志成，陈循谦，等.1987. 云南小江泥石流综合考察与防治规划研究[M]. 重庆：科学技术文献出版社重庆分社.

全国山洪灾害防治规划领导小组办公室.2013. 全国山洪灾害防治规划编制技术大纲.

第8章

山地灾害管理

灾害管理是一种全新的防灾减灾理念，它不同于传统的灾害防治。灾害管理是指通过法律、行政、宣传教育、经济制裁或其他有关手段，控制约束并引导人们对灾害的反应及减灾行为，是政府、有关单位与社会集团为防灾、减灾所进行的立法、规划、组织、协调、干预和工程技术活动的总和。包括灾前防御、灾中救灾和灾后重建三部分内容。灾害管理遵循以下原则：①准备原则。受救灾见效时间的限制，平时灾害管理的效益是"隐性"的或后期显现的，尤其是治本措施见效持续性长，且投入大，因而容易被人们忽视。进行减灾决策时必须具有一定的预见性。②综合原则。减轻灾害损失是一项跨部门、跨学科的庞大复杂的系统工程，它不仅涉及自然科学的各个领域，还涉及社会科学的领域诸多方面。③协调原则。灾害管理必须做到以全局利益、长远利益为重。正确处理局部与全局利益关系及长远与当前利益关系，统筹考虑，科学安排对经济和社会发展具有重要意义的减灾工程项目。④科技原则。依靠科技进行灾害综合研究与管理，将科学技术运用到灾害勘查、监测、预测、预报、防治等方面。⑤就近调度原则。灾害管理工作都离不开大量的人力、物力、财力支持，远距离调动、运输不能及时满足防灾、抗灾、救灾、重建等需要。合理地利用当地的自然与社会资源，就近取材，就近调度，以求及时解决问题。

山地灾害作为灾害系统的一部分，其管理内容应纳入国家灾害管理层面，由于其发生区域在山区的特殊性，因此，山地灾害管理则强调，通过国家的法律、法规和政策，理性协调处理人与山地灾害的关系，承担适度风险，规范调控山区居民的行为，合理利用土地资源以满足经济社会可持续发展的需要。山地灾害防治一般是指按照人们的意愿，主要通过工程措施改变自然状况，调控山地灾害的相关要素，以达到防灾减灾的目的，属于灾前防御的范畴。围绕山地灾害管理的法律法规体系建设、工程标准体系建设、监测预报与决策等非工程体系的建设、科技支撑体系建设、社会保障体系建设等方面，介绍国内外有关山地灾害管理的模式和经验，以期更好地提高山地灾害的管理水平。

8.1 国外山地灾害管理

山地灾害广泛分布于世界上大多数国家，给人们生命财产带来了严重的威胁。其中，美国、欧洲的阿尔卑斯山区国家、日本和印度是世界上灾害管理工作做得比较好的国家，针对本国的山地灾害问题进行立法工作，同时不断引进防灾新技术，修建抗灾工程，研究灾害机制。在此基础上，建立和发展了适合各自国情的防灾减灾救灾系统工程，抵抗山地灾害的能力大幅度提高，减少了灾害对经济建设的负面效应。

8.1.1　美国

美国的灾害管理一般包括以下几个阶段：减轻灾害阶段，即社区采取行动减缓或减弱发生灾害的影响；随时准备阶段，了解资源状况，建立早期预警系统、培训救灾人员并经常演习；灾害发生时能够最大限度地保护财产和生命阶段；恢复重建阶段，一两周内使灾区的基础设施恢复，重新提供正常的生活秩序和信心。这四个阶段也构成了灾害的管理系统。

美国的灾害管理实施统一领导和分两级管理，即一般灾害和严重灾害两个等级，灾害行政管理机构分为地方州一级和国家级。全国的灾害事件或严重灾害的统一行政管理部门为联邦紧急事务管理局和地方政府的相应机构。凡由暴雨、洪水、地震、火山喷发、滑坡、泥石流、干旱、森林大火等自然灾害所造成的灾害后果严重、范围广、并非一州一地能承担的严重灾害，必须由国家联邦政府组织领导协助减灾救援工作，这属于国家级灾害管理。凡自然灾害事件虽严重但影响范围不大，而且地方可以承受与处理的，则属受灾地方政府管理。灾害后果严重需要联邦政府支援时，由总统判断和下令给以紧急援助。

8.1.1.1　法律、法规

美国是一个高度重视减灾法制建设的国家，联邦政府的灾害管理通过立法的形式予以保障。在通过对1950年的第一部与灾害有关的法律数次修改后，美国于1970年颁布的综合性的灾害防治法规《灾害救助法》，逐步扩大援助范围和加强联邦政府的作用。1974年新颁布了《灾害救济法》，进一步加强了联邦政府的减灾职责。1992年由国会批准，出台了《美国联邦灾害紧急救援法案》。美国的单项跟山地灾害有关的法律有1935年颁布的《水土保持法》、1936年的《防洪法》及其补充、1968年的《国家洪水保险法》、1973年的《洪水灾害防御法》、1956年的《联邦洪灾保险法》、1936年的《洪水控制法》、1976年美国颁布的《国有森林保护法》、1977年制定颁布的《地震灾害减轻法》。美国的单项灾害防治法的范围可以说覆盖了该国经常遭受到的所有灾种，对预防、预报、发生、抢险、恢复重建等各个阶段的主要问题都有了明确的规定。

8.1.1.2　宣传

美国以社区为基础，借助原有的民防体系建立了非常完备的社区灾害防御和救援体制。警察局和红十字会平时进行平民志愿者防灾减灾救灾训练，通过社区灾害志愿者组织，平时进行防灾减灾知识的宣传，灾时实施有效的救援行动，为防灾减灾救灾打下了良好的基础。

8.1.1.3　应急救灾体系

美国在1992年由国会批准，出台了《美国联邦灾害紧急救援法案》。这是一部极具美国灾害紧急救援管理特色的权威性法律，以大法的形式规定了美国灾害紧急救援管理的基本原则、救助的范围和形式，政府各部门、军队、社会组织、美国公民等在灾害紧急救援中应承担的责任和义务，明确了美国政府与州政府的紧急救援权限，同时对灾害救援资金和物资的保证也做出了明确规定。美国于1979年4月成立的美国国家紧急事务管理局(Federal Emergency Management Agency，FEMA)联合联邦27个相关机构，形成了灾害风险综合行政管理体系。FEMA是联邦政府应急管理的核心协调决策机构，其职责是通过一系列综合的、有准备的应急管理计划减少人民的生命和财产损失，保护好国家重要基础设施免遭各种灾害的破坏，领导全国做好防灾、减灾、备灾、救灾和灾后恢复工作。美国国家紧急事务管理局于2003年3月随同其他22个联邦机构一起并入2002年成立的国土安全部，成为国土安全部4个主要分支机构之一。美国灾害行政管理对策的第一责任者是灾害发生地区所在的州，美国政府只对超越当地地方灾害对策能力的部分由总统按紧急事态法令给以紧急援助。

FEMA遵循的四项原则：①负责应付国内重大紧急事件的联邦权力由一名直接向总统负责的官员行使；②一个高效的民防系统需要最有效地利用所有应急资源；③只要可能，应急的责任由联邦正式机构承担；④联邦减灾活动应同紧急防备与应急职能融为一体。

美国的应急救灾的特点：

①灾害救援资金充裕，技术装备先进　从联邦政府到州政府都有比较充裕的灾害救援资金预算，资金负担上实行分级管理，分级负担，各负其责。联邦政府和州政府除正常的灾害救援资金预算外，当遇到特大灾害时，可以临时由政府向议会提出增拨灾害救援资金议案，增加紧急救援资金。美国政府在灾害紧急救援管理中，普遍运用了地球气象卫星、资源卫星的遥感等比较先进的技术装备运用于灾害检测、预警、预报和跟踪。

②灾害管理体制先进　设有应急管理核心协调决策机构FEMA，跨越了分部门的管理方式，加强了安全减灾应急综合管理，领导全国进行防灾、减灾、备灾、救灾和灾后恢复重建工作，提供灾害管理指导与支持，工作效率较高。

③灾害管理范围比较宽广　并不局限于传统意义上的自然灾害，还包括工业生产安全事故、交通事故及化学有毒物质泄漏、放射性污染等工业和环境灾害，更包括以针对平民生命财产、损害国家利益为目标的恐怖事件。

④高度重视灾害救援规划和人员培训　无论是综合协调机构FEMA，还是各专业部门，都十分重视灾害紧急救援管理的规划。灾害紧急救援管理各部门都制定有应急救援预案，FEMA负责制定全面的综合性的救援规划，教育、农业、交通、环保、消防、健康与福利、军方工程兵、警察、海岸警备队、红十字会、国际救援委员会等政府部门或非政府组织，根据自己的职责分工与服务对象分别制定应急求援规划和预案。各灾害紧急救援规划的预案中尤其重视专业技术人员和志愿者的培训，每年安排大量培训资金，用于人员培训。

⑤有较高专业技能的半职业化的志愿者队伍　美国的紧急救援之所以取得较好效果，其中一个重要原因是建立了一支庞大的具有较高专业技能的半职业化的志愿者队

伍。这些志愿者有医师、护士、司机、消防人员、退役士兵、大学毕业生、保险经纪人等，他们参加灾害救援分两种形式：一是半职业化的相对固定地参加某一部门的灾害救援工作；二是根据协议临时被招募参加灾害救援工作。志愿者与专业灾害救援管理部门的关系、权利和义务，是通过双方签订合同来确定的。志愿者参加政府灾害救援一般不取报酬，带有奉献性质，但国家还是发给志愿者一定补贴。

8.1.1.4 科技支撑

美国地质调查局(USGS)成立于1879年，主要负责自然灾害、地质、资源、地理、环境、生物信息方面的科学研究、监测、收集、分析、解释和传播。对地球进行大规模的、多学科的调查，建立地球知识库，为国家提供公正、可靠的信息；对自然灾害可能发生的地区以及对公民可能造成的危害和风险进行科学评估；对自然灾害进行长期监测，以便及时地探测和报告自然灾害；协助联邦、州和地方政府应对大灾的紧急情况，提供科学信息，将自然灾害对人类生命和财产造成的损失减少到最低；对自然资源的数量、质量和可利用性进行科学地评估。

滑坡灾害研究中心成立于20世纪70年代，是美国研究以滑坡、泥石流为代表的地质灾害的最高政府机构。经过几十年的发展，该中心已经成为世界一流的地灾防治研究机构。从最初成立时主要进行地质灾害调研活动，到如今的灾害预警、评估以及数据库构建的全方位工作形式。他们目前的主要工作目标，就是构建准确的、可实时更新的，以滑坡、泥石流为代表的灾害风险图，并对即将发生的灾害进行预警。他们把工作重心放在5个方面上：滑坡、泥石流所可能发生的时间与地点；规模会是多少；运动的特点；所影响到的区域有多大；特定地点处滑坡、泥石流产生的概率。

在地质灾害的防(预防)与治(治理)两个方面，不同的相关人员有着不同的侧重点。有侧重于灾前监测预防的，有侧重于灾后分区治理的，也有把两者置于同等重要位置的。对于USGS而言，他们把大量的资源投入到灾害发生前的预警工作中。设计一个有效的运行系统，预测地灾并发布灾害警报有着非常好的前景。基于此，USGS与美国国家海洋和大气局(NOAA)合作，共同开发了以滑坡、泥石流为主的预警系统。

2000年，美国地质调查局制定了《美国国家滑坡灾害减灾战略》，提出了九大任务，并对减少滑坡损失的战略措施进行了具体部署，构成从研究到制定与实施政策和减灾目标的统一连续体，见表8-1所列。

表8-1 美国国家滑坡灾害减灾战略

战略任务	目标及措施
诱发机制的预测研究	由USGB牵头，在关于滑坡灾害过程、临界值和诱发因素，以及预测滑坡灾害性的科学知识现状的基础上，制定全国研究议程和长远实施计划；建立地面变形和边坡破坏的数学模型，用于预测全国的滑坡灾害；开发滑坡动力学预测系统，显示滑坡灾害在各种类型灾害多发区空间和时间上的互有影响的变化(例如，大雨期间的浅部泥石流，雨季的深部滑动，地震期间的岩崩等)

（续）

战略任务	目标及措施
灾害填图和风险评估的研究	进行滑坡盘查目录和敏感度图的编制，用概率法（可能性法）进行滑坡灾害的填图和评估，并制定填图和风险评估的相应标准。从而，为政府决策和计划工作者力求减少风险损失提供必要的图件和评估数据及相关信息
监测实施计划	应用遥感（RS）、全球定位系统（GPS）和地理信息系统（GIS）等先进技术工具，开发以特定比例尺或区域比例尺实时监测和预测的能力。譬如，用合成孔径干涉雷达和激光测高技术监测全国的滑坡灾害活动；用微地震、降雨和孔隙压力监测同边坡水文模型和全球定位系统结合起来研究灾害；将实时监测同国家气象局的 NEXRAD 能力结合起来，达到发出灾害预警和认识诱发机制的目的等。最后，建立起监测滑坡预警系统
损失计划	由 FEMA 和保险业牵头，汇编并评估滑坡灾害对经济影响的信息。损失评估包括公私财产、基础设施、自然和文化资源损失的类型和范围；灾情评估包括，对特定地理位置上的滑坡强度和频率的假设和计算；风险评估是估计滑坡灾害造成的潜在经济影响。通过评估全国滑坡及其他地面损失的现有数据，建立并贯彻汇编、保护和评估全国滑坡及其他的地面破坏灾害对经济和环境冲击数据的国家战略。在此基础上建立评估滑坡和其他地面破坏灾害损失的综合数据库的框架，便于从经济效益以及减灾的效果上进行评估
信息处理研究	信息处理的能力关系到实时预警潜在的滑坡活动的效果，所以，它是“战略”的有机组成部分。由联邦和州建立有效的信息收集、解释、传播和归档等信息交流系统，达到信息转让的快捷化；由地方和私营部门收集所需信息，并向决策者分发；学术界担当起开发和共享信息的角色。这样，以 USGS 的国家滑坡信息系统为中心，在各州实现了充实和扩大全国的信息转让系统的目的
指导和培训	由 USGS 和专业学会负责对科学家、岩土工程师和决策者进行指导和培训，由此实现提供应对和补救滑坡灾害的科学和技术信息，以达利用滑坡灾害填图、灾情评估结果和其他技术对减灾进行策划和准备的目的
防灾教育计划	为了提高公共意识，要制定培训和教育大纲，并向社区组织、大学和专业学会传播有关的课程和培训模式；开展落实提高公众意识的教育计划，包括制定土地利用规划、设计和滑坡灾害课程、滑坡灾害安全计划和减少社区风险计划

8.1.2 欧洲阿尔卑斯山区国家

阿尔卑斯山是全世界著名的山地之一，属欧洲最主要的山地。由于它的地理位置和在经济上政治上以至科学上的重要地位，一直为世人所注目。阿尔卑斯山地西起法国的罗讷河东岸，东到奥地利和匈牙利边境；北接捷克和斯洛伐克境内的舒马瓦山脉和德国南部的巴伐利亚高原；南临地中海北部的利古里亚海和亚德里亚海。整山地东西延伸约 1100km，南北最宽处约 300km，面积约 $21 \times 10^4 km^2$，地跨法国、意大利，瑞士、德国、奥地利等国。这些国家被统称为阿尔卑山区国家，然而它们各自属阿尔卑斯山地的国土面积并不相同。

阿尔卑斯山地是欧洲重要的农林牧基地，南北交通穿越其间，山地旅游事业十分繁荣。据考察和资料记载，整个阿尔卑斯山地都分布有山地灾害，但因各国所处的地理位置、自然环境、重视程度，山地灾害防治措施效益等的不同，灾害的类型、规模、暴发率和灾情以及损失等也就有别。一般地说，山地灾害类型较多。灾情较重的是在阿尔斯山地的主体部分，即贯穿东阿尔卑斯山地与西阿尔卑斯山地的中央阿尔卑斯。

阿尔卑斯山地灾害中，属内力形成的有地震；属外力形成的有山洪、泥石流、雪崩、滑坡、崩塌、滚石、土滑、雪滑、暴风雨、雹灾和冰川快速运动等。其中主要是山洪、泥石流、雪崩和滑坡。

山洪集中分布于阿尔卑斯中低山区。区内除个别地区年降水量较少(如奥地利中部的布尔根州年降水量仅有500～800mm)外，绝大部分地区年降水量为1000～2500mm，有的地区夏季一个月的降水量就达900mm，日降水量达115mm之多。大暴雨往往酿成山洪灾害。

泥石流遍布整个阿尔卑斯山地。但各国的泥石流沟数量不一，奥地利有4200余条，意大利2500条，瑞士1300条，法国1000多条，德国约240条。这些泥石流大体上分为三大类：雨水形成的泥石流。主要分布于阿尔卑斯中低山区，一种是暴雨使松散固体物质饱水后向下运动而直接形成的泥石流；另一种往往是山洪经沿途淘刷到大量固体物质后转化而成的泥石流。冰雪融水形成的泥石流，它分布于阿尔卑斯高山区。滑坡(或崩塌)形成的泥石流，它是由大滑坡(或大崩塌)在水体作用下演化而成的泥石流。

滑坡常常出现在阿尔卑斯山地地质条件差，坡陡且节理裂隙发育的地段，大多由边开挖，排水不当使山坡失稳而引起。

阿尔卑斯山地国家与各种山地灾害进行斗争，他们一方面加强山地灾害的研究工作，与此同时迅速地实施了行之有效的治理措施，其中包括强有力的工程措施，用以控制泥石流的发展，继而及时落实生物措施，重建山区植被(尤其是森林植被)，从而达到控制和征服山地灾害的目的。然后又采取了严格的管理维护措施。这样，经过百余年的努力，终于恢复了阿尔卑斯山区的生态平衡，改变了山区的自然面貌，大大减轻和削弱了山地灾害。

综上所述，阿尔卑斯山地遍布有各种灾害，尤其集中分布于地质构造不良，松散堆积物储量丰富，暴雨强度大，植被稀疏或无植被，积雪深厚，坡陡流急的山区。目前，阿尔卑斯山区国家的各种山地灾害规模和暴发频率虽然已不如以往，但是，灾情不时还有出现，损失不小。鉴于上述情况，阿尔卑斯山区国家至今仍很重视山地灾害的研究和防治工作。

8.1.2.1 法律、法规

阿尔卑斯山区国家曾颁布过多种自然环境的法令，如森林法、山洪泥石流防治法和水利工程资助法等，这些法令在有关政府部门(主要是农林部门)的督促下，付诸实施；有一整套山地灾害治理措施做保证，从而有效地治理和预防山地灾害。

其中比较著名的是在1850年特大洪水袭击法国之后，法国于1860年就成立了国家荒溪治理机构(Service de Restauration des Terrains en Montagne)，颁布了《恢复森林保护山地法》，开展了大规模的治山、恢复森林植被的治理工作，有效地遏制了山地灾害发生的规模和所造成的损失，建立起一套治理山地的方法。在1935年启动了《淹没土地规划法》，该法规定，在洪水易发区进行建设需要特别授权。1982年《自然大灾害受害者赔偿法》获得通过，并于1984年开始执行。于1995年颁布了《风险预防规划》，法国自然灾害风险管理体系由三方面构成：一是风险预防方面，由生态与可持续发展部负责制定风险预防规划；二是公众安全方面，由国家紧急事务办公室负责灾后救援工作；三是灾害损失补偿方面，财政部与商业部起主要作用，只对投保的财产进行补偿。

同时在奥地利建立荒溪治理机构的初期，也主要是接受了法国荒溪治理的思想。奥地利于1884年制定了《荒溪流域治理法》，1888～1925年实施的《援助法》、1852～1975年实施的《帝国森林法》、1870～1934年实施的《国家水权法》、1925～1975年实施的《减轻自然灾害管理法》及1925～1947年实施的《土壤改良法》等，此后又颁布了《水利工程促进法》、新的《水权法》和《森林法》等，对山地灾害防治的法规作了进一步的完善和补充。

意大利1989/183、1998/180和1998/267号法令，都是有关地质灾害调查、风险区划和地灾防范的国家法律，以国家法律的形式确定了滑坡灾害的防治战略；瑞士1991年颁布新的森林和洪水保护法，1997年又颁布法令，要求全国编制自然灾害图，开展滑坡调查和危险区划。

8.1.2.2 宣传

无论是政府，还是非政府组织，奥地利都十分重视救灾知识和技能的学习培训。除了通过网络、媒体等信息渠道传播防灾和救灾知识外，在奥地利，政府部门、红十字会和民间救援机构都会针对普通民众举办专业救灾学习。一些地区的红十字会和民间机构还与学校合作，将防灾救灾知识融入学校教育。在政府层面：保障学习培训资金。联邦政府于1966年建立了救灾基金，数额为联邦财政预算支出的1%，约3亿欧元。救灾基金的75%用于灾害的预防，其中很大一部分用在学习培训；25%用于灾后救助。救灾基金如果当年有节余，就转下一年度使用。重视将防灾知识与防灾演习相结合，奥地利每年举行200～300次有组织、有针对性的应急演习训练。

8.1.2.3 应急救灾体系

奥地利政府对自然灾害实行的是分级管理，分为联邦政府、州政府和区镇政府三级。联邦法律规定，灾害救助主要由州政府负责，发生重大灾情，州政府财政有困难的，联邦政府财政给予补助。州政府的救灾职责是负责灾害预防，发生灾情时，组织协调各部门和专业机构，制定灾害防治和应急救援预案，同时，组织消防、救护等救灾力量，用已储备的救灾应急物资进行救灾。

8.1.2.4 科技支撑

欧洲阿尔卑斯山区国家，许多高等院校开设山地灾害有关专业，讲授山地灾害防治课程，既培养专业人才，又从事山灾害的防治和研究工作。研究机构按各自的特长，在山地灾害的防治中充分发挥了作用。

在奥地利，有维也纳农业大学山地研究所、维也纳理工学院地球物理系、因斯布鲁克大学地基基础及建筑研究所、萨尔茨堡大学地理研究所等；在瑞士有伯尔尼大学地理研究所、苏黎世雪及雪崩研究所、苏黎世森林及森工研究所、苏黎世理工学院水利工程建筑、水文及冰川研究所等；在意大利有维罗纳大学地理研究所、波尔萨诺巴杜瓦大学林学系、国立都灵水文地研究实验室等；在德国有卡尔斯鲁厄大学地质研究所、奥格斯堡大学地理研究所、汉诺威理工学院水文及水利工程建筑研究所等；在法国有格勒诺布尔高山地理研究所和地质研究所等。

各国在调查基础上，对各种山地灾害逐一进行登记编目，重要的灾害点立有专门档案。经统计整理，阿尔卑斯山区国家各自已大体掌握了冰川条数、山洪泥石流沟谷数、崩点数以及滑坡个数，并编制出了灾害类型、分布，分区等图件，有关单位使用起来极为方便。奥地利联邦农业部曾编制过 1∶100000 灾害分区图，图上标有石流沟谷和雪崩点，并划分出了危险区 295 个。奥地利联政府根据这个图件和实际需要，有权拒绝在危险区内兴建各项建筑或设施，并有权随时征用危险区内的土地，加以绿化和建立防护林，以便避免或防止灾害的扩大和发展。瑞士因地理位置、自然环境和社会经济之需，故对雪崩的研究和防治工作特别重视。在 1873 年就编制过 1∶250000 瑞士森林—雪崩图。与此同时，瑞士联邦林业研究管理局编成 1∶100000 瑞士危险区图集，这是一套系列图集，分 4 个图组：①水害危险区图，内容包括山洪、泥石流和冰雪融水暴发；②冰雪灾害危险区图，内容包括雪崩、雪滑、冰崩等；③岩块崩落危险区图，内容包括崩塌下滑，岩崩、滚石、滑坡等；④崩滑危险区图，内容有崩塌下滑，蠕动下滑，泥石流过境和冻融泥流等。法国格勒地理研究所编成了法国格勒诺布尔至意大利都灵市的线路雪崩灾害图。

阿尔卑斯山区国家许多高等院校、研究机构和生产部门对山地灾害开展的理论研究和试验研究，在取得成果后，立即应用于灾害防治上。瑞士苏黎世理工学院水利工程建筑、水文及冰川研究所以模拟方法研究了滑坡、雪崩和泥石流冲入湖泊水库而造成的涌浪和回水，以及两者可能造成的后果等。这对湖泊众多的瑞士来说，无疑是一个迫切的现实问题。意大利、德国和奥地利等国境内的阿尔卑斯中低山区山洪危害严重，为削弱和减轻山洪的灾情，对湖泊水库的调洪能力进行了研究，并业已取得了成果。比如多瑙河支流列赫河经湖泊调洪后，洪峰流量削减 40%，大为减轻了山洪的灾情。

重视科技减灾救灾工作。奥地利参加了“中欧地区防灾论坛”。该论坛是 1997 年中欧地区发生特大水灾后而成立的，旨在交流救灾经验，进行救灾研究，改善教育培训，改进灾害预警系统，促进各成员国的救灾应急合作。奥地利针对各地区的不同情况，联邦政府和各联邦州政府组织专家做出灾害类型和等级的评估及灾害危险区规划，建立了灾害风险评估体系。

阿尔卑斯山区国家在进行山地灾害研究工作的基础上，不断加强山地灾害的预测预报。预测预报的内容包括山地灾害发生发展的空间与时间，灾害数量及规模等，在这项工作时，既有传统的方法，如制图方法等，又有某些新设备、新技术和新方法，用计算机来预测雪崩、泥石流的规模和分布范围，用同位素测定雪层含水量预报雪崩等，以及雪崩区交通要道上设置雪崩警报器用来确保交通安全。

8.1.3 日本

日本主要处在温带，国土面积狭小，春夏秋冬四季分明，经济发达。因地理位置、地质构造以及气候等因素的影响，地震、火山、台风、暴雨、大雪等经常出现，极易发生土沙灾害，全国共有泥石流沟190130条，滑坡危险区92390处，陡坡地崩塌危险区117025处，活火山86座。每年发生台风20余次，雪崩也是日本多发的灾害。

8.1.3.1 法律、法规

日本的灾害管理体制是建立在防灾与减灾相关法律制度的基础上的。在一整套详细的与自然灾害风险管理相关的法律框架下，建立了从中央政府到都道府县到市町村的灾害管理行政体系。日本关于灾害管理的法制建设可以追溯到1880年颁布的《备荒储备法》，综合性的灾害防治法规有《灾害对策基本法》(1961年)、《防灾基本计划》(1963年)、《灾害救助法》(1947年)。《灾害对策基本法》的颁布使灾害预防、灾害紧急应对、灾后重建等各种防灾减灾活动都有了法律依据，同时明确了机关团体、个人必须承担的义务和责任，使防灾活动更有效率和更加规范化。《特定非常灾害灾民的权利保护等特别措施相关法》(1996年颁布)、《密集城市街区的减灾促进等相关法律》(1997年颁布)、《被灾者生活再建支援法》(1998年颁布)等法律都丰富和补充了防灾与减灾法律体系。

另外，单项灾害法规有：《激甚灾害对策特别法》(1958年)、《防灾与国家财政特别措施法律》(1972年)、《消防组织法》(1947年)、《活动火山对策特别措施援助法律》(1962年)等。1897年实施治水三法，以后相继出台了《滑坡防治法》、《治山治水紧急措施法》、《陡坡崩塌防治法》和《土沙灾害防治法》，日本的单项灾害防治法的范围可以说覆盖了日本经常遭受的所有灾种，实施了与灾害的各个阶段“备灾—应急—恢复重建”等相关的多项法律法规，各个阶段的主要问题都有了明确的规定，逐渐形成了自己的灾害管理法律体系，为建立良好的防灾减灾运行机制提供了有效的法律保障和依据，大大促进了日本防灾减灾事业的发展。

8.1.3.2 宣传

日本的灾害管理工作很重要的一个方面就是通过各种宣传方式进入到普通群众的生活，进入到寻常的社会经济生活中，以提高增强国民防灾救灾意识。

①繁多的防灾博物馆　在日本，一方面由于发生过很多损失惨重的自然灾害，一方面也是顺应灾害管理的需要，建立了大量的防灾博物馆。亚洲减灾中心设在日本的兵库县，该地区是1995年阪神大地震的主要受灾地区。凡是开馆时间都会有很多的参观者，参观者更是以学校组织的学生、老人为主。

②富有特色的防灾中心　京都市民防灾中心和兵库县加古川市防灾中心，这类中心在日本是非常常见的，属于地方的基础设施之一。在东京就有各类防灾中心和相关

机构十余家，可以提供防灾课程教育和宣传，这两个中心虽然在规模和装备程度上有一定的差别，但都具备防灾中心的基本设施。如防灾知识演示厅，地震、大风、火灾等体验室，自救、互救培训室、消防培训室等，并展出当地的主要灾害和历史灾害情况等。总体来说，各地常见的灾害在这类防灾中心都能够有所体验或得到相关知识。

③形形色色的宣传品　无论是参观防灾设施，还是访问一些灾害管理机构，参加一些防灾活动，都能接触到大量的防灾宣传品。包括市民防灾手册，这种手册是日本各地方的必备手册，介绍当地常见灾害及其灾民防灾和自救方法。一般都有日语、英语、汉语和韩语等几种语言。各灾害管理机构也都有其特色的宣传品，如报纸、杂志、手册等。还有一些关于建房、消防的宣传品，也都与防灾有关。

④多种多样的防灾培训和演练防灾培训　在日本可以说是一项经常性活动，无论是面向灾害管理专业人员，还是普通民众，还是商业部门等，都设有定期或不定期的防灾培训和演练。每年的9月1日定为防灾日，8月30日到9月5日为防灾周，通常在这一时期内开展一系列防灾减灾活动，如防灾展览会等。全国各地方政府都有土木部和农林部以及民间沙防协会，开展治山治水的宣传活动，具体实施管理措施并对工程实施情况进行监督。

⑤强调以社区为本的灾害管理　在社区水平上普及推广综合减灾实用技术，发挥社区在灾害管理中的作用。日本各地区自发的社区防灾组织的普及率高达78%，在日本防灾救灾中发挥着重要的作用。

8.1.3.3 应急救灾体系

在紧急状态下，日本的中央和地方政府必须迅速收集和分析关于灾害状态和规模的信息，并与相关个人和组织交换信息，之后，将建立灾害应急响应系统。应急响应的内容包括：为避难、灭火、营救保证应急交通，为公共设施的紧急恢复等应急活动提供建议和指导。市村町和都道府县灾害发生时，市村町和都道府县将建立指挥部，实施应急对策，全面调动各种资源。当大规模灾害发生时，中央政府将建立巨灾指挥部（防灾担当大臣担任指挥部最高指挥官）和紧急灾害管理指挥部（内阁总理大臣担任指挥部最高指挥官），采取各种应急措施。

日本非常重视灾害恢复重建工作，帮助灾民恢复到正常生活。以未来防灾为目的恢复各种设施，执行注重社区安全建设的发展计划，一般情况下，具体措施包括：灾害恢复工程，灾害救助贷款，灾害补偿和保险，减免税，对地方政府的税收分配和地方公债，巨灾的特殊政策，援助重建计划，对受灾者生活恢复的援助。

“中央防灾无线网”是日本防灾通信网的“骨架网”。当发生大规模灾害时，或因电信运营商线路中断，或因民众纷纷拨打查询电话而造成通信线路拥塞甚至通信瘫痪时，用这一网络接收与传输来自紧急灾害对策总部、总理官邸、指定行政机关以及指定公共机关的灾害数据。中央防灾无线网由固定通信线路（包含视频传输线路）、卫星通信线路、移动通信线路所构成。

除了“中央防灾无线网”，为解决出现地震、飓风等大规模灾害的现场通信问题，日本政府专门建成了“防灾互联通信网”，可以在现场迅速让警察署、海上保安厅、国土交通厅、消防厅等各防灾相关机关彼此交换各种现场救灾信息，以更有效地进行灾害的救援和指挥。

日本还建立有综合灾害管理机构——中央防灾委员会，从中央到地方直至基层具有完整的防灾系统指导和部署全国的减灾工作。此外，国家对减灾工作具有可靠的资金保证。

8.1.3.4 科技支撑

日本国内设立有国土交通省国土地理院、产业技术综合研究所、日本土木研究所、京都大学防灾研究所、综合地球环境研究所、东京大学地震研究所、千叶大学环境遥感中心、信州大学山地研究所等专业机构；对于减灾活动有关的各项计划，如：灾害科研、防灾设施、救灾行动、灾情监测等均有专门的国家预算予以特别支持；日本特别重视防灾通信系统的建设，并将其作为一项单独的减灾工程加以建设，其通信网络从中央防灾机构一直到居民区，形成了一个可以及时通报灾情，及时进行救灾工作的现代化防灾通信系统。

美国和日本是世界上灾害管理工作做得比较好的国家，早在20世纪美国和日本就已经开始针对本国的灾害问题进行立法工作，同时不断引进防灾新技术，修建抗灾工程，研究灾害机制，形成了比较成熟完备的、适应现代灾害管理的灾害管理体制，这使得美国与日本两发达国家抵抗自然灾害的能力大幅度提高，减少了灾害对经济建设的负面影响。

在防灾研究开发方面，日本非常重视防灾研究开发，政府及一些公共团体都建有其专门的研究机构，其研究开发的重点包括以下几个方面：异常自然灾害现象的发生机制以及预报技术；地震快速响应系统（如地震管理的信息系统、应急医疗、生命救助系统等）；高度聚集城市地区减少巨灾损失的对策研究（减少损失的支持技术，快速恢复和重建的对策，自救和互救）；中枢功能、文化设施、科学技术和研究设施的保护系统；超高灾害管理支持系统（下一阶段灾害管理支持系统，如利用航空和低轨道卫星的高水平观测和通信系统、移动装置、具有高度灵活性的交通装备、用于灾害救援的机器人等）；先进的道路交通系统（职能交通系统）；陆上、海上、航空交通安全对策；社会基础设施老化对策；有害危险物和社会犯罪的安全对策。

8.2 中国山地灾害管理

中国正处在世界两大自然灾害带交汇的地区（环太平洋带、北半球中纬度带），是世界上自然灾害严重的少数国家之一，其中山地灾害尤为突出。结合中国大陆、香港、台湾地区的山地灾害特点，对其防灾、抗灾、减灾、灾后恢复重建的法律制度、技术体系和管理经验等进行总结。

8.2.1 大陆地区

8.2.1.1 法律、法规

我国灾害防治与灾害防治法律体系是指国家制定的以灾害防治工作中的各种关系为调整对象的法律规范的总和。它反映了国家的意志，反映了灾害防治与社会的经济、政治、文化、教育等各方面的关系，体现了生态环境安全建设的系统化要求。它以不同内容的法律规范组成的若干部门法律法规为横向结构，以不同适用范围和效力等级的法律规范构成的不同层次为纵向结构，形成了一个合理的、符合经济和社会可持续发展的灾害防御法律综合保障体系。

宪法中有关于灾害防治的规定。宪法26条有关于“国家保护和改善生活环境和生态环境，防治污染和其他公害”的规定，宪法中的规定是我国制定其他法律法规的基础。围绕山地灾害的防灾、减灾、救灾、恢复重建，相关的法律法规有：《地质灾害防治条例》《自然灾害救助条例》《中华人民共和国防震减灾法》《中华人民共和国突发事件应对法》《中华人民共和国防洪法》《国家突发地质灾害应急预案》《中华人民共和国水土保持法》《中华人民共和国环境保护法》等，这些法律法规的制定，确保政府主导下的灾害防御行为科学有序地进行。

在山地灾害防灾、减灾方面，《地质灾害防治条例》(2003年11月19日国务院第29次常务会议通过，自2004年3月1日起施行)中规定：第一条 本条例所称地质灾害，包括自然因素或者人为活动引发的危害人民生命和财产安全的山体崩塌、滑坡、泥石流、地面塌陷、地裂缝、地面沉降等与地质作用有关的灾害。第二条 地质灾害防治工作，应当坚持预防为主、避让与治理相结合和全面规划、突出重点的原则。《地质灾害防治条例》规定了以下五项主要的法律制度：

一是地质灾害调查制度。如：第十条 国家实行地质灾害调查制度。国务院国土资源主管部门会同国务院建设、水利、铁路、交通等部门结合地质环境状况组织开展全国的地质灾害调查。县级以上地方人民政府国土资源主管部门会同同级建设、水利、交通等部门结合地质环境状况组织开展本行政区域的地质灾害调查。第十一条 国务院国土资源主管部门会同国务院建设、水利、铁路、交通等部门，依据全国地质灾害调查结果，编制全国地质灾害防治规划，经专家论证后报国务院批准公布。县级以上地方人民政府国土资源主管部门会同同级建设、水利、交通等部门，依据本行政区域的地质灾害调查结果和上一级地质灾害防治规划，编制本行政区域的地质灾害防治规划，经专家论证后报本级人民政府批准公布，并报上一级人民政府国土资源主管部门备案。修改地质灾害防治规划，应当报经原批准机关批准。

二是地质灾害预报制度。如：第十七条 国家实行地质灾害预报制度。预报内容主要包括地质灾害可能发生的时间、地点、成灾范围和影响程度等。地质灾害预报由县级以上人民政府国土资源主管部门会同气象主管机构发布。任何单位和个人不得擅自向社会发布地质灾害预报。

三是地质灾害易发区工程建设地质灾害危险性评估制度。第二十一条 在地质灾害易发区内进行工程建设应当在可行性研究阶段进行地质灾害危险性评估，并将评估结果作为可行性研究报告的组成部分；可行性研究报告未包含地质灾害危险性评估结果的，不得批准其可行性研究报告。编制地质灾害易发区内的城市总体规划、村庄和集镇规划时，应当对规划区进行地质灾害危险性评估。地质灾害危险性评估单位进行评估时，应当对建设工程遭受地质灾害危害的可能性和该工程建设中、建成后引发地质灾害的可能性做出评价，提出具体的预防治理措施，并对评估结果负责。

四是对从事地质灾害危险性评估的单位实行资质管理制度。如：第二十二条　国家对从事地质灾害危险性评估的单位实行资质管理制度。地质灾害危险性评估单位应当具备下列条件，经省级以上人民政府国土资源主管部门资质审查合格，取得国土资源主管部门颁发的相应等级的资质证书后，方可在资质等级许可的范围内从事地质灾害危险性评估业务：(一)有独立的法人资格；(二)有一定数量的工程地质、环境地质和岩土工程等相应专业的技术人员；(三)有相应的技术装备。

五是与建设工程配套实施的地质灾害治理工程的“三同时”制度。如：第三十五条　因工程建设等人为活动引发的地质灾害，由责任单位承担治理责任。责任单位由地质灾害发生地的县级以上人民政府国土资源主管部门负责组织专家对地质灾害的成因进行分析论证后认定。对地质灾害的治理责任认定结果有异议的，可以依法申请行政复议或者提起行政诉讼。第三十六条　地质灾害治理工程的确定，应当与地质灾害形成的原因、规模以及对人民生命和财产安全的危害程度相适应。承担专项地质灾害治理工程勘查、设计、施工和监理的单位，应当具备下列条件，经省级以上人民政府国土资源主管部门资质审查合格，取得国土资源主管部门颁发的相应等级的资质证书后，方可在资质等级许可的范围内从事地质灾害治理工程的勘查、设计、施工和监理活动，并承担相应的责任：(一)有独立的法人资格；(二)有一定数量的水文地质、环境地质、工程地质等相应专业的技术人员；(三)有相应的技术装备；(四)有完善的工程质量管理制度。地质灾害治理工程的勘查、设计、施工和监理应当符合国家有关标准和技术规范。第三十八条　政府投资的地质灾害治理工程竣工后，由县级以上人民政府国土资源主管部门组织竣工验收。其他地质灾害治理工程竣工后，由责任单位组织竣工验收；竣工验收时，应当有国土资源主管部门参加。

《地质灾害防治条例》还对地质灾害预防和应急做出法律规定。如：第十四条　国家建立地质灾害监测网络和预警信息系统。县级以上人民政府国土资源主管部门应当会同建设、水利、交通等部门加强对地质灾害险情的动态监测。因工程建设可能引发地质灾害的，建设单位应当加强地质灾害监测。第十五条　地质灾害易发区的县、乡、村应当加强地质灾害的群测群防工作。在地质灾害重点防范期内，乡镇人民政府、基层群众自治组织应当加强地质灾害险情的巡回检查，发现险情及时处理和报告。国家鼓励单位和个人提供地质灾害前兆信息。第十六条　国家保护地质灾害监测设施。任何单位和个人不得侵占、损毁、损坏地质灾害监测设施。第二十五条　国务院国土资源主管部门会同国务院建设、水利、铁路、交通等部门拟订全国突发性地质灾害应急预案，报国务院批准后公布。县级以上地方人民政府国土资源主管部门会同同级建设、水利、交通等部门拟订本行政区域的突发性地质灾害应急预案，报本级人民政府批准后公布。第二十七条　发生特大型或者大型地质灾害时，有关省、自治区、直辖市人民政府应当成立地质灾害抢险救灾指挥机构。必要时，国务院可以成立地质灾害抢险救灾指挥机构。发生其他地质灾害或者出现地质灾害险情时，有关市、县人民政府可以根据地质灾害抢险救灾工作的需要，成立地质灾害抢险救灾指挥机构。地质灾害抢险救灾指挥机构由政府领导负责、有关部门组成，在本级人民政府的领导下，统一指挥和组织地质灾害的抢险救灾工作。第三十一条　县级以上人民政府有关部门应当按照突发性地质灾害应急预案的分工，做好相应的应急工作。国土资源主管部门应当会同同级建设、水利、交通等部门尽快查明地质灾害发生原因、影响范围等情况，提出应急治理措施，减轻和控制地质灾害灾情。民政、卫生、食品药品监督管理、商务、公安部门，应当及时设置避难场所和救济物资供应点，妥善安排灾民生活，做好医疗救护、卫生防疫、药品供应、社会治安工作；气象主管机构应当做好气象服务保障工作；通信、航空、铁路、交通部门应当保证地质灾害应急的通信畅通和救灾物资、设备、药物、食品的运送。

《中华人民共和国防洪法》(1997 年 8 月 29 日第八届全国人民代表大会常务委员会第二十七次会议通过，自 1998 年 1 月 1 日起施行)是关于防治洪水，防御、减轻洪涝灾害，维护人民的生命和财产安全的一部法律，对洪水防治措施、防汛抗洪和洪涝灾害后的恢复与救济工作、防洪教育、编制洪水影响评价报告等方面都给出了具体规定，如：

第二条　防洪工作实行全面规划、统筹兼顾、预防为主、综合治理、局部利益服从全局利益的原则。

第七条　各级人民政府应当加强对防洪工作的统一领导，组织有关部门、单位，动员社会力量，依靠科技进步，有计划地进行江河、湖泊治理，采取措施加强防洪工程设施建设，巩固、提高防洪能力。各级人民政府应当组织有关部门、单位，动员社会力量，做好防汛抗洪和洪涝灾害后的恢复与救济工作。

第十三条　山洪可能诱发山体滑坡、崩塌和泥石流的地区以及其他山洪多发地区的县级以上地方人民政府，应当组织负责地质矿产管理工作的部门、水行政主管部门和其他有关部门对山体滑坡、崩塌和泥石流隐患进行全面调查，划定重点防治区，采取防治措施。城市、村镇和其他居民点以及工厂、矿山、铁路和公路干线的布局，应当避开山洪威胁；已经建在受山洪威胁的地方的，应当采取防御措施。

第十八条　防治江河洪水，应当蓄泄兼施，充分发挥河道行洪能力和水库、洼淀、湖泊调蓄洪水的功能，加强河道防护，因地制宜地采取定期清淤疏浚等措施，保持行洪畅通。防治江河洪水，应当保护、扩大流域林草植被，涵养水源，加强流域水土保持综合治理。

第三十一条　地方各级人民政府应当加强对防洪区安全建设工作的领导，组织有关部门、单位对防洪区内的单位和居民进行防洪教育，普及防洪知识，提高水患意识；按照防洪规划和防御洪水方案建立并完善防洪体系和水文、气象、通信、预警以及洪涝灾害监测系统，提高防御洪水能力；组织防洪区内的单位和居民积极参加防洪工作，因地制宜地采取防洪避洪措施。

第三十三条　在洪泛区、蓄滞洪区内建设非防洪建设项目，应当就洪水对建设项目可能产生的影响和建设项目对防洪可能产生的影响作出评价，编制洪水影响评价报告，提出防御措施。建设项目可行性研究报告按照国家规定的基本建设程序报请批准时，应当附具有关水行政主管部门审查批准的洪水影响评价报告。在蓄滞洪区内建设的油田、铁路、公路、矿山、电厂、电信设施和管道，其洪水影响评价报告应当包括建设单位自行安排的防洪避洪方案。建设项目投入生产或者使用时，其防洪工程设施应当经水行政主管部门验收。在蓄滞洪区内建造房屋应当采用平顶式结构。

第四十七条　发生洪涝灾害后，有关人民政府应当组织有关部门、单位做好灾区的生活供给、卫生防疫、救灾物资供应、治安管理、学校复课、恢复生产和重建家园等救灾工作以及所管辖地区的各项水毁工程设施修复工作。水毁防洪工程设施的修复，应当优先列入有关部门的年度建设计划。国家鼓励、扶持开展洪水保险。

在山地灾害应急救灾方面，主要依托《中华人民共和国突发事件应对法》(2007 年 8 月 30 日第十届全国人民代表大会常务委员会第二十九次会议通过，自 2007 年 11 月 1 日起施行)。第三条　本法所称突发事件，是指突然发生，造成或者可能造成严重社会危害，需要采取应急处置措施予以应对的自然灾害、事故灾难、公共卫生事件和社会安全事件。按照社会危害程度、影响范围等因素，自然灾害、事故灾难、公共卫生事件分为特别重大、重大、较大和一般四级。法律、行政法规或者国务院另有规定的，从其规定。突发事件的分级标准由国务院或者国务院确定的部门制定。第二条　突发事件的预防与应急准备、监测与预警、应急处置与救援、事后恢复与重建等应对活动，适用本法。这部法律涵盖范围宽泛，建立起以下几项制度。

(1)突发事件应急管理体制

第七条　县级人民政府对本行政区域内突发事件的应对工作负责；涉及两个以上行政区域的，由有关行政区域共同的上一级人民政府负责，或者由各有关行政区域的上一级人民政府共同负责。突发事件发生后，发生地县级人民政府应当立即采取措施控制事态发展，组织开展应急救援和处置工作，并立即向上一级人民政府报告，必要时可以越级上报。突发事件发生地县级人民政府不能消除或者不能有效控制突发事件引起的严重社会危害的，应当及时向上级人民政府报告。上级人民政府应当及时采取措施，统一领导应急处置工作。法律、行政法规规定由国务院有关部门对突发事件的应对工作负责的，从其规定；地方人民政府应当积极配合并提供必要的支持。

第八条　国务院在总理领导下研究、决定和部署特别重大突发事件的应对工作；根据实际需要，设立国家突发事件应急指挥机构，负责突发事件应对工作；必要时，国务院可以派出工作组指导有关工作。县级以上地方各级人民政府设立由本级人民政府主要负责人、相关部门负责人、驻当地中国人民解放军和中国人民武装警察部队有关负责人组成的突发事件应急指挥机构，统一领导、协调本级人民政府各有关部门和下级人民政府开展突发事件应对工作；根据实际需要，设立相关类别突发事件应急指挥机构，组织、协调、指挥突发事件应对工作。上级人民政府主管部门应当在各自职责范围内，指导、协助下级人民政府及其相应部门做好有关突发事件的应对工作。

第九条　国务院和县级以上地方各级人民政府是突发事件应对工作的行政领导机关，其办事机构及具体职责由国务院规定。

第十四条 中国人民解放军、中国人民武装警察部队和民兵组织依照本法和其他有关法律、行政法规、军事法规的规定以及国务院、中央军事委员会的命令，参加突发事件的应急救援和处置工作。

第十六条 县级以上人民政府做出应对突发事件的决定、命令，应当报本级人民代表大会常务委员会备案；突发事件应急处置工作结束后，应当向本级人民代表大会常务委员会作出专项工作报告。

(2)突发事件的预防与应急准备制度

第十七条 国家建立健全突发事件应急预案体系。国务院制定国家突发事件总体应急预案，组织制定国家突发事件专项应急预案；国务院有关部门根据各自的职责和国务院相关应急预案，制定国家突发事件部门应急预案。地方各级人民政府和县级以上地方各级人民政府有关部门根据有关法律、法规、规章、上级人民政府及其有关部门的应急预案以及本地区的实际情况，制定相应的突发事件应急预案。应急预案制定机关应当根据实际需要和情势变化，适时修订应急预案。应急预案的制定、修订程序由国务院规定。

第十八条 应急预案应当根据本法和其他有关法律、法规的规定，针对突发事件的性质、特点和可能造成的社会危害，具体规定突发事件应急管理工作的组织指挥体系与职责和突发事件的预防与预警机制、处置程序、应急保障措施以及事后恢复与重建措施等内容。

第十九条 城乡规划应当符合预防、处置突发事件的需要，统筹安排应对突发事件所必需的设备和基础设施建设，合理确定应急避难场所。

第二十条 县级人民政府应当对本行政区域内容易引发自然灾害、事故灾难和公共卫生事件的危险源、危险区域进行调查、登记、风险评估，定期进行检查、监控，并责令有关单位采取安全防范措施。省级和设区的市级人民政府应当对本行政区域内容易引发特别重大、重大突发事件的危险源、危险区域进行调查、登记、风险评估，组织进行检查、监控，并责令有关单位采取安全防范措施。县级以上地方各级人民政府按照本法规定登记的危险源、危险区域，应当按照国家规定及时向社会公布。

第二十五条 县级以上人民政府应当建立健全突发事件应急管理培训制度，对人民政府及其有关部门负有处置突发事件职责的工作人员定期进行培训。

第二十六条 县级以上人民政府应当整合应急资源，建立或者确定综合性应急救援队伍。人民政府有关部门可以根据实际需要设立专业应急救援队伍。县级以上人民政府及其有关部门可以建立由成年志愿者组成的应急救援队伍。单位应当建立由本单位职工组成的专职或者兼职应急救援队伍。县级以上人民政府应当加强专业应急救援队伍与非专业应急救援队伍的合作，联合培训、联合演练，提高合成应急、协同应急的能力。

第二十八条 中国人民解放军、中国人民武装警察部队和民兵组织应当有计划地组织开展应急救援的专门训练。

第二十九条 县级人民政府及其有关部门、乡级人民政府、街道办事处应当组织开展应急知识的宣传普及活动和必要的应急演练。居民委员会、村民委员会、企业事业单位应当根据所在地人民政府的要求，结合各自的实际情况，开展有关突发事件应急知识的宣传普及活动和必要的应急演练。新闻媒体应当无偿开展突发事件预防与应急、自救与互救知识的公益宣传。

第三十条　各级各类学校应当把应急知识教育纳入教学内容，对学生进行应急知识教育，培养学生的安全意识和自救与互救能力。教育主管部门应当对学校开展应急知识教育进行指导和监督。

第三十一条　国务院和县级以上地方各级人民政府应当采取财政措施，保障突发事件应对工作所需经费。

第三十二条　国家建立健全应急物资储备保障制度，完善重要应急物资的监管、生产、储备、调拨和紧急配送体系。设区的市级以上人民政府和突发事件易发、多发地区的县级人民政府应当建立应急救援物资、生活必需品和应急处置装备的储备制度。县级以上地方各级人民政府应当根据本地区的实际情况，与有关企业签订协议，保障应急救援物资、生活必需品和应急处置装备的生产、供给。

第三十三条　国家建立健全应急通信保障体系，完善公用通信网，建立有线与无线相结合、基础电信网络与机动通信系统相配套的应急通信系统，确保突发事件应对工作的通信畅通。

第三十五条　国家发展保险事业，建立国家财政支持的巨灾风险保险体系，并鼓励单位和公民参加保险。

第三十六条　国家鼓励、扶持具备相应条件的教学科研机构培养应急管理专门人才，鼓励、扶持教学科研机构和有关企业研究开发用于突发事件预防、监测、预警、应急处置与救援的新技术、新设备和新工具。

突发事件的预防和应急准备制度是整部法律中最重要的一个制度，从提高全社会危机意识和应急能力、隐患调查和监控、建立应急预案、建立应急救援队伍、突发事件物资、经费的应对保障几个方面给出了具体规定。

(3)突发事件的监测制度

第三十七条　国务院建立全国统一的突发事件信息系统。县级以上地方各级人民政府应当建立或者确定本地区统一的突发事件信息系统，汇集、储存、分析、传输有关突发事件的信息，并与上级人民政府及其有关部门、下级人民政府及其有关部门、专业机构和监测网点的突发事件信息系统实现互联互通，加强跨部门、跨地区的信息交流与情报合作。

第三十八条　县级以上人民政府及其有关部门、专业机构应当通过多种途径收集突发事件信息。县级人民政府应当在居民委员会、村民委员会和有关单位建立专职或者兼职信息报告员制度。获悉突发事件信息的公民、法人或者其他组织，应当立即向所在地人民政府、有关主管部门或者指定的专业机构报告。

第三十九条　地方各级人民政府应当按照国家有关规定向上级人民政府报送突发事件信息。县级以上人民政府有关主管部门应当向本级人民政府相关部门通报突发事件信息。专业机构、监测网点和信息报告员应当及时向所在地人民政府及其有关主管部门报告突发事件信息。有关单位和人员报送、报告突发事件信息，应当做到及时、客观、真实，不得迟报、谎报、瞒报、漏报。

第四十一条 国家建立健全突发事件监测制度。县级以上人民政府及其有关部门应当根据自然灾害、事故灾难和公共卫生事件的种类和特点，建立健全基础信息数据库，完善监测网络，划分监测区域，确定监测点，明确监测项目，提供必要的设备、设施，配备专职或者兼职人员，对可能发生的突发事件进行监测。

(4)突发事件的预警制度

第四十二条 国家建立健全突发事件预警制度。可以预警的自然灾害、事故灾难和公共卫生事件的预警级别，按照突发事件发生的紧急程度、发展势态和可能造成的危害程度分为一级、二级、三级和四级，分别用红色、橙色、黄色和蓝色标示，一级为最高级别。预警级别的划分标准由国务院或者国务院确定的部门制定。

第四十三条 可以预警的自然灾害、事故灾难或者公共卫生事件即将发生或者发生的可能性增大时，县级以上地方各级人民政府应当根据有关法律、行政法规和国务院规定的权限和程序，发布相应级别的警报，决定并宣布有关地区进入预警期，同时向上一级人民政府报告，必要时可以越级上报，并向当地驻军和可能受到危害的毗邻或者相关地区的人民政府通报。

第四十四条 发布三级、四级警报，宣布进入预警期后，县级以上地方各级人民政府应当根据即将发生的突发事件的特点和可能造成的危害，采取下列措施：

(一)启动应急预案；

(二)责令有关部门、专业机构、监测网点和负有特定职责的人员及时收集、报告有关信息，向社会公布反映突发事件信息的渠道，加强对突发事件发生、发展情况的监测、预报和预警工作；

(三)组织有关部门和机构、专业技术人员、有关专家学者，随时对突发事件信息进行分析评估，预测发生突发事件可能性的大小、影响范围和强度以及可能发生的突发事件的级别；

(四)定时向社会发布与公众有关的突发事件预测信息和分析评估结果，并对相关信息的报道工作进行管理；

(五)及时按照有关规定向社会发布可能受到突发事件危害的警告，宣传避免、减轻危害的常识，公布咨询电话。

第四十五条 发布一级、二级警报，宣布进入预警期后，县级以上地方各级人民政府除采取本法第四十四条规定的措施外，还应当针对即将发生的突发事件的特点和可能造成的危害，采取下列一项或者多项措施：

(一)责令应急救援队伍、负有特定职责的人员进入待命状态，并动员后备人员做好参加应急救援和处置工作的准备；

(二)调集应急救援所需物资、设备、工具，准备应急设施和避难场所，并确保其处于良好状态、随时可以投入正常使用；

(三)加强对重点单位、重要部位和重要基础设施的安全保卫，维护社会治安秩序；

(四)采取必要措施，确保交通、通信、供水、排水、供电、供气、供热等公共设施的安全和正常运行；

（五）及时向社会发布有关采取特定措施避免或者减轻危害的建议、劝告；

（六）转移、疏散或者撤离易受突发事件危害的人员并予以妥善安置，转移重要财产；

（七）关闭或者限制使用易受突发事件危害的场所，控制或者限制容易导致危害扩大的公共场所的活动；

（八）法律、法规、规章规定的其他必要的防范性、保护性措施。

（5）突发事件的应急处置制度

突发事件发生以后，首要的任务是进行有效的处置，组织营救和救治受伤人员，防止事态扩大和次生、衍生事件的发生。

第四十八条　突发事件发生后，履行统一领导职责或者组织处置突发事件的人民政府应当针对其性质、特点和危害程度，立即组织有关部门，调动应急救援队伍和社会力量，依照本章的规定和有关法律、法规、规章的规定采取应急处置措施。

第四十九条　自然灾害、事故灾难或者公共卫生事件发生后，履行统一领导职责的人民政府可以采取下列一项或者多项应急处置措施：

（一）组织营救和救治受害人员，疏散、撤离并妥善安置受到威胁的人员以及采取其他救助措施；

（二）迅速控制危险源，标明危险区域，封锁危险场所，划定警戒区，实行交通管制以及其他控制措施；

（三）立即抢修被损坏的交通、通信、供水、排水、供电、供气、供热等公共设施，向受到危害的人员提供避难场所和生活必需品，实施医疗救护和卫生防疫以及其他保障措施；

（四）禁止或者限制使用有关设备、设施，关闭或者限制使用有关场所，中止人员密集的活动或者可能导致危害扩大的生产经营活动以及采取其他保护措施；

（五）启用本级人民政府设置的财政预备费和储备的应急救援物资，必要时调用其他急需物资、设备、设施、工具；

（六）组织公民参加应急救援和处置工作，要求具有特定专长的人员提供服务；

（七）保障食品、饮用水、燃料等基本生活必需品的供应；

（八）依法从严惩处囤积居奇、哄抬物价、制假售假等扰乱市场秩序的行为，稳定市场价格，维护市场秩序；

（九）依法从严惩处哄抢财物、干扰破坏应急处置工作等扰乱社会秩序的行为，维护社会治安；

（十）采取防止发生次生、衍生事件的必要措施。

第五十一条　发生突发事件，严重影响国民经济正常运行时，国务院或者国务院授权的有关主管部门可以采取保障、控制等必要的应急措施，保障人民群众的基本生活需要，最大限度地减轻突发事件的影响。

第五十二条　履行统一领导职责或者组织处置突发事件的人民政府，必要时可以向单位和个人征用应急救援所需设备、设施、场地、交通工具和其他物资，请求其他地方人民政府提供人力、物力、财力或者技术支援，要求生产、供应生活必需品和应急救援物资的企业组织生产、保证供给，要求提供医疗、交通等公共服务的组织提供相应的服务。履行统一领导职责或者组织处置突发事件的人民政府，应当组织协调运输经营单位，优先运送处置突发事件所需物资、设备、工具、应急救援人员和受到突发事件危害的人员。

第五十五条　突发事件发生地的居民委员会、村民委员会和其他组织应当按照当地人民政府的决定、命令，进行宣传动员，组织群众开展自救和互救，协助维护社会秩序。

第五十六条　受到自然灾害危害或者发生事故灾难、公共卫生事件的单位，应当立即组织本单位应急救援队伍和工作人员营救受害人员，疏散、撤离、安置受到威胁的人员，控制危险源，标明危险区域，封锁危险场所，并采取其他防止危害扩大的必要措施，同时向所在地县级人民政府报告；对因本单位的问题引发的或者主体是本单位人员的社会安全事件，有关单位应当按照规定上报情况，并迅速派出负责人赶赴现场开展劝解、疏导工作。

突发事件发生地的其他单位应当服从人民政府发布的决定、命令，配合人民政府采取的应急处置措施，做好本单位的应急救援工作，并积极组织人员参加所在地的应急救援和处置工作。

(6)突发事件的事后恢复与重建制度

第五十九条　突发事件应急处置工作结束后，履行统一领导职责的人民政府应当立即组织对突发事件造成的损失进行评估，组织受影响地区尽快恢复生产、生活、工作和社会秩序，制定恢复重建计划，并向上一级人民政府报告。受突发事件影响地区的人民政府应当及时组织和协调公安、交通、铁路、民航、邮电、建设等有关部门恢复社会治安秩序，尽快修复被损坏的交通、通信、供水、排水、供电、供气、供热等公共设施。

第六十条　受突发事件影响地区的人民政府开展恢复重建工作需要上一级人民政府支持的，可以向上一级人民政府提出请求。上一级人民政府应当根据受影响地区遭受的损失和实际情况，提供资金、物资支持和技术指导，组织其他地区提供资金、物资和人力支援。

第六十一条　国务院根据受突发事件影响地区遭受损失的情况，制定扶持该地区有关行业发展的优惠政策。受突发事件影响地区的人民政府应当根据本地区遭受损失的情况，制定救助、补偿、抚慰、抚恤、安置等善后工作计划并组织实施，妥善解决因处置突发事件引发的矛盾和纠纷。公民参加应急救援工作或者协助维护社会秩序期间，其在本单位的工资待遇和福利不变；表现突出、成绩显著的，由县级以上人民政府给予表彰或者奖励。县级以上人民政府对在应急救援工作中伤亡的人员依法给予抚恤。

《自然灾害救助条例》(2010年6月30日国务院第117次常务会议通过，自2010年9月1日起施行)，这是一部关于协调开展重大自然灾害救助活动的法规。从自然灾害救助的管理体系、救助准备、应急救助、灾后救助、救助款物管理等方面做出了具体规定。

(1)自然灾害救助的管理体系

第二条 自然灾害救助工作遵循以人为本、政府主导、分级管理、社会互助、灾民自救的原则。

第三条 自然灾害救助工作实行各级人民政府行政领导负责制。国家减灾委员会负责组织、领导全国的自然灾害救助工作，协调开展重大自然灾害救助活动。国务院民政部门负责全国的自然灾害救助工作，承担国家减灾委员会的具体工作。国务院有关部门按照各自职责做好全国的自然灾害救助相关工作。县级以上地方人民政府或者人民政府的自然灾害救助应急综合协调机构，组织、协调本行政区域的自然灾害救助工作。县级以上地方人民政府民政部门负责本行政区域的自然灾害救助工作。县级以上地方人民政府有关部门按照各自职责做好本行政区域的自然灾害救助相关工作。

第四条 县级以上人民政府应当将自然灾害救助工作纳入国民经济和社会发展规划，建立健全与自然灾害救助需求相适应的资金、物资保障机制，将人民政府安排的自然灾害救助资金和自然灾害救助工作经费纳入财政预算。

第五条 村民委员会、居民委员会以及红十字会、慈善会和公募基金会等社会组织，依法协助人民政府开展自然灾害救助工作。国家鼓励和引导单位和个人参与自然灾害救助捐赠、志愿服务等活动。

第六条 各级人民政府应当加强防灾减灾宣传教育，提高公民的防灾避险意识和自救互救能力。村民委员会、居民委员会、企业事业单位应当根据所在地人民政府的要求，结合各自的实际情况，开展防灾减灾应急知识的宣传普及活动。

(2)救助准备

第八条 县级以上地方人民政府及其有关部门应当根据有关法律、法规、规章，上级人民政府及其有关部门的应急预案以及本行政区域的自然灾害风险调查情况，制定相应的自然灾害救助应急预案。

自然灾害救助应急预案应当包括下列内容：

(一)自然灾害救助应急组织指挥体系及其职责；

(二)自然灾害救助应急队伍；

(三)自然灾害救助应急资金、物资、设备；

(四)自然灾害的预警预报和灾情信息的报告、处理；

(五)自然灾害救助应急响应的等级和相应措施；

(六)灾后应急救助和居民住房恢复重建措施。

第九条 县级以上人民政府应当建立健全自然灾害救助应急指挥技术支撑系统，并为自然灾害救助工作提供必要的交通、通信等装备。

第十条 国家建立自然灾害救助物资储备制度，由国务院民政部门分别会同国务院财政部门、发展改革部门制定全国自然灾害救助物资储备规划和储备库规划，并组织实施。设区的市级以上人民政府和自然灾害多发、易发地区的县级人民政府应当根据自然灾害特点、居民人口数量和分布等情况，按照布局合理、规模适度的原则，设立自然灾害救助物资储备库。

第十一条 县级以上地方人民政府应当根据当地居民人口数量和分布等情况，利用公园、广场、体育场馆等公共设施，统筹规划设立应急避难场所，并设置明显标志。启动自然灾害预警响应或者应急响应，需要告知居民前往应急避难场所的，县级以上地方人民政府或者人民政府的自然灾害救助应急综合协调机构应当通过广播、电视、手机短信、电子显示屏、互联网等方式，及时公告应急避难场所的具体地址和到达路径。

第十二条 县级以上地方人民政府应当加强自然灾害救助人员的队伍建设和业务培训，村民委员会、居民委员会和企业事业单位应当设立专职或者兼职的自然灾害信息员。

(3) 应急救助

第十三条 县级以上人民政府或者人民政府的自然灾害救助应急综合协调机构应当根据自然灾害预警预报启动预警响应，采取下列一项或者多项措施：

(一) 向社会发布规避自然灾害风险的警告，宣传避险常识和技能，提示公众做好自救互救准备；

(二) 开放应急避难场所，疏散、转移易受自然灾害危害的人员和财产，情况紧急时，实行有组织的避险转移；

(三) 加强对易受自然灾害危害的乡村、社区以及公共场所的安全保障；

(四) 责成民政等部门做好基本生活救助的准备。

第十四条 自然灾害发生并达到自然灾害救助应急预案启动条件的，县级以上人民政府或者人民政府的自然灾害救助应急综合协调机构应当及时启动自然灾害救助应急响应，采取下列一项或者多项措施：

(一) 立即向社会发布政府应对措施和公众防范措施；

(二) 紧急转移安置受灾人员；

(三) 紧急调拨、运输自然灾害救助应急资金和物资，及时向受灾人员提供食品、饮用水、衣被、取暖、临时住所、医疗防疫等应急救助，保障受灾人员基本生活；

(四) 抚慰受灾人员，处理遇难人员善后事宜；

(五) 组织受灾人员开展自救互救；

(六) 分析评估灾情趋势和灾区需求，采取相应的自然灾害救助措施；

(七) 组织自然灾害救助捐赠活动。对应急救助物资，各交通运输主管部门应当组织优先运输。

第十七条 灾情稳定前，受灾地区人民政府民政部门应当每日逐级上报自然灾害造成的人员伤亡、财产损失和自然灾害救助工作动态等情况，并及时向社会发布。灾情稳定后，受灾地区县级以上人民政府或者人民政府的自然灾害救助应急综合协调机构应当评估、核定并发布自然灾害损失情况。

(4) 灾后救助

第十八条 受灾地区人民政府应当在确保安全的前提下，采取就地安置与异地安置、政府安置与自行安置相结合的方式，对受灾人员进行过渡性安置。就地安置应当选择在交通便利、便于恢复生产和生活的地点，并避开可能发生次生自然灾害的区域，尽量不占用或者少占用耕地。受灾地区人民政府应当鼓励并组织受灾群众自救互救，恢复重建。

第十九条 自然灾害危险消除后，受灾地区人民政府应当统筹研究制订居民住房恢复重建规划和优惠政策，组织重建或者修缮因灾损毁的居民住房，对恢复重建确有困难的家庭予以重点帮扶。居民住房恢复重建应当因地制宜、经济实用，确保房屋建设质量符合防灾减灾要求。受灾地区人民政府民政等部门应当向经审核确认的居民住房恢复重建补助对象发放补助资金和物资，住房城乡建设等部门应当为受灾人员重建或者修缮因灾损毁的居民住房提供必要的技术支持。

(5)救助款物管理

第二十二条 县级以上人民政府财政部门、民政部门负责自然灾害救助资金的分配、管理并监督使用情况。县级以上人民政府民政部门负责调拨、分配、管理自然灾害救助物资。

第二十三条 人民政府采购用于自然灾害救助准备和灾后恢复重建的货物、工程和服务，依照有关政府采购和招标投标的法律规定组织实施。自然灾害应急救助和灾后恢复重建中涉及紧急抢救、紧急转移安置和临时性救助的紧急采购活动，按照国家有关规定执行。

第二十四条 自然灾害救助款物专款(物)专用，无偿使用。定向捐赠的款物，应当按照捐赠人的意愿使用。政府部门接受的捐赠人无指定意向的款物，由县级以上人民政府民政部门统筹安排用于自然灾害救助；社会组织接受的捐赠人无指定意向的款物，由社会组织按照有关规定用于自然灾害救助。

第二十五条 自然灾害救助款物应当用于受灾人员的紧急转移安置，基本生活救助，医疗救助，教育、医疗等公共服务设施和住房的恢复重建，自然灾害救助物资的采购、储存和运输，以及因灾遇难人员亲属的抚慰等项支出。

第二十六条 受灾地区人民政府民政、财政等部门和有关社会组织应当通过报刊、广播、电视、互联网，主动向社会公开所接受的自然灾害救助款物和捐赠款物的来源、数量及其使用情况。受灾地区村民委员会、居民委员会应当公布救助对象及其接受救助款物数额和使用情况。

8.2.1.2 宣传

在过去的几年中，中国有关部门已进行了大量灾害知识方面的宣传教育，虽然使人们的灾害意识有所提高，但灾害防御知识缺乏，承灾能力低下，平时不重视减灾工作的现象依然存在。所以加强防灾减灾教育显得十分重要，通过新闻媒介、网络、各类报刊、文艺演出等多种形式，加强中小学生的减灾教育，强化备灾意识，从过去的灾害中汲取经验教训，提高社区对灾害的认识，培养较长时间持续抵御灾害的能力，鼓励社区居民参与到灾害管理的整个过程当中，要使全社会形成了解灾害、认识灾害、防备并远离灾害的风气，构建“防灾型与耐灾型社区”。尤其对于女性，她们通常是灾害的脆弱性人群，在灾害面前她们处于相对劣势，但在灾害应急与减灾中起到重要的作用，这在广大农村地区显得很突出，在这些地区男性通常外出务工，在遭遇灾害时妇女不仅是受害者，同时承担起保护孩子和老人等重任，灾害过后这些妇女还要承担起恢复与重建的任务，所以在农村社区，尤其是针对妇女进行灾害管理培训是很重要的。

开展地质灾害，公众对于科学防范、防御各种重大自然灾害和有效掌握防灾减灾的科学方法与知识有着迫切的需求，必须通过加强面向公众防灾知识和避险技能宣传教育与普及，包括建立面向公众的减灾信息发布与共享平台，充分利用互联网等手段，及时向社会公众发布灾害预警信息；推广防灾减灾的实用技术与技能，提高社会公众的减灾避难科技应对能力；引导、带动社会公众参与减灾科技工作，提高全社会的减灾科技应用水平等。

8.2.1.3 应急救灾体系

大陆灾害管理的应急救灾协调机构是国家减灾委员会，有34个国务院部、委、办、局和军队及红十字会等组织参加，负责研究制定国家减灾工作的方针、政策和规划等。

大陆自然灾害的应急管理体制一直处在根本性的调整过程中，这主要是由于计划经济向市场经济转型体制基本确立以后，伴随着信息技术的高度发达以及生活水平的提高，全社会对于灾害应急管理的要求也越来越高。在灾害救助的目标方面，从计划经济体制下强调减少经济损失转向以人为本。在相当长的时期内，面对自然灾害，社会的习惯就是强调尽量减少国家财产的损失，甚至出现牺牲个人生命来保护国家财产的现象。而转向以人为本的指导思想后，首先强调的是努力确保人的生命安全。这样，应急救助的着眼点和落脚点以及救灾工作的重点都发生了彻底变化。而为了人的生命安全，重大自然灾害发生前就需要进行避灾性的紧急转移。在灾害救助的内容方面，开始从事后救济转向全方位救助，特别是应急救助。在相当长的历史时期内，救灾工作主要是进行事后的救济，通过一定时间的查灾、核灾，然后再确定政府的救济数量并进行恢复重建。而建立应急救助体系，首要的就是要在第一时间内对于受灾影响而产生的困难人口进行及时的救助。比如，24h救助到位的规定，就是要求在最短的时间内组织各类救灾物资发放给有关困难人口。从紧急转移开始的救助一直到完成恢复重建，灾害救助已经具有全程立体救助的性质。在灾害救助的组织指挥方面，开始从依靠行政人员的个体经验转向系统的预案与应急行动。过去的救灾主要依靠制度而缺乏预案，而建立应急体系，就须对细小的工作程序进行十分详尽的规范。在灾害救助的组织过程，开始从封闭转向全方位透明。工作要透明，灾情的数据也要透明，特别是死亡人口的统计更要透明，要求及时向社会公开。在灾害救助的标准方面，开始从传统的低标准转向保证基本生活并与国际接轨。救灾的标准在较长的时期内一直偏低，政府努力的目标是不饿死人、不冻死人等。而随着经济的发展，现在的标准已经转变为保证灾民有饭吃、有水喝、有衣穿、有住处、有病能医、有学能上等。这样的救助标准，已经远远高于传统的救助要求。在灾害救助的装备方面，开始从传统的以人力和手工为主的工作手段转向高科技装备的应用。过去，救灾主要依靠人力进行手工操作，所以工作效率较低，有时还难免产生不规范的行为。按照应急救助的要求，目前灾情的报告通过网络系统已经非常便捷，同时卫星和遥感技术也开始运用于救灾过程，救灾行政人员开始配备一些必需的装备，从而大大增强了救灾的机动能力。

大陆救灾经过几十年的发展、调整，形成了比较完善的体系，行政主管部门是各级民政部门，负责转移、安置灾民，生产、生活救助等具体的救灾工作；灾害统计、核定、报告和评估。灾害发生后，民政系统将灾情统计、核定并汇总，发送灾情报告及评估报告；灾害应急预案、应急响应系统与工作规程。县以上各级政府均制定相应的灾害应急预案，预案启动有基本条件，形成灾害应急响应等级系统；救灾资金分级负担、以地方为主，各级救灾资金由财政预算安排。设立中央救灾资金，专款专用、重点使用。分别建立中央与地方的救灾物资储备库；灾民生活救助和灾后重建，对灾民的基本生活救助采取口粮与现金救助相结合方式，在住房、医疗、教育等方面提供救助。灾民临时生活救助与最低生活保障、五保供养等救助制度衔接。灾后居民住房和学校等公共设施的重建，恢复生产；救灾捐赠主要有集中性捐助、对口支援。

8.2.1.4 科技支撑

科技在减灾过程中发挥着巨大而独特的作用，要提高国家的综合减灾水平，必须进一步发挥科技的重要作用，加强减灾科技支撑能力建设。

开展重大突发性地质灾害成因机理与防控对策研究，对崩塌、滑坡、泥石流和地面塌陷等成生的地质环境、引发因素、变形破坏机理、历史演化、发展趋势和危害性进行研究，分类建立成因模式。

①开展突发性地质灾害调查评价。全国年度地质灾害排查工作面积 $498.8\times10^4km^2$，涉及2050个县(市)，其中，重点防治区崩塌、滑坡、泥石流和地面塌陷等1:50000调查结果为 $112.7\times10^4km^2$，涉及1036个县(市)，一般防治区内涉及1014个县(市)。通过调查评价，编制地质灾害风险区划图和地质灾害调查报告。整合集成地质灾害调查、地质灾害隐患点排查和重要集镇地质灾害勘查等成果，分别建立省级和国家级地质灾害数据库，开展综合研究，编制各省、自治区、直辖市及全国地质灾害防治专项图件，分析不同地质灾害类型的发育分布规律，划定地质灾害易发区和危险区，进行地质灾害风险评估，提出地质灾害防治对策建议。

②研发地质灾害综合防治信息集成平台，实现雨情、水情、险情和灾情的联合分析，为隐患识别、成因分析和灾害风险判别提供依据。与监测预警关键技术研发与示范研究，构建天基—地基—群基一体化调查监测技术体系。主要研究快速遥感方法、遥感信息处理与图像生成技术、复杂地质环境空间探测技术、地质灾害风险评估和灾情险情分析评估方法等。

③开展重大突发地质灾害险情与灾情应急响应的理论方法、技术体系和实施要求以及远程会商决策支持研究等。研究灾前、灾变过程和灾后应急处理的对策措施及其模拟仿真技术。以遥感、地理信息系统、计算机网络技术、大型仿真技术等现代科技手段为基础，在重大自然灾害信息平台、应急决策支持平台、应急指挥调度平台等的支持下，各级决策者和专家组可以在第一时间全面获取灾害现场的各类动态信息，结

合重大自然灾害应急预案、救灾业务数据库、决策支持模型等，对减灾救灾进行应急决策、科学调度，提高减灾决策的效率和科学化水平。

④开展地质灾害防治技术标准体系编制研究，编制或完善崩塌、滑坡、泥石流、地面塌陷、地面沉降和地裂缝等灾害调查评价、监测预警、勘查、设计、施工、监理以及应急响应和信息系统建设等方面的技术标准，作为行业标准或国家标准发布，增强地质灾害防治工作的规范化和标准化。

⑤开展重要交通、通信、供水、排水、供电、供气、输油等生命线工程和重要工业基础设施周边重大地质灾害隐患防范措施研究，研发相关专业领域防范重大地质灾害监测预警系统、专业应急处置的对策措施及仿真技术和决策支持系统。在威胁500人以上的大型、特大型地质灾害点中选择2638处威胁人口多、工程治理难度大、目前处于缓慢变形或局部变形、暂时不能采取搬迁措施的重要地质灾害点进行专业监测，其中，泥石流专业监测点665个、滑坡专业监测点1973个。矿山地面塌陷监测预警区30处，岩溶地面塌陷监测预警区30处，每处工作区面积各约100km^2。通过布设专业监测仪器进行实时自动化监测，对监测数据实时分析，适时发出预警预报信息。对于地质灾害隐患点数量大，布设的固定专业监测仪器难以满足需要，选择133个县(市、区)每县另行配置1台三维激光扫描仪，用于移动性应急监测。

⑥开展地质灾害减轻的公共管理研究，重点研究地质灾害减轻的政策法规、社会保险、信息发布与传播、临灾预案、应急抢险方案、专业与社区人员培训演练模式以及地质灾害防治的社会学、心理学与文化学等。

8.2.2 香港特别行政区

中国香港位于中国陆地最南部，面积仅约1100km^2，但约60%的土地处于山坡，其中部位极为陡峭。经过一百多年的发展，有限的平地及较平缓坡地都已开发及利用，因而某些靠近陡峭天然山坡的地区，也被考虑用作发展楼房及基本建设。这些可被发展的土地，大都是将山丘坡地削切及填充而成，因而产生不少斜坡。很多早期建造的人做斜坡，由于建设时缺乏正确的工程监管，设计标准不合乎现时的严格标准，在暴雨时容易崩塌，其安全问题甚为大众关注。过去20多年，香港特区政府一直非常重视斜坡安全，除严格管制新的开山平整与斜坡工程，同时也巩固以前兴建不合标准的斜坡。香港地区灾害种类主要有台风、水灾、暴雨、火灾、山泥倾泻、塌屋以及公共事故等情形。

8.2.2.1 法律、法规

依照《中华人民共和国香港特别行政区基本法》，香港实行高度自治，享有行政管理权、立法权、独立的司法权和终审权。政府部门渠务署、土木工程拓展署分别执行《土地排水条例》和《危险斜坡修葺令》等法令。

8.2.2.2 宣传

中国香港政府经常性对民众开展应对灾害的教育，特别是注重知识的掌握和应对细节，平时做好应对危机的物资和心理准备，免费派发《趋吉避凶简易守则》，明确家中应备有的紧急避险用品。应急知识学习是中小学教育的必备课程。培养危机意识及应对灾难的实地演习操作。香港十分重视依托美国、加拿大先进的应急管理培训系统，对应急管理人才进行培训，提高队伍素质。广泛提倡"自救"、"共救"、"公救"的原则，即灾害发生后，首先是居民的"自救"，然后是邻里和小区的"共救"，最后才是政府的"公救"。

20世纪80年代，边坡管理机构(GEO)的公众教育与信息服务机构在很大程度上满足了公众对岩土专业知识的需要。但是，由于许多私人公寓的拥有者并没有意识到他们对维护其属地范围内，某些情况下，甚至对以外的边坡稳定性负有法律责任，因此，1992年这种服务功能被大大扩充。这一年，GEO发起了一场公众教育运动，告知私人土地所有者的责任，并引导他们如何正确地维护好属地范围内的边坡。电视、广播和街头各式各样的广告也用来宣传边坡维护的知识，同时还采取了多种形式的社区宣传行动。这场运动的效果每年都进行了民意调查，结果显示公众的意识有显著的提高，对公众意识影响最大的是电视公益广告。为了减少滑坡造成人员伤亡，1996年GEO发起了另一场宣传教育运动，旨在告诉公众每年的几次短时间滑坡预警期间，如何采取个人预防行动，尽量减少暴露于滑坡威胁范围的机会。应公众的要求，GEO对边坡的所有者和一般的公众提供边坡安全和边坡资讯方面的服务。1992年开始还设置了热线电话，为公众进行边坡安全咨询和通过自动传真提供香港注册岩土工程师的名单等。

土力工程处在斜坡安全方面进行了积极主动的公众教育及宣传运动，以强调维修斜坡及暴雨期间采取个人预防措施的重要性。这项运动利用了电视、电台、报章、街头宣传、单张和海报，以宣传斜坡维修和滑坡预防信息。土力工程处设立了一条24h综合斜坡安全热线，对公众就斜坡安全提出的一般问题提供答案和指引。

在香港政府的《斜坡岩土工程手册》中，详细列有有关的斜坡岩土技术指南，包括场地勘察、室内试验、地下水、斜坡及挡土墙的设计、施工、监测以及维修等方面的内容，具体指导各单位进行相应的风险管理。

香港特区政府经过20多年努力，每年用于巩固和维修斜坡的支出超过15亿港元，成功地建立了一套完善斜坡安全体系，目的是减低滑坡风险，达到公众对减低滑坡风险的要求，透过定量风险评估技术，有系统地评估旧人工斜坡的滑坡灾害严重性和合适的资源分配，用以制定行动的优先次序，对这些斜坡进行筛选，并对被评定为不合安全标准的斜坡作巩固工程。经过多年的发展，斜坡工程和滑坡防治已不再局限于研究及维持斜坡稳定性，而进展到管理滑坡的风险，香港率先以定量风险管理作为滑坡灾害防治的方针，并应用至制定整体风险管理策略及处理个别场址的风险，这不但提升了滑坡防治的技术和成效，也使香港成为城市滑坡风险管理的典范。

8.2.2.3 应急救灾体系

香港的灾害救助称为紧急救济，紧急救济服务涉及多个政府部门间的联合协作，包括政府社会福利署、地政总署、渔农自然护理署、海事处等部门，提供紧急救济服务。香港设立了紧急救援基金，资金主要来自政府财政拨款以及市民捐赠。由基金依照《紧急救援基金条例》，向需要援助的人发放资助或贷款。因火灾、水灾、暴风雨、台风或其他事件所造成的损失程度，由紧急援助基金委员会确认。根据《紧急救援基金发放细则》，民政事务总署负责地区层面的全面统筹工作，社会福利署、地政总署、渔农自然护理署、海事处负责确定发放对象及补助金数额。紧急救援基金的补助项目分为五大类。第一类，伤亡补助。由社会福利署管理发放。第二类，住房类补助。由地政总署管理发放。第三类，船只、渔具补助。涉及海事处、渔农自然护理署及地政总署3个机构。第四类，渔农业补助。由渔农自然护理署管理发放。第五类，特别补助。

香港应急救助体系的特点体现为：灾害救助通过基金的方式来运作，既与政府保持密切联系，又有相对的独立性；救助项目的分类全面、细致；救助标准的设计较人性化，救助水平较高；对救助对象资格的限制比较严格，充分体现了将有限的救助资金用在真正有需要的人身上的社会救助宗旨。

香港的社会援助体系全面而精致，管理方式科学有效率。香港的应急管理体系主要由应急行动方针、应急管理组织机构、应急运作机制构成。在处置突发性自然灾害过程中，十分注重听取专家意见，发挥专家作用，减轻政府处置的外围压力，营造公信的氛围。高度重视应急指挥中心建设及应急准备的配置，提升应急处置水平。香港民间社团组织发达，应急体制建设中企业和非政府组织发挥了重要作用，在香港“小政府、大社会”的背景下，政府的许多政策必须依赖企业和非政府组织的协助才能完成。

8.2.2.4 科技支撑

香港建立了集中的边坡管理机构，其职能：为山坡地新开工的项目制定边坡管理政策；防止政府部门或私人开发商由于新开工项目中存在缺陷而导致边坡风险度的增加；负责管理新立项的边坡维修计划，这个计划旨在使过去修建的低标准工程达到现代标准，从而降低滑坡风险；棚户区安全清除；边坡所有者加强边坡维护的教育运动，已建立起了完善的边坡安全管理体系，称为“边坡安全系统”(Slope Safety System)，自成立以来，实施全方位“边坡安全系统”，此系统的推行是通过一些相关措施，包括制定斜坡安全的标准和提高技术水平、对岩土工程的法定及行政监察、巩固及维修斜坡，另外亦通过咨询及公众教育、宣传及设立警报系统等服务，以提高公众的认知度，使其能在滑坡和泥石流灾害发生时做出适当的反应以保证人身安全。

土力工程处于1984年设立自动雨量计网络，并于1999年对雨量计网络进行了改良，使其网络覆盖全港，该网络共有110个分布全港各处的雨量计，为山泥倾泻警报系统的运作提供即时的雨量数据。香港天文台台长与土力工程处处长共同决定是否发出或取消山泥倾泻警报，一般标准是预料市区广泛地区的24h降雨量超过175mm或60min降雨量超过70mm。山泥倾泻警告补充天文台发出的黄色、红色及黑色暴雨警告的不足，它令市民留意因大雨可能引起山泥倾泻的危险。发出山泥倾泻警报亦启动了政府部门之间的紧急应变系统，以便迅速动员人手及其他资源处理山泥倾泻事故。

山泥倾泻警报生效时，政府通过电台及电视台定时向市民广播有关山泥倾泻警报的消息，以及建议市民应采取的预防措施。

香港工程师和研究人员对滑坡防治和斜坡加固工程进行了大量研究，先后制定和颁布了一系列的适用于香港的有关斜坡治理与维护的技术规范和管理手册。其中较为重要的技术规范和管理手册有如下内容：《港岛半山区地质水文与土质条件研究》(1982 年)，《挡土墙设计手册》(1982 年)，《斜坡岩土工程手册》(1984 年)，《场地勘察手册》(1987 年)，《岩石与土描述手册》(1988 年)，《地下洞室工程手册》(1992 年)，《香港地质调查图表报告》(1992 年)，《斜坡维修指南》(1995 年)，《公路边坡手册》(2000 年)，《美化斜坡及挡土墙指南》(2000 年)，《加筋土结构物和斜坡设计手册》(2002 年)。这些技术规范和管理手册随时间因需要时常会被修订。土木工程署成立了一个具备地理咨询系统功能的中央数据库，通过设置在土木工程署大楼的网络或因特网上的香港斜坡安全网页(http://hkss.ced.gov.hk)，任何人都可随时查阅全港人造斜坡的资料。除了要提供斜坡的稳固性外，政府还致力改善人造斜坡的外观，使它们能融入建设环境。

GEO 的滑坡预警和应急服务开始于 1977 年。滑坡预警(Landslip Warning)期间，要动员易受危害的棚户区居民作预防性的撤离。滑坡预警的通告通过无线电和电视发出，1996 年覆盖到了行人和乘客。与此同时，通告还在香港境内数百处张贴。滑坡预警每年平均发出 3～4 次，每次持续大约 1d。但是 GEO 的应急服务一年 365 天每天 24h 不间断。滑坡活跃的时候，也就是 GEO 工作最为忙碌的时候。1992 年、1994 年和 1995 年每年雨季 GEO 都要派出 100 多名岩土工程师到每一个滑坡现场，协助警察、消防、边坡的所有者和维护机构处理善后事宜。

8.2.3 中国台湾地区

中国台湾地区(以下简称台湾地区)地处欧亚大陆板块与菲律宾海板块强地震带上，构造运动强烈，岩层破碎且高度风化。中央山脉纵贯南北，东西部地形高差大。夏秋台风和暴雨剧烈，造成崩塌、滑坡和泥石流(台湾地区称土石流)等灾害频繁发生。由于地狭人稠，山区人为活动增多，更加剧了边坡失稳的发生。据统计，在台湾地区的坡地山地灾害中崩塌、滑坡和泥石流分别约占 63%、17% 和 20%。

8.2.3.1 法律、法规

台湾地区制定了《灾害防救法》《地质法》《水土保持法》《森林法》《水利法》《山坡地保育利用条例》《水患治理特别条例》等。于 2000 年启动了非工程减灾方案——土石流疏散避难。2004 年起开始“自下而上”的土石流自主防灾社区建设，在早期预警和疏散避难等方面不断完善。标准作业程序有利于规范防灾减灾活动，制度性的文件更有利于防灾减灾工作的顺利开展。

8.2.3.2 宣传

台湾地区的防灾减灾宣传教育主要做法有 3 个方面：一是把防灾宣传教育列为中

小学必修课程。二是经常性地通过电视、报纸、墙报、户外公益广告等多种方式向公众宣传防灾减灾知识。三是经常性地组织民众性的防灾避险和自救互救演练。四是在每个市县建立防灾减灾教育馆。

人们的防灾意识有所提高，配合并参与防灾减灾活动的积极性提高。据统计，2005—2011年，水土保持局共计已辅导训练1878名土石流防灾专员，为台湾地区土石流社区防灾注入新生力量。以防灾专员为纽带推动社区民众参与，土石流防灾专员是台湾地区减少土石流灾害发生以及保障人民生命财产的关键连接角色，在防灾、减灾和应对等方面发挥作用。自主防灾社区的建设以防灾专员为纽带推动社区民众参与，再通过经验交流及教育宣传，将典型社区的防灾减灾经验推广到其他社区。台湾地区已建成207个土石流自主防灾社区。

台湾地区每年在汛前要定期组织宣传训练和演练，分为土石流防灾业务讲习、防灾专员教育训练、普通民众宣传教育。防灾业务人员需对防灾应变系统、防灾技能做系统的了解。对防灾专员采取启发式培训，调动其参与社区防灾减灾及经济发展的积极性。

8.2.3.3 应急救灾体系

《灾害防救法》乃我国台湾地区第一部灾害防救法规，分为总则、灾害防救组织、灾害防救计划、灾害预防、灾害应变措施、灾后复原重建、罚则与附则等，共计8章52条。对于台湾地区三层级政府的行政部门，以及民间、小区、民防、军队等单位、组织在内的防救灾体系建置，体系内各主要单位所应负责的灾前、灾时、灾后等重要工作项目及其运作都有明确的规范。

防灾减灾理论成熟、理念先进。理念上，强调防灾重于救灾、平时重于灾时。认为只有平时做好充分准备，才能具备救灾的韧性，并能在灾后迅速恢复重建。相反，平时疏于准备，必然会造成灾时忙乱无序。在政府行为模式上，防灾是一种积极行为。通过法律、国土规划、工程整治、教育培训、监测预警等多种手段，尽可能减少灾害发生的概率，降低灾害对群众生命财产造成的损失。在责任主体上，强调地方重于中央。认为灾害来临时，地方首当其冲，地方政府必须确实执行防灾措施，才能发挥最大效益。在应对手段上，强调软件重于硬件。认为健全的防灾警觉及充分的防灾意识，重于防灾硬件设施。在救援行动中，强调自救互救重于公救。

灾时有效应变得益于平时充分的灾前准备。台湾地区每年汛前会召开若干次土石流防灾准备会议，从上至下贯彻备灾意识，根据防灾准备和防灾整体绩效评估指标体系，督查各县市汛前防灾准备情况，并跟踪相关进度。目前台湾地区几乎对每一条土石流沟都进行了详细的调查和分析，对其危险性和影响范围、受威胁的居民建立资料册并录入防灾应变系统，制定村落防灾地图，并对全台土石流优先处理次序进行了排序。此外，每年汛前需校核、更新受威胁居民清册、疏散避难计划和紧急联络名册。汛前选定重机械待命地点，办理契约签订，一旦灾害发生，与灾害源最近的重机械三级待命，二级进驻，一级抢通。此外，将每次每个灾害点的灾情做成一张A0纸速报，包含灾害位置、灾害发生时间、类型、有效累积雨量、附近雨量站趋势图、灾损描述和统计等信息。

台湾地区十分重视防灾减灾预案的编制和管理。各地都建立了详细的防灾计划和预案，内容包括与各种灾害有关的灾害预防、情报搜集、传达预警、灾害抢救、受灾建筑物及其他设施的处理、灾区治安维护、罹难者服务及灾后重建等计划及防灾措施、设备、物资基本调度、分配、运输、通信等相关计划。并根据防灾计划和预案将任务分解到各个部门，明确各项灾害防救执行主管机关权责，使各部门在执行灾害防救上能密切配合、相互沟通、加强协调联系，能更好地在防灾体系架构下运作，提高各单位灾害处置能力，最大限度地发挥灾害预防、应变、善后等各项能力。台湾地区的灾害预案编制大多是根据具体的事件编写的，具有极强的针对性、科学性和有效性。

8.2.3.4 科技支撑

台湾地区强化土石流防灾预报预警和应变机制，实现气象局、水土保持局等部门数据共享。

①整合数据制定各条土石流沟的警戒雨量基准值。

②汛期综合采用气象局 QPESUMS 的雨量信息和 13 个土石流观测示范站观测信息，应用高解析度遥测影像建立土石流灾害趋势资料与境况模拟，评估土石流空间及时间降雨警戒的可行性，进行土石流预报预警，并通过 FEMA 系统整合防灾专员回传的及时雨量，落实土石流红、黄警戒发布机制。2009 年起土石流警戒区预报由不定时发布模式改为定时发布(每日 5 时、11 时、17 时、20 时及 23 时)，必要时予以加报。土石流沟警戒雨量基准值的制定，主要依据各地区的地质特性及水文条件，并考虑前期降雨、雨场分割和工程治理等因素，以土石流发生概率 70% 时的雨量作为土石流警戒基准值，并将泥土石流累积雨量警戒值设为 8 个级距(250、300、350、400、450、500、550 及 600mm)，制定各条土石流沟的降雨警戒基准值。台湾地区将 Google Earth 与土石流防灾业务相结合，运用土石流防灾应变系统提供及时化、公开化的防灾资讯。

③利用先进的 CCD 摄像机、超声波水位测量仪、地声检知器等先进仪器，对每个灾害隐患点的监测预警，迅速传输到水土保持局的“灾害应变中心”，当雨量超过标准值时，自动报警，保证民众及时撤离。

台湾地区十分重视防救灾相关措施的标准作业程序，编制有《土石流防灾教育暨宣导作业手册》《土石流灾害预报与警报作业手册》《土石流灾情搜集与通报作业手册》《土石流防灾疏散避难演练作业手册》《防止土石流二次灾害暨复原重建作业手册》和《土石流自主防灾示范社区安全检视与应变措施作业手册》等。

台湾地区将土石流灾害防治工程、水土保持工程与环境、生态、景观紧密结合，根据社区实际发展特色产业，并引入灾害风险观念。产学研相结合，在防灾的同时关注民生，逐步建成耐灾、抗灾和永续社区。

8.3 山地灾害管理展望

中国山地灾害分布广泛，活动频繁，危害严重，造成巨大的生命和财产损失，严重制约着山区资源开发与经济发展。国家非常重视山地灾害的研究与防治，通过多年的研究，认识了灾害的区域规律，提出了危险性分析与分区方法，揭示了山地灾害形成机理和运动规律，构建了山地灾害预测预报和监测预警技术，提出了山地灾害治理模式，发展了山地治理技术。这些成果的应用，已取得显著的减灾成效。中国政府提出到2020年基本消除特大型灾害隐患威胁和明显减少人员伤亡的减灾目标，中国灾害成因和动力过程的复杂性与成灾环境的多样性，决定了这项任务的艰巨性。目前，国内山地灾害管理不健全、减灾救灾资金投入不足、应急救灾预案不到位、科技人才匮乏等问题，亟须进一步加强，才能保证山地灾害的防灾、减灾、救灾和恢复重建工作顺利开展。

(1)加强灾害管理法制建设

灾害管理水平的提高首先依赖于灾害管理体制的健全，中国现有的防灾减灾体系是在经济不发达、技术起点低的困难条件下形成的分部门分灾害的管理模式，而健全的灾害管理体系则是以完备的法律体系为基础形成的。灾害管理基本法主要是规定政府在防灾减灾方面的基本方针、政策、管理体制、基本任务、职权、组织和程序等，而我国目前还缺乏防灾减灾基本法律规范的灾害基本法。在计划经济时代，我国政府对防灾和救灾工作始终高度重视，建立了一套按灾害类别、分部门的、条块结合的灾害管理体制，特别是改革开放以来，先后颁布了多个防灾减灾的法律和法规，投入大量的资金用于灾害预测研究，组建了各种类型的灾害救援力量，这种灾害管理体制在当时曾起过很大的作用，但是，随着社会经济的发展，我国的灾害管理工作与社会经济发展的客观需求产生了一定的差距，分部门、分灾种的传统灾害管理模式和体制逐渐暴露出它的缺陷，如反应迟缓、效能低下、资源浪费等，已很难完成保障社会公共安全和应对灾害的职责，同时各单项法律之间存在法律交叉，割裂了灾害管理各个阶段的逻辑联系，各条自成体系，缺乏横向联系，造成职能分散、职能重叠交叉或职能缺位，责权不明、部门工作效率低下的问题。

(2)加大防灾减灾救灾和恢复重建各阶段资金的投入

现行的灾害管理体制只注重灾害救援及灾后重建。灾前的预防和备灾是减轻灾害后果的最有效的措施，然而我国的灾害管理中虽然制定有“预防为主，防御与救助相结合”的总方针，对灾前的防灾减灾没有得到足够的重视，更注重的是灾后的救灾工作与恢复工作。在灾害管理中减灾投资可分为两部分：一是主动性的灾前投资，用于灾害预防和研究及修建各种抗灾设施；二是被动性的减灾投入，主要用于灾后的救灾与灾民救济，灾区重建等。研究证明，在灾害发生前的减灾投入，产生的效益大约为投入的12倍左右，在灾害发生后，及时投入用于解决灾区和灾民困难，也能有效的控制和减轻灾害造成的损失，比被彻底破坏后再进行救助和恢复效果更好。城市、工程建筑的规划、设计、施工和某些政策的制定考虑灾害危险性不足，抗灾工程标准低，如我国的主要江河干流的防洪标准一般为10～20年一遇，大部分城市的防洪标准也只有20年一遇，而世界先进国家的防洪标准已达到100～200年一遇；此外，社区的防灾救灾基础设施不够完善，社区缺少应急避难场所等。国家财政用于救灾支出的资金不足，与我国持续增长的经济形势不匹配。一般认为，灾害造成的损失会随着灾害自然强度的增加而成指数型上升，随着社会经济的快速发展，灾害损失也会相应增大，但增大到一定点后，随着科学技术的不断进步，对自然灾害的形成机制和活动规律等认识普遍提高，又会使灾害损失得到有效控制或者逐渐减少。1949年到1993年防灾抗灾费用年均值仅为灾害损失的10%左右，国际减灾十年活动期间(1991～2000年)国家财政用于救灾支出占国家财政支出的0.4%左右，之后总体下降到0.2%左右，到2005年已经下降到0.19%，国家财政用于救灾支出与财政支出的比例在不断下降，救灾资金的投入与国家经济的持续增长不匹配。加强防灾减灾建设，提高抵御自然灾害的能力，并将减灾投资列入各级政府财政预算中，并随着经济的发展逐步增加其比重。例如建立全国性的防灾减灾基金，由中央政府的相应专门机构来管理。另外，要充分利用金融与保险、再保险进行风险转移以解决目前我国普遍存在的减灾资金不足的问题。

(3)完善灾害应急预案

灾害应急预案是整个应急工作的核心，高效有序的灾害应急行动对减少或者避免人员伤亡、防止灾害扩大、尽快恢复社会秩序是至关重要的。而我国现在政府组织的县及县以上救灾预案做得较好，但是到社区等更低级别，救灾预案做得还不够到位。与世界发达国家相比，我国在全面编制减灾预案和建设预警系统方面仍存在许多不足之处，为进一步提高政府对灾害的应急救助能力，加强各部门之间的协调，动员全社会参与救灾，提高救灾工作整体水平，最大限度地减轻灾害造成的损失，我们应该加强科学的灾害应急预案编制工作。

(4)加强国际交流与合作，特别是与非政府组织(NGO)的合作

鼓励科研工作者和科技团体积极参与减灾领域的国际间科学研究和学术交流，加强与发达国家、灾害多发国家在减灾信息、技术和设备等方面的国际间交流与共享，建立完善跨国重大自然灾害的预警预报与信息交换机制，共同制定应对重大灾害的战略和行动，提升减灾科技研究的国际交流与合作水平。

非政府组织(NGO)救灾是政府组织救灾的一个重要补充。目前，NGO在中国救灾工作中所起的作用还非常小。在灾害管理中政府机构更关注重灾区，且为维护灾区稳定，比较注意救助物资的平均分发，而非政府组织却更关注灾区中的弱势群体，更侧重于帮助那些恢复能力弱、处在边远山区的灾民。所以在灾害管理工作中要加强与非政府组织的合作，更好地进行经验分享，更加有效地提高救灾工作的成效。

(5)加强灾害预警机制建设

预警不仅包括灾害即将发生或加强的信息，在灾害发展过程中，预警对减弱灾害的影响也有重大意义。建立健全灾害预警体系，在灾害发生时通过应急处理机制迅速做到统一预警、统一指挥、资源共享、快速反应、联合行动，维护灾区社会稳定，要紧紧围绕应急工作体制、运行机制和法制建设等方面对应急预案进行制定和不断补充

完善，最大限度地减少人民群众的生命和财产损失。政府各相关职能部门结合社区实际，根据不同的灾害类型进行不同的预警应对和应急处理机制的编制，建立适用于社区的安全预警与应急处理机制。例如，对于地质灾害的管理，主要注重以社区为本的灾害风险防范机制进行防灾减灾，社区是减缓灾害工作能否推动的关键角色。

(6)加强科学技术研究，推进灾害管理

对灾害成因的动力学过程分析不够，预报还需要突破统计预报的范畴，灾害防治工程设计仍具有一定的经验性，山地灾害风险分析和风险管理需要深化。针对国家减灾需求和学科发展目标，未来应该加强灾害对生态的响应机制，气候变化对山地灾害的影响与巨灾预测，基于水—土耦合的山地灾害动力学，灾害风险的理论与方法，基于灾害形成理论的机理预报模式，发展灾害防治技术，完善减灾技术规程等方面的研究，推动实用科学技术和卫星、遥感、地理信息系统、全球定位系统等高新技术在减灾领域的广泛应用，加强综合减灾的科学研究与技术创新，全面提高我国的灾害管理水平和促进我国综合减灾事业的发展。

思考题

1. 列举美国和日本在山地灾害管理方面的不同点。
2. 思考国外哪些山地灾害管理经验值得我国汲取。
3. 论述山地灾害管理的支撑条件。
4. 试阐述我国山地灾害管理方面的不足之处并以实例说明。

参考文献

李槭. 1993. 阿尔卑斯山地灾害的研究和防治现状[J]. 山地研究，1(2)：52－58.
李天池. 2006. 南亚国家的灾害管理[J]. 中国减灾(6)：42－43.
袁艺. 2004. 日本的灾害管理(之一)日本灾害管理的法律体系[J]. 中国减灾，11：50－52.
刘维. 2012.《全国地质灾害防治“十二五”规划》解读[J]. 中国国土资源报，4：12.
杨恩. 2005. 灾害防治法律制度研究[D]. 重庆：西南政法大学.
胡锦光，王锴. 2008. 从“5·12”汶川大地震反思我国紧急权的行使[J]. 中州学刊，5：88－90.
李烈荣，李绍武. 1992. 建议尽快制定我国地质灾害防治工作条例[J]. 中国地质(01)：17－18.
莫纪宏. 2008. 完善我国应急管理的立法工作迫在眉睫[J]. 中国减灾，5：18－20.
王玉梅. 2008. 关于我国灾害救助中公民社会保障权的研究[D]. 武汉：武汉科技大学.
史培军. 1995. 中国自然灾害、减灾建设与可持续发展[J]. 自然资源学报，10(3)：267－271.
郭艳茹. 2011. 灾害行政救助之法律制度分析[D]. 北京：中国政法大学.
李京. 2007. 综合减灾需要科技支撑[J]. 中国减灾，9：14－15.
王秀娟. 2008. 国内外自然灾害管理体制比较研究研究生学位论文[D]. 兰州：兰州大学.
A. W. Malone(麦隆礼)，黄润秋. 2002. 香港的边坡安全管理与滑坡风险防范[J]. 山地学报(02)：187－192.